Schizophrenie

Irving I. Gottesman

Schizophrenie

Ursachen, Diagnosen und Verlaufsformen

Aus dem Amerikanischen übersetzt
von Gabriele Herbst

Deutsche Übersetzung herausgegeben und
mit einem Vorwort versehen von Gerd Huber

Spektrum Akademischer Verlag Heidelberg · Berlin · Oxford

Anschrift des Herausgebers:

Prof. Dr. med. Dr. h. c. Gerd Huber
Universitäts-Nervenklinik
D-53127 Bonn (Venusberg)

Originaltitel: Schizophrenia Genesis
Aus dem Amerikanischen übersetzt von Dr. Gabriele Herbst

Amerikanische Originalausgabe bei W. H. Freeman and Company, New York
© 1991 Irving I. Gottesman

Die Deutsche Bibliothek – CIP-Einheitsaufnahme

Gottesman, Irving I.:
Schizophrenie : Ursachen, Diagnosen und Verlaufsformen / Irving I. Gottesman. Aus
dem Amerikan. übers. von Gabriele Herbst. Dt. Übers. hrsg. und mit einem Vorw. von
Gerd Huber. – Heidelberg ; Berlin ; Oxford : Spektrum, Akad. Verl., 1993
 Einheitssacht.: Schizophrenia genesis <dt.>
 ISBN 3-86025-099-X

Lektorat: Katharina Neuser-von Oettingen
Produktion: Susanne Tochtermann
Titelbild: Design Studio Henri Wirthner, Gengenbach
Einbandgestaltung: Zembsch' Werkstatt, München
Gesamtherstellung: Druckhaus Beltz, Hemsbach

Spektrum Akademischer Verlag Heidelberg · Berlin · Oxford

EIN VERLAG DER SPEKTRUM FACHVERLAGE GMBH

*Für Carol, Judy, David und Adam,
weil sie mir die Freiheit gaben,
nachzudenken und zu schreiben.*

Inhaltsverzeichnis

Vorwort des Herausgebers

Irving I. Gottesman, Professor für Psychologie und Pädiatrie an der Universität von Virginia in Charlottesville, einer der weltweit führenden Experten zu diesem Problem, schrieb 1991 ein ebenso umfassendes und gründliches wie auch für den gebildeten Laien verständliches faszinierendes Buch über die Entstehung der Schizophrenie. Diese spezifisch menschliche Erkrankung ist, wie Gottesman deutlich macht, nach wie vor eines der größten medizinischen und sozialen Probleme überhaupt – daran leidet ein Prozent der Menschheit und, wenn man die Rand- und Grenzformen einbezieht, sogar drei Prozent der Menschheit. Die öffentliche Diskussion dieser Frage wird, wenn sie nicht überhaupt von der Gesellschaft tabuisiert wird, auch heute noch wenig sachkundig geführt; sie wird immer noch durch tiefsitzende Vorurteile und die unterschwellige Angst bestimmt, daß potentiell jeder von uns unter bestimmten Umständen dem Risiko unterliegt, an einer Psychose zu erkranken. In dieser Situation hat Gottesman eine nüchterne Bestandsaufnahme dessen vorgelegt, was wir heute über die Schizophrenien wissen und was wissenschaftlich und in der Praxis auf diesem Gebiet zu tun sinnvoll und notwendig ist.

Überraschenderweise gab und gibt es in der Weltliteratur nur wenige Darstellungen der Problematik – und diese wenigen sind meist nicht überzeugend, da sie häufig einseitig und verzerrt sind, weil sie bestimmte Theorien und Hypothesen verabsolutieren. Das Buch von Gottesman scheint mir ganz besonders geeignet, die zum Nachteil der Betroffenen oft irreführende und ideologisierte öffentliche Debatte über das Schizophrenie- und Psychosenproblem wieder auf die Grundlage des heutigen Forschungsstandes und der klinischen Erfahrung zu stellen und so eine Voraussetzung dafür zu schaffen, daß künftig mit der Unterstützung einer breiten Öffentlichkeit entschiedener und erfolgversprechender an der Aufhellung der Ursachen und der Verbesserung der Behandlung und Vorbeugung der sogenannten Geistes- und Gemütskrankheiten gearbeitet werden kann als bisher.

Gottesman wird von Kollegen der anglophonen Psychiatrie und ihren Grundlagenwissenschaften angesichts der sonst unerreichten Verbindung von wissenschaftlichen Erkenntnissen und klinischer, ärztlicher und psychologischer Erfahrung zu Recht als „world-class master" auf diesem Gebiet gewürdigt. Sein Buch hat gegenüber allen früheren ähnlichen Versuchen* den Vorzug, die neuesten Ergebnisse der genetischen, epidemiologischen, neurobiologischen, neuromorphologischen, neurochemischen und pathophysiologischen Forschung zu berücksichtigen und ihren Stellenwert für die Lösung des Problems kritisch zu würdigen. Dabei werden nicht nur Ursachen-, Familien- und Erbforschung, sondern auch Klinik, Symptomatologie und Verlauf, therapeutische und rehabilitative Möglichkeiten behandelt und darüber hinaus eindrucksvolle Selbstschilderungen von Patienten und ihren Angehörigen mitgeteilt. Wissenschaftliche Qualifikation, klinische Erfahrung und die Fähigkeit, sehr komplexe und oft fachspezifische Zusammenhänge zu überblicken und didaktisch geschickt zu erläutern, prädestinieren Gottesman als Autor eines derartigen Buches für die unmittelbar Betroffenen und für einen breiteren Leserkreis, auch für Studenten, für Ärzte, Psychologen und Psychotherapeuten. Selbst Psychiater und Nervenärzte und alle mit dem Thema in Praxis und Forschung Befaßten werden aus der Lektüre neue Erkenntnisse und Anregungen empfangen.

Weil das Buch eine sonst meines Erachtens nirgendwo erreichte umfassende und profunde Übersicht über den derzeitigen Stand der Forschung und die Auffassungen der anglophonen Medizin, Psychiatrie und Psychologie vermittelt, habe ich versucht, die deutsche Ausgabe und Übersetzung soweit irgend möglich zu fördern, auch durch einige, zum Teil kritische Kommentare aus der Sicht der kontinentaleuropäischen und deutschsprachigen Psychiatrie. (Diese Anmerkungen sind in einem Anhang am Ende des Textes zusammengestellt.) Deren Ergebnisse werden von den amerikanischen Kollegen, abgesehen von einigen Teilen des Werkes von Kraepelin, Bleuler und K. Schneider, ignoriert, wenn sie nicht in wissenschaftlichen Journalen der USA und Großbritanniens publiziert wurden.

Persönlich habe ich Professor Gottesman 1992 kennengelernt, als ich ihm als Vorsitzender des Internationalen Kuratoriums den Kurt-Schneider-Wissenschaftspreis für herausragende Leistungen in der Psychosenforschung verleihen durfte. Gottesman, einer, der wie es in der Laudatio hieß, „weltweit kompetentesten Forscher zur Frage der

---

* so auch der bereits 1979 erschienenen Monographie von G. Huber und E. Zerbin-Rüdin *Schizophrenie* (Wissenschaftliche Buchgesellschaft Darmstadt).

Entstehung der Schizophrenie", erhielt (zusammen mit Dr. Bertelsen, Dänemark) den Preis für eine über 18 Jahre fortgesetzte Studie, in der er die Risikofaktoren bei der Entstehung der Schizophrenie an (für Schizophrenie konkordanten und diskordanten) Zwillingspaaren untersuchte. Bei der Nachuntersuchung der 124 Zwillinge und ihrer gesamten Nachkommenschaft ergab sich, daß das Erkrankungsrisiko für die Kinder der an Schizophrenie erkrankten und der gesund gebliebenen eineiigen Zwillinge (mit je etwa 17 Prozent) gleich hoch war. Wie diese Resultate zeigen, braucht eine schizophrene Erbanlage (Vulnerabilität) nicht in Erscheinung zu treten und kann über die gesamte Lebensspanne ohne Symptome bleiben, solange nicht Umwelteinflüsse, Umweltstressoren psychisch-reaktiver, sozialer oder somatischer Herkunft zum Ausbruch der Schizophrenie führen, wie es die Diathese-Streß- und Vulnerabilitätskonzepte postulieren, indem die Veranlagung über eine bestimmte Schwelle verstärkt und zur Manifestation gebracht wird. Für eine Prävention wäre es überaus bedeutsam, diese Umweltstressoren zu identifizieren, um sie möglichst zu vermeiden und so der Erkrankung vorzubeugen. Die Forschungsergebnisse Gottesmans sind ein Meilenstein in der Psychosenforschung. Sie sind ein glänzendes Beispiel dafür, daß auch im modernen Wissenschaftsbetrieb, der unter dem Gebot des „Publish or Perish" eine riesige Fülle überwiegend nicht replizierbarer und nutzloser Befunde liefert, originelle und beharrliche Spitzenforschung in der Psychiatrie und ihren Grundlagenwissenschaften möglich ist, die auch für die Patienten und die Praxis unserer therapeutischen, präventiven und rehabilitativen Strategien von größter Bedeutung ist. Gottesman selbst ist, wie er in seinem Buch mit unübertroffener Sachkenntnis und Klarheit begründet, zuversichtlich, daß schon im nächsten Dezennium die bisher noch offenen Probleme der schizophrenen und verwandten Psychosen gelöst werden können.

Bonn, im Juni 1993
Gerd Huber

Vorwort

Jeden Tag hört man, daß die Begriffe *Schizophrenie* oder *schizophren* im Zusammenhang mit der Außenpolitik der Vereinigten Staaten, dem Aktienmarkt oder sonst etwas angewandt werden, wenn sich irgendwelche Erwartungen nicht bestätigt haben. Dieser Mißbrauch spricht den riesigen Problemen im Gesundheitswesen und dem tiefen Leid, das diese rätselhafteste Störung des menschlichen Geistes mit sich bringt, Hohn. Laufenden Untersuchungen in den Vereinigten Staaten zufolge haben oder hatten 1,85 Millionen Amerikaner und Amerikanerinnen im Alter von über 16 Jahren eine schizophrene Episode. Im Jahr 2000 wird diese Zahl auf 2,06 Millionen Opfer anwachsen. Nach neuesten Informationen der Weltgesundheitsorganisation kommen die Schätzungen weltweit den Quoten in den USA sehr nahe, ob sie sich nun auf das ländliche Indien oder die Industrienationen Großbritannien, Japan oder Dänemark beziehen.

Wenn es um die Ursachen und Ursprünge einer schweren psychischen Störung wie der Schizophrenie geht, ist es nicht einfach, Tatsachen von Meinungen und Märchen von der Wirklichkeit zu unterscheiden. Das gilt für Fachleute wie interessierte Laien gleichermaßen, ob sie nun mit einem Menschen, der an Schizophrenie leidet, befreundet oder verwandt sind oder nicht. Ein Fundus überkommener, aber falscher Vorstellungen, ein stagnierender Wissensfortschritt und eine Mentalität selbstherrlicher Gebietsansprüche kennzeichnet die Fachgebiete, die sich mit dieser gefürchteten Erkrankung befassen – treffend als „Krebs des Geistes" bezeichnet.

Dieses Buch möchte das vielschichtige Wissen über die Schizophrenie, das aus unterschiedlichen Quellen stammt und die Grenzen der traditionellen wissenschaftlichen Fachgebiete durchbricht, einem größeren Publikum zugänglich und verständlich machen, als es die Teilnehmer einer Vorlesung über klinische Psychologie oder eines medizinischen Seminars über die Ursachen psychischer Störungen sind. Ich möchte so über die Schizophrenie berichten – auch angereichert durch Fallgeschichten von Patienten und ihren Familien im Sinne der *oral history* –, daß die Informationslücke zwischen dem „akademischen Elfenbeinturm" mit seinen „Forschungsfabriken" und seiner Insider-

Sprache und den höchst individuellen Schilderungen, die psychische Störungen glorifizieren *oder* dämonisieren, gefüllt wird. Mein Standpunkt ist notwendigerweise durch den Umfang meines Fachwissens in wissenschaftlicher und klinischer Psychologie, klinischer, psychiatrischer Genetik und Soziobiologie begrenzt. 30 Jahre eigener Forschungstätigkeit und klinischer Erfahrung mit Schizophrenie garantieren nicht, daß man sich einem gemischten Publikum gegenüber klar ausdrückt. Doch ich hoffe, daß mit diesem Buch allen gedient ist: den Freunden und Angehörigen der psychisch Kranken und meinen wissenschaftlichen Kollegen, die sich alle um ein tieferes Verständnis der Ursachen und Folgen psychischer Krankheiten bemühen. Ich habe versucht, zu vereinfachen, ohne zu simplifizieren, mit einem Minimum an Tabellen, Abbildungen und Graphiken zu erklären und denen, die die Diskussion eines bestimmten Themas weiter verfolgen wollen, einen Zugang zur wissenschaftlichen Spezialliteratur zu schaffen.

Die Geschichte ist nur vollständig, wenn alle Fehler und Schwächen der Verfahren genannt werden, mit denen Wissenschaftler Tatsachen und Theorien erheben und verbreiten und an denen sie wie auf einer Leiter hochsteigen, um ihre Vermutungen schließlich zu widerlegen oder zu bestätigen. Ich zeige die Wissenschaftler als die fehlbaren, egoistischen, interessengebundenen, revierverteidigenden und *menschlichen* Wesen, die sie sind. Die Wissenschaft ist, anders als viele andere menschliche Unternehmungen, ein sich selbst korrigierender Prozeß, wenn sie nur halbwegs eine Chance sowie ein politisch und wirtschaftlich freizügiges Klima bekommt. Wir können uns darauf einstellen, daß die Suche nach den Ursachen der Schizophrenie sowohl die Höhen von Entdeckung und Bestätigung als auch die Tiefen peinlicher Widerlegung durchlaufen wird. Meine wissenschaftliche und philosophische Grundeinstellung zur Schizophrenie berührt sich mit der derjenigen Wissenschaftler, die sich mit den Ursachen des Diabetes und der koronaren Herzkrankheit befassen, doch ohne eine sklavische Loyalität gegenüber einem sogenannten medizinischen Modell. Die Schizophrenie ist eine komplexe Störung des Menschen. Daß bisher keine Ursachen definitiv festgestellt sind, zwingt mich zur Skepsis gegenüber allen parteilichen Standpunkten, so edelmütig und wohlmeinend sie auch sein mögen. Ich bin jedoch optimistisch, daß die Energie der Wissenschaftler und der wissenschaftliche Methodenkanon innerhalb dieses Jahrzehnts zu Lösungen führen werden.

Ich schulde vielen Institutionen und Menschen Dank: dem Center for Advanced Study der Universität von Virginia für die Forschungssemester, dem Center for Advanced Study in the Behavioral Sciences von

Stanford in Kalifornien für ein unbehindertes Arbeitsklima während des akademischen Jahres 1987/1988 und der John D. and Catherine T. MacArthur Foundation und dem Scottish Rite Schizophrenia Research Program (Northern Masonic Jurisdiction) für finanzielle Unterstützung meiner Forschung und der Niederschrift. Danken möchte ich auch Kathleen Much vom Center for Advanced Study in the Behavioral Sciences, die viel zur Verständlichkeit meines Textes beigetragen hat, und Jonathan Cobb, Diana Siemens und Diane Maass vom Verlag W. F. Freeman and Company für ihre sorgfältige verlegerische Begleitung. Nancy Singers künstlerische Begabung spiegelt sich in der ansprechenden Darstellung des Umschlags. Meinen Kollegen während meines Jahres am Center in Stanford möchte ich danken, weil sie die Klärung von Gegenständen einforderten, die *ich* für klar *hielt*; ebenso meinen Freunden und Kollegen, die weiterhin meine Begeisterung für die Schizophrenieforschung teilen und mein Wissen erweitern: Aksel Bertelsen, Manfred Bleuler, Nikki Erlenmeyer-Kimling, Anne Farmer, Leonard Heston, Daniel Hanson, Matt McGue, Peter McGuffin, Paul Meehl und Fuller Torrey. Mary Ellen Peters, Margaret Schneyer und Carol Prescott danke ich für ihre Mitarbeit bei der Herstellung des Manuskripts.

Irving I. Gottesman
Charlottesville, Virginia
Juli 1990

1. Die Anfänge

Die Schizophrenie in historischer Sicht

Wenn es psychische Störungen gibt, seit es Menschen gibt, dann könnte man glauben, die Schizophrenie, eine der heute bekanntesten und verbreitetsten psychopathologischen Erscheinungen, sei schon in den Frühformen der Zivilisation aufgetreten. Für diese Annahme gibt es jedoch keine schlüssigen Beweise. Wir besitzen kein Dokument in sumerischer oder babylonischer Keilschrift, das eine „Geistesstörung" beschrieb, die in der Adoleszenz ausbricht, Halluzinationen und Wahnvorstellungen verursacht und schließlich vergeht, jedoch häufig wieder ausbricht – die Kardinalsymptome der Schizophrenie. In antiken Schriften finden wir keine Beschreibung einer psychischen Erkrankung, die nach heutigen Maßstäben zweifelsfrei Schizophrenie wäre, obwohl es Berichte gibt, auf die eine moderne Diagnose seniler Demenz oder schwerer Depression passen würde. Angesehene Fachleute schließen daraus, daß die Schizophrenie vor dem 19. Jahrhundert selten oder sogar überhaupt nicht vorkam.

Man kann sich nur schwer vorstellen, daß eine derartig auffällige Störung erst vor weniger als 200 Jahren aus dem Nichts aufgetaucht sein soll, doch im 19. Jahrhundert berichten Autoren in Europa von einem alarmierenden, sprunghaften Anstieg nicht kontrollierbarer „Geisteskrankheiten" in ihren Ländern. Man bedenke jedoch, wie plötzlich und akut sich AIDS (acquired immunodeficiency syndrome – erworbenes Immundefizienzsyndrom), das Endstadium der Infektion mit dem HIV-Virus (Human-Immundefizienz-Virus) manifestiert hat. Vor 1977/1978 wurden nirgendwo auf der ganzen Welt Fälle beobachtet. Als in den Vereinigten Staaten und Europa 1982 die wissenschaftliche Forschung einsetzte, gab es in den USA weniger als 1000 bekannte Fälle. Anfang 1990 war diese Zahl auf 115000 angestiegen; für Ende 1993 erwartet man 435000. Neue Krankheiten können also in der Tat entstehen; um ihre Ursprünge und Ursachen aufzudecken, muß man kreative Forschungsstrategien entwickeln.

Die allgemeinen historischen Beobachtungen in bezug auf die Schizophrenie lassen sich etwa wie folgt skizzieren: Es gibt keine antiken

Beschreibungen von Schizophrenie, obwohl frühe Heilkundige, darunter der Vater der Medizin Hippokrates (460 bis 377 vor Christus), ein Zeitgenosse von Sokrates, andere Formen psychischer Störungen wie die „Heilige Krankheit" (Epilepsie), die Manie und die Melancholie (Depression) eingehend beschrieben. Zumindest Hippokrates führte psychische Störungen auf Ursachen im Gehirn zurück – im Gegensatz zu der üblichen Erklärung, wer sich absonderlich verhielt, sei von den Göttern besessen –, doch er glaubte, sie beruhten auf einer abnormen „Feuchtigkeit" des Gehirns. Als jedoch die Schizophrenie 1809 angemessen klinisch beschrieben war, trat sie offenbar in der ganzen westlichen Welt zutage und griff ein Jahrhundert lang rasch um sich. Wenn diese Beobachtung zutrifft, fordert sie eine Erklärung.

Ein Erklärungsansatz besagt, daß eine Neigung zu dieser Art des psychischen Zusammenbruchs beim Menschen schon immer vorhanden gewesen sei, sich jedoch erst dann als eine krankhafte Beeinträchtigung manifestiert habe, als der Verlust von Intimsphäre in den zunehmend verstädterten und industrialisierten Gesellschaften zur Belastung geworden sei. Obwohl bisher niemand ausgeschlossen hat, daß Streß als zusätzlicher Faktor eine Rolle spielt, scheint heute klar zu sein, daß er nicht von sich aus Schizophrenie verursacht.

Verwandt mit dieser Position ist eine zweite, etwas andere Theorie: Danach führte der soziale Wandel durch den Zusammenbruch der traditionellen Familien- und Kulturmuster – die sich seit der Antike bis zur industriellen Revolution im 18. Jahrhundert kaum verändert hatten – zu einem generellen Anstieg psychischer Störungen und damit auch der Schizophrenie. Da in Westeuropa im Lauf des 19. Jahrhunderts immer mehr „Irrenhäuser" für „Geisteskranke" eingerichtet wurden, konnten Beobachter in diesen konzentrierten Ansammlungen zum ersten Mal unterschiedliche Formen von „Geisteskrankheit" einschließlich Schizophrenie differenzieren. Erst mit dem Aufkommen dieser Nervenheilanstalten bot sich Ärzten die Möglichkeit, verschiedene psychische Störungen zu definieren. Jetzt konnten sie Unterschiede bei Symptomen, Verlauf und Ausgang beschreiben, denn erst jetzt konnten sie hinreichend viele Patienten über hinreichend lange Zeiträume beobachten.

Viel einfacher, jedoch auch radikaler, ist die dritte Theorie: Die Schizophrenie ist eine Krankheit, die es vor dem 17. oder 18. Jahrhundert tatsächlich nicht gab. Deshalb hat sie auch niemand vorher beschrieben, und deshalb wurde erst im 19. Jahrhundert eine auffällige Zunahme dieser Störung beobachtet. Die Schizophrenie trat einfach immer häufiger auf, als würde sie, ähnlich wie AIDS, durch einen ansteckenden Erreger übertragen. Vielleicht vollzog sich ihre Ausbreitung ähnlich wie bei den Psychosen, die durch eine Syphilisinfektion des Zentralnervensystems verursacht werden; diese sogenannte progressive Paralyse oder Dementia paralytica läßt sich möglicherweise auf ein mutiertes Bakterium zurückführen, das bald nach den napoleonischen Kriegen in Frankreich auftauchte und sich über den gesamten Westen ausbreitete.

Jeder dieser drei Erklärungsansätze für das plötzliche Auftreten so zahlreicher an Schizophrenie Erkrankter muß jedoch berücksichtigen, daß die Häufigkeit der Schizophrenie auf der ganzen Welt seit etwa 1900 praktisch nicht mehr zugenommen hat. Die Industrialisierung setzte sich fort; der Zerfall der traditionellen Familienstrukturen ging weiter; kein Wirkstoff gegen einen Schizophrenieerreger wurde gefunden.

Abbildung 1 zeigt die Aufnahmeraten aller „Irrenanstalten" in England und Wales von 1860 bis 1914 über alle Erkrankungen. Es hatte sich eindeutig etwas verändert, aber was? Bessere Dokumentation, mehr „Geisteskranke" oder...? Der Zeitraum von 1840 bis 1910 wurde bekannt als die „Ära der Anstalten" – die Zahl der britischen Einrichtungen wuchs in diesen Jahren sprunghaft von 20 auf 90. Doch die Daten in Abbildung 1.1 liefern keine eindeutige Information über Veränderungen der Häufigkeit von Schizophrenie allein, da sich die Zahlen auf alle Formen des „Irreseins" beziehen. Da bis vor dem Lunacy Act

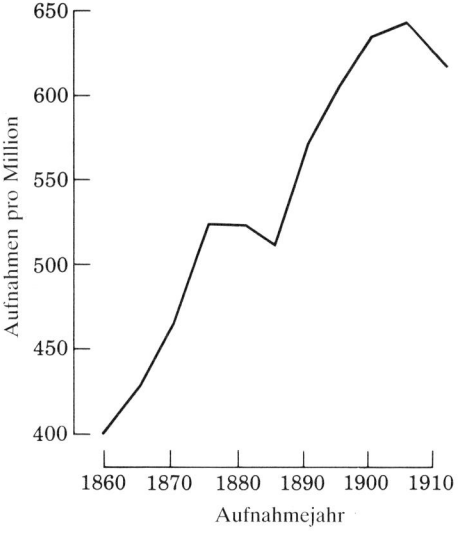

1.1 Einweisungsraten in Nervenheilanstalten pro Million der Bevölkerung in England und Wales im Zeitraum von 1859 bis 1914. (Aus: Hare 1983b.)

von 1845 (der für England und Wales galt) keine zentrale Dokumentation psychischer Störungen vorgeschrieben war, sind entsprechende Schätzungen unzuverlässig. „Armutsirre" beispielsweise, die man in den Arbeitshausstatistiken zusammen mit Landstreichern und anderen Mittellosen zusammengesteckt hatte, übertrug man nach 1845 in die Listen der „Irrenanstalten". Es ist heute schwierig, im einzelnen festzustellen, wo geistig Behinderte und Alte mit seniler Demenz vor und nach dem Gesetz von 1845 statistisch erfaßt wurden.

Da Schizophrenie nicht vor dem Ende des 19. Jahrhunderts verläßlich diagnostiziert und von anderen Psychoseformen abgegrenzt wurde, stellt sich nun die Frage nach einer plausiblen Erklärung für ihre offensichtliche Seltenheit in früheren Aufzeichnungen. Schizophrenie könnte durchaus, jedoch selten aufgetreten sein, weil „geistesgestörte" Menschen in einer rauhen, primitiven Gesellschaft weniger Überlebenschancen hatten als psychisch gesunde. Ein paar etwas verschrobene, aber gerissene Leute verehrte man vielleicht sogar als Seher, Magier, Wunderheiler oder religiöse Führer, doch welche Diagnosen und Nachkommen sie gehabt hätten, darüber kann man nur spekulieren. Es ist jedoch unwahrscheinlich, daß selbst eine Darwinsche natürliche Auslese die Schizophrenie ausgelöscht hätte. Wie wir in den folgenden Kapiteln sehen werden, können auch Menschen, die selbst keine Schizophrenie zeigen, eine vererbte Prädisposition dafür tragen. Und zwei Elternteile mit dieser Prädisposition können, auch wenn sie selbst überhaupt keine Symptome aufweisen, ihren Kindern eine viel größere Anfälligkeit für Schizophrenie mitgeben als nur ein erblich belasteter Elternteil. Außerdem bekommen Schizophrene, die Kinder haben, diese fast immer vor ihrer Erkrankung. Keine natürliche Auslese kann unter solchen Bedingungen eine Krankheit in unserer Spezies beseitigen. Neuere Forschungsarbeiten sprechen dafür, daß sogar heute noch unter Schizophrenen ein natürlicher Selektionsprozeß gegen eine erfolgreiche Reproduktion am Werk ist. Ihre Reproduktionsrate liegt niedriger, als es für den Erhalt ihres Anteils an der Bevölkerung nötig wäre (vielleicht war das immer der Fall), doch die Häufigkeit der Störung sinkt nicht entsprechend.[1]

Heute finden wir Menschen, die an Schizophrenie leiden, in allen Gesellschaften und in allen sozioökonomischen Schichten innerhalb dieser Gesellschaften. Insgesamt erkrankt eine von 100 Personen vor einem Alter von etwa 55 Jahren. Bisweilen wurden Unterschiede in der Auftretenshäufigkeit für unterschiedliche Zeiten und Orte (Kulturen, Subkulturen) festgestellt, doch sie sind schwierig zu interpretieren; wir gehen in Kapitel 4 ausführlicher darauf ein. Viele der berichteten Variationen müssen Artefakte sein, die auf ungenaue Dokumentation (untrainierte Beobachter, kleine Stichproben, idiosynkratische Diagnosegewohnheiten) zurückgehen, und vielleicht genügen einfachere Erklärungen wie Veränderungen der Lebenserwartung und der sozialen Mobilität. Da die Daten über Auftreten und Verbreitung der Schizophrenie bei der Entwicklung von Strategien zur Ursachenaufklärung so wichtig sind, wollen wir kurz betrachten, wie man versucht hat, die Existenz der Schizophrenie zu einem Zeitpunkt zu dokumentieren, bevor psychische Störungen mit wissenschaftlich-psychiatrischen Methoden erforscht werden konnten.

Frühe Berichte über Schizophrenie

Die antiken Texte, die am gründlichsten nach Beschreibungen schizophrenieähnlicher Phänomene durchforstet wurden, sind wie zu erwarten das Alte und das Neue Testament. Moderne Verfasser „diagnostizierten" beispielsweise den Propheten Ezechiel wegen seiner ekstatischen Visionen als schizophren.[2]

Die Beschreibung König Sauls im ersten Buch Samuel deutet auf eine schwere psychische Störung hin; den modernen Leser läßt sie jedoch eher an eine psychotische Depression mit paranoiden Wahnvorstellungen denken. Zu Beginn des 20. Jahrhunderts gab es eine Flut von psychologischen Biographien, die die angebliche Schizophrenie Jesus' „belegten". Jede Diagnose beruft sich auf Jesus' Größenwahn – er glaubte, Gottes Sohn zu sein – und auf seine Gehörshalluzinationen – er sprach mit Gott und anderen Wesen. Dr. Albert Schweitzer widerlegte diese Thesen 1913 in seiner Doktorarbeit *Die psychiatrische Beurteilung Jesu*. Er fand die zahlreichen Publikationen (seit 1835) sowohl historisch als auch klinisch wenig stichhaltig und verwarf sie als ethnische und religiöse Verunglimpfungen.

Spätere Dokumente liefern ebenfalls kaum solide Belege für das Auftreten von Schizophrenie. 57 Fallbeschreibungen aus der „Wunderchronik" des Saint Bartholomew's Hospital in London (dem „Stammkrankenhaus" der englischsprechenden Welt), die im zwölften Jahrhundert aus lateinischen Manuskripten übersetzt wurde, führen nur vier mögliche Schizophreniefälle mit auditiven und visuellen Halluzinationen, Wahnvorstellungen und häufigen Remissionen – den klassischen Merkmalen der Störung – auf. In keinem

Shakespeareschen Drama taucht eine wirklich zweifelsfrei schizophrene Figur auf, obwohl dem Dichter doch so „sprechende" Por-
traits andersgearteter Verhaltensauffälligkeiten gelungen sind.[3] Die
sorgfältigen Aufzeichnungen und Symptomlisten, die der englische
Arzt-Astrologe Richard Napier (1559 bis 1634) für mehr als 2000
psychisch gestörte Patienten zusammengestellt hat, enthalten keinen
sicheren Fall von Schizophrenie. Der Begriff *Neurose* wurde erst 1783
als Oberbegriff für ein gestörtes Nervensystem bei fehlendem Fieber
eingeführt; *Psychose* tauchte erst Mitte des 19. Jahrhunderts als
Fachausdruck auf. Auch unter diesen oder anderen Bezeichnungen
finden wir in frühen medizinischen Aufzeichnungen keine klaren
Nachweise für Schizophrenie.

Die ersten klinisch angemessenen Beschreibungen der Schizophrenie erschienen 1809 unabhängig voneinander in England und Frankreich. In *Observations on Madness and Melancholy* schilderte John
Haslam (1764 bis 1844), der Direktor des Bethlem Hospital in London einen „Wahnsinn", den wir heute zweifelsfrei als Schizophrenie
bezeichnen:

> „Es gibt eine Form des Wahnsinns, die bei jungen Personen auf-
> tritt; und soweit ich diese Fälle beobachtete, treten sie häufiger bei
> Frauen auf. Die, die ich gesehen habe, zeichneten sich durch Be-
> reitwilligkeit und lebhafte Veranlagung aus; und sie wurden im all-
> gemeinen die Lieblinge der Eltern und Erzieher, wegen ihrer Fä-
> higkeit, Wissen aufzunehmen, und wegen ihrer frühreifen Fertig-
> keiten. Die Störung beginnt mit oder kurz nach Einsetzen der
> Menstruation und war in vielen Fällen nicht verbunden mit einer
> ererbten Anlage, soweit das durch genaues Befragen sichergestellt
> werden konnte. Der Anfall beginnt fast unmerklich; gewöhnlich
> vergehen einige Monate, bevor ihm besondere Aufmerksamkeit
> gewidmet wird; und allzu zuversichtliche Verwandte lassen sich
> häufig durch die Hoffnung blenden, daß es nur ein Nachlassen
> übermäßiger Lebhaftigkeit sei, das zu einer klugen Zurückhaltung
> und zu einem stabilen Charakter führe. Eine gewisse Nachdenk-
> lichkeit und Tatenlosigkeit gehen voraus, zusammen mit einer Ver-
> minderung der gewöhnlichen Neugier auf das, was sich um sie
> herum abspielt; und daher vernachlässigen sie die Gegenstände
> und Zwecke, die ihnen früher vergnüglich und lehrreich waren.
> Die Empfindungsfähigkeit wirkt beträchtlich gedämpft: Sie zeigen
> ihren Eltern und Freunden nicht mehr dieselbe Zuneigung: Sie
> werden unempfänglich für Freundlichkeit und Tadel. Gegen ihre
> Mitmenschen zeigen sie eine kalte Höflichkeit, nehmen jedoch kei-
> nen Anteil an deren Angelegenheiten... So habe ich in der Zeit
> zwischen Pubertät und Erwachsenenalter diesen hoffnungslosen

Niedergang schmerzlich mitansehen müssen, der in kürzester Zeit aus dem vielversprechendsten und lebendigsten Verstand einen sabbernden und aufgedunsenen Idioten macht." (S. 64–67.)

Obwohl sich Haslam in zwei Punkten irrt – er übertreibt die Häufigkeit der Schizophrenie bei Frauen und untertreibt ihre Erblichkeit –, spricht er doch viele Symptome an, die seine Nachfolger dann sorgfältig dokumentierten. Auch läßt er die Tragödie aufscheinen, mit der sich diejenigen, die diese Störung untersuchen und behandeln, unausweichlich konfrontiert sehen.

Ebenfalls 1809 charakterisierte Philippe Pinel (1745 bis 1826) eindeutig typische Fälle von Schizophrenie. Während der nächsten 50 Jahre wurden mehr als ein Dutzend guter Beschreibungen veröffentlicht; fast alle gaben der Erkrankung einen anderen Namen. Diese Beschreibungen schwappten aus der wissenschaftlichen Literatur in die allgemeine über; die Hauptfigur in Balzacs Erzählung *Louis Lambert* ist eindeutig schizophren.

1852 benutzte Benedict Morel (1809 bis 1873), der Chefarzt einer französischen Anstalt, als erster den französischen Ausdruck *démence précoce* (auf lateinisch, der Sprache der Medizin, *dementia praecox*) für das Phänomen, das wir heute als Schizophrenie bezeichnen.[4] Pinel hatte die Störung als *démence* (Verlust des Verstandes) bezeichnet, um den Abbau der geistigen Fähigkeiten zu kennzeichnen, den er bei seinen chronisch kranken, hospitalisierten Patienten beobachtete. Mit dem Adjektiv *précoce* (früh, vorzeitig) hob Morel das auffällig häufige Einsetzen der Störung bei Jugendlichen und ihren „galoppierenden" Verlauf hervor. Morel glaubte, daß die Krankheit vererbt würde, und erfand ein Modell, das den Verfall erklären sollte. Seine Behauptung, daß sie ausschließlich erblich bedingt sei, ging weit am Ziel vorbei, doch seine klinische Beschreibung des Patienten, den er im Auge hatte, als er den Ausdruck prägte, traf exakt zu. Er beschrieb einen Jungen von 13 oder 14 Jahren, der als Kind offenbar sehr intelligent gewesen und sich geistig normal entwickelt hatte, obwohl er körperlich zurückgeblieben war. „Seine brillante intellektuelle Entwicklung kam mit der Zeit zu einem sehr betrüblichen Stillstand. Eine Art Erstarrung, ähnlich dem Stumpfsinn [französisch *hébétude* – Gleichgültigkeit, Lethargie] trat an Stelle der früheren Aktivität", schreibt Morel. Im Krankenhaus erholte sich der Junge körperlich, sein geistiger Zustand jedoch verschlimmerte sich, und er galt schließlich als hoffnungsloser Fall. Haslams und Pincls anfängliche Beobachtungen 50 Jahre zuvor hatten vermerkt, daß die Störung im Jugendalter einsetzte, deshalb schien Morels Ausdruck angemessen.

Zwischen Morel in der Mitte des 19. Jahrhunderts und der Revolution bei der Klassifikation psychischer Störungen, die Emil Kraepelin an der Heidelberger Klinik Ende des 19. Jahrhunderts in Gang brachte, wurde das „manisch-depressive Irresein" von französischen Psychiatern als eigenständige und von der Dementia praecox abgegrenzte, psychotische Störung gekennzeichnet. Andere deutsche Psychiater beschrieben die *Katatonie* („eingefrorene" Haltung und Mutismus, unterbrochen von völligem Verlust der motorischen Kontrolle), die *Hebephrenie* (läppische, inadäquate, unreife Emotionalität) und die *Paranoia* (Größenwahn) als getrennte, unterschiedliche Formen psychischer Störungen oder Psychosen. Einer anderen Ansicht zufolge, die aber wenig Anhänger fand, bildeten alle diese Psychosen einschließlich der manisch-depressiven und der *démence précoce* in Wirklichkeit eine einheitliche Psychose (in Deutschland als *Einheitspsychose* bezeichnet) mit progressivem Verfall. Das Konzept wurde 1963 von Karl Menninger wieder aufgegriffen und von bedeutenden Gelehrten unterstützt.

Auf den berühmten deutschen klinischen Psychiater Emil Kraepelin (1856 bis 1926) geht letztlich das endgültige Kategoriensystem zur Beschreibung von Sprach- und Verhaltensstörungen zurück, das den Kern der heutigen Psychopathologie bildet. (Karl Jaspers, ein jüngerer Zeitgenosse Kraepelins an der Heidelberger Universität, ergänzte das Verständnis der Schizophrenie von einem phänomenologisch-deskriptiven Blickwinkel aus, indem er die Pathologie der psychischen Prozesse spezifizierte.) Kraepelin prägte in seinen klinischen Untersuchungen von Schizophrenen größtenteils die heute noch verwendeten deskriptiven Termini. Er vereinheitlichte die oben erwähnten, zuvor unterschiedlichen Kategorien und gab diesem umfassenden Leiden den Namen *Dementia praecox*. Kraepelin vermutete, daß ein Jugendlicher, der Halluzinationen und Wahnvorstellungen entwickelte, sich bizarr verhielt, und über eine ausgedehnte Zeitspanne auffällig blieb, an der von Morel beschriebenen Dementia praecox litt, doch er schloß auch Patienten ein, die Katatonie und Hebephrenie aufwiesen. Kraepelin zufolge umfaßte die Störung eine Reihe klinischer Zustandsbilder mit einem gemeinsamen Merkmal: Sie münden in „Verblödung". Er erwähnte jedoch auch, daß nicht immer ein Verfall eintrat, daß nicht alle Patienten chronisch krank blieben und daß die Demenz manchmal erst nach der Adoleszenz einsetzte.

Nach langen und sorgfältigen Beobachtungen klassifizierte Kraepelin seine Patienten mit Dementia praecox nach zwei Kriterien: den Symptomen und dem Verlauf. Ab 1896 teilte er seine Patienten – häufig indem er Begriffe von anderen übernahm – in drei Typen ein: *hebephren*, *kataton* und *paranoid*. 1913 fügte er seinem Klassifikationsschema die *Dementia simplex* hinzu (Patienten mit nur leichten, „negativen" Symptomen). Diese Beschreibungen charakterisierten nicht nur die Symptome der Patienten, sondern auch den Schweregrad der Psychose von einfach und paranoid, dem leichtesten Grad, bis zu hebephren, dem schwersten. Durch die Bestimmung des Schweregrades des Zustands des Patienten machte Kraepelin zugleich auch eine Voraussage über den zu erwartenden Besserungsgrad, eine sogenannte Prognose.

Im gesamten 20. Jahrhundert haben Psychopathologen Anstoß an dem Ausdruck *Dementia praecox* genommen. Er impliziere einen unausweichlich hoffnungslosen Verlauf in allen Fällen, einen Verfall bis zur *idiotie* (Pinel) oder *stupidité* (Morel). Dennoch beobachteten die Ärzte, daß manche schwer „verblödeten" Patienten teilweise oder völlig genasen. Der Ausdruck impliziere einen Beginn in der Adoleszenz. Doch die Kliniker stießen auf Erwachsene, die mit 40, 50 oder sogar 60 Jahren zum ersten Mal an Dementia praecox erkrankten.

Der Schweizer Eugen Bleuler (1857 bis 1939) – ein Zeitgenosse Kraepelins, Jaspers', Freuds und Jungs – führte 1908 den Ausdruck *Schizophrenie* ein, wörtlich übersetzt Geistesspaltung. Durch die Neubenennung der Krankheit legte Bleuler den Akzent auf die Lockerung normalerweise integrierter psychischer Funktionen, die Desintegration von Denken, Fühlen und Wollen. Er lenkte die Aufmerksamkeit auf von Kraepelin vernachlässigte Aspekte der Erkrankung, zum Beispiel häufige soziale Remission und die Bedeutung der Emotionalität, und relativierte so die Auffassung eines unausweichlich progredienten, hoffnungslosen Verlaufs. Er glaubte, daß ein noch aufzufindendes Toxin die Veränderungen der Denkprozesse und das affektive Ungleichgewicht bei Schizophrenien verursache. (*Affekt* im psychiatrischen Sinne bezeichnet die allgemeine Reaktionsweise einer Person auf die Welt, ihre Anpassung und ihre emotionalen Reaktionen oder ihre „Grundgestimmtheit". So zeigt ein Patient mit *flachem Affekt* auf verschiedene Umstände keine emotionale Veränderung und einer mit *unangemessenem Affekt* lacht beispielsweise, wenn er vom Tod eines geliebten Menschen erzählt, oder weint aus keinem ersichtlichen Grund.)

Bleulers begriffliche Neufassung trug wesentlich bei zum wissenschaftlichen Verständnis der Schizophrenie als einer „Sperrung" des Denkens und Empfindens von *Personen*, die in den meisten anderen Hinsichten wie wir selbst sind. Als unbeabsichtigte Nebenwirkung dieses Begriffs jedoch glaubten viele Menschen jetzt, Schizophrene hätten eine gespaltene oder multiple Persönlichkeit. Dem ist nicht so. Die Schizophrenie kann ihr Opfer – eine Zeitlang, mehrmals oder für immer – von einem vernünftigen, intelligenten Menschen zu einer irrationalen, völlig verwirrten Person machen, doch sie schafft keine neue Person.

Vielleicht hätten die Wissenschaftler besser daran getan, sowohl Bleulers neuen Begriff als auch Morels alten Ausdruck zugunsten eines Namens zurückzuweisen, der hinsichtlich seiner Implikationen völlig neutral ist. Ein Historiker schlägt vor, wir hätten die Dementia praecox/Schizophrenie das Pinel/Haslam-Syndrom nennen sollen.

Historische Ansichten über psychische Störungen und ihre Behandlung: Mißdeutungen von Ursachen

Wenn wir die historische Entwicklung des Verständnisses der Schizophrenieursachen nachzeichnen wollen, sollten wir einen kurzen Blick darauf werfen, wie die Gesellschaft allgemein mit psychischen Störungen umgegangen ist. Es ist einsichtig, daß wir, wenn wir die Ursache einer Störung kennen, *rational begründete* Methoden – im Gegensatz zu bloßem Herumprobieren im Versuch-und-Irrtum-Verfahren – zur Prävention und Besserung entwerfen und anwenden können. Wenn wir jedoch wissen, was einem Menschen, der an einer psychischen Störung leidet, eine Symptomlinderung verschafft, muß das noch nicht heißen, daß wir damit auch unmittelbar die Ursachen der Störung kennen. Beispielsweise befreit Aspirin bekanntermaßen von Kopfschmerzen, diese werden jedoch nicht durch einen Aspirinmangel im Körper hervorgerufen. Wenn Beten das Verlustgefühl und die Depression nach dem Tod eines geliebten Menschen erleichtert, können wir daraus nicht schließen, daß eine vorausgehende Vernachlässigung der religiösen Pflichten die Depression verursacht hat.

Psychische Störungen galten historisch sowohl als spirituelle oder seelische Probleme (religiöse Sicht) als auch als Probleme des Körpers oder des Gehirns (medizinische Sicht). Welche Ursachensicht zu den verschiedenen Zeiten und in den verschiedenen Kulturen auch vorherrschte, sie wirkte sich massiv auf die Behandlung der psychisch Gestörten aus – darauf, ob sie in ihrer sozialen Umgebung bleiben durften oder isoliert oder gar ausgesetzt wurden, ob sie als von den Göttern auserwählt verehrt oder aber als vom Teufel besessen bestraft oder umgebracht wurden.

In Babylonien und Ägypten, wo sich zuerst eine systematische Medizin entwickelte, galt das „Besessensein" von Dämonen als Ursache psychischer Störungen. Die hebräische Kultur glaubte ebenfalls an solche exogenen (äußeren) Gründe, etwa den Zorn Gottes. In der fernöstlichen und hinduistischen Medizin hielt man psychische Störungen für das Ergebnis eines Kampfes zwischen zerstörerischen und aufbauenden Kräften. Teile eines der hinduistischen *Weden* (Sanskrit für „Wissen", um 1400 vor Christus) beschreiben ein Opfer von Teufeln, das gefräßig und schmutzig sei, nackt gehe, sein Gedächtnis verloren habe und bedrückt einhergehe. Diese Charakterisierung wird ausdrücklich von toxischen Verwirrtheitszuständen aufgrund von Vergiftung oder Alkoholkonsum unterschieden, ebenso von den Phasen gehobener Stimmung, wie sie bei der heute als manisch-depressiv bezeichneten Störung vorkommen. Aus diesem Grund wird die hinduistische Beschreibung manchmal als erste Dokumentation einer möglichen Schizophrenie zitiert.

In der klassischen Antike galten psychische Störungen vorwiegend als natürliche Phänomene mit endogenen (inneren) Ursachen, im Mittelalter verfiel man in Europa jedoch wieder auf das Übernatürliche. Die Erkenntnisse über psychische Störungen wurden dem religiösen Dogma unterworfen. Wie die gesamte Kultur in dieser Epoche – Literatur, Kunst, Musik, Gesellschaftsstruktur – waren auch Gesundheit und Krankheit in das religiöse Leben eingebunden und wurden mit Übernatürlichem erklärt. Der Glaube an das Besessensein von Teufeln und Dämonen wurde zu einem strukturierten System ausgebaut. Je nach Art und Schwere der Erkrankung waren psychisch gestörte Menschen von männlichen oder weiblichen Dämonen höheren oder niederen Ranges besessen. Allerdings schrieb diese Interpretation den Betroffenen selbst keinen Anteil am Bösen zu; sie galten als unglückliche Opfer des Bösen. So wurden sie zumindest menschlich behandelt.

Während des Mittelalters wurde die Fürsorge für psychisch Kranke zu einer Gemeinschaftsaufgabe. Infolgedessen sammelte man zum ersten Mal hilfsbedürftige Personen an zentralen Orten. In der islamischen Welt wurde 800 nach Christus in Damaskus das erste Krankenhaus für psychisch Kranke erbaut. Im 13. Jahrhundert wurde in Gheel in

Belgien eine Siedlung errichtet, in der Pflegefamilien geistig behinderte und psychisch kranke Kinder versorgten. Bald entstanden Institutionen, die auch für psychische Störungen eingerichtet waren, in Spanien (1365 in Granada) und England (Saint Mary of Bethlem 1243). Das Bethlem Hospital, das 1547 in den Besitz der Stadt London überging, war eine aufgeklärte Institution. Man pflegte die Patienten umsichtig und freundlich, und wenn sie das Hospital verließen und in ihre Familie und ihre Gemeinde zurückkehrten, erhielten sie Armbinden zur Identifikation. Die Gesellschaft zeigte sich so mitleidig gegenüber diesen entlassenen Patienten, daß angeblich Landstreicher Armbinden nachmachten, um sich als ehemalige Bethlem-Insassen auszugeben.

Die Verfolgung von psychisch Kranken durch Kirche und Gesellschaft, die in den Hexenverbrennungen gipfelten, fanden nicht im Mittelalter statt, sondern in der Frührenaissance. Zwischen dem 17. und 18. Jahrhundert verwandelte sich die Barmherzigkeit von Bethlem in das Tohuwabohu von Bedlam. (Angeblich (Allderidge 1985) verursachten die Schreie gequälter und vernachlässigter Patienten einen derartigen Lärm, daß Bethlem, verballhornt zu Bedlam, ein Synonym für das totale Chaos wurde.)

Paradox ist, daß das Mittelalter auf antiwissenschaftliche Erklärungen psychischer Störungen zurückgriff, die psychisch Kranken jedoch human behandelte, die geistige Aufklärung der Renaissance jedoch die schwärzeste Stunde in der Geschichte der psychiatrischen Behandlung mit sich brachte. Zwischen 1460 und 1680 wurden mehr als 50000 Menschen, einschließlich psychisch Kranker (keine sehr große Gruppe) und anderer Unglücklicher, in Europa in Hexenprozessen verurteilt. Eine päpstliche Bulle von 1484 ermächtigte zur Ausrottung der „Hexen". 1486 veröffentlichten zwei Dominikanermönche ein Handbuch zur Aufspürung von Hexen; dieser „Hexenhammer" blieb die nächsten 200 Jahre in Gebrauch. Der berüchtigte Massenhexenprozeß in Salem, Massachusetts, fand 1692 statt. Zumindest einige dieser Frauen waren offenbar psychisch krank; hysterische Jugendliche hatten sie denunziert.

Es gibt zahlreiche Spekulationen darüber, warum die öffentliche Einstellung gegenüber psychisch Kranken und anderen Benachteiligten sich von Freundlichkeit zu Verfolgung wandelte, unter anderem offensichtliche Psychopathologien bei den Hexenjägern selbst, Machtkämpfe zwischen Protestanten und Katholiken, Besitzneid, die Entmachtung der Frauen, der Ausdruck der durch die christliche Lehre unterdrückten Sexualität und die fatale Neigung unserer Spezies, in Belastungssituationen nach einem Sündenbock zu suchen.

Von der Renaissance bis zum 19. Jahrhundert wurden hospitalisierte Patienten gefesselt, oftmals mit Ketten, ausgepeitscht, mangelhaft ernährt, nicht gewaschen, mit Aderlässen, Abführmitteln und anderen „heilsamen" Foltermethoden traktiert. Die nicht hospitalisierten Kranken durchirrten das Land – vernachlässigt, verachtet, verprügelt.

Johann Reil (1759 bis 1813), ein deutscher Psychiatriereformer, schrieb über das späte 18. Jahrhundert:

> „Wir sperren diese unglücklichen Geschöpfe gleich Verbrechern in Tollkoben, ausgestorbene Gefängnisse, neben den Schlupflöchern der Eulen in öde Klüfte über den Stadttoren oder in die feuchten Kellergeschosse der Zuchthäuser ein, wohin nie ein mitleidiger Blick des Menschenfreundes dringt, und lassen sie daselbst, angeschmiedet an Ketten, in ihrem eigenen Unrat verfaulen. Ihre Fesseln haben ihr Fleisch bis auf die Knochen aufgerieben, und ihre hohlen und bleichen Gesichter harren des nahen Grabes, das ihren Jammer und unsere Schande zudeckt... Das nächtliche Gebrüll der Rasenden und das Geklirre der Ketten hallt Tag und Nacht in den langen Gassen wider, in welchen Käfig an Käfig stößt, und bringt jeden neuen Ankömmling bald um das bißchen Verstand, das ihm etwa noch übrig ist." (Zitiert nach Kraepelin 1918, S. 2/12.)

Im größten Teil Europas setzte sich nicht mit der Aufklärung, sondern erst danach ein menschlicherer Umgang mit psychisch Kranken durch. Pinel reformierte 1793 als neuer Anstaltsleiter Bicêtre in Paris. Er ließ den Patienten die Fesseln abnehmen, sie freundlich behandeln und gesund ernähren. Zwei Jahre später führte er dies auch an der Salpêtrière, der Frauenanstalt, ein. In Italien begann die Reform fünf Jahre vor Pinels Werk, unter Führung eines sehr mächtigen Großherzogs und seines Anstaltsleiters. Eine englische Kaufmannsfamilie – Quaker, angeführt von William und Samuel Tuke, Bewunderern Pinels – eröffnete 1796 York Retreat, um zu beweisen, daß Pinels humane Behandlung psychische Krankheiten lindern konnte. Die Anstaltsreform kam allerdings nur zögernd voran. Etwa ein halbes Jahrhundert später nahm die Sozialreformerin Dorothea Dix (1802 bis 1887), unterstützt durch veränderte Einstellungen zu menschlichem Leiden und öffentlicher Wohlfahrt, das Problem in Angriff und setzte Reformen in den amerikanischen Krankenhäusern und Gefängnissen durch; sie initiierte die Gründung des Saint Elizabeth Hospital (1855) und 32 staatlicher psychiatrischer Kliniken, mit denen sie eher Zufluchtsstätten, Asyle einrichten wollte. Das erste Public Hospital for Persons of Insane and

Disordered Minds in Nordamerika nahm 1773 mit 24 Zimmern im damals noch kolonialen Williamsburg in Virginia den Betrieb auf; damit demonstrierte es, daß psychische Störungen mehr mit Krankheit zu tun hatten, als mit Kriminalität, Landstreicherei oder Gottlosigkeit.

Die Ursprünge moderner Ansichten über psychische Störungen

Zwischen Pinels und Haslams ersten Beschreibungen einer möglichen Schizophrenie und Kraepelins bedeutenden wissenschaftlichen Arbeiten zu ihrer Aufklärung und Abgrenzung von anderen schweren psychischen Störungen verging ein Jahrhundert. Verständlicherweise war die Frage nach den Ursachen dieser Störungen während des gesamten 19. Jahrhunderts umstritten, da sich aus den oben geschilderten Behandlungsmethoden keine spezifischen Hinweise ergeben hatten, ob man es mit psychischen und moralischen oder vielmehr mit organischen Ursachen (Störungen im Gehirn und im Körper) zu tun hatte. Die Psychiatrie und die Neurologie entwickelten sich erst ab 1850 als eigenständige Disziplinen innerhalb der Medizin. Die wissenschaftliche Erkenntnis, daß Funktionsstörungen des Gehirns oder Hirnschäden gestörtes Verhalten verursachen, setzte sich langsam durch; 1813 wurde die Alkoholabhängigkeit und das Delirium tremens mit seinen Wahnvorstellungen und Halluzinationen beschrieben; 1822 erkannte man die Demenz und die psychotischen Erscheinungen im Zusammenhang mit der Neurosyphilis, und 1861, zur damaligen Zeit paradox, ergab Brocas Arbeit, daß eine Läsion des linken Frontallappens zum Verlust von Sprachfunktionen, jedoch *nicht* zu psychischen Störungen führte. Die Unklarheiten, welche Rolle das Gehirn im Gegensatz zur psychologischen Umgebung bei der Entstehung psychischer Störungen spielte, blieben bestehen, da mit dem groben Werkzeug jener Tage bei obduzierten Psychotikern keine Läsion und keine Erkrankung im Gehirn nachzuweisen war.

1896 beobachtete Kraepelin, daß etwa zehn bis 15 Prozent aller in psychiatrische Kliniken eingewiesenen Personen und die überwiegende Mehrzahl aller chronischen Patienten den Kriterien entsprach, die er für die Dementia praecox entwickelte. Er konzedierte bereitwillig Mängel des Begriffs *Dementia praecox*, da nahezu die Hälfte seiner 1000 Kriteriumsfälle erst nach dem Alter von 25 Jahren zum ersten Mal erkrankt war und viele seiner Patienten teilweise oder ganz genasen.

Während er seine Patienten beschrieb, suchte er zugleich nach einer Ursache oder nach Ursachen der „organischen Krankheit", die er glaubte, umrissen zu haben.

Er verwarf die vorherrschende Umwelt-Theorie, daß nämlich die zunehmende Verstädterung und die dadurch bedingte psychische Belastung in der Jugend die Krankheit auslöse. Dazu reiste Kraepelin nach Singapur, um die Patienten eines psychiatrischen Krankenhauses – Malayen, Javaner und Chinesen – selbst zu untersuchen und um sich über japanische Patienten zu unterrichten; alle ähnelten den seinigen. Aus dieser Erfahrung schloß er, daß die Dementia praecox bei Europäern nicht mit Rasse, Klima, Ernährung oder allgemeinen Lebensumständen zusammenhing. Trotz der offensichtlichen Unterschiede im Verstädterungsgrad und den Praktiken der Kindererziehung zwischen diesen Kulturen und den europäischen zeigte die Krankheit hier wie dort dieselben Symptome und denselben Verlauf.

Kraepelin glaubte, daß die Störung in irgendeiner Weise vererbt sei. Er und andere mitteleuropäische Psychiater behaupteten, daß bei 50 bis 70 Prozent ihrer schizophrenen Patienten eine familiäre Vorbelastung vorliege. Nicht nur Eltern und Großeltern waren betroffen, sondern auch Brüder und Schwestern.

Diese Forscher des frühen 20. Jahrhunderts konnten sich noch nicht auf eine wissenschaftliche Genetik stützen, mit der sie die familiären Vererbungsmuster einiger menschlicher Eigenschaften hätten beobachten können. Gregor Mendels (1822 bis 1884) klassische botanische Studien von 1866 zur Untersuchung der Vererbungsmechanismen blieben bis zur Jahrhundertwende weitgehend unbeachtet. Aus seinen heute berühmten Zuchtexperimenten mit Erbsen schloß er auf die Übertragung einfacher „Faktoren", heute Gene genannt, die die rote oder weiße Farbe der Blüten bestimmten. Rein Rot gekreuzt mit rein Weiß ergab in der nächsten Generation nur rote Blüten; das bewies eine ausreichend „dominante" Grundlage für Rot. Die Kreuzung roter Blüten der zweiten Generation untereinander jedoch ergab unter je vier Fällen eine weißblühende Erbsenpflanze; Weiß beruhte also auf einer „rezessiven" Grundlage und erforderte je ein Gen für Weiß von jeder Elternpflanze. Auf vielen Gebieten der Medizin wandte man eilends die sauberen Prinzipien des einfachen dominanten oder rezessiven Erbgangs an, so daß bei jeder Störung, die sich von einer Generation auf die nächste zu übertragen schien, Geschwister ein Risiko von 50 beziehungsweise 25 Prozent tragen sollten. Die psychiatrischen Fachleute bildeten da keine Ausnahme. 1908 zeigte A. E. Garrod in seinen Vorlesungen am Royal College of Physicians in London – eine Glanzleistung, die bahnbrechend war für die biochemische Humangenetik –, wie man angeborene Stoffwechselstörungen auf das Mendelsche rezessive Modell zurückführen konnte. Das Mendelsche Modell erklärte beispielsweise, warum bei bestimmten Eltern, die selbst völlig unauffällig erschienen, zu erwarten war, daß ihr Kind mit 25 Prozent Wahrscheinlichkeit ein Albino würde. Beide Elternteile mußten ein rezessives Gen für Albinismus tragen, das sich bei ihnen selbst nicht manifestierte, da sie auch ein kompensierendes, normales Gen besaßen. Wenn zwei Genträger einen Albinonachkommen erzeugten, konnte man bei 25 Prozent aller Nachkommen solcher Eltern zuverlässig Albinismus vorhersagen, vorausgesetzt, man verfügte über genügend derartige Paare und genügend große Familien, um Schwankungen durch Stichprobenfehler zu vermeiden.

Trotz der Einfachheit des Modells dauerte es fast drei Jahrzehnte, bis auch nur einige wenige Krankheiten entschlüsselt waren, die auf rezessive Gene zurückgingen. Leider gehörte die Schizophrenie nicht dazu, ebensowenig andere schwere Störungen mit familiärer Häufung wie Alkoholismus, Kriminalität und Diabetes. Dennoch bezweifelte kaum jemand die wahrscheinlich zentrale Rolle der Erblichkeit bei der Schizophrenie. Kraepelin, Bleuler und sogar Freud, die sich alle mit der Störung beschäftigten, stimmten darin überein.

Ein Mitarbeiter Kraepelins in München, Ernst Rüdin, führte 1916 die erste wissenschaftlich solide genetische Untersuchung der Schizophrenie durch. Als Vollblutwissenschaftler prüfte Rüdin die familiäre Verteilung der Schizophrenie und schloß daraus, was auf der Hand lag: Es war kein einfaches Mendelsches dominantes Merkmal verantwortlich (wäre dem so gewesen, hätte jeder Schizophrene mindestens einen betroffenen Elternteil haben müssen). Er probierte es mit dem rezessiven Modell, ebenfalls erfolglos: Nur 4,48 Prozent der Brüder und Schwestern seiner schizophrenen Probanden (von denen keiner schizophrene Eltern hatte) konnten als schizophren diagnostiziert werden. Hingegen stellte er fest, daß etwa vier Prozent der Geschwister an anderen Psychosen litten. Doch selbst wenn er alle anderen betroffenen Geschwister als schizophren betrachtet hätte, wäre er niemals auch nur in die Nähe der 25-Prozent-Rate gekommen, die das rezessive Modell forderte. Rüdin versuchte es mit einem komplizierteren Mendelschen Modell, das annahm, daß die schuldigen Gene an beiden von zwei unabhängigen Orten sitzen mußten (das Merkmal also durch zwei Genpaare vererbt wurde). Obwohl diese theoretischen Voraussagen den empirischen Befunden näher kamen ($0,25 \times 0,25 = 6,25$ Prozent), war er nie davon überzeugt, daß dieser Vorläufer eines „polygenen" Modells den Daten entsprach. Rüdin, der später die berühmte, genetisch orientierte Münchener Schule prägen sollte, untersuchte Stief- und Halbgeschwister und berücksichtigte eine Anzahl von Umweltfaktoren, alles mit negativem Ergebnis.

Obwohl Rüdin als erster die Vorstellung aufbrachte, daß multiple Risikofaktoren zur Entwicklung von Schizophrenie beitragen, konnte er nicht feststellen, wie die Störung übertragen wurde. Er fand heraus, daß Schizophrenie, andere Psychosen oder Alkoholismus bei einem Elternteil das beobachtete Schizophrenierisiko für die Schwestern und Brüder von Schizophrenen steigerte. Seine Kollegen und er kamen auch zu dem Schluß, daß die Schizophrenie genetisch von der manisch-depressiven Störung unabhängig sei, mit der sie manchmal verwechselt wurde (und noch wird). Bei der Beschäftigung mit den genetischen Aspekten kam Rüdin zu der festen Überzeugung, daß Umweltfaktoren ebenfalls entscheidend dafür waren, wer schizophren wurde.

Als typische psychische Störung weckte die Dementia praecox/Schizophrenie die Aufmerksamkeit der meisten Psychiater und Psychologen der ersten Jahrzehnte des 20. Jahrhunderts, einschließlich Freuds und Jungs. Ihre Arbeiten über diese Störung sind historisch interessant, doch weil sie die Rolle der frühen Erfahrung, der Sexualität, der „Wiederkehr des Verdrängten" und der „Redekur" bei einem Großteil der psychischen Störungen betonten, trug ihre Arbeit nichts Bedeutendes zum weiteren Verständnis der Schizophrenie bei – weder in bezug auf die Ursachen noch für die Therapie. Eugen Bleuler, Lehrer und Freund Jungs, eines der ersten Mitglieder der Psychoanalytischen Gesellschaft Freuds und der Erfinder des Begriffs *Schizophrenie*, trug sehr viel mehr zur Erforschung dieser Störung bei als einen Namen, doch seine wichtigen Leistungen auf diesem Gebiet erbrachte er eher trotz als wegen seiner freudianischen Verbindungen.

Bleulers Ansichten widersprachen zwar denen Kraepelins nicht grundsätzlich, doch seine Veröffentlichung von 1911 über Schizophrenie ging in gewisser Weise über Kraepelins Befunde hinaus. Bleuler glaubte, daß Kraepelins Beschreibungen eher auf Sekundär-, als auf Primärsymptome abhöben und daß das Hauptproblem im gestörten Denken liege. Seiner Argumentation zufolge bestanden die Primärsymptome in einer Lockerung der Assoziationen (so werden etwa unzusammenhängende Gedanken verknüpft), Autismus (völlige Selbstbezogenheit), Affektstörung (unangemessene Emotionen und Handlungen) und Ambivalenz (tiefgreifende Unfähigkeit, zwischen unvereinbaren Strebungen zu entscheiden). Wahnvorstellungen, Halluzinationen und Katatonie folgten Bleulers Ansicht nach aus diesen grundlegenderen Störungen. Bleulers Text von 1911 zeigt auch das Bemühen, die psychodynamischen Vorstellungen Freuds und Jungs zu berücksichtigen. Kraepelin warf Bleuler ungehalten vor, er habe unnötige Interpretationen in das Fachgebiet eingeführt. Scharf kritisierte er:

> „Wir begegnen hier überall den kennzeichnenden Grundzügen der Freudschen Forschungsrichtung, der Darstellung willkürlicher Annahmen und Vermutungen als gesicherter Tatsachen, die unbedenklich zum Aufbau immer neuer und höher sich türmender Luftschlösser benutzt werden, sodann der Neigung zu maßloser Verallgemeinerung von Einzelbeobachtungen. Ich muß offen gestehen, daß ich den Gedankengängen dieser ‚Metapsychiatrie‘, die wie ein Komplex die nüchterne, klinische Beobachtungsweise aufsaugt, beim besten Willen nicht zu folgen vermag. Da ich auf dem festen Boden der unmittelbaren Erfahrung zu wandeln gewohnt bin, stolpert mein philiströses naturwissenschaftliches Gewissen auf Schritt und Tritt über Einwände, Bedenken und Zweifel, über die den Schüler Freuds die leichtbeschwingte Einbildungskraft ohne weiteres hinwegträgt." (1913[8], S. 938.)

Man muß dazu sagen, daß Freuds Lehre von seinen Schülern und Anhängern oft übermäßig verallgemeinert wurde, weit über die Voraussetzungen hinaus, unter denen sie von Nutzen sein mag. Dies hat die Erforschung und das Verständnis der Schizophrenie behindert, weil es die biologische und genetische Forschung gehemmt hat, und wir haben einen Großteil des 20. Jahrhunderts mit diesem Hemmnis gelebt. Die psychiatrischen und psychologischen Fachleute glauben, daß Umwelt-, interpersonelle und intrapsychische Stressoren zu Schizophrenie beitragen; wir glauben jedoch nicht, daß eine unzulängliche Mutter oder ein unzulänglicher Vater, mangelnde Zuwendung oder irgendein anderer Umweltfaktor *allein* einen Menschen schizophren werden lassen. Wir glauben nicht, daß verbale Kommunikation als solche eine Schizophrenie verursachen oder heilen kann.

Viele Wissenschaftler verschiedener Fachgebiete untersuchen diese rätselhafte Krankheit eingehend seit mehr als 200 Jahren. Nur zu leicht übersieht man, daß das Verständnis der Funktionsweise und Funktionsstörungen des menschlichen Körpers und Gehirns in diesem Zeitraum nicht mit den menschlichen Leistungen in Kunst, Musik, Literatur, Technik und Architektur Schritt gehalten hat. Man probierte Dutzende von Therapien für schwer psychisch Gestörte aus, von rotierenden Stühlen bis zu Aderlässen und Psychoanalyse, ohne durchschlagenden Erfolg. Erst in den 50er Jahren setzten sich spezifisch antipsychotische

Medikamente durch, die zwar nicht kausal wirken, aber doch einige der „auffälligsten" Symptome der Schizophrenie – Wahnvorstellungen, Halluzinationen und Denkstörungen – zurückdrängen und beseitigen können. Die Neurowissenschaften und die Sozialwissenschaften haben Sackgassen erkundet, jedoch auch viele Hauptstraßen, auf denen man neue Erkenntnisse über die Funktionsweise des Gehirns und des Nervensystems sowie die Wirkungsweise chemisch-pharmazeutischer Substanzen gewonnen hat. Unter den Experten herrscht jedoch immer noch keine Einhelligkeit über die Ursache oder die Ursachen der Schizophrenie. Ein kausal wirkendes Medikament gibt es bisher auch nicht. Zwei Jahrhunderte Forschung haben jedoch Erkenntnisse darüber gebracht, wie Anlage- *und* Umweltfaktoren gemeinsam Schizophrenie hervorrufen. Das läßt hoffen.

Die folgenden Kapitel umreißen Strategien, wie sie etwa ein Sherlock Holmes benutzt hätte, um einige falsche und irreführende Hinweise sowie solide und übersehene Befunde zu verfolgen und sich so dem Rätsel der Schizophrenie und ihrer Ursachen zu nähern. Bei unserer „Spurensuche" werden wir anhand der persönlichen Erfahrungsberichte von Patienten und ihren Familien direkt miterleben, was es heißt, an Schizophrenie zu leiden und mitzuleiden. Wertvolle „Indizien" liefert die *Epidemiologie*, die die Muster des Auftretens und Verschwindens von Schizophrenie in verschiedenen Familien, sozialen Gruppen und nationalen Kulturen untersucht und dabei den Einfluß psychosozialer Belastungsfaktoren und auch zeitliche Veränderungen verfolgt.

Wenn es je einen wissenschaftlichen/philosophischen Konflikt gab, der eine Lösung fordert, dann der, der etwa seit den letzten 200 Jahren zwischen dem reduktionistischen und dem synthetischen Ansatz ausgefochten wird. Der bedeutende Evolutionsbiologe Theodosius Dobzhansky beschrieb zwei Methoden zur Erforschung der Funktionen, Strukturen und Wechselbeziehungen aller lebendigen Geschöpfe: „die cartesianische oder reduktionistische und die Darwinsche oder kompositionistische" (1969, S. 1). Man darf dies nicht so verstehen, daß die Methodologie der Biologie sich in solche scharf voneinander getrennten Lager spalten ließe. Beide Aspekte sind notwendig und komplementär. Ein Konflikt muß gar nicht erst entstehen, da sie nur zwei Seiten ein und derselben Münze darstellen: der Suche nach den Ursachen. Diese Suche setzt, wie sich in den folgenden Kapiteln zeigen wird, ein plausibles und umfassendes Modell der Ursachen, Behandlung und Prävention der Schizophrenie voraus. Ein derartiges Modell muß sich auf die Spitzenergebnisse einer Reihe von Disziplinen stützen, die sich sowohl mit „verdrehten" Seelen als auch mit verdrehten Molekülen befaßt.

2. Woran man Schizophrenie erkennt

Darstellung, Definition und Diagnose

Wenn wir die Ursachen der Schizophrenie klären wollen, müssen wir zunächst dafür sorgen, daß nur diejenigen Menschen, die tatsächlich an dieser speziellen Störung leiden, als schizophren klassifiziert, identifiziert oder diagnostiziert werden, bevor wir die Störung selbst näher betrachten können. Personen, die an einer anderen Störung leiden, müssen wir aus den weiteren Betrachtungen ausschließen, um das „Rauschen" zu minimieren, das den Nachweis manchmal schwacher Signale behindert.

Die Diagnose der Schizophrenie wird heute noch genauso gestellt wie um die Jahrhundertwende: aufgrund der beobachteten Psychopathologie; das heißt, aufgrund der auffälligen Denk- und Wahrnehmungsmuster, wie sie aus der Sprache und dem Verhalten des Patienten zu erschließen sind. Wir hätten gerne eine definitive Neuropathologie (chemisch oder anatomisch), an der wir eine gültige Schizophreniediagnose festmachen könnten, doch dieses Ziel haben wir noch nicht erreicht. Eine exakte Diagnose setzt sich aus drei Bestandteilen zusammen: 1) ein sorgfältiges Gespräch mit dem Patienten, um gegenwärtig vorhandene und fehlende Symptome zu bestimmen, 2) eine psychische und körperliche Anamnese des Patienten und 3) eine psychische Anamnese der Verwandten des Patienten. Die ersten beiden Punkte sind wesentlich für alle diagnostischen Zwecke; ob der dritte benötigt wird, hängt davon ab, wer die Diagnose stellt und zu welchem Zweck. Wenn ein Kliniker die Diagnose stellt, um therapeutische Maßnahmen für einen individuellen Patienten festzulegen, ist die Familiengeschichte wesentlich. Wenn die Diagnose für genetische Analysen gestellt wird, ist die Familiengeschichte das letzte, was der Forscher wissen will; jede Diagnose innerhalb der Familie eines Schizophrenen sollte „blind" (völlig ohne Wissen über den Bezug zu anderen Familienmitgliedern) erfolgen, damit neutrale Diagnoseentscheidungen nicht durch dieses Wissen verzerrt werden können. Der Diagnostiker muß in der Forschung unabhängig entscheiden können, ob von den Verwandten eines Schizophrenen jemand schizophren ist. Paradoxerweise ist genau das, was für den Praktiker wesentlich ist, eine denkbar schlechte Praxis für den Forscher.

Dem Kliniker hilft die Kenntnis der Familiengeschichte, auch wenn 89 Prozent aller Schizophrenen keine schizophrenen Eltern haben und 81 Prozent weder schizophrene Eltern, noch schizophrene Geschwister haben. Dennoch bestätigen jahrelange Forschungen, daß Schizophrenie oder die Neigung zur Entwicklung von Schizophrenie stark durch familiäre Faktoren, genetische und milieubedingte, beeinflußt wird. Wenn also der Diagnostiker in der Ahnentafel (dem Stammbaum) des Patienten auf mögliche Schizophrene stößt, sollte er dem Verdacht nachgehen, daß eine Schizophrenie die floriden oder auch die unterschwelligeren Symptome verursacht, von denen der Betreffende berichtet.

Schon die ersten Beschreibungen erwähnten, daß Schizophrenie in bestimmten Familien gehäuft auftrete. Diese Tendenz könnte entweder auf eine vererbte Anlage oder auf eine entsprechende Umwelt hindeuten oder auf eine Kombination aus beidem. In den letzten 75 Jahren erhärteten zuverlässige Studien an Schizophrenen und ihren Familien, daß diese familiäre Häufung weitgehend auf irgendeinem Aspekt der genetischen Vererbung beruht. Wir glauben, daß die Gene nicht als solche und aus sich heraus zu Schizophrenie führen, daß sie jedoch eine Prädisposition oder eine Bereitschaft – eine ererbte Anfälligkeit oder Wahrscheinlichkeit – bedingen, und wenn umweltbedingte und/oder somatische Belastungen hinzukommen, manifestiert sich die Störung. Es ist bisher kein Umweltfaktor nachgewiesen worden, der als solcher Schizophrenie verursachte. In mehr als einem Jahrhundert Forschungstätigkeit hat niemand eine einzelne Ursache für Schizophrenie gefunden, die einzig und allein in der Sozialisation des Patienten begründet gewesen wäre. Die angeblich kausalen Umweltbedingungen – abweichende Erziehungsumstände wie etwa früher Tod der Eltern, auffällige Ehen zwischen auffälligen Eltern und auffällige Eltern-Kind-Beziehungen sowie Schicksalsschläge wie Krieg, Armut, katastrophale persönliche Beziehungen und Hirnverletzungen – finden sich weitverbreitet, doch die meisten Menschen, die so etwas erleben, werden nicht schizophren, obschon sie sich vielleicht gestreßt fühlen und einen „Nervenzusammenbruch" erleiden. Im selben Zeitraum ergab sich zumindest auf wissenschaftlichem Gebiet aus bestimmten Umständen und indirekten Nachweisen die zentrale Rolle der Genetik, auch wenn der Erbgang nicht geklärt wurde. Die Unklarheit an der diagnostischen Front jedoch verlängert den Zustand der Unklarheit über die definitiven Ursachen.

Bisher gibt es keinen Bluttest, keine Urin- oder Liquoranalyse, keine CT (Computertomographie), keine Meßmethode der regionalen Hirndurchblutung (rCBF), keine PET (Positronenemissionstomographie) oder NMR (Kernspintomographie) des Gehirns, die eine zweifelsfreie Diagnose der Schizophrenie liefern könnten. Die neuesten Entwicklungen lassen erwarten, daß man Information über die elektrischen und magnetischen Felder des Gehirns dazu verwenden kann, mögliche strukturelle oder funktionale Auffälligkeiten bei Schizophrenen zu spezifizieren. Irgendwann werden wir schließlich über eine hochspezielle Methode zum Nachweis von Schizophrenie sowie der entsprechenden Prädisposition verfügen. Wir wissen, daß im Gehirn eines Schizophrenen irgendetwas chemisch und/oder physikalisch schiefläuft, doch wir wissen noch nicht was. Die seit 1953 zur Behandlung der Schizophrenie verwendeten antipsychotischen Psychopharmaka sprechen für einen Überschuß oder Mangel an bestimmten Neurotransmittersubstanzen oder Rezeptoren im Gehirn, doch dies sind nur Hinweise. Die Forschung geht an allen Fronten weiter, doch keine Methode hat bisher *die* Antwort geliefert.

Reduktion von Unsicherheiten bei der Diagnose der Schizophrenie

Erfahrene klinische Psychiater und Psychologen sind sich in ihrem Urteil darüber, ob ein bestimmter Patient schizophren ist oder nicht, gewöhnlich einig. Trotz einer solchen Übereinstimmung bleibt die Diagnose umstritten, weil die Symptome, einzeln betrachtet, nicht einzig und allein bei der Schizophrenie auftreten. Sie können auch durch andere psychische oder körperliche Störungen, traumatische Belastungen, verordnete Medikamente, illegale Drogen und Hirnverletzungen ausgelöst werden. Eine sichere Diagnose der Schizophrenie erfordert daher eine multidimensionale Bewertung des Verhaltens, das in manchen Zügen durchaus dem „normalen" oder aber dem bei anderen psychiatrischen Störungen entsprechen kann, in manchen Aspekten aber relativ spezifisch für Schizophrenie ist. Diese Schwierigkeiten allein können für Verwirrung sorgen. Dazu kommen jedoch noch die schwer einzuordnenden Variationen im Erscheinungsbild der Störung bei einzelnen Patienten.

Schizophrene Symptome können zu leichter, mäßiger, schwerer oder völliger Behinderung führen. Der Zeitraum ihrer ersten Manifestation erstreckt sich von Pubertät und Adoleszenz bis ins Alter über 50 und sogar über 60 Jahren. Die erste Episode kann unbehandelt einige Wochen oder viele Jahre dauern. Der Remissionsgrad reicht über die ganze Skala von dem Zustand, der euphemistisch als „völlige soziale Remission" bezeichnet wird – es wird wieder ein gesellschaftlich tolerierter Anpassungsgrad erreicht, der jedoch denjenigen vor der Erkrankung nicht mehr erreicht –, bis zu dem chronischer Beeinträchtigung, wenn auch ohne Hospitalisierung.[5] Und die Lebensgeschichte eines Schizophrenen kann nur eine oder zwei Episoden (leicht, mäßig oder schwer) enthalten oder ein Dutzend oder mehr, die zunehmend schwerer werden und in immer kürzeren Abständen auftreten.

Wegen dieser Schwankungen in Symptomatik, Schwere, Krankheitsverlauf und Ausgang sprechen manche von *den Schizophrenien*. Das Argument ist so alt wie die Diagnose. Kraepelin war, anders als seine Zeitgenossen, überzeugt davon, daß es sich um nur ein Krankheits„thema" mit Variationen handele. Daß er Hebephrenie, Katatonie und Dementia-Paranoia zu einer Einheit zusammenfaßte, wurde später als Geniestreich erkannt. Kraepelin erfaßte durch das „Rauschen" der verschiedenen klinischen Bilder hindurch ein Grundthema. Der Untertitel von Eugen Bleulers Monographie von 1911 – *Dementia praecox oder die Gruppe der Schizophrenien* – wurde dahingehend fehlinterpretiert, Bleuler habe Kraepelins Zusammenfassung rückgängig machen wollen. Bleuler wollte in Wirklichkeit Kraepelins Ansicht auf ein breiteres Spektrum von Erkrankungen und Ausgängen erweitern. Daß er den Plural verwendete, sollte seinem gleichermaßen berühmten Sohn Manfred Bleuler zufolge verhindern, daß vorschnell die Vorstellung akzeptiert wurde, eine einzige Einzelursache genüge, um die verschiedenen klinischen Bilder zu erklären, die unter der Rubrik Dementia praecox beobachtet wurden. Im allgemeinen beeinflußten die engeren, Kraepelinschen Kriterien die europäische klinische Praxis und Forschung; an den weiter gefaßten Kriterien Bleulers orientierten sich eher die amerikanischen Diagnostiker. Die amerikanische Psychiatrie wurde wie Bleuler selbst durch einen ausgeprägt freudianischen, psychodynamischen Ansatz geprägt. Je enger die Kriterien – daß etwa bestimmte trennscharfe Symptome vorliegen müssen, daß also der Patient zum Beispiel glaubt, ihm würden fremde Gedanken eingegeben, oder daß (nichtexistierende) Stimmen sein Verhalten kommentieren –, desto weniger Fälle mit allgemein abweichendem Verhalten werden als schizophren diagnostiziert. Sehr trennscharfe Symptome führen bei ihrem Vorhandensein zu weithin übereinstimmenden Schizophreniediagnosen. Je weiter die Kriterien – etwa geringe Motivation zur sozialen Anteilnahme, ein Verfall der Persönlichkeit und einige gestörte Denkprozesse –, desto mehr Fälle mit allgemein abweichendem Verhalten werden als schizophren diagnostiziert; darunter sind auch „falsch-positive" Diagnosen, weil derartige Symptome für sich allein genommen *nicht sehr spezifisch* für Schizophrenie sind.

Wir glauben, daß die Schizophrenie in ihrem Kern *im wesentlichen* eine Einheit ist, eine klar definierbare psychische Störung, die über das gesamte Kontinuum ihrer Erscheinungsweisen als Einheit untersucht werden muß. Es finden sich jedoch auch gegenteilige Meinungen. Bis auf einige später diskutierte Ausnahmen vertreten wir die Seite der „Vereiniger", nicht die der „Spalter"; wir weigern uns beispielsweise, die paranoide Schizophrenie mit spätem Beginn als etwas qualitativ Anderes zu begreifen als die hebephrene Schizophrenie mit früherem Beginn. Die Gattungsbezeichnung der Störung lautet Schizophrenie – darüber sind sich die psychiatrischen und psychologischen Fachleute einig, genauso wie darüber, daß der Gattungsbegriff für unsere beliebte, gefrorene Süßspeise „Eis" lautet. Umstritten ist nur, ob das „wahre" Eis von der italienischen Eisdiele oder von einem Großhersteller kommt oder ob die beliebteste Sorte Schokolade, Vanille oder Erdbeer ist.

Obwohl die Westeuropäer das Verfahren, das gegenwärtig in Nordamerika als Standard gilt, als bloße Routine betrachten, hat das *Diagnostische und Statistische Manual Psychischer Störungen – Revision der 3. Auflage* (DSM-III-R) die amerikanische Diagnose endlich verengt und eine standardisierte Leitlinie zur diagnostischen Schulung bereitgestellt. Die im DSM-III-R aufgeführten und zu strukturierten Interviews ausgearbeiteten Kriterien – wie dem *Diagnostic Interview Schedule* und der *Present State Examination* – sind im wesentlichen Kodifizierungen dessen, was viele „neokraepelinianische" Kliniker seit Jahren machen.

Das DSM-III-R listet die Symptome etwa so auf wie eine chinesische Speisekarte die Gerichte; das heißt, man wähle drei Symptome aus Rubrik A, eines aus Rubrik B und keines aus Rubrik C. Scheint das Verfahren auch mechanisch, so ist es doch wenigstens reliabel, strukturiert und kriteriumsorientiert. Wir sind mit ihm in einer besseren Lage als ohne. Doch nur weil es jetzt eine Leitlinie gibt, können wir nicht alle Daten und Erkenntnisse wegwerfen, die vor 1987 über die Schizophrenie gesammelt wurden, nur weil damals die operationalen Definitionen nicht verwendet wurden. Die fruchtbare Forschungsarbeit setzte 1916 mit Familienstudien zur Schizophrenie ein, und vieles von dem, was Kraepelin, Bleuler und Jaspers zu sagen hatten, trifft noch heute zu.

Dem DSM-III-R zufolge orientiert sich die Diagnose der Schizophrenie an folgenden Kriterien:

A) Vorhandensein charakteristischer psychotischer Symptome während der floriden Phase: entweder (1), (2) oder (3) mindestens eine Woche lang (es sei denn, die Symptome wurden erfolgreich behandelt):
   (1) zwei der folgenden:
      (a) Wahn;
      (b) eindeutige Halluzinationen (entweder ohne Unterbrechung einige Tage lang oder mehrere Male in der Woche, wochenlang; alle halluzinatorischen Erlebnisse dauern länger als nur wenige kurze Momente);
      (c) Zerfahrenheit oder auffallende Lockerung der Assoziationen;
      (d) katatones Verhalten;
      (e) flacher oder deutlich inadäquater Affekt.
   (2) bizarrer Wahn (d. h. dazu gehören Phänomene, die im Kulturkreis des Betroffenen als vollkommen abwegig angesehen würden, z. B. Gedankenausbreitung oder Kontrolle durch eine tote Person);
   (3) vorherrschende akustische Halluzinationen (wie in (1)(b) definiert), bei denen der Inhalt keinen offensichtlichen Zusammenhang mit Depression oder gehobener Stimmung hat. Oder auch Halluzinationen, bei denen eine Stimme das Verhalten bzw. die Gedanken des Betroffenen kommentiert, oder bei denen sich zwei bzw. mehrere Stimmen miteinander unterhalten.
B) Im Verlauf der Störung sinkt die Leistung in Bereichen wie Arbeit, soziale Beziehungen und Selbständigkeit beträchtlich unter das höchste Niveau, das vor der Störung erreicht wurde (bei Störungsbeginn in der Kindheit oder Adoleszenz wird der zu erwartende Entwicklungsstand nicht erreicht).
C) Eine Schizoaffektive Störung und Affektive Störung mit psychotischen Merkmalen wurden ausgeschlossen; d. h. falls einmal ein Syndrom einer Major Depression oder Manie während einer floriden Störungsphase vorlag, war die Gesamtdauer aller Episoden des affektiven Syndroms kurz im Verhältnis zur Gesamtdauer der floriden und residualen Störungsphasen.

D) Kontinuierliche Anzeichen der Störung mindestens sechs Monate lang. (...)

E) Es kann nicht nachgewiesen werden, daß ein organischer Faktor [zum Beispiel ein Gehirntumor oder -trauma, Drogenintoxikation etc.] die Störung hervorgerufen und aufrechterhalten hat.

F) Besteht in der Anamnese eine Autistische Störung [eine Psychose des Kindesalters], wird die Zusatzdiagnose der Schizophrenie nur gestellt, wenn auch Wahn oder Halluzinationen im Vordergrund stehen.

Für die Diagnose „Schizophrenie" müssen alle Kriterien von A bis F erfüllt sein. Ein früheres willkürliches Kriterium – der Erkrankungsbeginn müsse bei 45 Jahren oder weniger liegen – wurde aus gutem Grund aus den DSM-III-R herausgenommen: Etwa zehn Prozent aller Schizophrenen werden in einem höheren Alter als 45 Jahre zum ersten Mal eingewiesen.

Sowohl das DSM-III-R als auch die Internationale Klassifikation der Krankheiten der Weltgesundheitsorganisation (ICD der WHO, Standard außerhalb der Vereinigten Staaten) tragen dazu bei, ein diagnostisches Bild zu zeichnen. Dem DSM-III-R zufolge bildet die Schizophrenie eine Gruppe von Störungen, die durch das Auftreten einer Denkstörung gekennzeichnet sind. Das DSM lenkt die Aufmerksamkeit auf die Fehlinterpretationen der Realität durch den Patienten – Wahnvorstellungen und Halluzinationen, unangemessene emotionale und soziale Reaktionen und zurückgezogenes, regressives oder bizarres Verhalten. Die ICD hebt mehr auf eine grundlegende Persönlichkeitsstörung und das häufig auftretende Gefühl ab, von äußeren Mächten kontrolliert zu werden, sowie auf die im DSM aufgeführten Wahnvorstellungen, bizarren Wahrnehmungen und unangemessenen emotionalen und sozialen Verhaltensweisen. Die ICD hat die willkürliche Altersgrenze des DSM von 45 Jahren niemals aufgenommen. Beide Klassifikationssysteme setzen voraus, daß zunächst organische Hirnschäden verschiedenen Ursprungs als diagnostische Möglichkeit ausgeschlossen werden.

Obwohl in beiden Fällen viele derselben merkwürdigen Symptome auftreten, gibt es einen schlagenden Unterschied zwischen dem diagnostischen Bild der Schizophrenie und dem der organischen Psychose: Der schizophrene Patient ist nicht desorientiert, delirant oder verwirrt. In den meisten Bereichen des Alltagslebens, wie Einkaufen, Finanzen einteilen, ein Baby versorgen, stehen Schizophrene mit beiden Beinen auf dem Boden der Realität; sie wissen, welcher Tag und welches Jahr ist, können die Zeitung lesen, erkennen Freunde und Verwandte und führen manchmal verständige Gespräche. Bei Schizophrenen bleiben – im Unterschied zu Patienten mit körperlich begründbaren Psychosen – Bewußtseinsklarheit und intellektuelle Fähigkeiten erhalten. Schizophrene Patienten glauben häufig sogar, daß ihr Verhalten vernünftig sei und daß die anderen viel Lärm um nichts machten. Typisch schizophrenes psychisches Verhalten kann im Gegensatz zu dem mit anderen Psychosen verbundenen prägnant als „unverständlich" bezeichnet werden – eine Bemerkung des brillanten Psychiaters und Philosophen Karl Jaspers (1913).

Vor kurzem veröffentlichte Susan Sheehan, eine Journalistin des *New Yorker*, ihren akribisch dokumentierten Bericht über mehrere Jahre im Leben einer jungen New Yorker Frau, die an Schizophrenie litt. In *Ich bin nicht da, wo ihr mich sucht* schildert Sheehan das Leid und die Probleme ihrer „Heldin" mit dem Pseudonym Sylvia Frumpkin, ihrer Familie und derer, die ihr helfen wollten. Wenn Sylvia in neue Kliniken und Krankenhäuser eingewiesen wurde, sie verließ, wieder eingewiesen wurde oder von selbst dort auftauchte, wurde gewöhnlich (wenn auch nicht immer) die richtige Diagnose „Schizophrenie" gestellt. Doch nur allzu häufig stellten Diagnostiker, die ihre Krankheitsgeschichte nicht beachteten, eine Fehldiagnose. Und dies wiederum führte manchmal zu einer falschen und schädlichen Behandlung. Wird Sylvias Krankheit kategorisiert, heißt sie „chronischer undifferenzierter Typus der Schizophrenie" (eine Bezeichnung, die das DSM-III-R für schwere häufig wiederkehrende psychotische Zustände benutzt).

Sheehans Buch trägt viel zu einem umfassenderen Verständnis für die Schizophrenie, die Schizophrenen und ihre Familien bei, doch Sylvia

Tabelle 2.1: Schizophreniesymptome 1. Ranges nach Kurt Schneider

---

1. Lautwerden eigener Gedanken als Stimmen.
2. Zwei oder mehr Stimmen (halluziniert) sprechen über einen.
3. Stimmen kommentieren eigene Handlungen.
4. Körperliche Empfindungen werden von außen induziert.
5. Gedankenabreißen, Gefühl des Gedankenentzugs von außen.
6. Fremde Gedanken werden in die eigenen eingefügt.
7. Eigene Gedanken werden in die Außenwelt gesendet und von allen gehört.
8. Fremde Gefühle werden von außen aufgezwungen.
9. Fremde Impulse werden von außen aufgezwungen.
10. „Willensakte" werden von außen aufgezwungen.
11. Wahrnehmungen sind wahnhaft und unverständlich.

Frumpkin steht wahrscheinlich für weniger als die Hälfte aller Personen, die in psychiatrische Kliniken kommen und als schizophren diagnostiziert werden. (Für viele andere Schizophrene, deren Störung weniger chronisch ist, stehen die Aussichten für ihr Leben insgesamt weit günstiger.) Auf beiden Seiten des Atlantik und im Großteil der übrigen Welt würde Sylvia als „schizophren mit Kernsyndrom" klassifiziert werden, da sie die Symptome 1. Ranges aufweist, die Kurt Schneider beschrieben hat, ein deutscher Psychiater, der von Jaspers beeinflußt war und selbst seit den 30er Jahren großen Einfluß ausübte.[6] Tabelle 2.1 führt die Symptome 1. Ranges auf; sie sind allein weder notwendig noch hinreichend für die Diagnose „Schizophrenie", doch das Vorhandensein eines oder mehrerer dieser Symptome ist ein Alarmzeichen, das nicht ignoriert werden sollte.

Weil die Öffentlichkeit oft durch populäre Darstellungen in Filmen, Biographien und Romanen irregeleitet wird, ist es wichtig, falsche Beispiele für Schizophrenie zu erkennen. Beispielsweise sind Menschen mit multiplen Persönlichkeiten, wie die Heldin des Films *The Three Faces of Eve*, nicht schizophren; sie leiden an einer seltenen Form der neurotischen Hysterie. Mark Vonnegut (der Sohn von Kurt Vonnegut) in *The Eden Express* gibt an, er habe Symptome, wie sie bei der Schizophrenie auftreten – veränderte Sinneswahrnehmung, somatische und religiöse Wahnideen, Verfolgungs- und Größenwahn und Halluzinationen –, doch seine klaren Beschreibungen manischer und depressiver Phasen entsprechen eher den Kriterien für die bipolare affektive Störung (die man früher als manisch-depressive Psychose bezeichnete). Die Auswirkungen wiederholter Meskalin- und Marihuanaintoxikationen während seiner Hippiezeit führten bei der besonders sensiblen Persönlichkeit des jungen Vonnegut fast zwangsläufig zu Halluzinationen und Wahnvorstellungen. Das resultierende, schizophrenieähnliche klinische Bild mußte in diesem Fall nachgerade das diagnostische Bild trüben, genauso wie die Reaktion des Patienten auf die Vitamintherapie und seine „Vorliebe" für das, was ihn quälte. Deborah Blau, die fiktive Jugendliche in dem Roman *Ich hab dir nie einen Rosengarten versprochen*, hat einige Symptome, die sich mit denen der Schizophrenie überschneiden (darunter fast wahnhafte Ängste in bezug auf ihren Körper und ihre Gesundheit, Größenwahn, paranoide Züge, Selbsttötungsversuche), sie kommt jedoch mit ihren dramatischen Anfällen von Blindheit, Taubheit, Lähmung und Halluzinationen am ehesten den Kriterien der Somatisationsstörung nahe (die auch unter der Bezeichnung Briquet-Syndrom bekannt ist). Das Briquet-Syndrom wird unter Zustände eingeordnet, die früher als Neurosen bezeichnet wurden, liegt jedoch wahrscheinlich näher <u>bei einer schweren Form der Persön-</u> <u>lichkeitsstörung.</u>

Echte Schizophrenie: eine Fallgeschichte

Wie nun stellt sich, verglichen mit diesen Beispielen von „Pseudoschizophrenien", die echte Schizophrenie dar? Die häufigste Form der Störung heißt *paranoide Schizophrenie*. John Romano, ein amerikanischer, äußerst erfahrener klinischer Psychiater, schildert anhand der folgenden Fallgeschichte eines heutigen paranoid Schizophrenen die Symptome und das Leiden dieser Patienten und ihrer Angehörigen. (Wir haben die Namen der verwendeten antischizophrenen Psychopharmaka durch die chemischen Kurzbezeichnungen ersetzt.)

„Der Patient – ein 33jähriger, weißer, arbeitsloser, verheirateter Mann und Vater von sechs lebenden Kindern – nennt als Beginn seines Leidens das Jahr 197[]. Seine Großmutter mütterlicherseits hatte sich ein Bein gebrochen, und seine Mutter war an Krebs gestorben. Nach der Geburt des sechsten Kindes wurde seiner Frau die Gallenblase sowie ihr verbliebener Eileiter entfernt. Nachdem er die Einverständniserklärung zur Sterilisation seiner Frau unterzeichnet hatte, geriet er angesichts der Aussicht, keine weiteren Kinder mehr zu bekommen, völlig aus der Fassung, weil er das Gefühl hatte, dies würde ihn vernichten. Er glaubte, weil er die Einverständniserklärung unterschrieben hatte, müsse auch er sterilisiert werden. Er hatte das Empfinden, seit der Operation habe sich die Scheidenlubrikation seiner Frau verringert, so daß sie Schwierigkeiten beim Verkehr hatten. Er glaubte, die Ärzte hätten eine Röhre in die Vagina seiner Frau eingesetzt, und diese Röhre sei wiederum in seinen Penis gelangt und habe ihn impotent gemacht. Schließlich begann er Gerüche zu riechen, die er nicht beschreiben konnte. Doch die Gerüche waren für ihn durchdringend und trieben ihn zu tun, was er sollte, oder hielten ihn davon ab, fast als ob es eine unsichtbare Wand aus Geruch gäbe, die er nicht durchdringen konnte. Manchmal trug der Geruch den Charakter einer Botschaft ähnlich dem Eindruck, den der Patient hatte, sein Chef würde ihn bei der Arbeit zur Eile antreiben. Manche Gerüche waren unangenehm; manchmal waren es Vaginalgerüche. <mark>Gerüche hatten Macht über ihn</mark>.

Der Bankdirektor der Stadt hatte irgendetwas mit den Gerüchen zu tun, und der Patient teilte dem Bankier mit, er solle „das seinlassen", weil er Stimmen gehört hatte, die ihm sagten, der Bankier habe Drogen in der Bank. Später hörte er Stimmen – darunter die des Mannes, der ihm sein Haus verkauft hatte –, die ihm befahlen, er solle sein Abwasserleitungssystem ändern, was er auch in Angriff nahm. Er hatte eigenartige taktile Empfindungen. Er spürte Stubenfliegen in einem Umschlag, und die Vibrationen sagten ihm, daß er den Umschlag nicht wegwerfen solle. Wenn er die Post in Empfang nahm, entschied er danach, wie sie roch und sich anfühlte, welche Sendung er öffnete und welche nicht. Er nahm andere Gerüche an den Zeugnissen seiner Kinder wahr. Er hörte Stimmen, die sagten: „Uns ist es egal", und er glaubte, das bedeute, er solle sich umbringen. Er tat dies auch beinahe mit seinem Gewehr, doch als er daran dachte, daß er dann seine Frau und seine Kinder alleinlassen würde, unterließ er es. Es fanden sich Gedankenausbreitung, Gedankeneingebung [der Glaube, ihm würden fremde Gedanken aufgezwungen] und somatische Halluzinationen, etwa das Gefühl, ein Hammer schlüge ihn auf Steißbein, Rumpf, Skrotum und Penis. Er berichtete, er habe Schwierigkeiten, eine Erektion aufrechtzuerhalten und ejakuliere schnell. Er gab an, in seiner Nase und seinem Kopf seien Drähte, die immer wieder angeschlagen würden, fast wie ein Pulsschlag.

Auf Drängen seiner Frau wurde er zweimal in ein Allgemeinkrankenhaus in der Nähe seines Wohnorts aufgenommen, das erste Mal im November ... und wieder im April [des nächsten Jahres], jedesmal zehn Tage lang. Nach der Behandlung mit [Trifluoperazin] besserte sich sein Zustand, doch im Dezember hörte er auf, seine Medikamente einzunehmen. Im April [des nächsten Jahres] kam er in die Ambulanz des Universitätskrankenhauses, wo er wegen eines Hautausschlags behandelt wurde. Da sein Verhalten manifest psychotisch war, wurde er zum ersten Mal für drei Wochen dem psychiatrischen Dienst der Universitätsklinik überwiesen. (Dies war sein dritter Krankenhausaufenthalt.)

Ich sah ihn kurz nach seiner Aufnahme bei meinen Visiten und befragte zu dieser Zeit auch seine Frau. Er reagierte sehr rasch günstig auf [Haloperidol] und die Krankenhausumgebung, und seine Wahnvorstellungen ließen nach, verschwanden jedoch nicht ganz. Zur Bearbeitung ihrer Ehekonflikte nahmen er und seine Frau eine Paartherapie auf, die jedoch nicht fortgesetzt werden konnte, weil sie weit von der Klinik entfernt wohnten. Er wurde an einen Psychiater an seinem Wohnort überwiesen, hielt jedoch die Termine nicht ein. Im Juli ... bei einem Kontrolltermin in der Klinik wirkte er gespannt, wackelte fast während der gesamten Sitzung mit einem Bein, zeigte sich fest überzeugt von seinen Wahnvorstellungen hinsichtlich der Gerüche und glaubte immer noch, in seinem Penis sei eine Röhre. Seine Frau bestätigte, daß er sich weiterhin seltsam verhalte und zeitweise ein wie eingefroren wirkendes Lächeln auf dem Gesicht trüge. Der Patient, seine Frau und gewöhnlich die drei jüngsten Kinder kamen in zweiwöchigen Abständen in die Klinik. Die Medikation wurde auf [Thiotixen] umgestellt, das er besser vertrug. Als die Gerüche zurückkamen, wurde er sehr mißtrauisch gegenüber seiner Frau, verdächtigte sie außerehelicher Sexualkontakte, und wenn er Auto fuhr, blickte er sich ständig um, weil er glaubte, jemand folge ihm. Als seine Verwirrung zunahm, willigte seine Frau zögernd ein, ihn wieder in die Klinik aufnehmen zu lassen. Das war seine vierte Aufnahme. Er blieb wiederum drei Wochen bei uns, und in dieser Zeit glaubte er, ihm seien bei einer Gehirnoperation alle Sinne entfernt und intakt wieder eingepflanzt worden, mit Ausnahme seines Geruchssinns.

Im Dezember ... berichtete er bei seinem Kontrolltermin, er habe seine Medikamente regelmäßig genommen und würde nicht mehr durch Gerüche gestört, äußerte jedoch Besorgnis, weil er weniger Erektionen habe. Er glaubte jedoch nicht mehr, daß etwas aus dem Inneren seiner Frau in ihn gelangt sei. Er lastete seiner Frau seinen Potenzmangel an. Weil er sich weniger männlich fühlte, erwog er, sich scheiden zu lassen; doch er fürchtete auch, er würde sie und die Kinder vermissen. Er verfolgte Pläne, durch Rehabilitation eine Arbeit zu bekommen. Er lächelte immer noch etwas geistesabwesend, seine Frau wirkte erschöpfter, und man spürte, welche außerordentliche Belastung sie mit ihren sechs Kindern und ihrem kranken, abhängigen, unberechenbaren und manchmal angsterregenden Mann trug. Das Therapieprogramm versuchte, die Selbstachtung des Patienten zu stärken, seine Wahnvorstellungen zu klären und manchmal in Frage zu stellen, sicherzustellen, daß er seine Medikamente nahm, und ihn zu ermutigen, sich auf eine Berufstätigkeit vorzubereiten. Seine Frau erhielt außerdem Unterstützung durch den örtlichen Sozialdienst und den Psychiater, der den Patienten betreute.

Die fünfte Krankenhausaufnahme für zwei Wochen im Oktober [des nächsten Jahres] war die erste, die unfreiwillig erfolgte. Seine Zurückgezogenheit und seine Wahnvorstellungen ließen allmählich nach, als er die Medikation wieder aufnahm. Als sich eine Besserung einstellte, wurde er entlassen; auch war wieder eine Maßnahme zur beruflichen Rehabilitation vorgesehen. Im Dezember ... trat der Patient eine Ausbildungsstelle in der Kraftfahrzeugindustrie 24 Meilen von seinem Wohnort entfernt an. Zu dieser Zeit ging es ihm besser, und die Kinder entwickelten sich gut. Anfang Februar [des nächsten Jahres] rief seine

Frau wieder an und berichtete, daß der Patient depressiv sei und seine Medikamente nicht nehme. Er erklärte, er mache sich Sorgen um die Gesundheit seines Großvaters mütterlicherseits und habe das Gefühl, er mache seine Großeltern krank.

Der Patient wurde seit November 197[] fünfmal in die Klinik aufgenommen, jedesmal für weniger als 30 Tage. Obwohl er in einer gewissen Entfernung vom Krankenhaus lebt, kommt er, wenn auch widerstrebend, mit seiner Frau und seinen drei jüngsten Kindern zu regelmäßigen Terminen. Auf Drängen seiner Frau und seines Psychiaters nimmt er sein Medikament, hört jedoch manchmal unvermittelt damit auf.

Er ist immer noch arbeitslos, obwohl immer wieder Versuche unternommen werden, ihn in einer Rehabilitationsmaßnahme mit anschließender Beschäftigung als angelernter Arbeiter unterzubringen. Er, seine Frau und seine sechs Kinder sind gänzlich auf Sozialhilfe angewiesen. Der älteste Sohn, zehnjährig, wurde wegen früherer Tobsuchtsanfälle einem Schulpsychologen vorgestellt. Die Familie wird regelmäßig von einer örtlichen Sozialarbeiterin besucht, die uns über die familiäre Situation informiert. Die Sozialarbeiterin und wir in der Klinik sind wegen der Unberechenbarkeit des Patienten ständig besorgt, er könne sich, seine Frau oder seine Kinder verletzen. Seine Frau zögert, eine Hospitalisierung in die Wege zu leiten, weil er ihr droht, er werde sie umbringen, wenn sie darauf bestünde, ihn einzuweisen.

Die Frau wird zweifellos von den Drohungen des Patienten tyrannisiert, ihr und ihren Kindern etwas anzutun, sollte sie ohne seine Zustimmung eine Noteinweisung veranlassen. Sie weiß, daß sie die Polizei rufen kann, die vor Ort entscheidet, ob der Patient so krank oder gestört ist, daß er zum nächsten lokalen psychiatrischen Dienst gebracht werden muß. Bis jetzt hat die Frau von dieser Möglichkeit noch keinen Gebrauch gemacht. Auch hat sie sich geweigert, eine gerichtliche Zwangseinweisung zu erwirken. Sie hat eine gute Beziehung zur zuständigen Sozialarbeiterin und könnte auch über sie Maßnahmen zu einer Zwangseinweisung ihres Mannes in die Wege leiten." (Romano 1977, S. 553–554)

Obwohl wir uns in diesem Kapitel auf die Beschreibung und Definition der Schizophrenie konzentrieren, können wir anhand der gerade vorgestellten Fallgeschichte kurz auf die Notwendigkeit eingehen, Patienten in ihrem Familien- und Arbeitszusammenhang zu sehen und die Auswirkungen von Schizophrenen auf ihre sozialen Netzwerke zu betrachten. Romano fragt in dem Untertitel, der seiner Beschreibung vorangestellt ist: „Freiheit für wen?" Seine Frage läßt an F. Scott Fitzgeralds treffenden Ausdruck „die Tyrannei des Schwachen" denken.

Beides erinnert uns daran, daß die Sorge nicht bei dem Patienten allein stehenbleiben darf, sondern auch seine Familie miteinbeziehen muß. Die Nachsorge sollte sich bei Schizophrenen auch auf eine Aussage über Umwelteinflüsse stützen.

Gleichermaßen wichtig ist, darauf zu achten, wie der Patient oder die Patientin seine oder ihre häusliche und soziale Umgebung beeinflußt und wie die Umgebung den Patienten beeinflußt. Zwischen beiden besteht eine dynamische Beziehung. Schizophrene, die in eine belastende Umgebung zurückkehren, wo sie Überforderung oder Herabsetzung erleben, haben schlechtere Chancen als solche, deren Leben nach dem Krankenhausaufenthalt ruhiger verläuft, wie wir in Kapitel 8 sehen werden. Auch wenn sie nicht genügend beachtet werden, brauchen Menschen, die mit einem Schizophrenen leben müssen, Schutz vor unvernünftigen Forderungen und sogar Einschüchterung.

Tabelle 2.2: Ausgewählte Substanzen, die schizophrenieähnliche Psychosen hervorrufen können[*]

Alkohol (Entzugsdelir)	Indometacin
Amantadin	Isoniazid
Amphetamine („Speed", „Crystal", „Ice")	Kohlenmonoxid
Atropin	Kokain (und Crack)
Bromid	Kortikosteroide (ACTH, Cortison etc.)
Bromocriptin	Levodopa
Cannabis (Marihuana)	Lidocain
Chloroquin	LSD
Cimetidin	MAO-Hemmer
Clonidin	Methamphetamin
Diazepam (Valium)	Pentazocin (Fortral)
Disulfiram (Antabus)	Phencyclidin (PCP, „Angel dust")
Digitalis	Phenelzin (Nardil)
Ephedrin	Phenylpropanolamin (Dexatrim)
Ibuprofen	Propanolol (Dociton)
	Propoxyphen (Develin, Sotorni)
	Trizyklische Antidepressiva

[*] weitere Substanzen in Medical Letter, 17. 8. 1984 und 29. 8. 1986.

Symptomatische Schizophrenien, Fehldiagnosen und Abgrenzung gegen affektive Psychosen

Ein früher Kliniker benutzte zur Beschreibung der Phänomenologie der Schizophrenie metaphorisch den Ausdruck *intrapsychische Ataxie*, um damit auf einen neurologischen Defekt, einen Verlust der psychischen Koordination hinzuweisen. Der Ausdruck ist anschaulich, weil die Symptome der Schizophrenie in der Tat an ein Ungleichgewicht und einen Koordinationsmangel in den Verschaltungen des Gehirns denken lassen, der zwischen fein und grob schwankt. Für die subtileren Aspekte prägte Paul Meehl, der sich seit den 50er Jahren intensiv mit der Schizophrenie beschäftigt, den Ausdruck *kognitives Gleiten*. In der Tat können LSD (Lysergsäurediethylamid), Amphetamin (Weckamine, im Drogenjargon Speed, Dope, Crack, Crystal, Ice), Phencyclidin (PCP, Angel Dust), Kokain und andere käufliche und „Designer"drogen kurzzeitige Symptome hervorrufen, die einer echten Schizophrenie so stark ähneln, daß sie zu einer falschen Diagnose führen können. Diese und andere Substanzen wie Brom, Kohlenmonoxid, Alkohol und Digitalis erzeugen das, was man als drogeninduzierte oder *pharmakologische Phänokopie* einer schizophrenieähnlichen Psychose bezeichnen könnte. Kopfverletzungen oder Krankheiten wie Gehirntumoren, Epilepsie, Hypoglykämie, Enzephalitis oder Urämie können einige derselben schizophrenieähnlichen Symptome hervorrufen. Diese könnte man krankheitsinduzierte oder *somatische Phänokopien* nennen. Genetische Störungen, deren Symptome mit Schizophrenie verwechselt werden könnten, sind der Morbus Huntington, akute intermittierende Porphyrie und die Geschlechtschromosomenanomalien XXY (Klinefelter-Syndrom) und XXX bei Frauen; in der wissenschaftlichen Literatur und Forschung heißen sie *Genokopien*. Einen Überblick über diese drei Gruppen von symptomatischen Schizophrenien oder „Schizophrenie-Imitaten" (schizophreniforme Psychosen auf der Grundlage bekannter Hirnerkrankungen, Hirnschäden oder Intoxikationen) bieten die Tabellen 2.2, 2.3 und 2.4.

Die Diagnose „Schizophrenie" setzt voraus, daß der Patient bereits seit einem gewissen Zeitraum an Symptomen leidet. Das DSM-III-R fordert eine Dauer von sechs Monaten, um falsche Schizophreniediagnosen für passagere Reaktionen auf Drogen oder Katastrophen (Erdbeben, Krieg, Flugzeugabstürze), die zahlreiche Symptome der echten Schizophrenie imitieren können, auszuschließen. Der Zeitraum ist willkürlich und kann dazu führen, daß eine echte Schizophrenie verkannt wird. Das Kriterium der Dauer führt zur Verwendung eines anderen Ausdrucks – *schizophreniforme Psychose* – für Fälle, die der Schizophrenie ähneln und mehr als zwei Wochen, jedoch weniger als sechs Monate andauern. Europäer benutzen den Ausdruck *schizophreniforme Psychose* wörtlicher für Fälle, in denen der Untersucher die Möglichkeit einer echten Schizophrenie nicht ausschließen will. In jedem Fall kann der Diagnostiker mit diesem Ausdruck eine vorläufige Entscheidung zu einer späteren, erneuten Betrachtung vormerken. Jeder Mensch hat angesichts akuter oder kumulierter psychischer Belastungen oder das Gehirn in Mitleidenschaft ziehender somatischer (zum Beispiel toxischer) Noxen eine Grenze der Belastbarkeit („Zerreißpunkt"), an der sich eine psychogene oder symptomatische Psychose entwickeln kann; insofern ist jeder „psychosefähig". Gewöhnlich ist das keine Schizophrenie, und die Erscheinungen verschwinden, wenn die Belastungen (oder das Toxin) entfallen.

Die Schizophrenie wird leicht mit der anderen Gruppe schwerer, endogener, „funktioneller" Psychosen verwechselt, den endogenen affektiven Psychosen (depressive und manische Psychosen, manisch-depressives Kranksein, Zyklothymien), insbesondere wenn sie zum ersten Mal und verbunden mit bizarren Wahnvorstellungen auftritt. Die beiden Störungen wirken manchmal so ähnlich, daß „Fehldiagnosen" in beiden Richtungen einen Teil der Therapie und der wissenschaftlichen

Tabelle 2.3: Mögliche somatische Imitate schizophrenieähnlicher Psychosen

Hirnverletzungen oder -erkrankungen	metabolische und systemische Krankheiten
Embolie (Blutgerinnsel)	Vitamin-B12-Mangel
Aquäduktstenose	AIDS
Ischämie	Syphilis
Trauma (insbesondere des Temporallappens)	Meningitis tuberculosa
Tumor (insbesondere des limbischen Systems und der Basalganglien)	Pellagra (Vitamin-B6-Mangel)
	Hypoglykämie
	Enzephalopathie, hepatoportale (bei Lebererkrankungen)
Epilepsie (insbesondere des Temporallappens)	Hyperthyreose
Enzephalitis (postinfektiös etc.)	Bleivergiftung
Narkolepsie	Lupus erythematosus
	Multiple Sklerose
	Urämie
	Vaskulitis

Literatur durchziehen mögen.[7] Fachleute halten sie für eigenständige Störungen, weil sie im großen und ganzen auf unterschiedliche Behandlungen ansprechen, unterschiedliche Verläufe und Ausgänge haben und unterschiedliche familiäre Verteilungsmuster aufweisen. Doch bis wir in der Lage sind, eine Diagnose chemisch oder durch genetische Tests zu bestätigen, können wir nicht absolut sicher sein, daß wir über „saubere" Forschungsdaten oder Therapieempfehlungen verfügen.

Vergleichende Studien zur diagnostischen Klassifizierung

Sorgfältige Vergleiche internationaler psychiatrischer Statistiken nach dem zweiten Weltkrieg ergaben bemerkenswerte Diskrepanzen bei der Häufigkeit der Diagnose „manisch-depressive Psychose" und „Schizophrenie". Britische Psychiater verwendeten die erste Diagnose 20mal häufiger als ihre US-amerikanischen Kollegen, während diese die letzte Diagnose viermal öfter stellten.

Europäer wandten nicht nur eher die strengeren kraepelinschen Kriterien für beide Klassen an, sondern hatten sich auch traditionell länger

Tabelle 2.4: Mögliche genetische und chromosomale Imitate schizophrenieähnlicher Psychosen*

XXY-Karyotyp (Klinefelter-Syndrom)
XYY-Karyotyp
XO-Karyotyp (Turner-Syndrom)
XXX-Karyotyp
fehlendes 18q-Stück des langen Arms von Chromosom 18
5,qll-q13-Verdreifachung auf Chromosom 5
Chorea Huntington
akute intermittierende Porphyrie
metachromatische Leukodystrophie
familiäre Basalganglienkalzifizierung
Homozystinurie
Phenylketonurie
Wilson-Krankheit (hepatolentikuläre Degeneration)
Albinismus
angeborene Nierenhyperplasie
G-6-PD-Mangel (Favismus)
Kartagener-Syndrom

* weitere Information in McKusick (1990).

und mit größerer Begeisterung den Problemen einer sorgfältigen Klassifikation gewidmet. Eine Studie im Jahr 1972 bestätigte, was Wissenschaftler seit längerem vermuteten. Sie verglich 250 Einweisungen in eine staatliche psychiatrische Klinik in Brooklyn, New York, mit derselben Anzahl in einer ähnlichen Londoner Klinik und stellte fest, daß nach den Krankenblättern fast doppelt soviele (65 Prozent) amerikanische Patienten als schizophren diagnostiziert wurden wie britische. Ein angloamerikanisches Psychiaterteam erhob dann in strukturierten Interviews grundlegende psychiatrische Informationen über alle Patienten in Brooklyn und London. Auf der Grundlage dieser Informationen konvergierten die Diagnosen auf beiden Seiten des Atlantik dramatisch. In dem amerikanischen Krankenhaus hielt man 32 Prozent der Patienten für schizophren, in dem britischen 26 Prozent. Die Ausweitung der Untersuchung auf andere Kliniken in New York und London erbrachte ähnliche Ergebnisse. Diagnosen auf der Grundlage von strukturierter, symptombezogener Information bezeichneten 39 Prozent der amerikanischen und 37 Prozent der britischen Patienten als schizophren; 27 Prozent der amerikanischen und 24 Prozent der britischen Patienten wurden als depressiv bezeichnet, und acht Prozent der amerikanischen und sieben Prozent der britischen Patienten waren manisch. Abbildung 2.1 illustriert den Wechsel der Moden in den Diagnosegewohnheiten anhand zweier renommierter Lehrkrankenhäuser in London und New York in den Jahren von 1925 bis 1970.

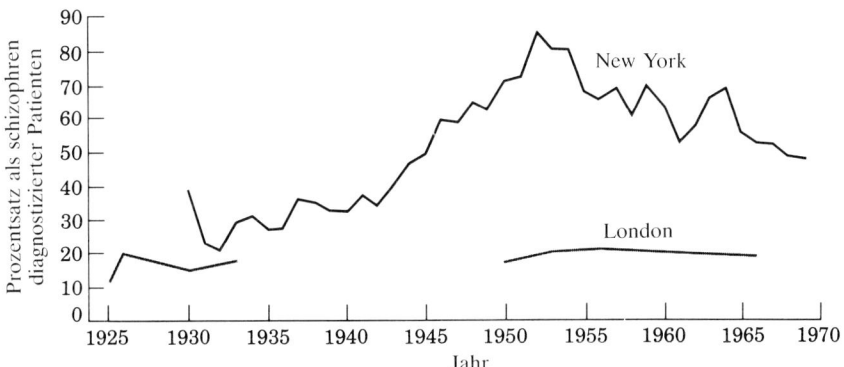

2.1 Prozentsatz der als schizophren diagnostizierten Patienten im gesamten Patientengut einer US-amerikanischen Klinik (New York State Psychiatric Institute in New York) und einer britischen Klinik (Maudsley Hospital in London). Im Zeitraum von 1925 bis 1970 zeigen sich Unterschiede zwischen den beiden Ländern und Veränderungen der diagnostischen „Mode" in den USA. (Aus: Kuriansky, Deming und Gurland 1974.)

Aus einer zweiten, großen, multinationalen Studie, die von der Weltgesundheitsorganisation durchgeführt wurde, ergeben sich zusätzliche wichtige Schlußfolgerungen hinsichtlich der Diagnose und Klassifikation der Schizophrenie. Die Studie umfaßte 1202 Patienten in neun Ländern: Dänemark, Großbritannien, Indien, Kolumbien, Nigeria, Vereinigte Staaten, Sowjetunion, Taiwan und Tschechoslowakei. Jedem Patienten wurden zwei Diagnosen zugewiesen: eine klinische und eine Einstufung aufgrund einer Computeranalyse eines strukturierten Interviews. Eine diagnostische Klasse bestand aus einem Kernsyndrom, das schwer psychotische Patienten identifizierte; sie litten an einer Reihe von Schneiders in Tabelle 1 aufgeführten Symptomen 1. Ranges. Diese Klassifikation hätte nahezu jeden Patienten erfassen müssen, der klinisch als schizophren diagnostiziert worden war. Daß sie das nicht tat, war sowohl erhellend als auch entmutigend. Fast alle Patienten, die der Computer für Kernsyndrom-Schizophrene hielt, wurden von ihren behandelnden Ärzten als schizophren diagnostiziert, doch nicht weniger als 49 Prozent der von einem Arzt als schizophren betrachteten Patienten „paßten" für den Computer nicht auf das Kernsyndrom. Obwohl die Information mit einem sorgfältig strukturierten Interview erhoben worden war, identifizierte der Computer viele Schizophrene nicht, weil er nicht über eine „ganzheitliche" Krankengeschichte des Patienten verfügte. Die Information aus den strukturierten Interviews umfaßte nur die 30 Tage, die dem Interview unmittelbar vorausgegangen waren. Als man den Computer mit lebensgeschichtlicher Information fütterte, stimmte sein Ergebnis in 90 Prozent der Fälle mit den klinischen Bewertungen überein. Wenn man nicht eine auf die gesamte Lebensgeschichte zielende Perspektive einnimmt, besteht die Gefahr, daß eine Schizophrenie verkannt wird. Eine zutreffende Diagnose beruht sowohl auf den gegenwärtigen Symptomen als auch auf dem bisherigen Verlauf.

Ein Prototyp für die Schizophreniediagnose

Wenn der Leser enttäuscht ist, weil er keine definitiven Antworten auf die zentralen Fragen dieses Kapitels – was ist Schizophrenie, und wer ist schizophren? – findet, dann liegt das daran, daß diese Fragen ohne Einschränkungen kaum zu beantworten sind. Versuchen wir daher, die Unklarheiten – und die mögliche Enttäuschung – dadurch zu verringern, daß wir einen Prototyp für eine Schizophreniediagnose definieren. Abbildung 2.2 zeigt detailliert den Anteil aller übereinstimmend als schizophren Definierten: diejenigen (306 von 811 klinisch diagnostizierten Fällen), die alle drei „Hürden" nahmen – die klinische, die Computeranalyse und einen statistischen Faktor – und die Symptome aufwiesen, die unter den 27 Symptomgruppen des WHO-Systems zur Klassifikation psychischer Störungen aufgeführt werden. Es ist klar, warum sich ein Schizophrener klinisch deutlich von einem anderen unterscheiden kann und warum nicht ein oder zwei isolierte Symptome einen echten Schizophrenen untrüglich kennzeichnen können. Zur Verdeutlichung ist das Symptomprofil von 99 psychotisch Depressiven nach dem WHO-System (einschließlich Manisch-Depressiver in der depressiven Phase) ebenfalls aufgeführt. 97 Prozent der übereinstimmend als schizophren Beurteilten zeigten keine „Krankheitseinsicht", aber dieses Symptom kennzeichnete in hohem Maße auch Depressive (47 Prozent). Die beiden Symptomprofile verdeutlichen das breite Symptomspektrum zwischen den Patienten der beiden Gruppen sowie innerhalb derselben Gruppe.

Die Studie zeigte außerdem, daß wir weit entfernt davon sind, aus der aktuellen Diagnose den Ausgang vorherzusagen. Keine der oben erwähnten Methoden war dazu imstande. Etwa 27 Prozent der schizophrenen Gruppe der Studie hatte eine einzelne, kurze psychotische Episode und zwei Jahre später keinen Rückfall erlitten. Ein ähnlicher Anteil blieb während der gesamten zwei Jahre schwer psychotisch. Zwischen den Symptomen oder der Vorgeschichte und dem Ausgang ergab sich nicht eine aussagekräftige Korrelation. Es könnte durchaus sein, daß der Ausgang als ein Kriterium, um Schizophrenie im Nachhinein zu diagnostizieren, sozusagen Katzengold ist – ein Irrweg aufgrund Kraepelins Betonung des Krankheitsverlaufs als Abgrenzungskriterium zwischen Schizophrenie und manisch-depressiven Störungen. Sich selbst erfüllende Prognosen über Schizophrene haben nützliche Interventionen verhindert oder verzögert – eine unbeabsichtigte, iatrogene Nebenwirkung. Zu häufig glauben Kliniker, die Diagnose „Schizophrenie" komme einem Todesurteil gleich und vermitteln diese Hoffnungslosigkeit sowohl den Patienten als auch ihren Familien. Die vorhandenen Daten rechtfertigen einen derartigen Pessimismus nicht.[8]

Unabhängig vom Zweck der Schizophreniediagnose – ob sie nun von einem Kliniker gestellt wird, der mit einem individuellen Patienten konfrontiert ist, oder von einem Forscher, der familiäre Daten sammeln und analysieren möchte –, die große Breite der diagnostischen Kriterien ist äußerst beunruhigend. Diagnosen, die entweder auf zu engen *oder* zu weiten Kriterien beruhen, führen zu den am wenigsten nützlichen Resultaten, insbesondere für genetische Studi-

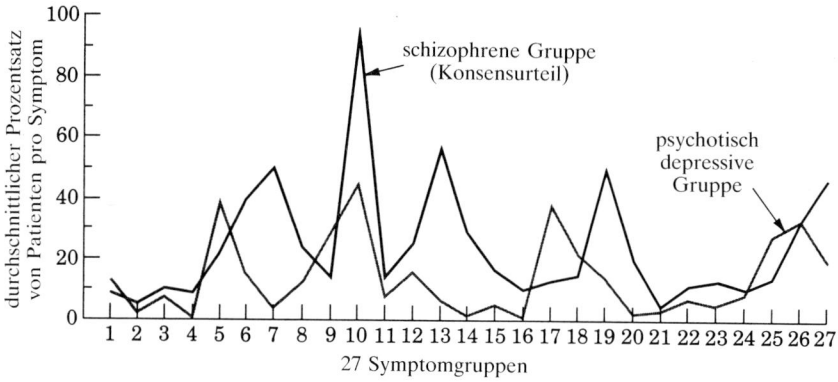

1. quantitative psychomotorische Störung
2. qualitative psychomotorische Störung
3. quantitative formale Denkstörung
4. qualitative formale Denkstörung
5. affektgeladene Gedanken
6. Vorstufen von Wahnvorstellungen
7. Beeinflussungserlebnisse
8. Wahnvorstellungen
9. neurasthenische Beschwerden
10. mangelnde Krankheitseinsicht
11. verzerrte Selbstwahrnehmung
12. Derealisation
13. Gehörhalluzinationen
14. „charakteristische" Halluzinationen
15. andere Halluzinationen

16. Pseudohalluzinationen
17. Stimmungsschwankungen
18. Angst, Spannung, Reizbarkeit
19. Lustlosigkeit
20. Inkongruenz
21. andere affektive Veränderungen
22. Anzeichen von Persönlichkeits-
    veränderungen
23. Nichtbeachtung sozialer Normen
24. andere Verhaltensänderungen
25. psychophysische Störungen
26. Kooperationsschwierigkeiten,
    situationsabhängig
27. Kooperationsschwierigkeiten,
    patientenabhängig

2.2 Symptomprofile zur Kennzeichnung der Ähnlichkeiten und Unterschiede zwischen übereinstimmend als schizophren diagnostizierten und endogen depressiven Patienten, sowie innerhalb der beiden diagnostischen Klassen in der kulturvergleichenden Forschung der Weltgesundheitsorganisation (1969–1971). (Aus: WHO 1973.)

en. Irving Gottesman und James Shields unterwarfen einen Teil ihrer Daten eingehenden Tests, um dies zu beweisen. Ihren Ergebnissen zufolge ist eine „mittelstrenge" diagnostische Position zwischen den Extremen von „zu eng" und „zu weit" am ehesten brauchbar und zweckmäßig.

Die Autoren übergaben 120 Fallgeschichten aus einer Studie an schizophrenen Zwillingen am Maudsley Hospital in London an sechs Diagnostiker mit unterschiedlichen Überzeugungen von streng bis liberal in Skandinavien, Japan, den Vereinigten Staaten und Großbritannien. Dann faßten sie die Ergebnisse zusammen und bildeten daraus übereinstimmende Urteile aller sechs Personen. Auf diese Weise erhielten sie aus einem Datensatz sechs Einzelmeinungen und eine gemeinsame Meinung. Doch damit nicht genug. Erik Essen-Möller, ein führender schwedischer Psychiater mit einem restriktiven diagnostischen Konzept, beurteilte die Fälle; zudem wurden sie anhand der Kriterien der Present State Examination (PSE) klassifiziert, die die WHO in der oben erwähnten Neun-Länder-Studie benutzte. Schließlich prüfte Joseph Welner, ein erfahrener dänischer Psychiater, die Fälle erneut und stellte zwei weitere Diagnosen: Eine beruhte auf der traditionellen, ortsüblichen Definition der Schizophrenie (stark an Kraepelin orientiert) und die andere auf breiteren und eher psychodynamisch orientierten Vorstellungen, die er aus seiner Rolle als Interviewer in bahnbrechenden, dänischen Adoptionsstudien entwickelt hatte. Diese Studien hatten David Rosenthal und Seymour Kety durchgeführt (siehe Kapitel 7), wobei sie sich insbesondere mit „Spektrumstörungen" befaßten. Die wichtigsten Kandidaten für psychiatrische Störungen, die genetisch mit Schizophrenie zusammenhängen könnten, werden als *Schizophreniespektrumstörungen* bezeichnet und umfassen schizotypische, schizoide und paranoide Persönlichkeitsstörungen. Das Experiment ergab also elf Meinungen für jeden Zwilling. Nach der engsten Interpretation des WHO-Maßstabs wurden nur 17 Prozent als Kernsyndrom-Schizophrene mit Symptomen 1. Ranges eingestuft; dieser Prozentsatz stieg rasch auf 52 Schizophrene, wenn man die Einschlußkriterien bei den 120 Fällen lockerer faßte; der schwedische Psychiater identifizierte 34 Fälle. Der Konsens über alle sechs Beurteiler ergab 69. Die weitesten diagnostischen Maßstäbe (die Paul Meehl, der amerikanische klinische Psychologe, verwendete) identifizierten 79. Wir werden uns erneut mit diesen Ergebnissen beschäftigen, wenn wir die Unterschiede in der berichteten Schizophreniehäufigkeit zwischen verschiedenen Kulturen, Zeitpunkten und Forschungsprojekten betrachten. Man halte jedoch die sehr große Bandbreite fest: Weite diagnostische Kriterien ergeben viereinhalbmal so viele Schizophrene wie enge!

Das Experiment bestätigte die Validität von ausgewogenen Kriterien, wie wir in Kapitel 5 noch sehen werden, und verdeutlichte sowohl das Problem unterschiedlicher Maßstäbe als auch die beste Lösung. Der Suche danach, welche Art Störungen genetisch vielleicht mit Schizophrenie zusammenhängen, dienen weder strenge noch liberale diagnostische Kriterien am besten. Dies gilt wahrscheinlich auch vom klinischen Standpunkt aus. Wenn ein Kliniker glaubt, daß nur Patienten, die dem oben geschilderten Mann (S. 29) ähneln und wie er seit Monaten krank sind, als schizophren bezeichnet und behandelt werden sollten, dann bleiben viele Fälle nicht oder falsch diagnostiziert, und das kann eine angemessene Therapie verzögern. Wenn dagegen jeder psychisch Gestörte als schizophren bezeichnet wird, dann schlagen Psychiater „blinden Alarm" und schaden den Patienten dadurch mehr, als sie ihnen nützen, weil sie sie unangemessenen Behandlungen aussetzen. Ein enger diagnostischer Maßstab hat durchaus seinen Platz in der explorativen Schizophrenieforschung, bei der einige der sehr teuren, hochtechnischen Geräte zur Gehirnuntersuchung invasive Verfahren erfordern. Kleine Stichproben von freiwillig teilnehmenden Patienten müssen dazu „garantiert" schizophren sein; es darf keine falsch Positiven geben.

Die Diagnose der Schizophrenie: eine Zusammenfassung

Beschreiben wir abschließend die grundlegenden Verhaltensmerkmale, die für eine klinische Diagnose der Schizophrenie erforderlich sind. Wir stützen uns auf das gesammelte klinische Wissen von Manfred Bleuler, dem angesehenen Schweizer Psychiater, dessen Vater 1908 den Begriff *Schizophrenie* prägte. Manfred Bleuler, seit 1942 Nachfolger seines Vaters an der Zürcher Klinik Burghölzli, beobachtete und behandelte seine Patienten intensiv und extensiv in einem interaktionistischen Bezugsrahmen. Für ihn wie für uns ist die Schizophrenie eine psychische Krankheit, eine Psychose, eine Form der „Geistesstörung" und nicht einfach – wie Ronald Laing, Thomas Szasz oder Herbert Marcuse und andere argumentiert haben – der Ausdruck eines abweichenden oder alternativen Lebensstils oder ein Anzeichen dafür, daß die Gesellschaft als solche krank ist. Einzelne Personen können selbst dann als schizophren diagnostiziert werden, wenn sie sich *gerade in Remission* befinden und zu diesem Zeitpunkt wenige oder gar keine Symptome aufweisen. Diese Einstellung ist etwas unfair gegenüber dem individuellen Patienten und könnte gegen seine Bürgerrechte mißbraucht werden, doch es ist notwendig, die wissenschaftliche Suche nach den Ursprüngen der Störung voranzutreiben. Erwachsene können auch dann als schizophren diagnostiziert werden, wenn sie nur eine einzige, nach akzeptierten Kriterien sicher festgestellte psychotische Episode erlebt haben und vor oder nach dieser Episode relativ unauffälliges oder nur leicht psychotisches Verhalten aufwiesen.[9]

Sofern andere Gehirnfunktionsstörungen, etwa durch Traumen, Tumoren, Toxine oder endokrinologische Erkrankungen, ausgeschlossen wurden, trifft nach Bleuler die klinische Diagnose „Schizophrenie" zu, wenn mindestens drei der folgenden sieben Punkte erfüllt sind:

1. Ein gewöhnlicher Mensch empfindet das Denken des Patienten als unbegreiflich und offensichtlich verworren, das heißt als unverständlich.
2. Der Patient hat einen auffallenden Mangel an Einfühlungsvermögen, und dieser Mangel kann nicht durch eine offensichtliche Tatsache erklärt werden.
3. Der Patient scheint sich in einem Zustand intensiver, auffälliger Erregung oder des Stupor zu befinden, der mehr als nur einige Tage anhalten kann.
4. Der Patient hat Halluzinationen und Sinnestäuschungen, die länger als einige Tage andauern.
5. Der Patient erlebt Wahnvorstellungen.
6. Der Patient vernachlässigt plötzlich und vollständig alltägliche, gewöhnliche Verpflichtungen oder reagiert ohne Provokation mit Brutalität auf die Familie oder auf Fremde.
7. Freunde und Familienmitglieder berichten, daß der Mensch, den sie kennen, plötzlich ein *anderer* Mensch geworden sei, nicht so wie er oder sie sonst gewesen sei, und das Verhalten des Patienten sei nicht mehr verständlich.

Mit Bleuler glauben wir auch, daß das Auftreten rein manischer oder rein depressiver Phasen vor oder nach einer eindeutig schizophrenen Episode die Möglichkeit einer Schizophrenie nicht ausschließt. An Schizophrenie Erkrankte können depressive Phasen haben – sie haben dann an nichts in ihrem inneren oder äußeren Leben mehr Freude –, und diese Phasen können so schwer sein, daß zusätzlich die Diagnose „endogene Depression" gerechtfertigt ist. Diese Zusatzdiagnose sollte die Diagnose „Schizophrenie" nicht in den Hintergrund drängen, sondern sicherstellen, daß während der depressiven Phase Vorkehrungen gegen einen Suizid getroffen und eine antidepressive Medikation erwogen werden. Mindestens zehn Prozent aller Schizophrenen töten sich selbst; diese Rate ist zehnmal höher als die bei Männern und 18mal höher als die bei Frauen in der Allgemeinbevölkerung.

Schizophrenie und kindliche Psychosen

Bevor wir mit unserer Suche nach den Ursachen der Schizophrenie fortfahren, ist es nötig, die Beziehungen der Schizophrenie, wie sie in diesem Kapitel beschrieben wurde, zu kindlichen Psychosen, einschließlich der kindlichen Schizophrenie und des kindlichen Autismus, zu klären. Ist diese Information relevant oder kann man entsprechende Nachweise für die weitere Betrachtung getrost außer Acht lassen? Seit Jahren spekulieren Wissenschaftler über den möglichen Zusammenhang zwischen dem kindlichen Autismus (und anderen, früh beginnenden Kinderpsychosen) und der Schizophrenie des Erwachsenen, die manchmal in der Pubertät einsetzt. Sind diese schweren Erkrankungen des Kindesalters, die das DSM als *tiefgreifende Entwicklungsstörungen* bezeichnet, einfach frühe Manifestationen der Erwachsenenschizophrenie, oder sollte man sie als eigenständige Störungen betrachten, die sich nicht nur von der Schizophrenie, sondern auch voneinander unterscheiden? Daß diese Frage so schwer zu beantworten ist, liegt teilweise daran, daß es schwierig ist, eine psychiatrische Diagnose von Entwicklungsstörungen und Störungen der zwischenmenschlichen Interaktion bei kleinen Kindern zu stellen. Man kann die Kinder zwar beobachten, doch meist können Kleinkinder und Säuglinge nicht über das sprechen, was sie denken, sehen oder fühlen. Kindliche Psychosen wurden nicht so umfassend untersucht wie die Störungen Erwachsener, die wir bereits beschrieben haben. Neuere Versuche, Diagnosekriterien für Abweichungen von der normalen Entwicklung zu definieren, sowie die Verschiebung des wissenschaftlichen Schwerpunkts von Fallstudien zu epidemiologisch orientierten Forschungskonzepten werden den Wissensstand hier sicher voranbringen. Wir teilen die Meinung einer klinischen und wissenschaftlichen Veteranin, Lorna Wing in London, daß die Zeit der Bezeichnungen *kindliche Psychosen, kindlicher (infantiler) Autismus* und *kindliche Schizophrenie* im Grunde vorbei sei und daß sie durch präzisere ersetzt werden sollten.[10]

Psychosen, die in der Säuglingszeit und frühen Kindheit einsetzen, unterscheiden sich in bedeutsamer Weise von Psychosen, die im Umfeld der Pubertät erstmals auftreten. Die Unterscheidungen beziehen sich sowohl auf das Verhalten als auch auf genetische Hintergründe und sprechen dafür, daß es Störungen gibt, die nicht mit der Schizophrenie gleichzusetzen sind. Das Leben wäre einfacher, wenn wir alle derartigen Abweichungen über einen Kamm scheren könnten, doch die gesammelten Daten stehen dem entgegen.

Das klinische Bild bei den früh einsetzenden Kinderpsychosen einschließlich des klassischen *frühkindlichen Autismus*, den der Kinderpsychiater Leo Kanner 1943 beschrieb, ähnelt stark demjenigen, das sich bei geistig behinderten und verhaltensgestörten Kindern mit erwiesenem Hirnschaden zeigt. Etwa die Hälfte aller autistischen Kinder sind schwer retardiert (IQ unter 50); Schizophrene haben eine mehr oder weniger normale IQ-Verteilung. Extreme soziale Distanz und Gleichgültigkeit gegenüber Eltern, Geschwistern oder Fremden und elaborierte, stereotype Rituale charakterisieren häufig das Verhalten autistischer Kinder, kommen jedoch bei Schizophrenen selten vor. Halluzinationen und Wahnvorstellungen, Kennzeichen der Schizophrenie, finden sich bei den früh einsetzenden, tiefgreifenden Entwicklungsstörungen, deren Verlauf bis ins Erwachsenenalter verfolgt wurde, kaum oder gar nicht.[11] Ein weiterer, deutlich ausgeprägter Unterschied zwischen tiefgreifenden Entwicklungsstörungen und Schizophrenien ist der Krankheitsverlauf; nur bei letzteren beobachten wir abwechselnd Episoden der Remission und Rückfälle. Bei kindlichen Psychosen, die um die Pubertät herum einsetzen, ist das klinische Bild jedoch oft nicht zu unterscheiden von den Schizophrenien, die im ersten Teil dieses Kapitels beschrieben wurden.

Auch gibt es einige epidemiologische Muster, die dafür sprechen, daß sich tiefgreifende psychische Störungen mit frühem Beginn von der Schizophrenie unterscheiden. Das Verhältnis von eins zu eins zwischen den Geschlechtern bei der Schizophrenie hebt sich ab von den überwiegend männlichen Betroffenen beim Autismus; verschiedene Studien geben ein Verhältnis von zwei zu eins bis fünf zu eins an. Verglichen mit der Lebenszeitprävalenz von zehn Schizophrenen auf 1000 Erwachsene sind die tiefgreifenden Entwicklungsstörungen sehr selten. Je nachdem, wie eng die Definition gefaßt ist, liegt die Prävalenz dieser Störungen in der Bevölkerungsgruppe unter 15 Jahren zwischen eins und 20 unter 10000. Über diese Störungen wurde viel geschrieben, das den falschen Eindruck erweckte, sie seien ebenso verbreitet wie die Schizophrenie. Da ein bis zwei Prozent der Bevölkerung aus verschiedenen Gründen geistig behindert sind und da die Symptome sich mit denen der „Psychosen des Kleinkindes" überschneiden, sind diagnostische Verwirrung und falsch positive Diagnosen hier unvermeidlich.

Die Schizophrenie tritt, wie schon erwähnt, in einzelnen Familien gehäuft auf. Mit einigen Ausnahmen ergeben Studien an den Eltern autistischer Kinder eine Auftretenshäufigkeit von nahezu Null für Schizophrenie oder andere Psychosen; die Eltern von Kindern, die in der Pubertät erkrankten, zeigen dagegen eine viel höhere Häufigkeit – neun Prozent –, die damit noch höher liegt als bei Eltern von Schizophrenen, die als Erwachsene erkrankten. Ein ähnliches Muster zeigen Untersuchungen der Geschwister: Nur zwei Prozent der Geschwister psychotischer Kinder, dagegen mindestens sieben Prozent der Geschwister von Kindern, die nach dem Alter von fünf

Jahren psychotisch geworden waren, leiden ebenfalls an irgendwelchen Psychosen. Aufgrund der gegenwärtig vorliegenden Daten schließen wir vorläufig, daß Psychosen, die in der Pubertät beginnen, selten sind und als schwere Fälle von früh einsetzender Schizophrenie gelten können und daß tiefgreifende Entwicklungsstörungen, die im Alter unter sieben Jahren einsetzen, sich qualitativ von der Schizophrenie unterscheiden. Diese Schlußfolgerungen sollten jedoch eher als Ansporn für die Forschung betrachtet und weniger als bewiesene Tatsachen verstanden werden, da die Erforschung der tiefgreifenden Entwicklungsstörungen noch in den wissenschaftlichen Kinderschuhen steckt.

Das nächste Kapitel enthält persönliche, in Ich-Form verfaßte Berichte von Schizophrenen, um Fleisch an das wissenschaftliche Knochengerüst der bisherigen Darstellung, Definition und Diagnose der Schizophrenie zu bringen. Danach wird in weiteren Kapiteln ausgeführt, welche faszinierende Vielfalt von wissenschaftlichen Ansätzen und Ergebnissen in unserem gegenwärtigen Verständnis der Schizophrenie und ihrer Ursachen zusammenläuft.

3. Stimmen aus der Zeit der Verzweiflung I

Persönliche Berichte von Betroffenen

Die schrittweise verfahrenden, wissenschaftlichen Methoden zur Diagnose und Symptombeschreibung, die im letzten Kapitel vorgestellt wurden, vermitteln nicht das authentische, facettenreiche Bild der Schizophrenie, wie sie die Patienten selbst und ihre Familien erleben. Die mündliche Darstellung unmittelbar Betroffener hat unseren Kollegen in den Humanwissenschaften sehr geholfen, die nüchternen Fakten lebendig zu machen (*oral history*). Um eben diese Lebendigkeit und Anschaulichkeit geht es uns mit den Lebensgeschichten (keine formellen Vor- oder Fallgeschichten), die einige sensible und ausdrucksfähige, ehemalige oder gegenwärtige Schizophreniepatienten mit ihren eigenen Worten und aus eigenem Antrieb berichteten. (In Kapitel 9 erzählen Familienangehörige von ihren Erfahrungen mit einem Menschen, der an Schizophrenie leidet oder litt.) Die Berichte wurden schriftlich verfaßt, nicht auf Band aufgezeichnet; sie sind daher geordneter, als es mündliche Berichte zu sein pflegen. Sehr häufig teilen sie keine Hintergrundinformationen wie Erkrankungsalter, Verlaufsgeschichte und Stand der Medikation mit.

Die Berichte entstanden auf die immer noch bestehende Aufforderung der Zeitschrift *Schizophrenia Bulletin* hin, einer vierteljährlich erscheinenden Fachzeitschrift des U.S. Superintendent of Documents, Government Printing Office, in Washington, D.C., für die Alcohol, Drug Abuse, and Mental Health Administration (ADAMHA) des Public Health Service. Die Beiträge sind nicht urheberrechtlich geschützt; die Autoren werden je nach ihrem persönlichen Wunsch in Fußnoten als anonym, mit einem Pseudonym oder mit wahrem Namen genannt. Wir haben unsere Kommentare und Erläuterung auf ein Minimum begrenzt und in eckige Klammern gesetzt. Der Leser möge diesen Stimmen vorurteilsfrei und einfühlsam lauschen.

Wohin bin ich gegangen?

Eine Künstlerin beschreibt ihre jetzt ein Jahr anhaltende Schizophrenieepisode.*

Die Spiegelung in der Schaufensterscheibe – das bin ich, oder? Ich weiß, daß ich es bin, aber es ist schwer zu sagen. Gläserne Schatten, pastellene Schimmer, ein Puzzlebild meines Körpers, Gesichtes, meiner Kleidung – bei jeder Bewegung verschwinden Teile davon. Und wenn ich mich anfassen will, fühle ich nichts als eine glitschige Kälte. Trotzdem spüre ich, daß ich das bin. Ich weiß es einfach.

Ich weiß, daß ich eine 37jährige Frau bin, eine Bildhauerin, eine Schriftstellerin, daß ich arbeite. Ich lebe allein. Ich weiß das alles, doch wie die Spiegelung im Glas scheint mein Dasein – wie ein Trugbild, nach dem ich immer wieder greife und doch nie berühren kann.

Ich lebe jetzt seit fast einem Jahr mit diesen Gefühlen, seit man bei mir eine paranoide Schizophrenie festgestellt hat. Manchmal jedoch frage ich mich, ob ich je wirklich wußte, wer ich bin, oder ob ich nur die Teile von mir, die annehmbar waren, gespielt habe, damit ich irgendwo dazugehören konnte. Doch die Krankheit hat mir all meine Masken heruntergerissen; jetzt fühle ich mich leer, und das tut sehr weh. Ich drehe und wende mich in der Hoffnung, eine bequeme Lage zu finden, in der ich einfach ich selbst sein kann.

Immer noch habe ich gelegentlich Halluzinationen, Wahnvorstellungen und schreckliche Ängste, und während dieser Phasen bekomme ich Medikamente. Das lindert meine psychische Belastung ein wenig, doch ich leide unter den körperlichen Nebenwirkungen und darunter, daß auch meine gesunden Emotionen gedämpft werden. Deshalb lasse ich die Mittel sofort weg, wenn die inneren Stürme nachlassen. Und ich frage mich immerzu, warum man sich nicht mehr um alternative Therapien bemüht, wie beispielsweise die ganzheitlichen Verfahren, die jetzt bei körperlichen Krankheiten angewandt werden.

Ich habe deshalb in Büchern und Artikeln über Schizophrenie nach anderen Möglichkeiten und Antworten auf meine Fragen nach dem Warum, Wie lange und Was kann man dagegen tun gesucht. Manches macht mir Angst – die Fallgeschichten von Patienten, die Beschreibungen der Symptome. Manches verwirrt mich, strotzt vor Spekulationen, und doch behauptet jeder Autor, seine Darlegungen seien besser als die

---

* McGrath, M. E. In: *Schizophrenia Bulletin* 10 (1984) S. 638–640.

zuletzt gedruckte Antwort. Schizophrenie ist erblich bedingt – nein, nein, sie hat ganz sicher biochemische Ursachen – mit absoluter Sicherheit ernährungsbedingt – pardon, aber sie wird durch familiäre Interaktionen hervorgerufen, möglicherweise durch Streß und so weiter. Jetzt, wo technische Errungenschaften fast gläubig verehrt werden, lautet die Erklärung, die Schizophrenie sei eine Gehirnkrankheit, ein farbenprächtiges Bild des PE-Tomographen. Ich habe plötzlich das Gefühl, daß mein Menschsein einem Computerausdruck geopfert worden ist, daß die Forscher mich seziert haben, ohne zu merken, daß ich noch lebe. Ich fühle mich weder wohl noch sicher zwischen all ihren gewissen Ungewißheiten – ich glaube, sie verlieren mich als Person immer mehr aus dem Blick.

In dem neuesten Buch, das ich gelesen habe, schreibt ein Arzt, daß Psychotherapie bei Schizophrenen zwecklos sei. Wie kann er so etwas behaupten, ohne mich zu kennen – die da drüben in der Ecke –, die von ihren Therapeuten soviel Unterstützung, Verständnis und Angenommensein erfährt? Marianne begleitet mich ohne Zaudern durch meine Zeiten der Verzweiflung. Sie hört zu, wenn ich das „Gift" in meiner Seele wenigstens teilweise loswerden muß. Sie gibt mir Rat, wenn ich Schwierigkeiten nur mit meinem Alltag habe. Sie sieht mich als menschliches Wesen und nicht nur als Körper, der mit Pillen vollgestopft werden muß, oder als Gehirnmasse in irgendeinem Labor. Psychotherapie ist wichtig für mich, und sie hilft mir.

Das klingt, als sei ich wütend – ich bin es wohl wirklich – auf die Krankheit, die in mein Leben eingedrungen ist und mich meiner selbst so ungewiß macht ... auf die Forscher, die nur in Gehirne hineingucken wollen oder, wo immer sie können, ihre Computer mit Meßwerten füttern wollen und mich, den Menschen, dabei übersehen ... auf diese ganze Literatur, die die Schizophrenie nur negativ sieht und alle Erfahrungen, die damit verbunden sind, als verrückt und unannehmbar betrachtet ... auf die Pharmaindustrie, die sich damit begnügt, daß ihre Pillen mich „funktionieren" lassen, während ich mich nur zugedröhnt und für mich selbst nicht faßbar fühle. Und ich bin wütend auf mich selbst, weil ich diesen Informationen zu sehr glaube und vertraue und nichts mehr bin als eine Patientin, ein Opfer irgendeiner unangreifbaren Krankheit. Ich wundere mich nicht mehr, daß ich das Gefühl habe, mir selbst verlorengegangen zu sein, und daß ich mir wie ein verschwimmendes Spiegelbild vorkomme.

Doch ich suche und frage weiter – doch in mir selbst statt in den Bücherregalen –, weil ich es einfach ein wenig angenehm haben möchte.
Ich kenne all die schlimmen Seiten: Die Schizophrenie ist schlimm, und

es ist verrückt, wenn ich Stimmen höre, wenn ich glaube, daß mich Leute verfolgen und mir die Seele stehlen wollen. Ich fürchte mich auch, wenn ich jedes Wispern, jedes Lachen auf mich beziehe, wenn in der Zeitung plötzlich Heilmittel stehen, Schimpfwörter, die mir ins Gesicht springen, wenn Lichter zu Dämonenaugen werden. Die Schizophrenie behindert mich, wenn ich Gedanken nicht weiterverfolgen kann, wenn ich etwas sagen will, aber die Worte nicht aus meinem Mund kommen, wenn ich keine Sätze, sondern nur noch sinnlose Reime schreiben kann, wenn meine Augen und Ohren in einer Flut von Eindrücken und Geräuschen ertrinken … und das immerfort und immer stärker…

Doch ich weiß, daß ich in all diesen Erlebnissen immer noch ich bin. Und ich bin kreativ und sensibel. Ich glaube an Geheimnis, Zauber, den Regenbogen und den Vollmond. Ich frage mich, warum ich mich eigentlich mit Medikamenten „ruhigstellen" lassen soll, wenn ich die Grenzen der „Realität" überschreite. Sollte ich überhaupt erzählen, daß es in der Schizophrenie Augenblicke – nur Augenblicke – gibt, die „ganz besonders" sind? Wenn ich das Gefühl habe, an einen Ort zu kommen, wohin ich „normalerweise" nicht gehen kann? Wo ich über ein erweitertes Bewußtsein, eine andere Art des Sehens verfüge? In diesen Augenblicken kann ich mir einfach nicht einreden, daß sie nur Symptome meiner Verrücktheit sein sollen und sonst nichts.

Was ist daran so „besonders"? Nun, dann erscheinen die Farben leuchtender, verzaubernd fast, und meine Aufmerksamkeit richtet sich auf die Schatten, das Spiel des Lichts, die Feinstrukturen von Oberflächen, die scharf hervortretenden Umrisse von Gegenständen um mich herum. Es ist, als ob alle Dinge wirklicher seien als ich selbst, als ob ich aus der Welt der Menschen herausgetreten wäre hinein in eine andere Welt, in der ich intensiver sehe, höre und fühle und wo alles ein Wunder ist.

Musik, insbesondere wenn ich sie über Kopfhörer höre, hüllt mich ein und wird lebendig, atmet hohe und tiefe Töne, und ich schwebe auf der Bewegung.

Manchmal gehe ich mit meiner Schizophrenie in die Bibliothek und fühle mich dann wie ein Forscher in einem Dschungel aus Wörtern und Bildern. Es kann sehr frustrierend sein, weil ich nichts erfasse – nicht ein einziges Buch, das ich ausgesucht und durchgeblättert habe –, doch ich sehe mir die Bilder genau an, die abgedruckten Kunstwerke, konzentriere mich sogar auf einen Absatz oder zwei, wenn ich mich an den Regalen entlangwage und meine Augen von Buch zu Buch springen. Ich gehe bald wieder, mit leeren Händen, doch voller Befriedigung, daß ich soviel gesehen habe.

Meine Krankheit ist eine Reise der Angst, häufig lähmend, meistens quälend. Wenn nur jemand ein Heftpflaster auf die Wunde kleben könnte … doch wo? Manchmal glaube ich, ich kann es nicht mehr aushalten. Es quält mich zu sehr, und ich sehne mich so verzweifelt nach Sicherheit und Trost. In solchen Momenten, wenn ich den Tiefpunkt erreiche, habe ich das Empfinden, eine Botschaft zu erhalten, und ich habe ein mystisches, spirituelles Gefühl, wie ein Prophet, der verkünden muß, daß niemand Angst zu haben braucht. Oft erscheint mir ein weißes Licht und brennt mir diese Botschaft förmlich in die Seele, und diejenigen, die sich am meisten ängstigen, werden es sehen und ruhig sein. Und irgendwie geht es mir besser, weil ich die Überbringerin der Botschaft bin.

Das sind meine „besonderen" Augenblicke – es sind nur ganz wenige, doch ich freue mich auf sie, und sie helfen mir, meine schizophrenen Episoden zu überstehen. Und ich kann nicht einmal voraussagen, wann und ob diese Momente überhaupt kommen. Doch ich will ihre Existenz nicht verleugnen; ich will mir nicht einreden, das sei alles nur Verrücktheit.

Ich hoffe zuversichtlich, daß die laufende Forschung eine Antwort auf die Schizophrenie findet, und ich bin dankbar für die Zuwendung und Hilfe der psychiatrischen Dienste. Doch ich weiß, daß ich die Schizophrene bin, die, die mit der Schizophrenie leben muß, und daß ich in mich selbst hineinschauen muß, wenn ich Wege finden will, um damit umzugehen. Ich muß mich wieder als reale Person sehen können und nicht als verschwimmende Spiegelung.

Der Messias

Ein junger Schizophrener beschreibt seine eindrucksvollen Wahnvorstellungen und Halluzinationen in der dritten Person, um Abstand von der Episode zu gewinnen. Kurze Kommentare zweier Therapeuten, die in verschiedenen Phasen der beschriebenen Erlebnisse mit dem Autor sprachen, sind diesem Bericht angefügt.*

„Entgegen dem Anschein bestimmter Textpassagen war ich zuvor niemals ein Anhänger irgendeiner Religion, eines religiösen Führers oder der Telepathie und habe mich nie von der Central Intelligence Agency verfolgt gefühlt. Die beschriebenen Erlebnisse folgten auf

---

* David Zelt (Pseudonym) In: *Schizophrenia Bulletin* 7 (1981) S. 527–531.

eine Häufung schwerer Belastungen – Tod eines Elternteils, Ende einer langjährigen Liebesbeziehung, Karriereknick. Vor diesen Ereignissen war ich emotional ausgeglichen und sozial gut integriert...“

Das Drama, das David Zelt tiefgreifend veränderte, begann mit einer Konferenz über die Psychologie des Menschen. David verehrte die Redner als Wissenschaftler und wünschte sich ihren Beifall für einen Artikel über Telepathie, den er verfaßt hatte. Eine Woche vor der Konferenz hatte David seinen Artikel „Über die Ursprünge der Telepathie“ an einen Redner geschickt, und die anderen hatten ihn alle gelesen. Er stellte die neuartige wissenschaftliche Hypothese vor, die Telepathie könne nur während des Geburtsvorgangs optimal erforscht werden. Er glaubte, daß Mutter und Kind in einer telepathischen Verbindung stünden, die während der Entbindung beginne und untersucht werden sollte, bevor andere Stimuli in der Außenwelt sie nachhaltig beeinflußten. Das Papier beschrieb Beobachtungen des Gesichtsausdrucks von Müttern und Kindern, die er in einer Entbindungsklinik angestellt hatte. Sie lächelten oder weinten während der Entbindung und mehrere Minuten lang danach übereinstimmend. Die Mimik von Glück oder Schmerz schien zu gleicher Zeit und in derselben Intensität aufzutreten. Er hoffte, daß diese Übereinstimmung, die sich konsistent bei sieben Geburten gezeigt hatte, sich bei allen Menschen nachweisen ließe. David wußte, daß das Papier, das seine Beschäftigung mit einem esoterischen Thema widerspiegelte, ein Anzeichen seines wachsenden Rückzugs von der Alltagsrealität darstellte.

Davids Papier wurde als bedeutender Beitrag zur Konferenz und möglicherweise zur Psychologie im allgemeinen gewürdigt. Falls er wissenschaftlich zu verifizieren war, konnte sich sein Begriff der Telepathie – bei der Geburt universell vorhanden und meßbar – als genauso einflußreich erweisen wie die grundlegenden Vorstellungen Darwins und Freuds.

Jeder Vortragende bezog sich auf David. In Anspielungen und nonverbaler Kommunikation, unter anderem Handzeichen und Blicke, beleuchtete jeder unterschiedliche Aspekte von Davids Beitrag. Obwohl sein Name nie genannt wurde, verleiteten die Redner David zu dem Glauben, er habe mit dem Papier etwas Übernatürliches zustandegebracht.

Eine Person mit hochentwickelten spirituellen Fähigkeiten stand nun im Zentrum der Aufmerksamkeit. Worte wie „außergewöhnliche Wahrnehmungsfähigkeiten“, „telepathische Begabung“ und „intellektuelles Können eines Einstein" fielen. David war sicher, daß all diese Bemerkungen sich auf ihn bezogen, als ein Redner bei der Diskussion der Telepathiehypothese „Unser Hirte" sagte. Er wurde mit einem Löwen verglichen – mutig, königlich und kühn – oder mit einem Vogel, der so hoch flog wie ein Adler – extrem weitsichtig. Er fühlte sich verherrlicht.

David hatte angeblich einen Heiligenschein um den Kopf, und die kurz bevorstehende Wiederkunft wurde verkündigt. Messianische Gefühle ergriffen Besitz von ihm. Sein Auftrag war, den Armen und Notleidenden zu helfen, besonders in den unterentwickelten Ländern. Auch wollte er allen helfen, die Freuden des Lebens zu genießen und seine Kümmernisse zu ertragen; er hoffte, die Menschen würden, zum Teil durch seine Bemühungen, mitfühlender, hilfsbereiter, verständnis- und liebevoller.

Davids Empfänglichkeit für nonverbale Signale war extrem übersteigert; er war ein Meister im Gedankenlesen. Seine Wahrnehmungsfähigkeiten waren so weitentwickelt, daß er das gesprochene Wort nicht mehr von telepathischer Wahrnehmung unterscheiden konnte. Die anderen versetzten ihn in eine Erregung wie nie zuvor. Es war, als sei das nonverbale Verhalten der Menschen eine Art Code für ihn. Gesichtsausdruck, Gesten und Körperhaltung anderer bestimmten häufig, was er fühlte und dachte.

Mehrere hundert Menschen auf der Konferenz sprachen über David. Er stand im Zentrum eines tiefen Geheimnisses, in unergründlichem Schweigen. Dennoch drückten Skeptiker Zweifel an der erwarteten Wiederkunft aus. David empfand den intensiven Meinungsaustausch über ihn als quälend. Er wünschte sich ein Ende des Gesprächs, des nonverbalen Verhaltens und des alles beherrschenden Themas.

Ein Redner, dessen Name ein feststehender Begriff war, bezeichnete diesen Gedankenaustausch über David als nationalsozialistisch. Diese Verurteilung hatte einen dramatischen Effekt: Danach saßen die Leute tatenlos und ohne zu sprechen oder zu denken herum. Sie kommunizierten nicht mehr durch Bewegungen, Sprache oder Telepathie mit David. Da er diesen Redner verehrte und sich in einem Zustand befand, in dem er extrem leicht zu beeinflussen war, glaubte David, verbale und nonverbale Belästigung jedes spirituell begabten Menschen sei faschistisch. Er verabscheute den Faschismus, das in seinen Augen schlimmste aller Übel. Da ahnte David zum ersten Mal, daß seine Rolle im Leben darin bestehen sollte, dafür zu sorgen, daß niemals ein anderer Mensch der psychologischen Brutalität des Faschismus ausgesetzt werden könne. Er würde die Menschheit von jeder Anfälligkeit dafür reinigen. Diese Umwandlung der Menschheit würde mit der Wiederkunft stattfinden.

In den folgenden Wochen kam David zu der Überzeugung, er sei in der Gestalt Jesus Christus wiedergeboren und von seinem Geist beseelt. Wie Christus befand er sich in ständigem Kontakt mit dem Unendlichen und Ewigen und trug einen Heiligenschein um seinen Kopf, der die Einheit mit Gott symbolisierte. David glaubte, er sei der einzige Mensch, der den drohenden Weltuntergangskrieg verhindern konnte, indem er alle Menschen bedingungs- und kompromißlos liebte.

Von seiner Wohnung aus hatte David einen Rundumblick; er sah viele Menschen, die ihm die grundlegenden Bedürfnisse und Wünsche der Menschheit zeigten. Sie hofften, daß er als Messias die Welt zum Besseren verändern könnte. Aktivität auf der linken Seite bedeutete den transzendenten, intuitiven und ganzheitlichen Bereich des menschlichen Lebens, Aktivität auf der rechten Seite den materiellen, rationalen und analytischen Bereich. Ein Beispiel, wie sich Bedürfnisse und Wünsche ausdrückten, bildeten die Muster der Kondensstreifen von Flugzeugen: Die ausbalancierten Arme der Waage zur Linken symbolisierten emotionale Harmonie, und ein Skorpion zur Rechten bedeutete die analytische Herangehensweise an das Leben…

David schöpfte den Verdacht und merkte dann schließlich, daß ein Geheimdienst ihn beobachtete. In einem Augenblick der Erkenntnis, in dem ihm viele seltsame, neuere Ereignisse in seinem Leben klar wurden, wußte er, daß er wegen Verrats angeklagt worden war, weil er während seiner Psychotherapie Amerikaner verleumdet hatte. Insbesondere hatte er seinem Psychiater erzählt, es gebe Amerikaner, die ihn „wie Nazis" erniedrigten. David wollte herausfinden, ob das Federal Bureau of Investigation ihn beobachtete, und beschloß, seine telepathischen Kräfte anzuwenden. Ein Agent der örtlichen Zweigstelle teilte ihm mit, es gebe keine Ermittlungen. Doch David las die Gedanken des Agenten und stellte fest, daß die Central Intelligence Agency gegen ihn ermittelte.

Auf elektronischem Wege verbreitete die CIA das, was David in der Psychotherapie sagte. Nach und nach ergriff jeder Partei entweder für oder gegen die CIA und ihren Gegner David. Alle Redner der Konferenz riefen David in ihren Ländern als den Messias aus. Ihn verbal oder nonverbal zu belästigen, war das psychologische Gegenstück zur Folter der Nazis. Viele Länder hegten Groll gegen die Regierung der Vereingten Staaten, weil sie zuließ, daß die CIA gegen einen spirituell begabten Menschen ermittelte. Für David verletzte die CIA, indem sie ihn belästigte, ein Verfassungsrecht – die Religionsfreiheit.

Dann dämmerte es David, daß die CIA seine Gedanken abhörte, wo er ging und stand, manchmal sogar während er schlief. David konnte keine sprachlich gefaßten Gedanken für sich denken. Solche Gedanken lösten nichtstimmhafte Körperbewegungen aus, die beim Atmen besondere Lautmuster erzeugten; diese Muster wurden sofort von versteckten elektronischen Geräten der CIA aufgenommen und entschlüsselt. David hatte keine gedankliche Privatsphäre mehr, außer bei konkreten visuellen Vorstellungen; diese Vorstellungstätigkeit war gewöhnlich sehr angenehm und konnte nicht überwacht werden, weil dabei keine Laute erzeugt wurden. Gedanken in Worten schienen oft aus äußeren Quellen zu stammen, die im Raum lokalisiert waren, als ob eine Person zu David spräche; er konnte diese Gedanken hören, während er sie gleichzeitig dachte oder einen Augenblick später, ausgesendet von der CIA auf elektronischem Wege. Da die CIA ein Geständnis des Verrats erhalten wollte, quälte sie David durch die öffentliche Ausstrahlung seiner Gedanken und durch Kommentare und Kritik dieser Gedanken. Die CIA behauptete, nur die Wahrheit wissen zu wollen, ob sich David selbst für einen „Verräter" hielte; trotzdem quälte sie ihn. Unter der Behandlung durch die CIA wirkte sein Gedankenfluß manchmal chaotisch oder zufällig. Auch führte das Aussenden seiner Gedanken zu einem Teufelskreis, der David ganz besonders peinigte. Wenn ein bestimmter Gedanke gesendet wurde, mußte er diesen Gedanken oft wiederholen.

Da seine Gedanken um ihn herum ausgestrahlt wurden, hatte David oft das Empfinden, sein Bewußtsein werde von außen gesteuert und er sei mit der äußeren Umgebung verschmolzen. In seiner Wahrnehmung waren ausgestrahlte Gedanken oft unterlegt mit Geräuschen – laufendes Wasser, wehender Wind und vorbeifahrende Autos. Diese ständigen Geräusche von Wasser, Luft oder Fahrzeugen klangen gewöhnlich wie Fliegen, die im Hintergrund des ausgesendeten Gedankens herumsummten. Die Grenze zwischen seinem Geist und der Welt schien verwischt...

Davids Denkprozesse und seine Kommunikation mit anderen vollzogen sich auf zwei grundlegend verschiedene Weisen: Eine war der rationalen Realität der anderen angepaßt, und die andere – der Code – war magisch, poetisch und fantastisch. Den Code benutzte er in seinem ständigen Kampf mit der CIA und manchmal in der Kommunikation mit Gott. Im Laufe der Zeit griff der Code allmählich auf seine gesamten psychischen Funktionen über. David erzählte niemandem von dem Code, dessen er sich zum ersten Mal bei der Konferenz bewußt geworden war. In seinen Wahrnehmungen, Gefühlen und Gedanken beeinflußte der Code allmählich alles außer den Gebrauch der Wörter als solchen – Telepathie, Gesichtsausdruck, Gestik, Körperhaltung und Lautstärke, Stimmlage, Geschwindigkeit, Rhythmus und Pausen seiner Rede. Seine Psyche erschien anderen allgemein verändert, weil er kaum noch – außer mit Gott – in logischer Weise kommunizieren konnte; die Kommunikation mit Gott jedoch erlebte David manchmal als dem Code gemäß...

Immer wenn David Kontakt mit den Medien hatte, wurde der Code verwendet. Beispielsweise verbreiteten Fernseh- und Radiosender ihre Einstellung zu David durch elektrische Signale und sprachliche Botschaften. Die elektrischen Signale, etwa ein Flimmern der Bildröhre oder statisches Rauschen im Radio, bedeuteten, daß sich die unmittelbar vorangegangenen Bemerkungen auf David bezogen. Die sprachlichen Botschaften priesen ihn entweder oder verdammten ihn, und irgendwie konnte sie jeder verstehen, der in diesen Augenblicken vor dem Fernseher oder Radio saß. Die Sender sprachen von Jesus Christus und Schizophrenie und warteten Davids gedankliche Reaktionen ab, die dann durch die versteckten Geräte der CIA verbreitet wurden. Der Fernsehsender NBC hatte eine transzendente Weltanschauung und bezeichnete David häufig als Jesus Christus. CBS behauptete gewöhnlich, David sei schizophren. ABC war geteilter Ansicht; entweder war David göttlich oder krank. Manchmal bezogen sich diese Fernsehsender in Werbespots auf David, die jeweils eine bestimmte Botschaft über ihn verbreiteten. Beispiele für solche Botschaften waren: Paul Newman verkündete, David verfüge über eine außergewöhnliche telepathische Begabung und gehöre zu einer gefährdeten Art wie der Weißkopfadler; Merv Griffin verkündete: „Wir lieben dich", weil David die Welt auf den Schaden aufmerksam gemacht habe, den die CIA in ihr anrichte; Jean Stapleton sagte in bezug auf die Verleumdung Davids durch die CIA: „Tausend Worte sagen weniger als ein Bild." Doch im allgemeinen war der Grad der Aufmerksamkeit so quälend, daß David versuchte, jeden Kontakt mit Medien zu vermeiden...

Jeden Tag studierte David die Muster der Kondensstreifen am Himmel. Diese immer deutlich ausgeprägten Muster zeichneten normalerweise ein günstiges Bild von David. Häufig kommentierten Leute den Krieg zwischen David und der CIA mit den Worten: „Du hast den Himmel auf deiner Seite." Gewöhnlich bildeten sich Engelsflügel, ein Löwe, ein Adler und künstlerische Kreidezeichnungen am Himmel ab. Manchmal sah David auch einen Löwen mit zwei Köpfen, einen geflügelten Löwen oder einen Adler, dessen Kopf vom Rumpf getrennt war...

Mehrere Monate nach der Konferenz hatte sich Davids Vision von einer emotionalen Veränderung der Menschheit vollends geklärt. Gott verkündigte, daß die Menschheit, geleitet von David, sich schließlich in Liebe vereinigen würde. In diesem weltumfassenden Zustand der Liebe wären negative Gefühle wie Wut und Ekel überflüssig. Für David stellten Wut und Ekel ein Versagen des Einfühlungsvermögens dar. Er glaubte zutiefst, daß die dauernde, empathische Versöhnung aller Menschen miteinander der einzige Weg sei, den Weltuntergang zu verhindern. Er hoffte, daß aus der weltweiten Entzweiung über den CIA-Konflikt eine neue Einigkeit unter den Menschen entstünde.

David wußte, daß alles Unheil in der Welt in der Psyche begründet lag. Da [er] der Messias [war], spiegelte seine Psyche die Probleme der Menschheit wider. Er kämpfte gegen tiefverwurzelte Mächte – den Faschismus, die CIA und die selbstmörderischen Tendenzen der Menschheit –, doch er wußte, daß die Macht Gottes am Ende siegen würde. Davids Pflicht war die Erfüllung des höchsten Willens Gottes – die Erde in ein himmlisches Reich zu verwandeln. Er wollte alles tun, was in seiner Macht stand, um dieses Ziel zu erreichen. Mit Herz und Geist ergab sich David seiner messianischen Aufgabe.

Kommentare von Davids Therapeuten

Erster Therapeut: Ich behandelte David während seiner akuten Episode, und wir beschlossen, sie ohne Medikamente durchzustehen. Das entsprach seinen Absichten und Wünschen, und auch ich zog das vor. Das ist ein harter Weg, denn Angst und Leiden liegen nur allzu offensichtlich auf der Hand. Der Ausgang bei David liefert jedoch die letztendliche Rechtfertigung für eine derartige therapeutische Strategie. Sein Bericht führt den Leser direkt in das Erleben der intensiven, psychotischen Übersteigerung und der sie begleitenden Ängste hinein. Meine Rolle bestand hauptsächlich darin, zu betonen und ihn oft daran zu erinnern, daß die Phänomene zu seiner inneren Welt gehörten. Es beeindruckte mich tief, daß jemand mit profundem intellektuellem Wissen über Psychosen dennoch seine kritischen Fähigkeiten nicht gegen den Ansturm der wahnhaften Ideen ins Feld führen konnte. Die Wahnideen waren nach Art und Reichweite visionär, wenn auch übermächtig. Zeitweise arbeiteten seine kritischen Fähigkeiten effektiv, und man muß anerkennen, daß der Ausgang günstig war. Daß David hochintelligent ist, hat meines Erachtens entscheidend dazu beigetragen, daß er diese Episode in einer für seine Persönlichkeit bereichernden Weise durchstehen konnte. Was mich an seinem gegenwärtigen Zustand am meisten beeindruckt, ist seine Herzlichkeit, seine Lebenskraft und seine Wärme; er scheint vor Energie und Motivation überzuquellen und emotional erfüllte Beziehungen zu unterhalten.

Zweiter Therapeut: Ich hatte das Gefühl, es war besonders wichtig für David, täglich für ihn dazusein; alles andere wäre grausam gewesen. Es gab nur wenige Menschen, denen er seine Gefühle und Vorstellungen mitteilen konnte. Unsere Begegnungen, ein offener Austausch zwischen zwei Menschen, schien die Einsamkeit seines Kampfes zu mildern und trugen vielleicht zu dessen Beendigung bei. Obwohl er stark mit seinem Innenleben beschäftigt war, konnte er mit Einschränkungen seinen Alltag bewältigen. Er versorgte sich selbst; darüber hinaus ging er aus und unternahm etwas mit anderen Leuten und las auch. Sein Bericht ist ein Beweis für den Nutzen dieser Erfahrung und spiegelt seine Entwicklung zu größerer Reife wider.

Nach der Klapsmühle

Eine Sozialarbeiterin erinnert sich an ihre bittersüßen, aber hauptsächlich bitteren Erfahrungen als Patientin und fordert Reformen bei bestimmten entwürdigenden Praktiken. *

Wir sind uns unter den ungewöhnlichsten Umständen begegnet, an einem Ort, den wir gewöhnlich als „Klapsmühle" bezeichnen.

Kurz vor unserer Begegnung hatte ich den Film *Einer flog über das Kuckucksnest* gesehen. Mir gefiel der Film [nach einem Buch mit demselben Titel von Ken Kesey] als Kunstwerk, weil er haarscharf die Balance zwischen Komik und Tragik hält, die unser ganzes Leben durchzieht. Ich erinnere mich noch, wie ich über die Possen der Patienten lachte und insgeheim ihrer Fähigkeit Beifall zollte, in einer Welt zu lachen, in der Trauer und stummes Leiden herrschen.

Später, selbst ein Kuckuck in diesem Nest, fand ich diese Erfahrung weit weniger amüsant. Unter den massiven Medikamenten kehrten

---

* Anonym. In: *Schizophrenia Bulletin* 6 (1980) S. 544-546. Nach sorgfältigem Abwägen habe ich mich dafür entschieden, diesen Artikel anonym zu veröffentlichen, weil ich hoffe, dadurch meine Familie, Freunde und mich selbst vor weiteren Peinlichkeiten und vor Diskriminierung schützen zu können. Der Schutz vor Stigmatisierung ist notwendig, weil unsere Gesellschaft sich vor denjenigen von uns, die wegen psychischer Störungen stationär behandelt wurden, nicht „sicher" fühlt. Als ehemalige Patientin und Mitarbeiterin des National Institute of Mental Health hoffe ich, daß dieser Artikel als Katalysator der notwendigen Veränderung wirkt.

meine Gedanken zur Realität zurück, doch mein Körper schien irgendwo in Raum und Zeit hängen zu bleiben. Es gab kein Lachen; es gab keine Tränen: Es gab nur Dasein. Das bittere, tragische Ende des Films wurde in Form meines eigenen, persönlichen Schmerzes Wirklichkeit. Auch ich war im Namen der Fürsorge und Liebe – symbolisch – erstickt worden. Der Hauptunterschied zwischen mir und der Filmfigur bestand darin, daß ich es überlebt hatte.

Zu den Klängen von „Say ‚You love me‘" von Fleetwood Mac tanzte Penny in mein Zimmer und in mein Leben. Wir hätten nicht gegensätzlicher sein können: Mein langes, dunkles Haar umrahmte ein liebliches, unschuldiges Gesicht; Pennys kurzes, blondes Haar umgab ein rundes Gesicht, das sorgfältig geschminkt und auf eine feine Weise hübsch ist. Meine einziger Schmuck war ein angelaufenes Kreuz, das an meinem langen, dünnen Hals hing. Mein zarter Körper war in ein gelbes Nachthemd gehüllt. Pennys Finger und Handgelenke waren silber- und goldbedeckt und trugen große Türkise.

Während Penny rhythmisch von Raum zu Raum tanzte, trippelte ich engelsgleich in diese fremde, neue Welt. Ihr Lachen und ihre Manie deckten ihre Depression zu. Mein Schweigen schützte meine Privatunterhaltungen mit Gott, der mich in einer Art und Weise lenkte, die ich nicht verstehen konnte, dem ich jedoch immer gehorchte. Penny sprach von Ölquellen und der Mafia von Kansas City. Ich sprach von der Schrift, Ostern, dem Glauben, Vergebung und Liebe.

Penny brachte Gelächter und Fröhlichkeit. Sie war großzügig – sie vermachte mir eine Ölquelle – und hoffte, so das Dunkel zu lichten und die Qual zu lindern. Sie trat in mein Leben wie mein privater Weihnachtsmann.

Wir fügten niemandem an diesem Ort Schaden zu, außer vielleicht uns selbst, doch uns wurde dort viel Schaden zugefügt. Wir wurden in einen stigmatisierenden Orden eingeführt. Niemals werden wir vergessen, wie fürchterlich die Schlange war, in der wir uns bei der Medikamentenausgabe anstellten; die Gruppensitzungen (die sogenannte Sozialtherapie), wo einander völlig fremde Menschen sich von ihren persönlichen Problemen erzählten und intime Einzelheiten aus der Welt da draußen offenbarten; die Werkräume (für die sogenannte Beschäftigungstherapie), wo geduldige Therapeuten (deren Stimmen manchmal vor Wut bebten) versuchten, ruhiggestellten Patienten beizubringen, wie man Kermanikkrüge und Aschenbecher bemalt; die Freizeitaktivitäten (die sogenannte physikalische Therapie), die darin bestanden, unsere Zehen zu berühren, Gobang zu spielen und Tischtennisbällen nachzujagen.

Ich erinnere mich mit Schmerz, doch auch mit Humor. Man muß sich einen Ort vorstellen, der Klinik genannt wird, aber mehr einem alten Mühlenhof mit allem drum und dran ähnelt – die Schwestern sind die Mägde, die in regelmäßigen Abständen Futter in kleinen Pappbechern in den Narrenkäfig reichen; unberechenbares, menschliches Verhalten gilt als „verrückt" und berechenbares, tierisches Verhalten als erwünscht; die Ärzte ähneln Bauern, mit Tranquilizern trieben sie das Vieh; der Tag besteht darin, auf den Weiden des Wahnsinns zu grasen – und dort nichts Nützliches oder Schädliches anzurichten, sondern sich darauf vorzubereiten, als fettes Kalb, als Sündenbock der Gesellschaft in die Welt hineinzugehen.

Als wir (Penny und ich und vor mir meine Mutter) unsere Lektion gelernt hatten, wurden wir wegen guter Führung ins Schlachthaus der Gesellschaft entlassen.

Im Lauf der Jahre, sogar schon vor der Klapsmühle, waren wir zu fleißigen Arbeitspferden abgerichtet worden. Noch jetzt dienen wir unseren Herren treu und unermüdlich. Unser Lohn sind Obdach und Nahrung – die Befriedigung der Grundbedürfnisse. Es gibt ein paar Menschen, die uns lieben, einige, die unseren Mut respektieren, und einige, die uns nicht verstehen und uns fürchten. Normalerweise bewegen wir uns still in der Welt umher, fordern wenig, erwarten das Schlimmste und sehnen uns nach menschlicher Würde und Gleichheit.

Zwei Jahre nach der Entlassung aus der Klapsmühle bewegten Penny und ich uns in getrennten Welten und hielten nur sporadischen Kontakt. Als wir allmählich ein wenig über uns und die Klapsmühle lachen konnten, verabredeten wir uns häufiger. Jetzt treffen wir uns jede Woche. Gegen Nähunterricht bringt mir Penny das Lachen bei. Sie bittet mich, Ereignisse aus der Klapsmühle zu erzählen, als ob sie Lieblingsmärchen seien. Wir beide lieben es, an die Geschichte zu denken, als ich als treue Dienerin Gottes im Nachtgewand aus der Klinik rannte, zwei gutgläubige Gärtner mit einem Trick aus ihrem Lieferwagen lockte und wie ein wieder eingefangener Sträfling mit einer Eskorte von drei „schweren Jungs" der Klinik wieder zurückkehrte. Häufig fällt uns die Szene wieder ein, wenn wir immer rund um die Anstalt spazierengingen – ein Privileg für diejenigen von uns, die sich bis zur Vertrauenswürdigkeit hochgedient hatten. Bei der Erinnerung an einen späteren Besuch einer „einsitzenden" Freundin meinte Penny im Spaß zu mir: „Glaubst du, daß sie [die Patienten] immer noch in der Tretmühle laufen?"

Im allgemeinen amüsieren wir uns nur privat und auf unsere persönliche Art, niemals verletzend für andere. Meine Mutter lacht über schmutzige Witze, nie über das Verhalten anderer, egal wie verschroben sie auch wirken mögen. Penny greift zur Schreibmaschine als Ventil und erinnert sich unter Heiterkeitsausbrüchen an den therapeutischen Durchbruch, als sie wiederholt stundenlang Schimpfwörter in die Maschine tippte. Um mich an einem deprimierten Tag aufzuheitern, ziehe ich mich in eine Behindertentoilette zurück, wo ich lächeln muß, wenn ich daran denke, daß ich immer die Männertoiletten im Korridor neben dem Büro meines Psychiaters benutzte, mich vor meinem privaten Medizinmann einschloß und so laut ich nur konnte „Heilig, heilig, heilig" sang, bis er kam, um mich herauszuholen.

Menschen, die wegen einer Geisteskrankheit das Trauma eines Krankenhausaufenthalts durchmachen, werden genauso „abgestempelt" wie körperbehinderte Menschen. Penny, meine Mutter und ich (wir alle drei) haben die Probleme und Schranken erfahren, die sich in der Gesellschaft der „Normalen" vor uns auftürmen. Meine Mutter kam nicht zurecht mit der Grausamkeit einer Welt, die glaubte, sie ritte auf einem Besen und koche für uns in einem Kessel über offenem Feuer. Sie wurde wegen Arbeitsunfähigkeit verrentet.

Penny aktivierte die Gewerkschaft, als ihre Vorgesetzten versuchten, sie in Frührente zu schicken. Über Nacht bot man ihr eine Stelle an, wo es zuvor wiederholt geheißen hatte: nichts frei. Sie beschreibt ihre neue Arbeit als bürokratisches Trostpflaster mit wenig, wenn überhaupt, Aufstiegschancen.

Bei mir hat sich immer dieselbe Szene unter vielen verschiedenen Umständen wiederholt: Ein Vorgesetzter bewertete meine Arbeit und meine Fähigkeiten vor meiner Krankheit als herausragend und meine Produktivität als sehr hoch, schlug jedoch die Verrentung vor, als ich depressiv und weniger produktiv war; eine Universität, die mir ein sehr gutes Abschlußzeugnis ausstellte, ließ mich mit besten Empfehlungen zum Graduiertenstudium zu und schickte mir auf meinen erneuten Zulassungsantrag (nach meiner Krankheit) einen Standardbrief des Inhalts: „Sie erfüllen nicht die Zulassungsvoraussetzungen"; die örtlichen Gesundheitseinrichtungen wiesen meine Angebote einer Mitarbeit zurück, weil ich psychiatrisches Personal „bedroht" hätte. Die bisher erreichten Erfolge haben mich viel Zeit und Energie gekostet: Mit Hilfe eines Anwalts (der zum besten Therapeuten geworden ist) habe ich jetzt eine Stelle, die auf eine bessere Zukunft hoffen läßt; vor kurzem wurde mir ein sehr gutes Diplom verliehen; und es steht mir frei, in welcher Hilfsorganisation ich mitarbeiten möchte.

Die Literatur sagt wenig über unsere Einzelschicksale. Die meisten Forscher fassen uns zu Gruppen zusammen und bestätigen dadurch unser Stigma. Manche sehen wenig Chancen für eine Besserung und sagen hohe Selbsttötungsraten voraus. Manche experimentieren mit uns und finden überzeugende Beweise, daß wir trainiert – rehabilitiert – werden können. Andere erheben ethische Bedenken gegen die Forschung an uns, rechtfertigen ihre Handlungsweise jedoch damit, daß nützliche Daten gewonnen werden können, wenn man unseren Lebensweg verfolgt. Manche haben nachzuweisen versucht, daß sich die Einstellung der Öffentlichkeit gegenüber den psychisch Kranken geändert habe.

Wenn meine eigenen Forschungen und Erfahrungen repräsentativ sind, dann hat sich die Einstellung der Öffentlichkeit nicht geändert. Aus meiner Sicht zementieren die Wissenschaftler mit ihren Statistiken nur weiter das Stigma. Die Ärzte bohren weiter mit Fragen in unseren emotionalen wunden Punkten herum. Die Familien reagieren auf psychische Krankheiten weiter mit Schweigen und Scham. Die Geistlichen predigen weiter, psychische Störungen seien das Werk des Teufels. Die Schranken bleiben. Sie sind real.

Heute bin ich froh, daß ich in der Klapsmühle war. Ich betrachte das als die beste Ausbildung, die ich als psychiatrische Sozialarbeiterin erhalten konnte. Ich weiß aus eigener Anschauung, was es heißt, voll angekleidet zu sein und sich nackt ausgezogen zu fühlen. Ich weiß, was es heißt, die Etiketten „geisteskrank“, „behindert“, „schizophren“, „multiple Persönlichkeit“, „manisch-depressiv“ zu tragen; einen diagnostischen Klassifikationscode aus Zahlen und Punkten aufgedrückt zu bekommen; Kostenerstattungen zu beantragen und psychische Probleme genau aufführen zu müssen statt körperliche Leiden allgemein zu umschreiben. Ich muß kein Lehrbuch lesen, um die Bedeutung von „Neurose“ und „Psychose“ zu verstehen. Ich weiß, wie es ist, ein Meerschweinchen zu sein, unter Haldol daherzuschlurfen, unter Dalmadorm zu schlafen, unter Lithium Haarausfall zu haben. Ich kenne die Freuden des Irrsinns und die Hölle einer Irrenanstalt. Ich kenne die, die sich Ärzte, Pfleger und Geistliche nennen und die über die zu Gericht sitzen, deren Verhalten und Gedanken sie nicht verstehen.

Ich muß nichts über Schlangengruben oder Rosengärten oder Kuckucksnester oder Seelen, die sich wiederfanden, oder die innere Welt der Geisteskrankheit (Kaplan 1964) lesen, auch wenn ich solche Bücher gelesen habe. Ich habe meine eigenen Kapitel im Buch des Lebens niedergeschrieben. Glücklicherweise habe ich eine Mutter, die mir den Geist unserer indianischen Vorfahren eingeflößt hat, und ich habe Penny, die mich an die Klapsmühle erinnert und mich zum Lachen über die größte Tragödie meines Lebens bringt.

Der harte Weg zurück

Scharfsichtige und schmerzliche Beobachtungen einer Pharmaziestu-
dentin sowohl als Patientin als auch als Fachfrau und ihre aufgeklärte
Einstellung zu den Medikamenten, die sie nimmt und auf die sie zu
verzichten lernt.*

Am ersten Tag meines Praktikums in einem Krankenhaus wartete ich
darauf, daß die Krankenhausapotheke öffnete, weil ich eine Stunde zu
früh war. Ich saß in einem Vorraum und trug einen weißen Laborkittel
mit dem vorgeschriebenen Namensschild und machte ein Nickerchen.
Ein junger Patient näherte sich mir.

„Entschuldigen Sie, Fräulein. Wissen Sie, daß ich jeden Morgen,
wenn ich aufstehe, das Gefühl habe, daß überall Gefahr lauert?"

Weil ich einen weißen Kittel trug, nahm er an, ich hätte eine Lösung
für sein Problem oder ich sei zumindest nicht in seiner Lage und könne
ihm helfen. Ich fühlte mich von diesem psychiatrischen Patienten über-
rumpelt, doch ich sagte: „Das klingt, als hätten Sie große Angst."
Darauf er: „Ja. Sind Sie traurig oder ruhen Sie sich nur aus?" Ich hatte
das Gefühl, er schaue durch mich hindurch. „Nein", erwiderte ich. „Ich
bin nicht traurig; ich bin nur sehr müde." „Oh", sagte er, „dann störe ich
Sie nicht weiter." Und er ging davon.

Mein weißer Kittel und mein Namensschild machten mich nicht immun gegen Schizophrenie. Pharmaziestudenten sind genauso anfällig
wie jeder andere, obwohl wir alle Krankheiten so kennenlernen, als ob
wir eine immune Gruppe wären.

Während ich mit diesem Patienten sprach, wollte ich innerlich sagen:
„Ja, auch ich spüre überall Gefahr, jeden Morgen und den ganzen Tag.
Es fällt mir schwer, aus dem Bett zu kommen, aus dem Haus zu gehen;
es fällt mir schwer, mich auch nur anzuziehen und rauszugehen und zu
funktionieren. Ich habe Angst vor Menschen, vor Veränderungen. Ich
reagiere empfindlich auf Sonnenlicht und Lärm. Ich sehe nie Nachrich-
ten und lese nie Zeitung, weil mir das Angst macht."

Das Gespräch mit diesem Patienten hatte mir meinen inneren Konflikt ganz deutlich werden lassen. Dieser junge Mann und ich sind in
einer Weise verbunden, über die ich weder mit ihm, noch mit meinen
Kommilitonen, noch mit den Dozenten sprechen kann. Ja, ich bin
Pharmaziestudentin. Ja, ich bin aber auch als schizophren diagnostiziert

---

* Anonym. In: *Schizophrenia Bulletin* 9 (1983) S. 152–155.

und wurde dreimal eingewiesen, als ich dekompensierte. Ja, ich bin auf Neuroleptika angewiesen und muß mindestens einmal pro Woche zum Psychologen und manchmal öfter, um „draußen" zurechtzukommen.

Ich wollte zu ihm sagen: „Ja, ich weiß, wie es ist, und es ist schrecklich, nicht wahr?" Diese Erkenntnis läßt meine Rolle als Pharmaziestudentin künstlich wirken – fast als ob ich etwas vortäuschen und verbergen muß, um durchzukommen und als „normal" durchzugehen –, und dann besteht immer die Gefahr, daß unter Streß oder Druck meine Schizophrenie außer Kontrolle gerät und ich ertappt werde.

In Seminaren über antipsychotische Medikamente möchte ich den Dozenten und Studenten sagen, wie es ist, diese Arzneimittel einzunehmen und von ihnen abzuhängen, wenn man „draußen" zurechtkommen will, und wie es ist, als Mensch auf die richtige Medikation und Dosierung „eingestellt" zu werden und welche Probleme das mit sich bringt. Ich möchte über Schizophrenie sprechen, ihnen erklären, daß sie gar nicht so weit von ihnen weg ist, und einige der üblichen Mißverständnisse über schizophrene Menschen korrigieren.

Lassen Sie mich einige der Hauptprobleme und -belastungen erklären, vor die die Schizophrenie mich beim Pharmaziestudium stellte.

Während meines ersten Semesters war ich auf zwei Milligramm Haldol [Haloperidol] und zwei Milligramm Cogentinol [Benzatropin, ein Anticholinergikum – Antiparkinsonmittel – zur Minderung von Nebenwirkungen antipsychotischer Medikamente wie verwaschene Sprache, steife Halsmuskulatur und Blickstarre] abends, was mir nach dem Klinikaufenthalt im Sommer vor Aufnahme des Studiums verordnet worden war. Mein psychischer Zustand bessserte sich, und ich schien mich in Remission zu befinden, bis ich mit dem Studium begann. Ich stellte fest, daß ich weder die Tafel noch meine Notizen lesen konnte; alles war verschwommen, egal wo ich saß. Ich rief den Psychiater an, der die Medikamente verordnet hatte, und erinnere mich noch an seine Empfehlung, ich solle zwei Milligramm Cogentinol mehr nehmen. (Es ist mir nicht klar, ob der Psychiater den Grund meines Anrufs mißverstand oder ob ich seine Empfehlung mißverstand. Später jedoch lernte ich, daß Cogentinol Sehstörungen [Akkomodationsstörungen] verschlimmert, nicht bessert.) Ich handelte entsprechend, und in den nächsten paar Tagen sah ich nicht nur verschwommen, sondern konnte nicht einmal mehr die Linien in meinem Notizblock oder meine Aufzeichnungen erkennen – alles war ein einziger Nebel. Das Papier sah sogar farblos aus. Nach zwei oder drei derartigen Tagen rief ich den Arzt wieder an und teilte ihm mit, ich könne diese Mittel einfach nicht mehr nehmen, weil ich damit nicht lesen und schreiben könne. Ich könnte nicht einmal sagen, ob ich Notizen auf den Linien machte. Diese Nebenwirkung, so sagte er, habe er erwartet; er empfahl mir jetzt, auf nur zwei Milligramm Cogentinol zurückzugehen und von Haldol auf täglich sechs Milligramm Stelazine [Trifluoperazin] abends zu wechseln.

Dies war eine Kompromißlösung, denn jetzt konnte ich zwar lesen und schreiben, doch meine Schizophrenie war nicht mehr so gut unter Kontrolle. Ich wollte nach drei Semesterwochen das Studium abbrechen; ich hatte Angst, nach draußen zu gehen, und ich hatte das Gefühl, ich gehörte nicht in das Pharmaziestudium oder könnte die Anforderungen, vor die es mich stellte, nicht erfüllen. Kommilitonen bemerkten mir gegenüber, ich wirke ungeduldiger, überaktiv und depressiver. Auch hatte ich Probleme mit dem „Stelazine-Trippeln", wie sie einer meiner Freunde nannte, Akathisie [Unfähigkeit, ruhig zu sitzen oder zu stehen]. Ich verließ weiterhin einmal pro Woche die Stadt und fuhr zu meinem Psychologen, der mich bei den Belastungen unterstützte, mit denen ich nicht alleine oder mit Hilfe der Medikamente allein fertigwurde.

In einer Anwandlung selbstschädigenden Verhaltens und vielleicht aufgrund des unkontrollierten Krankheitsprozesses unterbrach ich meine Psychotherapie und Medikation drei Monate lang. Ich war eine Pharmaziestudentin mit wahrscheinlich einem der schlimmstmöglichen Compliance-Probleme. Ich hätte es besser wissen müssen, doch das intellektuelle Wissen, das ich erworben hatte, bezog sich auf jedermann außer auf mich. Ich war mir noch nicht einmal an diesem Punkt ganz bewußt, warum ich so unkooperativ war, nur, daß ich mich selbstschädigend verhielt. Die Schizophrenie verschlimmerte sich, und zusätzlich wurde ich noch depressiv, weil es mir nicht gelang, damit fertig zu werden. Als ich mich bis zu einem psychotischen Zusammenbruch getrieben hatte, rief ich endlich, drei Monate später, meinen Psychologen an und gestand ihm offen, daß ich keine Medikamente mehr nahm. Er arbeitete mit mir an dem Problem, bis ich die Medikation wieder aufnahm. Ich war jetzt im zweiten Semester meines ersten Studienjahres, ein Semester, in dem die Schizophrenie mit Therapie und Medikation unter Kontrolle blieb.

Das Sommersemester begann, und mir ging es relativ gut, bis ich in eine persönliche Krise geriet, auf die ich mit Absetzen der Medikation reagierte. Schließlich schafften es all die anderen um mich herum ohne Pillen, warum dann ich nicht? Also ging es im Lauf des Sommers bis in den Herbst hinein immer weiter bergab, bis mir nur noch die Wahl zwischen einem Klinikaufenthalt von vier bis acht Wochen (und infolgedessen ein Abbruch des Pharmaziestudiums) oder einer Fortsetzung der Medikation blieb. Ich entschied mich für letzteres, erklärte aber meinem Psychologen, daß mir beides nicht paßte.

Dann war ich im ersten Semester meines zweiten Jahres. Ich hatte gerade wieder mit acht Milligramm Stelazine abends, einer höheren Dosis, angefangen und bekam so etwas wie Anfälle. Im Seminar spürte ich eine Aura, und dann traf mich eine Woge. Ich fühlte mich überreizt und hörte zwar den Vortrag, konnte jedoch die Information nicht verarbeiten und keine Notizen machen. Meine Hände zitterten während dieser Episoden so schlimm, daß ich nicht schreiben konnte. Mein Psychologe schlug mir vor, den Psychiater zu konsultieren, der meine früheren Krankenhausaufenthalte überwacht und die Medikamente verordnet hatte.

Obwohl der Psychiater zögerte, mir reinen Wein über meine „Anfälle" einzuschenken, bestand ich darauf, und so sagte er, es seien „passagere psychotische Episoden". Problematisch an dieser Entwicklung war, daß sie einsetzte, nachdem ich schon eine erhöhte Medikamentendosis einnahm. Was sollten wir jetzt weiter unternehmen? Der Psychiater empfahl eine medikamentöse Neueinstellung, eine Erhöhung der Stelazine-Dosis. Doch das funktionierte nicht. Dann schlug er vor, Stelazine zusammen mit einem anderen antipsychotischen Medikament mit stärkerer Wirkung je Milligramm (fünf Milligramm Navane [Thiotixen] abends), doch ich bekam immer noch psychotische Episoden während des Unterrichts. Ich hatte mir angewöhnt, ganz hinten im Unterrichtsraum zu sitzen – obwohl ich dort die Tafel nicht sehen konnte –, um den Raum zu verlassen, wenn es passierte; der Psychiater hatte mir empfohlen, nicht sitzenzubleiben und es durchzuleiden. Ich hatte den anderen Studenten meinen Platzwechsel „erklärt", indem ich sagte, ich fürchtete, einen Anfall zu kriegen, oder daß ich witzelte, es interessiere mich nicht, was die Dozenten an die Tafel schrieben.

Wenn ich morgens aufstand, konnte ich voraussagen, ob und wann die Episoden auftreten würden – ich hatte ein Prodrom [ein Frühsymptom]. Nach diesen Episoden gab es immer viele panische Ferngespräche mit meinem Psychologen. Ich mußte einfach jemandem, der mir helfen konnte, erzählen, was mir geschah. An diesem Punkt hatte ich solche Angst, daß ich nie wieder ein Compliance-Problem haben würde. Ich wollte nicht alles verlieren, was ich mir im Studium erarbeitet hatte. Ich merkte, daß die Episoden schlimmer wurden, wenn im Unterricht Themen diskutiert wurden, die mich persönlich betrafen, etwa antipsychotische Wirkstoffe, Kennzeichen von Schizophrenie und Depression – alles Probleme, mit denen ich mich täglich auseinandersetzen mußte und die für mich unlösbar blieben...

Infolge der psychotischen Episoden und weil ich gelegentlich den Raum verlassen mußte, versäumte ich viele Leistungsüberprüfungen. Die ganze Arbeit mußte nachgeholt werden. Das verstärkte den Druck, unter dem ich stand, und dies wiederum verschärfte die schizophrenen Symptome und zwang mich fast zur Hospitalisierung. Ich wollte das Studium nicht abbrechen oder zuviele unvollständige Leistungsnachweise bekommen, was die Folge eines vier- bis achtwöchigen Klinikaufenthalts zur richtigen medikamentösen Einstellung und zur Reduktion der Krankheitssymptome gewesen wäre. Die meisten meiner Dozenten hatten jedoch strenge Regeln bei Prüfungsversäumnissen und für das Ablegen von Nachholprüfungen. Um den Druck zu mindern, teilte ich dem Professor, an dessen Seminar ich teilnahm, mit, daß ich aus gesundheitlichen Gründen nicht in der Lage sei, die erforderliche Arbeit abzuliefern. Ich beschloß, ihm zu sagen warum, und er verzichtete auf ein Attest für die Unterlagen, womit er es mir ersparte, daß diese Information schriftlich in meiner Akte festgehalten wurde. Und was am wichtigsten war, er behandelte mich in der Folge nicht anders. Das verringerte den Streß, unter dem ich stand, und gab mir Zeit, während der Ferien an meiner Seminararbeit zu arbeiten, und zwar erfolgreich, während ich endlich positiv auf die Medikation zu reagieren begann.

Ich genoß die Winterferien und beendete mein Studienprojekt ohne Zwischenfall, doch als das zweite Semester heranrückte, begann ich mich vor dem Unterrichtsraum zu fürchten, vor all den Leuten und den Eindrücken und davor, daß diese Episoden wiederkommen könnten. Am meisten erschreckte mich die Aussicht, daß die Krankheit mich daran hindern konnte, etwas zu tun, was ich wirklich wollte und mußte, nämlich psychisch gesund sein – also das Pharmaziestudium abschließen –, und das Wissen, daß die Schizophrenie vielen Menschen Ähnliches antut. <u>Ich konnte nicht akzeptieren, daß ich intellektuell etwas bewältigen konnte, das manchmal über meine emotionalen Kräfte ging</u>.

Als der Unterricht begann, fühlte ich mich immer noch überreizt und hatte wieder Prodrome psychotischer Episoden. <u>Ich konnte keine Information aufnehmen, wenn Menschen redeten</u>[12]; <u>alles war einfach nur Lärm</u>. Ich war jetzt auf fünf Milligramm Navane [Orbinamon, Tiotixen] zweimal täglich und zwei Milligramm Cogentinol abends. Ich brachte genügend Mut auf, im Unterrichtsraum wieder vorne zu sitzen, doch ich war sehr ängstlich. Mein Psychologe erklärte mir, daß ich diesen Raum allmählich mit den Episoden assoziierte hätte und daß <u>die extreme Angst dissoziative Reaktionen in mir hervorriefe</u>:

Ich hatte das Gefühl, mich außerhalb meines Körpers zu befinden; ich beobachtete alles.[13]

Ich wollte ein angstdämpfendes Mittel, um diese Gefühle und die ständige Drohung einer beginnenden psychotischen Episode loszuwerden. Der Psychiater verschrieb mir fünf Milligramm Valium [Diazepam] morgens und abends falls nötig. Ich nahm es nur morgens, wenn ich meine Umgebung und Lage nicht so umgestalten konnte, daß die Angst nachließ. In den ersten paar Wochen schlief ich in der ersten Unterrichtsstunde ein oder sah doppelt, weil ich die Augen nicht offenhalten konnte. Schließlich gewöhnte ich mich an die sedative Wirkung.

Die Lösung für mich sieht also jetzt so aus: Neuroleptika, ein angstreduzierendes Mittel, ein Antiparkinsonmittel und intensive Langzeitpsychotherapie bei meinem Psychologen. Und immer noch blicke ich um mich auf meine Mitstudenten und sage mir: „Sie schaffen es ohne Medikamente oder Ärzte oder Psychiatriestation." Doch ich brauchte all das, um mit den Belastungen und dem Streß des Pharmaziestudiums und des Lebens fertigzuwerden.

Was ich hier darstellen wollte, ist der Gegensatz zwischen dem, was es heißt, als konkrete Person, ganz real, „individuell auf eine antipsychotische Medikation eingestellt" zu sein und Schizophrenie zu haben, und dem, wie objektiv und leicht sich das im Pharmaziestudium darstellt. Meine Dozenten haben festgestellt, daß „antipsychotische Medikamente Symptome lindern, aber Psychosen nicht heilen", doch diese nüchterne Aussage hat eine sehr persönliche Bedeutung für mich. <u>Sie impliziert innere Konflikte und viele komplizierte Anpassungsprozesse</u> – einen Psychologen außerhalb der Stadt aufsuchen oder, falls das notwendig wird, in ein Krankenhaus außerhalb der Stadt zu gehen, damit die Kommilitonen und die Pharmaziefakultät nichts davon erfahren. Sie bedeutet, wegen der Nebenwirkungen der Medikamente niemals gut sehen zu können. Sie bedeutet auch enorme Arztrechnungen und Schulden.

Ich erinnere mich an einen Dozenten, einen promovierten Pharmazeuten, der im Unterricht behauptete, Schizophrene hätten meist niedrige IQ-Werte. Er irrt; die Forschung liefert dafür keinen Nachweis. Wahrscheinlich führt ihre Krankheit vielmehr zu einer benachteiligenden Umgebung und zu Unterbrechungen der schulischen Ausbildung.[14]

Ich habe gehört, wie Kommilitonen über Gewaltverbrechen sprachen und meinten: „Ach weißt du, der war schizophren." Niemand sagt diesen Leuten, die einen Beruf im Gesundheitswesen ergreifen wollen, was das Wort bedeutet, was es Menschen antut und daß Schizophrene im allgemeinen weniger zu Gewalttätigkeit neigen als die übrige Allgemeinbevölkerung.

Schließlich hörte ich einen Kurs über chronische Krankheiten wie Schizophrenie bei einem Dozenten, der offensichtlich etwas über die Krankheit wußte und über die Märchen hinausgedacht hatte. Durch diesen Kurs begann ich ein bißchen besser zu verstehen, warum ich mich so sehr gegen die psychotropen Substanzen gewehrt hatte; wie wenig nicht nur ich selbst meine Krankheit annehmen konnte, sondern wohl auch andere, hätten sie meine Diagnose gekannt. Ich nahm die Medikamente manchmal nicht, weil ich die Krankheit, ihre Probleme und ihr Stigma nicht haben wollte. Ich wollte normal sein. Und sogar jetzt, in den 80er Jahren, an einer pharmazeutischen Fakultät, wären wahrscheinlich viele Leute schockiert, wenn sie wüßten, daß in ihrem Kurs eine Schizophrene ist, zur Pharmazeutin ausgebildet wird und gute Arbeit leisten kann. Und wenn sie es wüßten, könnten ihr viele Freunde und Bekannte verlorengehen.

Deshalb muß ich diesen Beitrag sogar jetzt noch anonym schreiben. Doch ich will, daß die Leute wissen, daß ich Schizophrenie habe, daß ich auf Medikamente und Psychotherapie angewiesen bin und mehrmals in eine Klinik mußte. Doch ich will auch, daß sie wissen, daß ich auf der Bestenliste stand, Freunde habe und ein Pharmaziediplom an einer bedeutenden Universität zu erwerben gedenke.

Wenn Sie das nächste Mal über Schizophrenie nachdenken, versuchen Sie, an mich zu denken; es gibt noch mehr Menschen wie mich, die versuchen, eine kaum verstandene Krankheit zu überwinden und mit dem, was die Medizin und die Psychotherapie ihnen bieten können, das Beste daraus zu machen. Und manche von ihnen schaffen es.

Schlußbemerkung

Der Leser ist jetzt mit ausgewählten persönlichen Berichten von Mitmenschen konfrontiert worden, die eigene Schizophrenieerfahrungen haben. Viele andere Darstellungen wurden nicht aufgeführt, weil sie noch nicht geschrieben sind oder weil die Betroffenen zu krank, verbittert oder verwirrt sind, um zu sprechen. Gewiß ist der Bildungsgrad der hier versammelten Verfasser atypisch. Die Literaturhinweise zu diesem Kapitel enthalten weitere und ausführlichere persönliche Berichte dieser tragischen Störung.

4. Schizophrenie über Zeit und Raum

Epidemiologie und Demographie

Wenn wir unserem eigentlichen Ziel, Ursachen und mögliche Therapien der Schizophrenie zu finden, näherkommen wollen, sind Einzelheiten zu den beiden in dieser Kapitelüberschrift genannten Bereiche entscheidend. Die Pfade hin zu den Antworten ähneln denjenigen, auf denen Sherlock Holmes einen Schuldigen erfolgreich seiner Strafe zuführte: durch eine verwirrende Mischung von richtigen und irreführenden Hinweisen hindurch. Der Messung und Quantifizierung muß eine sorgfältige und präzise Beschreibung vorausgehen, damit gesichert ist, daß die gefundenen Teile zum Puzzle „Schizophrenie" gehören und nicht zu einem anderen. Die analytischen und die ganzheitlichen Ansätze zur Beschreibung der Schizophrenie wurden in den beiden vorausgegangenen Kapiteln eingeführt. So gerüstet können wir jetzt dazu übergehen, die Häufigkeit der Störung zu bestimmen und ihr einen Ort in Raum und Zeit zuzuweisen.

Wenn man die Verteilungsmuster einer Krankheit in der Bevölkerung untersucht, stellt sich rasch heraus, daß die Schizophrenie und andere Gesundheitsstörungen nicht zufällig verteilt sind. Ist die wahre Häufigkeit der Schizophrenie in der Allgemeinbevölkerung erst einmal als Bezugsgröße ermittelt, wecken Abweichungen von dieser Größe – nach oben oder nach unten – unsere Aufmerksamkeit, weil sie auf Ursachen und/oder Risikofaktoren für diese Störung hinweisen können. Bevor wir jedoch die Ursachen der Schizophrenie bestimmen können, sind sehr spezielle Untersuchungen nötig, um mögliche umweltbedingte und/oder genetische Faktoren festzustellen, die mit den beobachteten erhöhten oder erniedrigten Schizophrenieraten verknüpft sein können. Manche Aspekte der Epidemiologie (der Untersuchung von Häufigkeit, Verteilung und Bekämpfung einer Krankheit) der Schizophrenie sind gut untersucht; allerdings erfordern sie im Lichte der Fortschritte der Diagnosegenauigkeit, wie sie in Kapitel 2 dargestellt wurden, eine Neuauswertung – vielleicht sogar eine Neuuntersuchung.

Die deskriptive Epidemiologie lieferte beispielsweise nach Alter, Geschlecht, Sozialschicht, Bildung und Nationalität aufgegliederte Schizophreniehäufigkeiten; die genetische Epidemiologie ermittelte Häufigkeiten als Funktion der genetischen Verwandtschaft von Personen zu einem sicher diagnostizierten Schizophrenen; die ökologische Epidemiologie berechnete Häufigkeiten in Abhängigkeit vom Wohnumfeld (zum Beispiel Slumgebiet gegenüber mittelständischem Viertel), von städtischen gegenüber ländlichen Lebensbedingungen, industriell gegenüber agrarisch geprägtem Lebensstil und von der Jahreszeit der Geburt. Aufgrund der Daten aus diesen und anderen Studien können wir unsere Aufmerksamkeit auf „Wirtsfaktoren" konzentrieren, das heißt auf den Genotyp oder die physische Verfassung des Patienten, oder alternativ auf Umweltfaktoren (physische und/oder psychosoziale) oder im Idealfall auf die Interaktion beider, „Wirts"- und Umweltfaktoren innerhalb eines geschlossenen, vernetzten, biologisch-psychosozialen Systems.

Lehren aus der Epidemiologie

Die wissenschaftliche Ermittlung der Inzidenz (der Auftretenshäufigkeit von Neuerkrankungen) und Verteilung einer Krankheit hat manchmal den Schlüssel zu ihrer Ursache geliefert. Beispielsweise leistete 1854 John Snow den ersten Schritt zur Aufklärung der Cholera, als er die Verteilungsmuster der Krankheit in einem Londoner Bezirk, der sein gesamtes Wasser aus zwei Quellen bezog, aufzeichnete. Man entfernte den Pumpenschwengel von der Quelle, aus der die Choleraopfer ihr Wasser bezogen hatten, und die Zahl der Neuerkrankungen fiel dramatisch. Der Beweis jedoch, daß ein infektiöser „Erreger" aus abwasserverseuchtem Wasser die Verbreitung der Cholera verursachte, erfolgte nur zufällig. Die wissenschaftliche Welt mußte warten, bis 1883 Robert Koch Bakterienkulturen mit dem Mikroskop analysierte und man den Erreger tatsächlich sehen konnte (Robert Koch hatte ein Jahr zuvor die Ursache der Tuberkulose entdeckt, ein anderes Bakterium).

In den 30er Jahren waren zahlreiche Betten psychiatrischer Krankenhäuser im Süden der Vereinigten Staaten von Patienten belegt, die häufiger schwarz als weiß und häufiger arm als reich waren und an einer seltsamen Psychose litten; angeblich betraf sie allein 20 Prozent der schwarzen Neuzugänge einer Nervenheilanstalt in North Carolina. Zwar ähnelte die Krankheit einer organischen (körperlich begründbaren) Psychose, sie konnte aber auch das Bild einer katatonen oder paranoiden Schizophrenie nachahmen. Eingehende epidemiologische

Arbeiten von Joseph Goldberger hatten die Krankheit 1915 als ernährungsbedingte *Pellagra* identifiziert; daß sie insbesondere durch einen Mangel des B-Vitamins Niazin bei Menschen verursacht wurde, deren Ernährung hauptsächlich auf Mais beruhte, wurde erst 1938 von Tom Spies entdeckt. Niazingaben (Nikotinsäure) sowie eine massive Verbesserung der Ernährung der Armen, einschließlich der Einführung vitaminangereicherten Brotes in den 40er Jahren, hat diese Krankheit in den entwickelten Ländern praktisch ausgerottet. Mit der Zusammensetzung der Puzzleteile waren falsche Vorstellungen hinsichtlich der Ursachen, die sich an persönlichen Eigenschaften der „Wirte" wie „rassischer" oder „sozialer Minderwertigkeit" festmachten, ein für allemal widerlegt.

Ein neueres Beispiel für den nachhaltigen Einfluß der experimentellen Epidemiologie auf die Ursachenforschung bildet die AIDS-Forschung. Zwar galt AIDS ursprünglich als eine Krankheit homosexueller Männer, weitere Daten über Drogenabhängige, Heterosexuelle, Kinder infizierter Mütter und Empfänger von Bluttransfusionen erweiterten jedoch die Zahl plausibler ätiologischer Hypothesen stark; die Wissenschaftler gingen diesen nach und kamen rasch zu den bekannten Ergebnissen.

Wir brauchen dringend Studien über genauer aufgeschlüsselte Häufigkeiten der Schizophrenie in den einzelnen Sozialschichten, bei Menschen, die verschiedene psychische Streßfaktoren oder spezifische Hirnschädigungen erlitten haben, und bei ethnischen Gruppen, die vor bestimmten mutmaßlichen Ursachen besonders geschützt oder ihnen besonders ausgesetzt sind. Ebenso brauchen wir noch gezieltere Untersuchungen über bestimmte Umweltfaktoren, so schwierig sie auch zu bewerten und zu kontrollieren sind. Vorher können wir die allzu häufigen Behauptungen über die Rolle von Ernährung, Viren, Erziehungspraktiken und „Kultur" nicht beurteilen und deren tatsächliche Rolle bei der Entstehung der Schizophrenie nicht überprüfen.

Der Wissensfortschritt über Ursachen, Therapien und Ausgänge der Schizophrenie hängt davon ab, welche Hypothesen bei der Überprüfung an gut dokumentierten Tatsachen untergehen oder überleben. Wenn einer schönen Hypothese von einer häßlichen Tatsache der Garaus gemacht wird, dann ist das für Thomas Huxley die Tragödie in der Wissenschaft. Auch die Psychiatrie muß sich immer wieder der Konfrontation mit den empirischen Daten stellen, will sie die bequeme Selbstzufriedenheit vermeiden, die ein sogenanntes biopsychosoziales Modell der Schizophrenieursachen bieten könnte, so diplomatisch es auch sein mag. Natürlich ist ein derartiges Modell immer noch besser als engstirnig genetische, psychodynamische oder soziologische Konzepte. Wir wollen unterscheiden können zwischen einer Erkrankung, die von ihren Ursachen und ihrer Entwicklung her zu etwa fünf Prozent genetisch und zu 95 Prozent umweltbedingt ist (wie etwa die Tuberkulose), und einer anderen, auf die das Gegenteil zutrifft (wie etwa den Diabetes oder die koronare Herzkrankheit), damit wir unsere Ressourcen sinnvoll einsetzen. Sagen wir einfach, daß sowohl die Gene als auch die Umwelt für die Entstehung von Schizophrenie bedeutsam sind, dann verhalten wir uns wie ein Koch, der einen Eintopf aus je 50 Prozent Mastodon und Kaninchen kochen soll und dann feststellen muß, daß der Küchenchef ein Tier von jeder Art meinte.

Ist die Schizophrenie eine neue Krankheit?

Verfügten wir doch über sorgfältig dokumentierte, historische Studien der Schizophrenie! Sie könnten uns eine Menge verraten. Hätte es zum Beispiel in Westeuropa zwischen 1800 und 1900 deutliche Veränderungen der Häufigkeit von Neuerkrankungen speziell an Schizophrenie und nicht an „Irresein" allgemein gegeben, könnten wir vermuten, daß die sozialen und persönlichen Belastungen, die die Industrialisierung und Verstädterung begleiteten, eine ursächliche Rolle spielten oder daß es irgendeine Veränderung in der Häufigkeit relevanter Gene gab. Wären Veränderungen über einen kürzeren Zeitraum eingetreten, könnten wir nach den Nachwirkungen einer Virusepidemie suchen, nach einem kürzlich mutierten Virus, einer einschneidenden Veränderung der Erziehungspraktiken oder der statistischen Zählweise von Geistesstörungen oder nach einer anderen abrupten Veränderung in der Gesellschaft, ähnlich dem Zusatz von Vitaminen zur Milch oder der Fluoridierung des Trinkwassers.

So faszinierend diese Möglichkeiten sein mögen, sie sind allesamt hypothetisch. Kapitel 1 stellte die Forschungsergebnisse zu den historischen Wurzeln der Schizophrenie dar; Kapitel 2 befaßte sich mit den Auswirkungen von Moden und wechselnden Kriterien auf die Schizophreniediagnose; daran wird deutlich, warum ältere epidemiologische Studien sowie anekdotenhafte Hinweise zu unklaren und vieldeutigen Resultaten führen mußten. Dr. E. Fuller Torrey vom Saint Elizabeths Hospital in Washington, D.C., faßt einen Großteil der relevanten Literatur in seinem Buch *Schizophrenia and Civilization* (1980) zusammen, und Dr. Edward Hare, ehemals Psychiater am Royal Bethlem Hospital, prüfte ebenfalls die historischen Aufzeichnungen (1988).

Doch kann man den verfügbaren Daten ohne weiteres trauen? Torrey findet wenig, was psychosoziale, psychodynamische und/oder soziokulturelle Verursachungstheorien stützen würde. Mit der berichteten Verteilung der Schizophrenie über Zeit und Ort muß _irgendetwas_ Biologisches und/oder Genetisches zusammenhängen. Veränderungen der Häufigkeit, die in den letzten 200 Jahren bemerkt wurden, werden uneinheitlich bewertet – manche Beobachter glauben, daß sie tatsächliche Veränderungen der Inzidenz widerspiegeln, andere, sie seien nur Artefakte aufgrund veränderter diagnostischer Kriterien, gestiegenem Umfang von Behandlungsmöglichkeiten und veränderter Dokumentationsmethoden. Doch selbst wenn es nicht möglich sein sollte, Veränderungen des Krankheitsmusters zu belegen, so heißt das nicht unbedingt, daß es keine gibt. Es könnte heißen, daß wir schlechten Datensammlern und veralteten Standards der Erforschung abweichenden Verhaltens aufgesessen sind.

Offizielle Zensusdaten für England und Wales aus dem Jahre 1859 zeigen, daß es unter einer Gesamtbevölkerung von fast 20 Millionen 36480 „Irre, Idioten und geistesgestörte Personen" gab; 1899 war die Bevölkerung auf 32 Millionen angewachsen, während der Anteil „geistesgestörter" Menschen viel stärker, auf 103247 Personen, zugenommen hatte. Ohne eine Art Übersetzungshilfe für das „Psychiatrisch" des 19. Jahrhunderts sind die Daten nur schwer zur Stützung von Theorien zu verwenden, die plötzliche Veränderungen der Inzidenzrate von Schizophrenie und somit auch ihre Ursachen erklären wollen. Noch 1914 nennt der Zensus für England und Wales für den Zeitraum von 1909 bis 1913 unter der Gesamtzahl der 21832 „Irren" in allen Anstalten im jährlichen Durchschnitt 15150 „funktionelle Psychosen". Die Kategorie der funktionellen Psychose wurde definiert durch: Stupor, primäre und sekundäre Demenz, Manie, Melancholie, intermittierende und wahnhafte Geistesstörung – eine reizvolle, jedoch auch frustrierende Information für die „Paläontologie" der Schizophrenie.

Von Rohdaten zu strategisch verwertbarer Information

Wenn wir bevölkerungsbezogene Daten verwenden, müssen wir uns darüber im klaren sein, wie leicht Statistiken, ob historische oder zeitgenössische, bei der Suche nach Ursachen in die Irre führen können. In dem Jahrzehnt zwischen 1965 und 1975 verringerte sich die Insassenzahl aller staatlichen und kommunalen psychiatrischen Anstalten in den Vereinigten Staaten um 60 Prozent. In dem kürzeren Zeitraum von 1969 bis 1975 fiel die Zahl der Schizophrenen in diesen Krankenhäusern von 184000 auf 93200. Diesem Rückgang entsprach keine abrupte Veränderung der Schizophreniehäufigkeit; er bedeutete nur, daß die veränderte amerikanische Gesundheitspolitik einen durchgreifenden Wandel der Behandlungsstrategie bei Schizophrenen bewirkt hatte. Ab 1967 reformierte man das psychiatrische Gesundheitswesen einschneidend gemäß der gut gemeinten, jedoch verfehlten Maxime, die Kranken rascher wieder aus den Anstalten zu entlassen. Die Schizophrenen, die zuvor in Krankenhäuser aufgenommen worden waren, wurden jetzt unter ganz verschiedenen Rahmenbedingungen behandelt und registriert (oder auch nicht). Mit Hilfe der verbesserten antipsychotischen Medikamente konnten viele Schizophrene an ihren Wohnort zurückkehren. Manche leben in betreuenden Einrichtungen, und deren Zahl können wir immer noch ermitteln. Manche jedoch befinden sich in Gefängnissen oder in Sicherheitsverwahrung, andere sind im Heer der Obdachlosen untergegangen, und einige wenige befinden sich in privater Behandlung. Die Zahl der Schizophrenen genau zu schätzen, ist sehr schwierig, wenn sie sich nicht im Bereich der „etablierten" Psychiatrie aufhalten. Die Reduktion der Patientenzahl der staatlichen und kommunalen Krankenhäuser von 550000 im Jahre 1955 (der Höhepunkt) auf 111000 im Jahre 1986 – eine Abnahme um 80 Prozent – wirkte sich geradezu revolutionär auf die Gesellschaft aus, und das wird immer noch selten erkannt. Die Zahl obdachloser Menschen in den Vereinigten Staaten schätzte man 1988 auf 450000 (Torrey 1988); wenn man die primär Alkohol- und Drogenabhängigen unter ihnen nicht berücksichtigt, bleiben 150000, die offenbar schwer psychisch krank sind, und wieviele davon wiederum schizophren sind, weiß man nicht. Eine weitere Tragödie liegt darin, daß die gegenwärtige Zahl der wegen Verbrechen im Strafvollzug einsitzender Personen 700000 beträgt; Schätzungen zufolge leiden fünf bis 20 Prozent von ihnen an schweren psychischen Störungen, doch auf wieviele davon die Diagnose „Schizophrenie" zutrifft, ist unbekannt.

Eine erste Annäherung an die Größe des Problems „Schizophrenie" liefert Tabelle 4.1: die offizielle amerikanische Bundesstatistik von 1989 über die Gesamtzahl erstversorgter und stationärer Patienten aller psychiatrischen Einrichtungen im Jahr 1986; dies sind die neuesten verfügbaren Daten. Zum Vergleich mit der Grundgesamtheit, die Patienten mit Depression, Manie und organischen Gehirnkrankheiten sowie alkohol- und drogenbedingten Störungen einschließt, werden die Schizophrenen getrennt aufgeführt. Diese Statistik unterschätzt jedoch den wahren Anteil von Schizophrenen an der Population, da sie über die bereits erwähnten hinaus weitere wichtige Personengruppen ausschließt; so Personen, die früher behandelt, zum Zeitpunkt der Erhebung jedoch nicht mehr betreut wurden, und Personen in der Allgemeinbevölkerung, die noch nicht diagnostiziert und behandelt werden.

Selbst wenn wir über die vollständigen Zahlen verfügten, können wir mit Zahlen wie denen in Tabelle 4.1 allein noch nicht abschätzen, mit welcher Häufigkeit Schizophrenie in einer Bevölkerung vorkommt, obwohl das eine wesentliche Planungsvoraussetzung im Gesundheitswesen darstellen würde. Wir müssen wissen, wie sich die gegenwärtig

Tabelle 4.1: Alle betreuten* psychiatrischen Patienten sowie alle mit Schizophreniediagnose in den USA im Jahr 1986, aufgegliedert nach Institutionen

	Gesamtzahl	(%) Schizophrene	Zahl der Schizophrenen
gesamt	5976326	15%	883290
stationäre Patienten	1884463	21%	396989
Landes- und Bezirkskrankenhäuser	456142	36%	163369
Privatkliniken	235264	8%	18961
Medical Centers der VA	199186	25%	49696
Allgemeinkrankenhäuser (separate Psychiatrie)	893091	15%	136977
Hilfsorganisationen	100780	28%	27986
ambulante Patienten	3784457	10%	394089
Landes- und Bezirkskrankenhäuser	100884	26%	26718
Privatkliniken	132925	6%	8413
Medical Centers der VA	134242	20%	27030
Allgemeinkrankenhäuser (separate Psychiatrie)	502537	10%	52781
Hilfsorganisationen	2206746	10%	229671
Kinderstationen	34501	6%	2211
unabhängige, sich selbst tragende Kliniken	672622	7%	47265
teilweise Betreuung	286784	32%	92213

* ermittelt aus der Gesamtzahl aller an einem Tag anwesenden Patienten und aller Einweisungen im gesamten Jahr 1986.
Quelle: Rosenstein et al. (1989).

883290 in den USA offiziell betreuten Schizophrenen zur US-Gesamt-bevölkerung verhalten. Dann können wir die Prävalenzrate der Schizophrenie in der US-amerikanischen Allgemeinbevölkerung abschätzen. Auch können wir derartige Informationen in Schätzungen des alterskorrigierten Morbiditätsrisikos umwandeln – die Wahrscheinlichkeit, daß ein Mensch im Lauf seines Lebens eine schizophrene Episode durchmacht. Aus diesen Zählweisen wurden für die Schizophrenie standardisierte Kennziffern entwickelt.

Es ist immer wichtig zu wissen, wie das Datenmaterial für eine Studie erhoben wurde und natürlich wer unter Zähler und Nenner erfaßt wurde. Im allgemeinen ermittelt man die Zählerinformation mit zwei Methoden: in Feldbefragungen von Haustür zu Haustür oder aus Aufzeichnungen der Kontakte mit den einschlägigen Institutionen (Krankenhausaufnahmen beispielsweise). Bei der Schizophrenie sind die Ergebnisse dieser beiden Informationserhebungsverfahren bemerkenswert ähnlich. Das gilt für andere Störungen nicht unbedingt, nicht einmal für andere psychiatrische Störungen, wie wir bei einigen klassischen Untersuchungen noch sehen werden.

Zusätzlich zum Morbiditätsrisiko über die Lebenszeit gibt es zwei weitere Ziffern, die für die Untersuchung der Schizophrenie eine Rolle spielen: *Inzidenz* und *Prävalenz*. Die *Inzidenz* der Schizophrenie ist die Zahl neuer Fälle, die in einem bestimmten Zeitraum auftreten, gewöhnlich einem Jahr; sie wird ausgedrückt als eine Rate pro 1000 oder 10000 der Allgemeinbevölkerung. Inzidenzraten können fragwürdig sein, da sie sensibel auf veränderte diagnostische Standards sowie die Verfügbarkeit psychiatrischer Diagnosedienste reagieren. Sie sind jedoch dann von höchstem Nutzen, wenn sie nach dem Alter spezifiziert werden können. Das Communicable Disease Center in Atlanta, Georgia, verfolgt mit Hilfe altersspezifischer Inzidenzraten die Entwicklung von AIDS und Tuberkulose und ermittelt aufgrund dieser epidemiologischen Hinweise Auslöser und Ursachen (und den Bedarf an Hilfseinrichtungen), genauso wie wir das bei der Schizophrenie tun. Die Summierung altersspezifischer Inzidenzen über die Lebensspanne liefert auch eine gute Abschätzung des lebenslangen Morbiditätsrisikos, ohne daß die Forscher 55 Jahre warten müssen, um die Information direkt aus der Langzeitbeobachtung einer Geburtskohorte erheben zu können.

Die *Prävalenz* der Schizophrenie beruht auf der Gesamtzahl lebender Patienten zu einem bestimmten Zeitpunkt; diese Zahl schließt auch diejenigen ein, die in der Vergangenheit erkrankt waren, doch zum Zeitpunkt der Erhebung nicht manifest psychotisch sind und „offiziell" betreut werden. Die Information über solche in Remission befindlichen oder noch nicht diagnostizierten Fälle hängt sowohl von der Genauigkeit der psychiatrischen Fallregister (regionsbezogene, langfristige Datensammlungen) als auch von der Validität psychiatrischer Feldstudien (*surveys*) ab. Die Prävalenz wird ausgedrückt als Rate pro 1000 für die Gesamtbevölkerung oder nur für die Personen, deren Alter höher ist als das, ab dem das Erkrankungsrisiko einsetzt, bei der Schizophrenie gewöhnlich das Alter von 15 Jahren. Es muß klar sein, mit welchem dieser beiden Nenner die Prävalenz berechnet wird. In den Vereinigten Staaten und Westeuropa sind gegenwärtig 70 Prozent der Bevölkerung älter als 15 Jahre; die Prävalenzen in der Allgemeinbevölkerung liegen daher viel niedriger als die erwachsenenspezifischen Prävalenzen. (Der Zähler bleibt konstant, doch der Nenner wächst dramatisch, so daß der Prozentsatz viel kleiner wird.) Man muß sich Statistiken über Schizophrenie sehr genau ansehen, damit man sich im klaren ist, was sie repräsentieren. So wäre es beispielsweise falsch, den Prävalenzwert für Schizophrenie in der Gesamtbevölkerung Mexikos unbesehen hinzunehmen – in Mexiko sind nur 57 Prozent der Bevölkerung älter als 15 Jahre – und sie direkt mit der Zahl für Dänemark oder die Vereinigten Staaten zu vergleichen. Dasselbe gilt für alle Entwicklungsländer mit hohen Geburtenraten. Die Prävalenz auf der Grundlage der Gesamtbevölkerung in Mexiko wäre viel niedriger als in den Vereinigten Staaten, da sie einen viel kleineren Anteil Erwachsener enthält, die Schizophrenie entwickeln können. Unbesehen übernommen, würde eine solche niedrigere Rate als falscher Fingerzeig dazu verführen, in einem Land wie Mexiko nach einem Faktor zu suchen, der vor Schizophrenie schützt, oder in den Vereinigten Staaten nach einem Faktor, der sie begünstigt.

Zur genetischen Forschung und Beratung fehlen uns immer noch viele Informationen. Wenn wir wissen wollen, wie das Risiko in Abhängigkeit von unterschiedlichen Verwandtschaftsgraden variiert, müssen wir zuerst das Lebenszeitmorbiditätsrisiko in der Allgemeinbevölkerung kennen. Dazu verlassen wir uns auf bereits entwickelte Indizes. Der meistverwendete geht zurück auf Wilhelm Weinberg (1862 bis 1937), einen deutschen Arzt für Geburtshilfe, Pionier der medizinischen Genetik und Berater Ernst Rüdins, des Begründers der Münchner Schule der psychiatrischen Genetik. In Weinbergs Index für das Morbiditätsrisiko wird im Nenner das Alter der Probanden berücksichtigt, etwa wie bei versicherungsstatistischen Tabellen zur Berechnung von Versicherungsprämien. Das Alter bestimmt, wieviel von dem Lebenszeitrisiko, an Schizophrenie zu erkranken, bereits „aufgebraucht" ist und welcher Rest bleibt (siehe dazu den nächsten Abschnitt). Der große Vorteil der Methode Weinbergs für Genetiker ist, daß sie Simultanvergleiche über die Generationen hinweg erlaubt – beispielsweise das Risiko der Großeltern verglichen mit dem der Enkel –, obwohl diese sich zu einem bestimmten Zeitpunkt vom Alter her stark unterscheiden.

Um das ermittelte Risiko von Angehörigen eines Schizophrenen, selbst an Schizophrenie zu erkranken, richtig einzuordnen, muß man sich etwas eingehender mit dem Alter beim Beginn und der Rolle der Lebensdauer bei der Berechnung von Prävalenz und Risiko befassen.

Das Erkrankungsalter für Schizophrenie

Systematische Beobachtungen seit der Zeit Kraepelins ergaben, daß das Alter beim Beginn von Schizophrenie variiert: Fast überhaupt keine Fälle finden sich vor der Pubertät; im Alter von 15 bis 35 steigt die Anzahl neuer Fälle steil an und fällt dann langsam wieder ab; nach dem Alter von 55 Jahren treten nur sehr wenige neue Fälle auf. Das variierende Alter bei Erkrankungsbeginn hat zusammen mit der durchschnittlichen Lebensdauer einer Population (die wir in den 90er Jahren gewöhnlich nicht kennen) bedeutsame und unmittelbare Auswirkungen auf die Zahl der an Schizophrenie erkrankten Personen, die wir zu einem beliebigen Punkt in einer Lebensspanne oder einem historischen Zeitabschnitt erwarten können. Wenn die Menschen vor dem Alter beim möglichen Beginn der Störung sterben, führen nachfolgende historische Steigerungen der Lebensdauer zu einem Anstieg der beobachteten Fallzahl: Bei den Höhlenmenschen gab es die Alzheimersche Krankheit nicht, weil nur sehr wenige, wenn überhaupt welche, lange genug lebten, um Symptome zu entwickeln.

Verläßlichen norwegischen Statistiken zufolge erkrankt die Hälfte aller männlichen Schizophrenen in einem Alter von bis zu 28 Jahren; bei Frauen beträgt dieses Alter 33 Jahre (Saugstad 1989). Bei Schizophrenen, die nach dem DSM-III diagnostiziert worden waren, lag das repräsentativ ermittelte Durchschnittsalter beim Beginn niedriger: In seinen sorgfältigen Studien ermittelte Armand Loranger vom Cornell Medical Center in New York 21 Jahre für Männer und 27 Jahre für Frauen.

Der Geschlechtsunterschied im Alter beim Beginn zeigt sich überall auf der Welt und stellt ein Rätsel dar. Das Lebenszeitmorbiditätsrisiko unterscheidet sich nicht signifikant nach dem Geschlecht. Kann man den Geschlechtsunterschied beim Beginn auf zeitlich unterschiedliche

Gehirnreifung zurückführen, auf die größere Anfälligkeit von Männern aufgrund der Testosteronbelastung, auf die Schutzwirkung des Östrogens bei Frauen, auf die größere soziale Erwartung an Männer, „erwachsen" zu sein, bevor sie sozial und physisch so reif sind wie ihre Altersgenossinnen oder auf was sonst? Wir wissen es nicht, doch die Versuche, auf solche Fragen eine Antwort zu finden, fördern sicherlich auch das nötige Wissen, um das Rätsel der Schizophrenie zu lösen.

Wir können jetzt eine Tabelle des kumulierten Risikos über die Lebenszeit, mit einem Alter x mit der Diagnose „Schizophrenie" in ein psychiatrisches Krankenhaus aufgenommen zu werden, für Männer und Frauen zusammenstellen. Tabelle 4.2 stützt sich auf Erstaufnahmedaten von England und Wales für die Jahre 1952 bis 1960, nach der Einführung der nationalen Krankenversicherung mit sehr genauen Aufzeichnungen. Sie spezifiziert auch den Anteil des bis zu einem Alter x „aufgebrauchten" Gesamtrisikos, unter der Voraussetzung, daß das Ende des Risikozeitraums für den Ausbruch der Krankheit bei 55 Jahren liegt. Demnach beträgt das altersspezifische Risiko bei Männern bis 25 Jahre nur ein Drittel Prozent, nicht das Risiko von 1,06 der männlichen Gesamtbevölkerung, die das Alter von 55 Jahren erreicht. Mit 40 Jahren haben Männer 81 Prozent ihres Lebenszeitrisikos „verbraucht", Frauen dagegen nur 72 Prozent; sie tragen also noch ein Restrisiko von 28 Prozent.

Tabelle 4.2: Alters- und geschlechtsspezifisches Risiko der Erstaufnahme wegen Schizophrenie der britischen Bevölkerung

	akkumuliertes Risiko (%)		% des „verbrauchten" Gesamtrisikos	
Alter	Männer	Frauen	männlich	weiblich
15	0,01	0,01	1	1
20	0,12	0,10	11	11
25	0,33	0,25	31	25
30	0,54	0,42	51	44
35	0,75	0,59	70	60
40	0,86	0,71	81	72
45	0,97	0,82	91	83
50	1,02	0,91	96	92
55	1,06	0,99	100	100

Quellen: Nationale Statistik für England und Wales nach Registrar General 1969. Aus: Slater und Cowie (1971).

Die Demographie der Lebensdauer

Demographie ist die <u>statistische Untersuchung von Veränderungen der Bevölkerungszahl und -verteilung</u>; sie untersucht Variablen wie Fruchtbarkeit, Sterblichkeit, Eheschließungen, Inzucht und Migration sowie die Alters- und Geschlechtsspezifität derartiger Variablen. Es gibt keine eigenständige Wissenschaft der psychiatrischen Demographie, doch die moderne psychiatrische Epidemiologie kommt dem nahe. Grabinschriften, Steuerlisten und sogar Telefonbücher können uns demographische Rohdaten liefern.

Schauen wir uns Tabelle 4.2 genauer an und betrachten die Auswirkung auf die Zahl der Schizophrenen in einer Population, wenn jeder Mensch mit 25 Jahren stürbe. Die Zahl der Schizophrenen fiele um 70 Prozent! Abbildung 4.1 illustriert die durchschnittliche Lebenserwartung bei der Geburt von der Vorzeit bis zur Gegenwart; die Schätzungen stammen von Fachleuten für historische Demographie, die häufig Rohdaten wie Altersschätzungen von auf Friedhöfen gefundenen Schädeln verwenden. Die beträchtlichen Sprünge bei der Lebensdauer und dem daraus folgenden Bevölkerungswachstum ergaben sich aus einer deut-

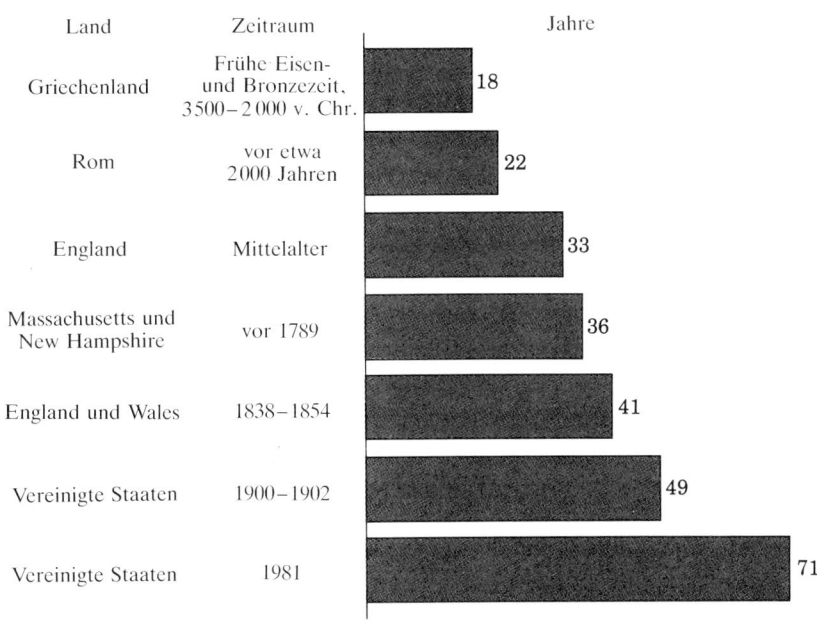

4.1 Durchschnittliche Lebenserwartung von der Vorzeit bis zur Gegenwart. (Aus: Dublin et al. 1949.)

lich <u>sinkenden Sterblichkeit aufgrund schwerer Infektionskrankheiten</u> (Pest, Pocken, Cholera, Typhus), <u>besserer Ernährung</u> und <u>verbesserter Hygiene</u>; all dies setzte etwa im letzten Viertel des 18. Jahrhunderts ein. (William H. McNeil präsentiert ein faszinierendes Panorama des Einflusses einer Krankheit auf die Weltgeschichte in seinem Buch *Plagues and Peoples*.) Natürlich lebten auch im antiken Griechenland und zu christlicher Zeit in Rom viele 50- und 60jährige, doch sie stellten die Ausnahme dar. Abbildung 4.1 zeigt, daß die durchschnittliche Lebensdauer in diesen Zeiten nur 18 bis 22 Jahre betrug und rasch bis zum heutigen Wert von 71 Jahren bei Männern und 78 bei Frauen (Vereinigte Staaten) anstieg.

Wir können die tatsächliche Zahl von Personen in einer Kohorte lebender Altergenossen, die unter den herrschenden Lebensbedingungen der Geburtszeit der Kohorte bis zu jedem nachfolgenden Alter überleben, in einer Kurve darstellen. Abbildung 4.2 enthält solche Überlebenskurven für Kohorten von 100000 Männern: eine für das ländliche England des Jahres 1700 und zwei für die Vereinigten Staaten am Vorabend des Zweiten Weltkriegs und im Jahr 1967, die gegenüber der ersten noch Verbesserungen zeigt. Der Kontrast zwischen dem Eng-

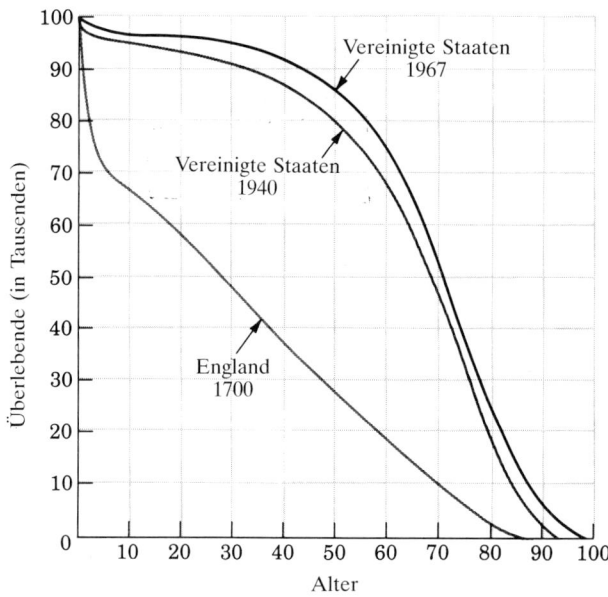

4.2 Männliche Überlebende gegen aufeinanderfolgende Altersstufen aus einer anfänglichen Geburtskohorte von 100000: Vereinigte Staaten, Weiße, 1939 bis 1941 und 1967, und England, 1700. (Daten aus: Cox 1970; Dublin et al. 1949; U.S. Bureau of the Census 1988.)

land von 1700 und den Vereinigten Staaten von 1967 tritt deutlich zutage: Im Alter von 32 Jahren sind 52 Prozent der englischen Kohorte verstorben (30 Prozent bereits im Alter von fünf Jahren), verglichen mit nur sechs Prozent der heutigen nordamerikanischen Männer. Daß die Lebensdauer in der Vergangenheit vergleichsweise kurz war, ist sicherlich ein Hauptgrund dafür, daß vor Anfang des 19. Jahrhunderts wenig Fälle schizophrenieähnlicher Psychosen beobachtet wurden.

Versuche zur Ermittlung der wahren Zahl Schizophrener

1952 untersuchte der verstorbene norwegische Experte für Sozial- und genetische Psychiatrie Ørnulv Ødegaard, der Begründer des nationalen psychiatrischen Registers Norwegens, Inzidenz- und Prävalenzzahlen psychischer Störungen, die nur auf institutionellen Kontakten beruhen: Sind diese Zahlen so ungenau, daß sie nahezu nutzlos sind? Wie viele Fälle psychischer Störungen würde man bei einem vollständigen Zensus der Gesamtbevölkerung finden, die man bei einer Erhebung von psychiatrischen Krankenhauspatienten nicht entdeckt? Zur Beantwortung dieser Fragen stellte er eine Formel auf, mit der er die Ergebnisse einer vollständigen Felderhebung abschätzen konnte. Er wußte aufgrund früherer Forschungsarbeiten, daß die Faktoren Sozialschicht, Entfernung der Wohnung vom nächsten psychiatrischen Krankenhaus, Alter, Urbanisierung und Diagnose gemeinsam den Krankenhauskontakt determinierten. Seine Informationen deuteten jedoch auch darauf hin, daß trotz dieser Faktoren Schizophrene mit größerer Wahrscheinlichkeit in ein Krankenhaus aufgenommen wurden als Personen mit anderen psychischen Störungen, etwa zyklothym Depressive, die zu Hause betreut werden konnten.

Ødegaard überlegte, daß eine derartige Prävalenzstudie – selbst wenn alle Schizophrenen sich in Krankenhäusern befänden – diejenigen nicht erfassen würde, die an Anfangssymptomen litten, jedoch noch nicht in ein Krankenhaus aufgenommen waren. Diese Zahl schätzte er aufgrund seiner früheren Erfahrungen. Zusätzlich sah sein Modell drei weitere Kategorien vor, die in Prävalenzstudien auf der Grundlage von Krankenhausdaten häufig fehlten. Er bezog die Zahl der Schizophrenen ein, die nach Krankheitsbeginn, doch vor einer Krankenhausaufnahme starben, diejenigen, die entlassen worden waren, und diejenigen, die aufgenommen worden waren, jedoch vor der Erhebung

starben. Auf diese Weise modellierte er die hypothetische Gesamter-
hebung.

Seine Daten und sein Modell ergeben folgendes Bild: Die Bürger-
zählung eines einzigen Tages (eine Punktprävalenz), die nur auf
Krankenhausaufnahmedaten beruht, erfaßt nur 56 Prozent der schizophrenen Gesamtpopulation Norwegens. Doch wenn nur Patienten mit
Schizophrenie betrachtet werden, stellt die Zahl der stationären Fälle 72
Prozent der anvisierten wahren Zahl dar. Wenn man die geschätzten
sechs Prozent, die früher einmal hospitalisiert und daher offiziell verzeichnet waren, jedoch vor der Studie entlassen wurden, dazurechnet,
erfaßt die Krankenhauserhebung immerhin 78 Prozent der mutmaßlich
wahren Anzahl Schizophrener. Demnach würde eine Zählung aufgrund
von Krankenhausdaten nur 22 Prozent der wahren Prävalenz Schizophrener nicht erfassen. Zudem würden mit wenigen Ausnahmen fast
alle schließlich in ein Krankenhaus kommen und erfaßt werden, wenn
sie lange genug leben.

Bei manisch-depressiven Störungen liegt die Sache ganz anders. Øde-
gaards Statistiken zeigen, daß nur 40 Prozent dieser Menschen durch
eine Punktprävalenzerhebung auf der Basis von Krankenhausdaten ermittelt werden; es werden also mehr Fälle übersehen als erfaßt. Rechnet
man frühere manisch-depressive Patienten dazu, steigt diese Zahl auf
gerade 68 Prozent, was bedeutet, daß nahezu ein Drittel der Manisch-
Depressiven in der Allgemeinbevölkerung nie stationär behandelt werden, selbst wenn einige von ihnen, wie Schizophrene, bei entsprechender Lebensdauer schließlich eingewiesen werden.

Infolge dieser Ergebnisse schloß Ødegaard, daß bei schweren psychischen Störungen eine Feldstudie einer Krankenhauszählung kaum
überlegen sei, weil die meisten Personen, die an Psychosen leiden,
schließlich doch noch hospitalisiert werden. Für die Schizophrenie vermutete er, daß nahezu alle Betroffenen zu irgendeinem Zeitpunkt in ein
Krankenhaus aufgenommen werden. Die Schlußfolgerungen sind zwar
ermutigend für Forscher, denn es ist viel einfacher und billiger als die
Durchführung von Feldstudien, sich auf Krankenhausstatistiken zu
stützen, doch sie unterstreichen auch, wie schwerwiegend und zerstörerisch Schizophrenie ist und warum wir weiter nach Ursachen und
sinnvoller Prävention suchen müssen. Sie sagen uns klar, daß Schizophrenie zu schwerwiegend ist, als daß sie ignoriert werden dürfte, egal
unter welchen Umständen. Angesichts der oben genannten Zahlen von
Obdachlosen und Inhaftierten sowie der Tatsache, daß in den Vereinigten Staaten ein soziales Netz der medizinischen Sicherheit wie in den
skandinavischen Ländern fehlt, darf man aus den norwegischen Stati-

stiken nicht auf die Angemessenheit von Krankenhauserhebungen in einem andersgearteten nationalen Gesundheitswesen schließen.

Von der psychiatrischen Krankenhausstatistik zu gemeindebezogenen Schätzwerten

Werfen wir einen Blick auf zwei klassische Studien der psychiatrischen Epidemiologie, die auf Feldmethoden beruhten, statt sich nur auf Schizophreniefälle zu stützen, die in ein Krankenhaus aufgenommen wurden, bevor sie erfaßt werden konnten. Beide stammen aus Skandinavien, und beide führten eine breit angelegte psychiatrische Erhebung durch und spezifizierten die Schizophreniedaten jeweils getrennt.

1947 führten Erik Essen-Möller und drei psychiatrische Kollegen eine sorgfältige Erhebung an 2550 Männern, Frauen und Kindern im ländlichen Südschweden durch – an allen *lebenden* Einwohnern zweier Gemeinden. Es wurden praktisch alle befragt, und diese Interviewinformation wurde mit Daten aus offiziellen Quellen – Schulen, Steuerbehörden, Alkoholismusregister, psychiatrische Einrichtungen, Strafvollzugsbehörden und so weiter – und von den Hausärzten vervollständigt. Die Ergebnisse sind eine wahre Datengoldgrube.

Das Team ermittelte 17 definitiv Schizophrene und vier wahrscheinlich Schizophrene; da wir Essen-Möllers diagnostische Standards aufgrund bei der Maudsley-Zwillingsreihe (siehe Kapitel 2) als konservativ kennen, dürfen wir die wahrscheinlichen Fälle zu den echten zählen. Von diesen 21 waren sechs nie stationär behandelt worden, und zehn waren zum Zeitpunkt der Befragung akut psychotisch, doch nur fünf Patienten befanden sich im Krankenhaus (zwei weitere hätten es sollen und drei befanden sich in anderen Einrichtungen). Zehn Schizophrene waren erwerbstätig. Eine Schätzung der Punktprävalenz aufgrund von Krankenhausdaten zu diesem Zeitpunkt hätte also 16 der 21 echten Fälle in der Gemeinde nicht erfaßt.

Die Wissenschaftler trösten sich gerne damit, daß eine Punktprävalenz aufgrund von Krankenhausaufnahmen einfach viele nichthospitalisierte, doch nur leicht schizophrene Fälle oder Verwandte von Schizophrenen mit „Spektrumstörungen" (schizophrenieähnlichen Persönlichkeitsstörungen) nicht erfaßt. Sie wissen, daß einige dieser Fälle in Nachfolgeuntersuchungen erfaßt würden, hoffen jedoch im allgemeinen, daß eine Alterskorrektur mit den oben beschriebenen Verfahren Fehler, die sich in den Nenner einschleichen, kompensieren kann.

Essen-Möllers Statistik läßt den Unterschied von Erhebungsgegenstand und -methode deutlich erkennen. Wenn in einer 2550 Personen umfassenden Stichprobe aus der Allgemeinbevölkerung 17 eindeutig Schizophrene ermittelt werden, dann beträgt die Lebenszeitprävalenz (17/2550) 0,67 Prozent. Wenn wir die vier wahrscheinlichen Fälle hinzunehmen, beträgt die Prävalenz 0,82 Prozent. Wenn wir nur die Bevölkerung über 15 Jahren betrachten, vermindert sich der Nenner, und aus den 21 Schizophrenen ergibt sich eine Lebenszeitprävalenz von 1,1 Prozent. Wenn der Nenner nach der verkürzten Methode von Weinberg mit einer Risikoperiode von 15 bis 40 Jahren (wie sie Essen-Möller für seine Generationen wählte) alterskorrigiert wird, beträgt das Lebenszeitmorbiditätsrisiko 1,12 Prozent. Werden die vier wahrscheinlich Schizophrenen einbezogen, steigt dieses Morbiditätsrisiko auf 1,39 Prozent. Diese letzte Ziffer ist der genaueste Referenzwert für Risikovergleiche zwischen Verwandten von Schizophrenen in diesem Teil Schwedens und einem Mitglied der Allgemeinbevölkerung zu diesem Zeitpunkt. Nur wenn das Risiko von Verwandten das der Allgemeinbevölkerung signifikant übersteigt, dürfen wir schließen, daß die Schizophrenie in der Tat „familiengebunden" ist.

Prinzipiell bekämen wir die genaueste Information über die Verteilung einer Krankheit, wenn wir eine genügend große Population neugeborener Kinder nähmen und die Individuen über die nächsten 55 Jahre verfolgen und beurteilen könnten – eine offensichtlich gewaltige Aufgabe. Kurt Fremming, ein dänischer Psychiater, führte eine von nur drei psychiatrischen Studien durch, die nach diesem Design vorgingen. Fremmings *biographische* oder *Kohortenmethode* unterscheidet sich von Essen-Möllers *Zensusmethode* hauptsächlich darin, daß Fremming sowohl die Schizophrenen, die im Laufe der Langzeitstudie starben, als auch die, die zu Ende noch lebten, berücksichtigte: Keiner seiner Probanden war älter als 59. Er begann mit 5529 Personen, die zwischen 1883 und 1887 auf der Ostseeinsel Bornholm geboren worden waren, und verfolgte sie bis 1940. Er nahm diejenigen aus, die das Alter von elf Jahren nicht erreichten, so daß 2120 Männer und 2010 Frauen übrigblieben, die seinen Datensatz bildeten. Das Lebenszeitmorbiditätsrisiko für Schizophrenie, das sich mit dieser biographischen Methode ergab, lag dicht bei 1,0 Prozent. Das Risiko errechnete sich aus einem Zähler von 38 Schizophrenen, die in der Population nach dem Alter von elf Jahren ermittelt wurden; ohne die 13 davon, die im Verlauf der Studie starben, betrüge die Lebenszeitprävalenz für diese dänische Population nur 0,62 Prozent und wäre damit auf den ersten Blick viel niedriger als die Morbiditätsrisikowerte von 1,12 beziehungswesie 1,39

Prozent für die oben angeführte, schwedische Stichprobe. Offensichtlich führt die Berücksichtigung von Schizophrenen, die versterben oder nicht mehr ermittelt werden können, zu einer genaueren Schätzung des Risikos und zu einer genaueren Bezugsgröße. Aus dem Vergleich des mit Hilfe der biographischen Methode ermittelten Risikos der Allgemeinbevölkerung von 1,0 Prozent mit dem Risiko der Zensusmethode von 1,12 oder 1,39 Prozent können wir schließen, daß beide mehr oder weniger konvergieren; infolgedessen können wir uns auf die praktikablere Zensusmethode stützen.

Der Wert, der meist als Lebenszeitmorbiditätsrisiko für Schizophrenie in der Allgemeinbevölkerung angesehen wird, beträgt 1,0 Prozent. Das heißt, daß einer von jeweils 100 heute geborenen Menschen, die ein Alter von wenigstens 55 Jahren erreichen, eine diagnostizierbare Schizophrenie entwickelt. Die frühesten Zensusstudien (1928) aus Deutschland hatten an einer sehr kleinen Stichprobe ein Risiko von 0,85 Prozent ermittelt, und von dieser Zahl geht die ältere Literatur aus. Der gegenwärtig akzeptierte Wert liegt also gar nicht so weit entfernt vom „Zufallstreffer".

Wir müssen klarstellen, was das Risiko, irgendwann im Leben an Schizophrenie zu erkranken, bedeutet und was nicht. Für die Zwecke der Ursachenerforschung der Schizophrenie bedeutet es, daß ein Prozent als „normale" Häufigkeit für Schizophrenie gilt und daß jedes höhere Vorkommen in einer untersuchten Gruppe auf gesteigerte Risikofaktoren zurückgehen muß – vielleicht eine Erbkomponente, ein extrem belastendes Umfeld, Verletzungen oder Krankheiten. Falls beispielsweise die Forschung ergäbe, daß die Bevölkerung des ländlichen Westirland ein Lebenszeitrisiko von vier Prozent hat, müßten wir fragen, welcher fördernde Umstand hier stärker in Erscheinung tritt als in London oder Honolulu. Oder falls es einen signifikanten Risikounterschied zwischen verschiedenen ethnischen Gruppen gäbe, die in demselben Stadtteil wohnen, würden wir versuchen, eine ethnospezifische Ursache zu isolieren.

Ein Lebenszeitrisiko für Schizophrenie von einem Prozent bedeutet nicht, daß jeder Mensch dieses Risiko trägt. Um zu diesem Durchschnittswert zu gelangen, haben wir sowohl Personen aus Familien gezählt, die in fünf Generationen keinen einzigen Schizophreniefall aufweisen, als auch solche, die von zwei schizophrenen Eltern abstammen. Das Risiko des Menschen, der seit Generationen keinen schizophrenen Verwandten hat, liegt noch unter einem Prozent, wohingegen die Person mit zwei schizophrenen Eltern ein Schizophrenierisiko von 36 bis 55 Prozent trägt, wie wir in Kapitel 5 sehen werden.

Die Verteilung der Schizophrenie nach Sozialschicht

Man kann eine Population vielfältig unterteilen, wenn man charakteristische Unterschiede im Schizophrenierisiko feststellen und somit Hinweise auf die möglichen Ursachen oder fördernden Umstände erhalten will. Wir werden uns hier nur mit einer einzigen, soziokulturellen Unterteilung befassen: der Verteilung nach Sozialschicht, gemessen an der Beschäftigung, da sie mit am stärksten mit dem Risiko korreliert. Wenn wir hohe Morbiditätsraten in einer bestimmten Sozialschicht ermitteln, können wir vielleicht feststellen, in welcher Hinsicht sich diese Schicht noch von anderen unterscheidet und eine Ursache isolieren (man denke an John Snow und den Zusammenhang von Pumpenschwengel und Cholera). Viele Studien befassen sich mit ethnischer Zugehörigkeit, Beruf, Familienstand, Religion und Emigration. Schizophrenie unter der westirischen Bevölkerung beispielsweise ist besonders faszinierend, weil ihre Häufigkeit angeblich viermal höher liegt als erwartet; im großen und ganzen jedoch hat diese Beobachtung bisher keine bedeutsamen Hinweise auf Ursachen erbracht und muß anhand moderner diagnostischer Maßstäbe wiederholt werden.

1939 ergab eine Studie der Soziologen Robert Faris und H. Warren Dunham, daß die Häufigkeit von Erstaufnahmen wegen Schizophrenie unter den Bewohnern der Slums in Zentralchikago 102 pro 100000 betrug und zu der reicheren Peripherie der Stadt hin kontinuierlich auf weniger als 25 pro 100000 absank. Seitdem haben Forscher hinsichtlich der Natur und Einflußrichtung der möglichen Kausalfaktoren entgegengesetzte Schlußfolgerungen aus dieser Information gezogen. William Eaton, ein zeitgenössischer Soziologe, berichtet, daß 16 darauf folgende Untersuchungen in anderen Städten und Ländern ähnliche Variationen nachwiesen und daß weniger die lokalen ökologischen Bedingungen, als vielmehr die Sozialschicht oder die Bildungsvoraussetzungen als determinierende Variable für derartige Gradienten zu gelten haben. Die Sozialschicht eignet sich in ländlichen Gebieten weniger zur Vorhersage erhöhter Schizophrenieraten.

Eaton legte das psychiatrische Fallregister von Maryland zugrunde und stellte fest, daß die Erstaufnahmeraten wegen Schizophrenie in Innenstadtbezirken doppelt so hoch waren wie in anderen Stadtgebieten oder auf dem Land; wenn er die Beschäftigung statt der Sozialschicht als Prädiktorvariable benutzte, stellte er fest, daß männliche Arbeiter (1965 bis 1966) Erstaufnahmeraten wegen Schizophrenie aufwiesen, die fünfmal höher lagen als diejenigen von Facharbeitern und Technikern. Festgehalten werden sollte, daß eine ähnliche Beziehung zwischen Sozialschicht und manisch-depressiven Psychosen (affektive Störungen) nicht festgestellt wurde; Untersuchungen von „Psychosen" im allgemeinen verschleiern also die Beziehung zwischen Sozialschicht und Schizophrenie.

Prinzipiell wurden zwei Erklärungen für die höheren Schizophrenieraten in der „Unterschicht" vorgeschlagen. Der *Breeder*-Hypothese (Streß als Ursache) zufolge ist die kumulierte Belastung durch Armut, soziale Desintegration in Form von Kriminalität und gestörten Familienverhältnissen sowie durch Kindesmißhandlung und -vernachlässigung in den unteren Schichten verantwortlich für das häufigere Auftreten von Schizophrenie. Die *Drift*-Hypothese besagt dagegen, daß der soziale Abstieg psychisch beeinträchtigter (das heißt psychisch weniger belastungsfähiger, nicht geistig behinderter) Arbeiter auf ihrem Weg hin zur manifesten Schizophrenie zur einer Konzentrierung von Schizophrenen in den unteren Sozialschichten führt. Diese „angehenden" Schizophrenen sind im Grunde „Einwanderer", die ihre Prädisposition mit sich tragen und den Ruf ihrer neuen Wohnumgebung „ruinieren", vor allem der innerstädtischen Arbeiterviertel. Eine komplementäre, durch Daten gestützte Hypothese geht dahin, daß die soziale Selektion manche Präschizophrene in der Unterschicht, aus der sie stammen, festhält, während ihre gesunden Geschwister und Altersgenossen ihren Status mit größerer Wahrscheinlichkeit verbessern können, da ihnen (verglichen mit der Generation ihrer Eltern) bessere Bildungschancen und ökonomische Möglichkeiten zugänglich sind.

E.M. Goldberg und S.L. Morrison führten gemeinsam mit der Social Medicine Research Unit in London eine hervorragend konstruierte Studie durch, um diese Erklärungen gegeneinander zu prüfen. Sie erforschten die soziale Mobilität schizophrener Männer und ihrer Väter, Onkel, Brüder und Großväter. Dabei stellten sie fest, daß die Väter sich zwar ganz ähnlich auf die Sozialschichten verteilten wie die gesunde Referenzpopulation insgesamt, daß jedoch die schizophrenen Söhne in Schicht 5 (der untersten) deutlich überrepräsentiert waren. Sie schlossen daraus, daß sich hier ein sozialer Abstieg vollzogen hatte, weil ein beträchtlicher Anteil der Schizophrenen in den Schichten 4 und 5 nicht in Unterschichtfamilien geboren oder aufgewachsen waren. Diese Diskrepanzen zwischen ihrer Herkunftsschicht und der Schicht, der sie zum Zeitpunkt ihrer Krankenhausaufnahme zuzurechnen waren, stellt Tabelle 4.3 dar: Mehr als die Hälfte der Schizophrenen in einer zum

Zeitpunkt ihrer Aufnahme niedrigeren Sozialschicht waren in einer höheren Sozialschicht aufgewachsen.

Die Wissenschaftler gingen dann den Prozessen nach, durch die sich der Abstieg vollzog. Obwohl 29 Prozent der Väter den Sozialschichten 1 und 2 angehörten, galt das nur für vier Prozent der schizophrenen Söhne unmittelbar vor ihrer Aufnahme, und obwohl nur 23 Prozent der Väter den Schichten 4 und 5 angehörten, traf dies auf 48 Prozent der Söhne zu. Anhand des beruflichen Status der anderen männlichen Familienmitglieder konnten die Forscher bestätigen, daß diese ebenfalls den Zensuserwartungen entsprachen; nur die Schizophrenen „fielen aus dem Rahmen". Die Schulleistungen der Schizophrenen unterschieden sich nicht signifikant von denen ihrer Brüder; erst *später*, in der Adoleszenz, als der Krankheitsprozeß offenbar „eingeschaltet" war, begann der Abstieg. Ein Blick auf einzelne britische Schizophrene mit Gymnasialabschluß und mit Vätern in der Oberschicht zeigt eine Wüstenei zerstörten Talents: Einer legte vier Examina mit Bestnoten ab (Anzeichen hoher wissenschaftlicher Begabung) und ist jetzt Labortechniker; einer zeigte Höchstleistungen auf vier Fachgebieten und ist jetzt Kraftfahrergehilfe; einer bestand acht Prüfungen mit „ausgezeichnet" und ist jetzt Eisenbahnschaffner. Solche traurigen Geschichten zunichte gewordener Begabung finden sich in anderen Ländern genauso.

Die Londoner Ergebnisse wurden im großen und ganzen sowohl in Detroit als auch in Rochester, New York, wiederholt. Die Bestätigung der Hypothese des sozialen Abstiegs spricht jedoch nicht dagegen, daß Streßfaktoren eine Rolle spielen. Allerdings könnte diese Rolle eher darin bestehen, den Ausbruch der Schizophrenie auszulösen (Triggerfunktion) als die Krankheit im eigentlichen Sinne zu verursachen.

Tabelle 4.3: Sozialer Abstieg schizophrener Patienten im Vergleich zur Sozialschicht ihrer Väter, Brüder und den Zensusnormen zur Prüfung der Drift- bzw. Breeder-Hypothese*

Sozialschicht	Patienten (%)	ihre Väter (%)	ihre Brüder (%)	Zensusnormen (%)
obere (Schicht 1 und 2)	4	29	21	16
mittlere (Schicht 3)	48	48	56	58
untere (Schicht 4 und 5)	48	23	23	27

* Sozialschicht der Patienten zum Zeitpunkt ihrer Aufnahme (Männer, Erstaufnahme, Alter 25–34, England und Wales, 1956).
Quelle: Nach Goldberg und Morrison (1963).

Schließlich wird die überwiegende Mehrzahl der in der Unterschicht geborenen Menschen nicht schizophren. Umgekehrt nehmen wir an, daß manche Personen, die für Schizophrenie prädisponiert sind und unter ungünstigen Verhältnissen aufwuchsen, die Krankheit vielleicht nicht entwickelt hätten, wären sie nicht den nachteiligen Auswirkungen der Armut auf die Entwicklung und die psychische Integration ausgesetzt gewesen; beispielsweise korreliert ein niedriges Geburtsgewicht mit Armut und mit Schäden des Zentralnervensystems. Wenn ein Mensch bei der Geburt kein Untergewicht hat, aber in anderer Weise für Schizophrenie prädisponiert ist, kann er durchaus von einer manifesten Erkrankung verschont bleiben. Fast die gesamte Forschung bestätigt, daß die Streßfaktoren, die Schizophrenie auslösen können – zwischenmenschliche Belastungen, Gehirntraumata und -krankheiten, Drogenintoxikationen und ähnliches – nicht armutsspezifisch sind. Gegenwärtig weist keiner der angeblichen Streßfaktoren eine bewiesene Eins-zu-eins-Relation zur Schizophrenie auf. Auch scheinen sie in der Bevölkerung zu allgemein verbreitet zu sein, als daß sie zur Erklärung der Schizophrenieursachen herhalten könnten.

Die weltweite Verteilung der Schizophrenie

Die Universalität der Schizophrenie, wie wir sie über Zeit (in den vergangenen 200 Jahren) und Raum (von den Hirtendörfern im afrikanischen Botswana bis zu den Industriegesellschaften) beschrieben haben, wurde wiederholt in Frage gestellt, oftmals mit wenig gehaltvollen empirischen Daten. 1988 meldete die Weltgesundheitsorganisation die Fertigstellung einer weiteren großen Studie von Assen Jablensky, Norman Sartorius und ihren Mitarbeitern in aller Welt, die vielen Spekulationen ein Ende machen dürfte. Die Schizophrenie *ist* universell, und die Variation zwischen so unterschiedlichen Kulturen wie dem ländlichen Chandigarh in Indien und Nottingham in England ist nachweislich gering. Sorgfältige Diagnosen auf der Grundlage strukturierter Interviews mit 1379 zum ersten Mal aufgenommenen psychotischen Patienten aus 13 geographisch definierten Einzugsgebieten in zehn Ländern lieferten die Daten. Auf dieser Grundlage wurden Inzidenz, Prävalenz und Lebenszeitmorbiditätsrisiko sowohl für weite als auch enge Schizophreniedefinitionen berechnet. Klinische Diagnosen, die nicht den Kriterien einer der beiden objektiven diagnostischen Kategorien entsprachen, stellten nur 14 Prozent der gesamten Stichprobe. Nur 56 Prozent der Gesamtstichprobe erfüllten die engsten Kriterien überhaupt – ein rechnergestützt definiertes Kernsyndrom oder eine Schizophrenie mit den Schneiderschen Symptomen 1. Ranges (siehe Kapitel 2). Das Diagramm in Abbildung 4.3 zeigt das alterskorrigierte Lebenszeitmorbiditätsrisiko nach weiten und engen Definitionen auf der Grundlage sämtlicher Erstfälle – 1379 – für acht Kulturen. Ein identisches Bild ergibt sich, wenn man Inzidenzraten pro 10000 statt des Morbiditätsrisikos auftragen würde. Der angesetzte Risikozeitraum – das Alter von 15 bis 54 – erscheint am sinnvollsten, bedenkt man die oben erwähnten, dramatischen Veränderungen der Lebenserwartung und des Gesundheitszustandes.

Für die weite Schizophreniedefinition können wir in der Tat eine Variation feststellen, wenn wir vom ländlichen Indien am oberen Ende der Skala (Inzidenz 4,2 Fälle auf 10000) zum städtischen Dänemark am unteren Ende (1,5 auf 10000) gehen. Wie in der Abbildung 4.3 dargestellt, reicht die Variation des Morbiditätsrisikos von 1,74 Prozent für

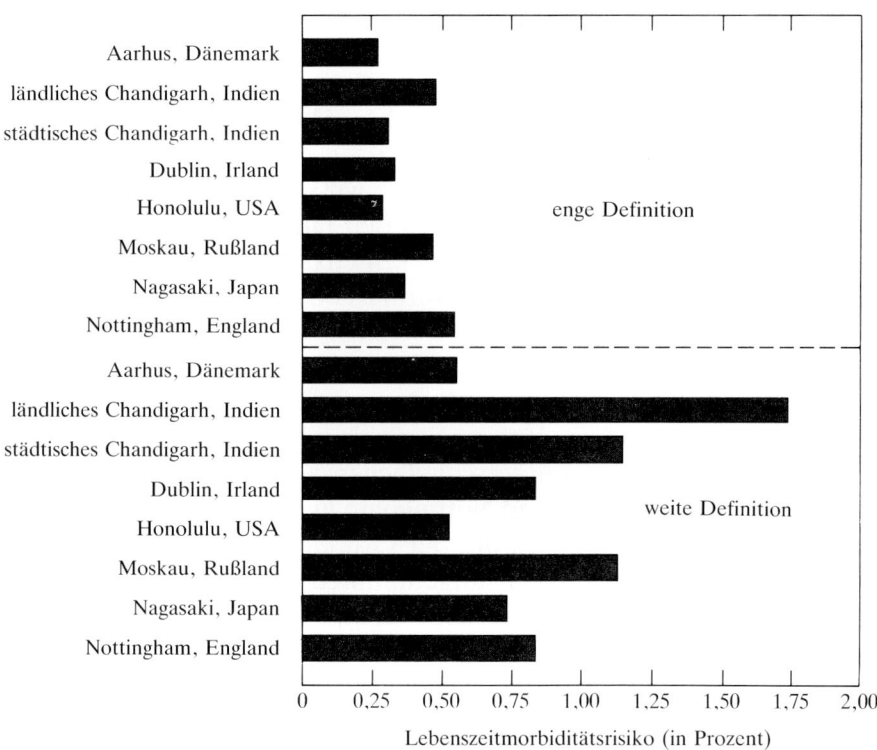

4.3 Alterskorrigierte Morbiditätsrisiken für enge und weite Schizophreniedefinitionen an verschiedenen Orten der multinationalen Studie der Weltgesundheitsorganisation. (Daten aus: Sartorius et al. 1986; Jablensky 1988.)

das ländliche Indien bis zu 0,56 Prozent für Dänemark und rahmt so den in der Literatur erwarteten Wert von einem Prozent ein.

Wenden wir unsere Aufmerksamkeit der engen Schizophreniedefinition zu, so sinkt die Variation ebenso wie die Prävalenz und gestattet eine Verallgemeinerung hinsichtlich der Konsistenz und der Universalität der Schizophrenie. Die Industriestadt Nottingham in England wies mit 1,4 auf 10000 pro Jahr die höchste Inzidenz auf; die niedrigste, 0,7, beobachtete man im städtischen Dänemark. Der absolute Unterschied ist vernachlässigbar – weniger als eine schizophrene Person auf 10000 Einwohner. Die entsprechenden Morbiditätsrisiken betrugen 0,55 und 0,27 Prozent, lagen also dicht beieinander. Die hier berichteten Werte entsprechen recht genau den Ergebnissen europäischer epidemiologischer Studien zur Schizophrenie nach dem Zweiten Weltkrieg. Nach 40 Jahren Erfahrung mit dem norwegischen nationalen Fallregister zog Ørnulv Ødegaard (1971) folgende Bilanz: „Die erstaunliche Stabilität der Erstaufnahmeraten über ein halbes Jahrhundert deutet darauf hin, daß sich in den untersuchten Ländern die wahre Inzidenz der Schizophrenie nicht wesentlich verändert hat" (S. 56).

Offenbar ist der Schluß berechtigt, daß die Inzidenz der Schizophrenie in den meisten menschlichen Bevölkerungen auf der ganzen Welt heute ziemlich ähnlich ist; sogar wenn sich eine zwei – oder dreimal höhere Rate als hier findet, so stellt dies nur einen kleinen realen Unterschied dar – acht oder zwölf statt vier Fälle auf 10000 Erwachsene. Trotzdem erfordern Nischen mit sehr niedrigen Raten, wie der Südwestpazifik (Papua, Neu-Guinea), und sehr hohen Raten (wie Westirland und Kroatien), sollten sie sich bestätigen, eine Erklärung.

Zusammenfassung

Dieses Kapitel befaßte sich mit den zahlreichen Möglichkeiten, die wesentlichen Fragen hinsichtlich historischer und aktueller Zahl von Schizophrenen in der Bevölkerung und ihrer Lokalisierung in Zeit und Raum in den Griff zu bekommen. Das Wissen über die Epidemiologie und Demographie der Schizophrenie ist nötig, um Hypothesen über ihre Ursachen, die in der wissenschaftlichen Arena gegeneinander antreten, zu generieren und zu prüfen. Nicht alle Hypothesen sind gleich fundiert, und zuviel höfliche Diplomatie untergräbt den Fortschritt hin zu einer wissenschaftlichen Lösung des Rätsels Schizophrenie.

Von den verschiedenen, in diesem Kapitel eingeführten Häufigkeitsindizes ist das Morbiditätsrisiko (die Wahrscheinlichkeit, mit der ein heute geborener Mensch vor dem Alter von 55 Jahren eine Schizophrenie entwickelt) der nützlichste, <u>wenn man das Vorhandensein erhöhter Risiken in einer Population</u> oder einer Stichprobe von Verwandten von Schizophrenen feststellen will. <u>Diese Risiken implizieren Ursachen, seien es soziale, ökologische, psychologische, biologische oder genetische</u>. Wir sollten uns den Wert von einem Prozent als Bezugsgröße für das Morbiditätsrisiko in der Gesamtbevölkerung in Erinnerung rufen, bevor wir nun im nächsten Kapitel untersuchen, ob es Beweise für einen bedeutsamen genetischen Ursachenfaktor der Schizophrenie gibt.

5. Ist Schizophrenie erblich?

Es sollte jetzt schon auf der Hand liegen, daß keine derart vereinfachende Frage den Ergebnissen gerecht werden kann, die die Forschung zu den komplexen, multifaktoriellen Ursachen und fördernden Umständen des Phänomens Schizophrenie gesammelt hat. Seit Jahrzehnten tobt hinsichtlich der Ursachenfrage eine leidenschaftliche, parteiische Debatte um beide Enden des Anlage-Umwelt-Kontinuums. Die eine Seite behauptet, Erblichkeit und Biologie spielten keine Rolle; die andere hält entgegen, Umwelt und psychosoziale Faktoren seien irrelevant. Als Kraepelin 1913 die achte und letzte Auflage seines Lehrbuchs schrieb, war er zu dem Schluß gekommen, die Ursachen der Dementia praecox seien „in undurchdringliches Dunkel" gehüllt. Ein solch vorsichtiges Resümée bewahrte die Schizophrenieforschung im folgenden nicht vor extremistischen Äußerungen in bezug auf Ursachen der Schizophrenie, doch hat der gesammelte Datenfundus eines Dreiviertel-jahrhunderts das Dunkel weit weniger undurchdringlich gemacht.

Die Anlage-Umwelt-Kontroverse über die Ursachen der Schizophrenie ist ein Überbleibsel einer umfassenderen, sozialpolitischen und ideologischen Debatte (*Nature versus Nurture*), die auf das Jahr 1859 zurückreicht.Damals forderte Charles Darwin das wissenschaftliche Establishment mit seinen häretischen Thesen zum Ursprung der menschlichen Art heraus (siehe dazu Arthur Caplan: *The Sociobiology Debate*). Sir Francis Galton, ein Vetter Darwins, erweiterte – manche würden sagen, überzog – in einer Artikelserie zwischen 1865 und 1875 die Vorstellung der Evolution körperlicher Merkmale auf die Vererbung von Verhaltensweisen. Unter den Leichen aus früheren Geplänkeln finden sich wissenschaftliche und religiöse Gegenpositionen zu Darwins Evolutionstheorie sowie philosophische Debatten darüber, ob die individuellen Unterschiede im menschlichen Verhalten dem freien Willen oder dem Determinismus entsprängen. Weder faschistische noch kommunistische Staaten haben ein Monopol auf den Mißbrauch der wissenschaftlichen Genetik zu ihren Zwecken. Derartige Abwege brauchen uns hier nicht aufzuhalten; wer sich jedoch für wissenschaftliche Polemik interessiert, sei auf die zahlreichen Literaturabgaben in der Bibliographie verwiesen.

In diesem und den nächsten Kapiteln werden wir zu zeigen versuchen, daß genetische Faktoren als *Diathese* (Prädisposition, Veranlagung) wesentlich sind, doch daß sie für das tatsächliche Auftreten einer Schizophrenie allein nicht hinreichen. Innerhalb eines größeren Rahmens, bekannt als *Diathese-Streß-Theorie*, lassen sich die riesigen Datenberge von Seiten der Wissenschaftler/Kliniker, die man auf die Rolle der Vererbungstheoretiker festgelegt hat, als auch von Seiten der zu Umwelttheoretikern gestempelten Forscher versöhnen, ohne daß man einer Seite Unrecht tut. Auf einer bahnbrechenden Konferenz im Jahre 1967 in Dorado Beach auf Puerto Rico, die David Rosenthal und Seymour Kety organisierten und leiteten, moderierte der erfahrene Psychiater Leon Eisenberg von Harvard den einzigartigen Schlagabtausch zwischen den Weltklassespielern der beiden Lager: Vertreter von biologischen/genetischen Erklärungsansätzen einerseits und milieu-/sozialisationstheoretischen Erklärungsansätzen für die Übertragung von Schizophrenie andererseits. Er faßte die Debatte wie folgt zusammen: „Diese Ergebnisse [Adoptions- und Zwillingsuntersuchungen] bringen mich zu der Überzeugung – und ich glaube, die meisten von Ihnen –, daß es nicht nur eine genetische Komponente bei der Übertragung der Schizophrenie gibt (eine Position, die nicht umstrittener ist als die Frage der Mutterschaft), sondern daß sie eine *wesentliche* Determinante für das Auftreten der Krankheit darstellt" (1968, S. 404). An anderer Stelle (1986) spricht er von den Gefahren sowohl eines Forschungskonzepts zur Aufklärung psychischer Störungen unter Ausschluß des *Geistes* (das heißt ohne Berücksichtigung höherer psychischer Funktionen) als auch eines Konzepts unter Ausschluß des *Gehirns* (das heißt ohne Berücksichtigung biologischer Funktionen). Der Nachweis einer signifikanten Rolle genetischer Faktoren in der Ätiologie der Schizophrenie impliziert *keinen* therapeutischen Nihilismus, weder in psychotherapeutischer noch in pharmakotherapeutischer Hinsicht (Meehl 1972).

Weitgehend als Folge der Dorado-Beach-Konferenz bekehrte sich das gesamte Gebiet der Schizophrenieforschung, zumindest in öffentlichen Äußerungen, zu einer Art interaktionistischer Haltung, um gegen den gemeinsamen Feind vorzugehen – das Unwissen um die wahren Ursachen der Schizophrenie.

Zur Entwicklung aller menschlichen Eigenschaften tragen sowohl Gene als auch Umwelt bei; in diesem Sinne sind alle Eigenschaften „erworben", statt einfach vererbt oder auf eine *tabula rasa* geschrieben. Bei der Schizophrenie bestehen noch folgende ungelöste Probleme: die Identifikation der spezifischen Gene und ihrer Bedeutung als Kausalfaktoren für die Krankheit, ihrer chemischen Produkte und ihrer

Mechanismen der Verhaltensbeeinflussung sowie die Identifikation der spezifischen Milieus (physisch und psychosozial), ihrer Beiträge zu der Krankheit und ihrer Mechanismen der Verhaltensbeeinflussung.

Der grundlegende Nachweis für die Bedeutung genetischer Faktoren in der Ätiologie der Schizophrenie stammt aus der Synthese von Ergebnissen der Familien-, Zwillings- und Adoptionsstudien, die von 1916 bis 1989 durchgeführt wurden. Wir werden zeigen, daß sich die nachgewiesene Familialität – die Tendenz der Schizophrenie, in bestimmten Familien gehäuft vorzukommen – eher auf deren gemeinsamen Genpool zurückführen läßt als auf gemeinsame Umwelt und gemeinsame Erfahrungen.

Unsere These lautet wie folgt: Schizophrenie gehört zur selben Kategorie verbreiteter genetischer Störungen wie die koronare Herzkrankheit, die geistige Behinderung oder der Diabetes und nicht zu solch seltenen Erbkrankheiten wie der Chorea Huntington (CH) oder der Phenylketonurie (PKU) – einer Form geistiger Behinderung – die beide klare, einfache, Mendelsche Vererbungsmuster haben, sich also im dominanten (CH) oder rezessiven Erbgang (PKU) von den Eltern auf die Kinder übertragen. Um die Grundlagen dieser Ansicht verständlich zu machen, führen wir etwas genauer aus, was wir eigentlich meinen, wenn wir von der Genetik einer Krankheit sprechen.

Kleine Einführung in die Genetik

Das Wort *Genetik* fällt im Zusammenhang mit einem breiten Spektrum wissenschaftlicher Projekte, von molekularbiologischen Untersuchungen der Gene und ihrer Mutationen bis zu Studien auf der Makroebene zu Artunterschieden und Evolutionsverlauf. Die Genetik als Wissenschaft schlug sehr bald den von der Physik früher gebahnten Weg ein, die Gegenstände ihres Interesses in immer kleinere Partikel zu zerlegen. In diesem Buch beschreiben wir meist Phänomene auf der Ebene der klinischen Genetik, technisch gesehen ein Teil der Populationsgenetik. Das heißt, wir beschäftigen uns mit den ganzen Menschen und ihren beobachtbaren Eigenschaften oder den *Phänotypen* und dem Grad der Familialiät dieser Eigenschaften. Die „Quarks" der Genetik überlassen wir unseren fleißigen Kollegen von der Molekulargenetik. Unser Wissen über die spezifisch genetischen Eigenschaften oder den *Genotyp* von Personen ergibt sich indirekt aus unserem Wissen über den Grad der genetischen Ähnlichkeit zwischen verschiedenen Verwandtenpaaren.

Das wesentliche Paradigma der psychiatrischen Genetikforschung des nichtmolekularen Typs steckt implizit im Begriff des menschlichen Stammbaums oder der Ahnentafel, eine Erfindung von Francis Galton. Abbildung 5.1 stellt einen Stammbaum dar, jedoch in einer besonderen Form. Aus dem Diagramm kann man Personen auswählen, die denselben Grad genetischer Ähnlichkeit zu einem Bezugsfall (dem Index-fall oder Probanden) aufweisen, jedoch verschiedene Grade generationsbedingter (sprich *umweltbedingter*) Ähnlichkeit – beispielsweise Eltern und ihre Nachkommen. Man kann aber auch diejenigen auswählen, die verschiedene Grade genetischer Ähnlichkeit und denselben Grad von generationsbedingter Ähnlichkeit aufweisen – etwa Vollgeschwister und Halbgeschwister. Wenn wir die genetische Ähnlichkeit zwischen Verwandten kennen, können wir die Quasiexperimente der makropsychiatrischen Genetik durchführen: Zur *unabhängigen Variable*, die der Forscher kontrolliert, wird der Grad der genetischen Überschneidung (von 100 Prozent bei eineiigen Zwillingen bis zu nur 12,5 Prozent bei Vettern) oder die Erblichkeit; zur *abhängigen Variable* wird das in Frage stehende Verhalten – Schizophrenie.

Generation	Verwandtschaftsgrad			
	identisch	erster	zweiter	dritter
−3				Urgroß-eltern
−2			Großeltern	Großonkel
−1		Eltern	Onkel	Halbonkel
gegenwärtige	Proband eineiiger Zwilling	Vollgeschwister zweieiiger Zwilling	Halbgeschwister	Vetter
+1		Kind	Neffe	Halbneffe
+2			Enkel	Großneffe
+3				Urenkel
genetische Korrelation	1,0	0,5	0,25	0,125
Prozentsatz von gemeinsamen Genen mit dem Probanden	100 %	50 %	25 %	12,5 %

5.1 Schema eines menschlichen Stammbaums zur Darstellung der genetischen und generationsbedingten (umweltbedingten) Überlappung bei verschiedenartigen Verwandten über je drei Generationen vor und nach der gegenwärtigen.

Man stelle sich einige der möglichen Kombinationen vor. Ähnliche Raten bei ein- und zweieiigen Zwillingspartnern von Schizophrenen, die zwar zur selben Zeit in einer gemeinsamen Umwelt leben, sich jedoch hinsichtlich ihrer genetischen Überlappung stark unterscheiden, wären ein Nachweis für eine einfache umwelttheoretische Erklärung; wir beobachten ein derartiges Muster bei Masern und Sprachakzenten. Unterschiedliche Raten bei Geschwistern und Halbgeschwistern von Schizophrenen, die zusammen aufwuchsen, sprächen trotz gleicher Umwelt für eine erbtheoretische Erklärung, da sich nur die genetische Überschneidung unterscheidet: 50 Prozent bei den einen, 25 Prozent bei den anderen. Ähnliche Raten bei den Geschwistern und Kindern von Schizophrenen trotz der Generationsunterschiede würden sich aus ihrem zu 50 Prozent gemeinsamen Genotyp erklären.

Von einfachen zu komplexen Vererbungsmustern

Die einfachen, Mendelschen Vererbungsmuster wurden schon eingeführt: Sie erklären vollständig etwa die Farbe der Blüten von Mendels Erbsenpflanzen oder auch das Erkrankungsrisiko von 50 Prozent für die Nachkommen und Geschwister von CH-Patienten und das Risiko von 25 Prozent für die Geschwister von PKU-Patienten bei einer Inzidenz von Null unter ihren Eltern. Bedauerlicherweise wird daraus oft der Schluß gezogen, daß Schizophrene, die keine ebenfalls betroffenen Eltern oder Geschwister haben, an einer „nichtgenetischen" Form der Krankheit leiden müßten. Wer so denkt, irrt sich, weil sein Wissen über genetische Vererbung die komplizierteren und weniger augenfälligen Aspekte der Genetik kontinuierlich verteilter Eigenschaften und verbreiteter Krankheiten nicht einschließt. Nur allzu wahr ist, daß Victor McKusicks enzyklopädisches Handbuch Mendelscher Störungen beim Menschen (1988) 4344 mendelnde Phänotypen beschreibt. Eine derartige Auffassung der genetischen Störungen unserer Spezies übersieht – so wichtig sie sein mag – die riesige Zahl von Menschen, die an den viel häufigeren, sicherlich multifaktoriell bedingten Störungen leidet, bei deren Entstehung genetische Faktoren mitwirken (Rotter, King und Motulsky 1990), etwa Bluthochdruck, Diabetes, geistige Behinderung und koronare Herzkrankheit.

Bei dem einfachen, seltenen (ein Betroffener unter 20000 Personen), dominanten Erbgang der Chorea Huntington (CH) konnte man klinisch beobachten, daß immer ein Elternteil betroffen war (wenn die Eltern lange genug lebten und kein Zweifel an der Elternschaft bestand). Zudem erkrankten schließlich die Hälfte aller Geschwister und aller Nachkommen, kumuliert über die Familien; ein Großelternteil eines CH-Opfers war gleichermaßen betroffen, sofern er oder sie ein Elternteil des betroffenen Patienten gewesen war. Dieser klassische Stammbaum illustrierte viele Jahrzehnte lang die Art und Weise oder den Mechanismus der Vererbung der Krankheit vor 1984, als man das spezielle Gen auf dem Chromosom 4 lokalisieren konnte. 1990 war immer noch nicht bekannt, welche Neurochemie und Pathophysiologie unweigerlich zu dieser Demenz und manchmal den Psychosen der CH führen.

Wie die Schizophrenie weist die CH ein breites Spektrum des Erkrankungsbeginns auf; zwar manifestiert sie sich gewöhnlich im fünften Lebensjahrzehnt, doch kann sie zu jedem Zeitpunkt zwischen Kindheit und Alter ausbrechen; nach etwa 15 Jahren folgt der Tod. Anders als bei der Schizophrenie kann man heute Tests durchführen, die mit sehr hoher Wahrscheinlichkeit diejenigen Kinder von CH-Eltern ermitteln, die die Krankheit entwickeln werden – zum ersten Mal kann man bei einer neurologisch-psychiatrischen Krankheit in die Büchse der Pandora hineinschauen.

Weniger klar ist das Übertragungsmuster einer einfachen rezessiven Krankheit wie der PKU (Phenylketonurie). Nehmen wir an, beide Eltern seien Träger eines der rezessiven Gene für PKU. Kein Elternteil weist den Phänotyp – die beobachtbaren klinischen Symptome – auf, doch wenn man genügend Geschwister von betroffenen Kindern beobachten kann, erkrankt eines von vier. Beide Eltern der Probanden und die Hälfte ihrer Geschwister unterscheiden sich genetisch am Genort (Locus) des PKU-Gens auf dem Chromosom, doch in einer stillen und unsichtbaren Weise – sie sind Träger des rezessiven PKU-Gens in einfacher Ausfertigung. Wenn dieses Gen in zweifacher Ausfertigung vorliegt (*homozygot* im Gegensatz zu den *heterozygoten* Eltern), führt es zum Mangel eines wichtigen Enzyms, das die Aminosäure Phenylalanin verarbeitet. Seit man die genetischen Zusammenhänge der PKU 1934 in Norwegen entdeckte, können homozygote Neugeborene mit diesem angeborenen Stoffwechseldefekt durch gesetzlich vorgeschriebene Blutuntersuchungen identifiziert werden; eine besondere Diät verhindert dann die schwere geistige Behinderung, die zuvor ihr Schicksal war. Heterozygote Genträger können ermittelt und genetisch beraten werden, und in Familien mit bereits erkrankten Kindern kann vor der Geburt festgestellt werden, ob der Fötus betroffen ist. In solchen seltenen, Mendelschen Fällen wie CH und PKU genügen routinemäßige Stammbaumuntersuchungen, um den genetischen Übertragungsmechanismus zu ermitteln.

Viel komplexere Muster der familiären Häufung von Pathologien ergaben sich bei Diabetes, mäßiger geistiger Behinderung, Alzheimer-Krankheit, koronarer Herzkrankheit, manisch-depressiver Erkrankung (bipolare und unipolare affektive Störung), Epilepsie und Lippen- und Gaumenspalte, um nur einige zu nennen. Die Muster, die bei der Schizophrenie beobachtet wurden, entsprechen erstaunlicherweise in etwa denen der eben erwähnten Erkrankungen; hier finden wir in keinem Fall zahlreiche Familien, in denen die Risiken von Verwandten ersten Grades den erwarteten Raten von 50 Prozent wie bei Mendelschen, dominanten Störungen beziehungsweise von 25 Prozent wie bei rezessiven auch nur nahe kämen. Zudem entstammt ein Patient mit einer solchen *multifaktoriell-polygenen* Erkrankung, zu deren Entstehung mehr als zwei relevante Gene sowie relevante Umweltfaktoren beitragen müssen, sehr häufig einer Familie, in der sich die Krankheit bei keinem Elternteil und gewöhnlich keinem Geschwister oder Kind manifestiert. Paradoxerweise sind genau dies einige der Gründe, die für eine polygene Vererbung als grundlegendster Ursache solcher „atypisch" familiär gehäuften Störungen sprechen.

Einige weitere Kennzeichen polygener Störungen sind: (1) In der Allgemeinbevölkerung kommen sie nicht selten vor; das Lebenszeitrisiko ist größer als ein Fall auf 500. (2) Es gibt Abstufungen des Schweregrades von leicht bis schwer, wohingegen Mendelsche Krankheiten entweder auftreten oder fehlen. (3) Schwerkranke Patienten haben oft mehr betroffene Verwandte als leichter erkrankte. (4) Das Risiko der nächsten Generation steigt in Abhängigkeit von der Gesamtzahl erkrankter Verwandter im Stammbaum – ein betroffener Vater, dessen Schwägerin (Schwester seiner Frau) ebenfalls betroffen ist, überträgt beispielsweise seinen Kindern ein höheres Risiko als sein betroffener Bruder, dessen angeheiratete Verwandte von Seiten seiner Frau alle gesund sind. (5) Das Risiko fällt eher steil ab als in 50-Prozent-Schritten, wenn man von sehr nahen genetischen Verwandtschaftsgraden zu entfernteren übergeht (von 48 Prozent für eineiige Zwillingspartner von Schizophrenen bis zu 13 Prozent für Nachkommen und zwei Prozent für Vettern). (6) Sowohl auf der mütterlichen als auch auf der väterlichen Seite des Stammbaums finden sich erkrankte Personen. Ein weiterer Unterschied zwischen dem Mendelschen Erbgang seltener Krankheiten und dem multifaktoriell-polygenen Erbgang häufiger Krankheiten liegt darin, daß wir nur bei ersteren 100 Prozent betroffene eineiige Zwillinge beobachten und erwarten; ebenso erwarten und beobachten wir bei zwei betroffenen Elternteilen, daß 100 Prozent (bei zwei PKU-Eltern) oder 75 Prozent (bei zwei CH-Eltern) ihrer Kinder gleichermaßen betroffen sind.

Der überwiegende Anteil der genbedingten Variation beim Menschen – der normalen und der abnormen – entsteht aufgrund polygener Effekte und ergibt bei einer graphischen Aufzeichnung eine Glockenkurve, die sogenannte Normalverteilung. Körpergröße, IQ-Testwerte und Blutdruckwerte sind wohlbekannte Lehrbuchbeispiele. Die zahlreichen Gene, die mit einer bestimmten Krankheit zusammenhängen, interagieren miteinander und mit anderen Faktoren zu einer Pathologie, obwohl sie selbst noch nicht einzeln nachweisbar sind. Diese Polygene unterscheiden sich ihrem Wesen nach nicht von den Genen, die Mendelsche Erbkrankheiten verursachen, doch jedes wirkt sich auf die Variation der Eigenschaft nur geringfügig aus, verglichen mit der Gesamtvariation dieser Eigenschaft. Die Expression dieser Eigenschaft hängt daher viel weniger davon ab, welche Polygene in dem spezifischen System eine Person hat (zum Beispiel Größe, Blutdruck, IQ), sondern vielmehr von der Gesamtzahl, die sie zu einem Extrem hin ziehen. Besonders interessant für die Untersuchung der Schizophrenie und anderer schwerer psychischer Störungen ist, daß solche polygenen Systeme genetische Faktoren in sich bergen können, die zu einer besonderen *Neigung, die Störung zu entwickeln*, zu einer *Anfälligkeit* oder *Schwäche* führen können. Damit bilden sie so etwas wie eine Parallele zum Trägerstatus bei rezessiv vererbten Krankheiten.

Sehen wir uns beispielsweise die einfachste Version eines polygenen Systems an, etwa ein hypothetisches System für die Körpergröße, das auf zwei Genorten (Loci) auf den Chromosomen und durch nur zwei mögliche Gene – **A** oder **a** an einem Genort und **B** oder **b** an dem anderen – bestimmt wird. In der gesamten Menschheit erwarten wir demnach bei Extremwerten der Körpergröße Kombinationen wie **AABB** und **aabb**. Wenn wir jeden Großbuchstaben als Größensteigerung und jeden Kleinbuchstaben als Größenverminderung definieren, werden diejenigen mit allen Großbuchstaben-Genen die größten Menschen und diejenigen mit allen Kleinbuchstaben-Genen die kleinsten. Wenn Ihre beiden Eltern Durchschnittsgröße, also den Genotyp **AaBb** hätten, würden sie jedem ihrer Nachkommen entweder **A** oder **a** und entweder **B** oder **b** vererben. Von solchen Durchschnittseltern können fünf verschiedene Größenklassen abstammen; das Gesamtspektrum umfaßt vier bis null Großbuchstaben-Gene; **AABB, AABb, AAbb,**

Aabb und **aabb** sind Beispiele für einige der Kombinationen von durchschnittlich großen Eltern. Wenn man nun einfach noch eine zusätzliche Variation der Größe aufgrund prä- und postnataler Ernährungsbedingungen einbezieht, wird das polygene Modell der Körpergröße zu einem multifaktoriell-polygenen Modell.

Aufgrund derartiger polygener Systeme zeugen zum Beispiel zwei große Eltern Nachkommen, die kleiner sind als sie selbst; zwei Eltern mit durchschnittlicher intellektueller Begabung (IQ um 100) bekommen ein geistig behindertes Kind (IQ um 55) oder ein Genie (IQ um 145); zwei Eltern, die nicht schizophren, noch nicht einmal auffällig exzentrisch sind, haben ein Kind, das zu einem sicher diagnostizierten Schizophrenen heranwächst. Polygene Effekte sind zugegebenermaßen schwer zu fassen, wenn man es mit Menschen zu tun hat, bei der Arbeit mit Pflanzen und Tieren jedoch sind sie ein gewohntes und deutlich greifbares Phänomen. Sewall Wright zeigte sie an überzähligen Zehen bei Meerschweinchen, und Eric Lander und Kollegen wiesen sie für die Variation bei Tomaten nach. Ob sich die mit Schizophrenie verbundenen polygenen Effekte auf der Ebene des Phänotyps manifestieren, hängt von der Neigung einer Person ab, Schizophrenie zu entwickeln. Diese Anfälligkeit ist dynamischen Aufwärts- oder Abwärtsfluktuationen unterworfen, die von zahlreichen Faktoren abhängen. Diese sind in Abbildung 5.2 schematisch dargestellt.

Die Anzahl und Art der im Schizophreniesystem vererbten Gene spielen offensichtlich eine wichtige Rolle, ebenso jedoch hypothetische „Antischizophrenie"-Gene und -Umwelten, die in der Abbildung als genetische und umweltbedingte *Stärken* erscheinen. Es handelt sich gewissermaßen um eine Bilanz genetischer und umweltbedingter Aktiva und Passiva, Stärken und Schwächen, und ob jemand die Störung tatsächlich entwickelt oder nur am Rande des „Bankrotts" steht, hängt davon ab, was unter dem Strich herauskommt. Die Faktoren, die zu den Schwächen beitragen, sind auf den fünf Achsen in Abbildung 5.2 verschieden gewichtet, um die verschiedenen Werte der „Passiva-Währung" zu verdeutlichen; manche entsprechen 100- oder 50-Dollar-Noten, andere Fünf- oder Ein-Dollar-Noten. Nur diejenigen Personen in der Population, deren Summenwert zu einem bestimmten Zeitpunkt einen bestimmten *Schwellenwert* überschreitet, werden klinisch als schizophren diagnostiziert.

Bei der koronaren Herzerkrankung, geistiger Behinderung, Schizophrenie und anderen, relativ häufigen pathologischen Erscheinungen wirken die systemspezifischen Gene nicht allein. Sie interagieren vielmehr mit anderen, allgemeinen Hintergrundgenen und mit prä- und

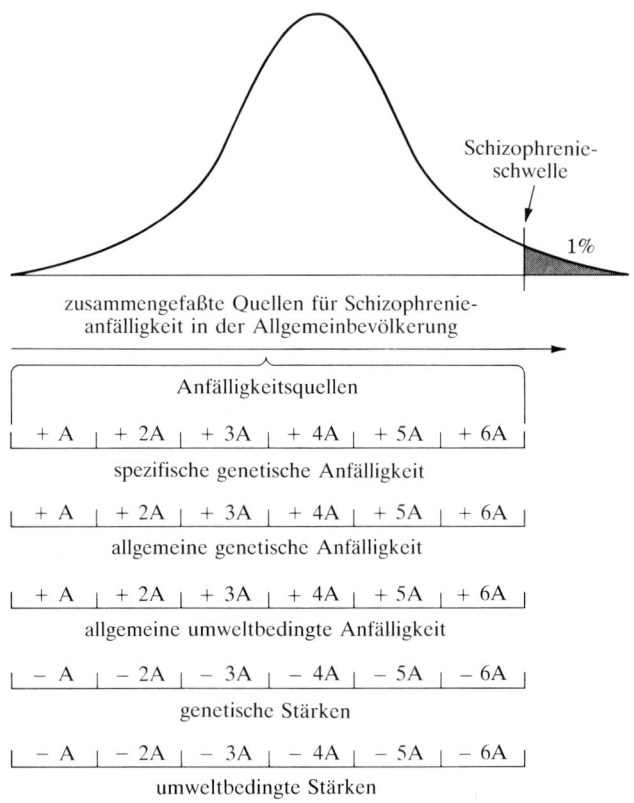

5.2 Schematische Darstellung der verschiedenen genetischen und umweltabhängigen Quellen der hypothetischen Schizophrenieanfälligkeit im multifaktoriellen Schwellenmodell. Die Quellen tragen verschiedene Gewichtungen für Stärken und Schwächen und summieren sich am rechten Ende der Kurve zu irgendeinem Zeitpunkt zu einem Wert oberhalb (an Schizophrenie erkrankt) oder unterhalb der Schwelle (keine oder rückgebildete Schizophrenie).

<u>postnatalen Umweltfaktoren</u>. Sonst könnten wir die bedeutsame Tatsache nicht erklären, daß eineiige Zwillinge, obwohl sie die gleichen Gene haben, zur Hälfte diskordant für Schizophrenie sind (das heißt, einer der beiden hat Schizophrenie, der andere nicht), daß jedoch jeder die Anfälligkeit für Schizophrenie seinen oder ihren Nachkommen gleich stark vererbt. Wir werden in Kapitel 6 darauf zurückkommen.

Die Forscher, die die koronare Herzkrankheit (KHK) untersuchen, haben bereits Ergebnisse erzielt, wie man sie analog bei einer multifaktoriell-polygenen Schwellenstörung erwarten würde (Vogel und Motulsky 1986). KHK kommt in Familien von Probanden gehäuft vor; die Raten liegen zwei- bis sechsmal höher als in Kontrollfamilien. Sie liegen noch höher, wenn die Erkrankung vor dem Alter von 55 Jahren beginnt. (Man beachte, daß eine an einen Hauptort gebundene Krankheit wie die CH in bestimmten Familien 10000mal häufiger vorkommt als in der Allgemeinbevölkerung.) Eineiige Zwillingspartner von Probanden sind signifikant häufiger betroffen als zweieiige. Zahlreiche Risikofaktoren wurden identifiziert oder erschlossen, jeder mit einem eigenen Gewichtungsmuster der genetischen und umweltabhängigen Faktoren. Bluthochdruck, Diabetes und Hyperlipidämie (zu hohe Blutfettwerte) sind die Hauptrisikofaktoren für KHK, und jeder davon enthält eine wichtige genetische Komponente. Ein Typ der Hyperlipidämie führt aufgrund eines einzigen, dominanten Gens mit einer Prävalenz von eins auf 500 Personen zu einem erhöhten Cholesterinspiegel; der verbreitetere Typus jedoch ist polygen und hat eine Prävalenz von 25 auf 500 oder 5 Prozent. Andere Risikofaktoren sind umweltbedingt, etwa Übergewicht, Bewegungsmangel, Rauchen, stark leistungsbetonte Persönlichkeit, Alkoholmißbrauch und Leben in einer Industriegesellschaft. Die DNA-Marker, die mit den Proteinen, Enzymen und Zelloberflächenrezeptoren für den Lipidstoffwechsel zusammenhängen, haben die Entwicklung eines ganz neuen Wissenschaftszweiges eingeleitet; dieser befaßt sich mit der Vorhersage und Prävention der KHK auch angesichts von Komplikationen, die auf die Interaktion der erwähnten genetischen und umweltbedingten Risikofaktoren zurückgehen.

Vererbt wird bei den polygenen Charakteristika eine *Prädisposition* zur Entwicklung einer bestimmten Störung – die Karten der Natur sind sozusagen so gezinkt, daß sie das Risiko, in unserem Falle für Schizophrenie, erhöhen.  Wir sind überzeugt, daß ein Verwandter eines Schizophrenen einen Teil der genetischen Gesamtanfälligkeit für Schizophrenie erbt, der (bei einem Sohn oder einer Tochter) viel größer oder (bei einem Vetter) ein wenig größer ist als bei einem Angehörigen der Allgemeinbevölkerung, der nicht genetisch mit einem Schizophrenen verwandt ist. Mit der erhöhten Anfälligkeit erhöht sich auch das Risiko gegenüber dem normalen Risiko von einem Prozent der Allgemeinbevölkerung. Mit Hilfe der Gesetze der Genetik können wir die einander überlappenden Verteilungen der Anfälligkeiten in Abbildung 5.3 aufzeichnen. Die Verschiebung nach rechts – hin zur Schwelle für Schizophrenie – der durchschnittlichen, allgemeinen Anfälligkeit für Verwandte ersten Grades (Geschwister und Kinder) hat den Effekt, daß viel mehr von diesen über den Schwellenwert der Anfälligkeit, der zu florider Schizophrenie führt, „hinausgeschoben" werden; die Verteilungskurve für Verwandte dritten Grades (Vettern) von Schizophrenen verschiebt sich weit weniger nach rechts, weil die genetische Überlappung geringer ausfällt (12,5 Prozent gegenüber 50 Prozent bei Verwandten ersten Grades).

Verbinden wir die durch die Abbildungen 5.1, 5.2 und 5.3 illustrierten Vorstellungen, so zeichnet sich deutlicher ab, daß jedem Verwandtschaftsgrad bei dem russischen Roulette von Genen und Umwelt im Einzelfall eine breite Palette offensteht; nur die „Durchschnittsverwandten" verhalten sich vorhersagbar. Die Gesamtanfälligkeit kann durch viele Faktoren modifiziert werden, sie kann völlig unterdrückt sein und sich nicht als Schizophrenie ausdrücken, oder sie kann in schlimmerer Form ausbrechen. Darin besteht der Kern der Diathese-Streß-Formel – das Erbe füllt die Lostrommel, die Umwelt zieht das Los.

Die Stärke eines Diathese-Streß-Modells mit einer polygenen Grundlage der Diathese besteht darin, daß sich die Ergebnisse vieler sorgfältiger Studien einfügen lassen. Für einige Schizophreniefälle mag jedoch die Hypothese eines einzelnen Locus (ein konkurrierendes genetisches Modell) zutreffen; ein bestimmtes Maß ätiologischer Heterogenität ist bei multifaktoriellen Störungen zu erwarten, wie die KHK zeigt. Derartige Ausnahmen zu entdecken, ist wichtig, da sich Behandlung und Beratung in diesen Fällen durchaus unterscheiden können.

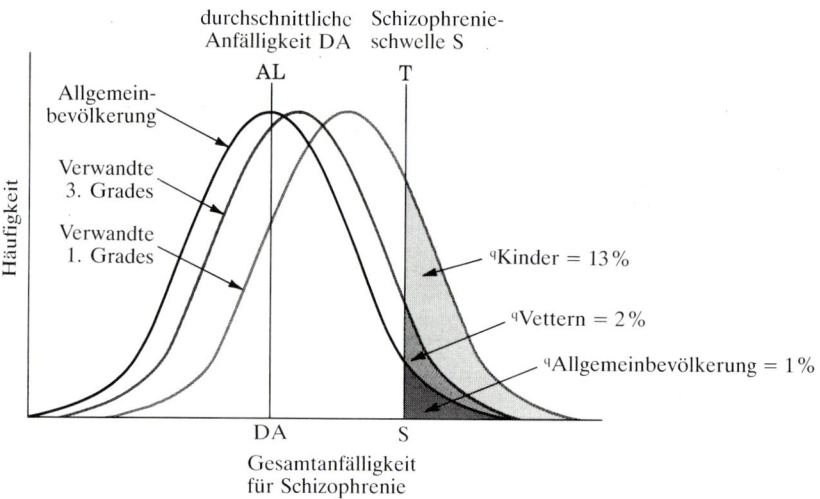

5.3 Ein schematisches Modell der polygenen Vererbung von Schwelleneigenschaften in drei Verteilungen der zugrundeliegenden Schizophrenieanfälligkeit: für die Allgemeinbevölkerung mit einem Risiko von einem Prozent, für Verwandte dritten Grades (Vettern) von Schizophrenen mit einem Risiko von 13 Prozent. S = Schwelle, oberhalb derer Schizophrenie klinisch beobachtbar wird; DA = durchschnittliche Anfälligkeit in der Allgemeinbevölkerung. Man beachte, daß viele Verwandte von Schizophrenen Anfälligkeitswerte haben, die *unter* denen der Allgemeinbevölkerung ohne Verwandtschaft mit Schizophrenen liegen.

Die Mehrzahl der Wissenschaftler, die die Schizophrenie empirisch erforschen, stimmt der Diathese-Streß-Formel oder etwas Ähnlichem zu. Diese Wortwahl soll marxistische Philosophen, orthodoxe Psychoanalytiker und verschiedene Ideologen, seien sie politisch motiviert oder nicht, ausschließen. Diese verfolgen viel eher eigennützige Zwecke, als daß sie die objektive Suche nach den Ursachen der Schizophrenie voranbrächten. Unter den Wissenschaftlern, die sich genau damit beschäftigen, drehen sich die restlichen strittigen Fragen um die richtige Gewichtung der in Abbildung 5.2 dargestellten Ursachenfaktoren.

Bis jetzt hat noch keine Studie eine reine Umwelttheorie bestätigt. Niemand hat bisher bewiesen, daß Umweltfaktoren allein bei einem Menschen, der nicht mit einem Schizophrenen verwandt ist, eine hinreichende Ursache für eine echte Schizophrenie darstellen. Beispielsweise wurde Schizophrenie nach einer Kopfverletzung oder einer Grippe diagnostiziert, doch diese traumatisch induzierten, schizophrenieähnlichen Psychosen gelten nicht mehr als echte Schizophrenie; meist werden sie jetzt zu der umfassenderen Kategorie der hirnorganischen Syndrome (organische Psychosyndrome) gerechnet, die mit körperlichen Störungen verbunden sind (körperlich begründbare Psychosen). Ein unbekanntes „Niemandsland" besteht noch: bei den wenigen Schizophreniefällen, die durch ein Trauma ausgelöst werden. Das Trauma dürfte aber nur einen weiteren, risikosteigernden Faktor in der Gesamtanfälligkeit bilden. Wir stellen die Synthese konkurrierender Erklärungen zum Übertragungsmechanismus der Schizophrenie zurück (siehe Kapitel 11), bis wir alle relevanten Daten zusammengestellt haben.

Grundlagen einer vererbungstheoretischen Position

Wir vertreten die Anicht, daß die genetische Vererbung bei der Schizophrenie eine wichtige Rolle spielt; wir müssen diese Position anhand von Indizien begründen, doch reichen diese durchaus hin, um den „Schuldigen" zu „überführen". Unser Standpunkt stützt sich auf die klinische Populationsgenetik und impliziert – beweist aber nicht –, daß es eine neurochemische und/oder neuroanatomische Ursache für das pathologische Verhaltensmuster gibt. Im Rahmen der laufenden Erforschung der Biologie der Schizophrenie versuchen die Wissenschaftler weiter, mit klinischen Analysen und DNA-Untersuchungen die Vererbungsmechanismen der Schizophrenie aufzudecken, relevante Umwelteinflüsse zu finden und Ausgänge oder Risikograde vorherzusagen. Die Anfänge der Forschung, die bis in das Jahr 1916 zurückreicht, begründeten unser Wissen; die moderne Forschung erweitert und vertieft unser Verständnis.

Familien-, Zwillings- und Adoptionsstudien zur Schizophrenie liefern das Wasser auf unsere Mühle. Sie bestätigen und ergänzen sich wechselseitig und stützen alle die genetische Argumentation. Keine Methode allein führt zu einem definitiven Beweis oder einer definitiven Widerlegung. Bei einigen psychiatrischen Erkrankungen, wie der bipolaren affektiven Störung (manisch-depressive Erkrankung) haben Koppelungsanalysen an der DNA ergeben, daß in einigen seltenen, hoch mit dem Risiko einer oder zweier Formen der Störung belasteten Familien ein dominantes Gen eine Rolle spielen könnte; in einigen Amish-Familien in Pennsylvania verursacht offenbar ein dominantes Gen auf Chromosom 11 bipolare Störungen, in einigen israelischen Familien ein anderes dominantes Gen auf dem X-Chromosom. Die Behauptungen bezüglich Chromosom 11 aus den Amish-Befunden von 1988 wurden zurückgenommen, da sie 1989, nachdem die diagnostischen Kriterien verfeinert worden waren und Neuerkrankungen auftraten, nicht reproduziert werden konnten. Könnte man derartige Koppelungsergebnisse replizieren, würden sie den genetischen Aspekt psychischer Störungen ungemein erhellen, weil sie den mit populationsgenetischen Strategien ermittelten Indizienbeweis für eine genetische Beteiligung in einen harten, physikalischen Beweis verwandeln würden. Würde man jedoch bei der Schizophrenie zuviele Ressourcen auf eine ähnlich zufallsabhängige, riskante Suche nach genetischen Markern verwenden – noch dazu, wo ein Markerkandidat fehlt, der logisch mit den wissenschaftlich erwiesenen, neurochemischen und pathophysiologischen Tatsachen zusammenhängt –, so würde man quasi an der Börse in wertlose Aktien investieren. Doch manchmal macht man mit genau solchen Spekulationen ein Vermögen. Vorläufige Hinweise auf ein Gen auf Chromosom 5, das Koppelungsanalysen mit den Schizophrenien in einigen englischen und isländischen Familien in Zusammenhang brachten, werden in Kapitel 12 diskutiert.

Familienstudien

Wenn übertragbare genetische Faktoren zur Entstehung von Schizophrenie beitragen, müßte die Störung in betroffenen Familien häufiger auftreten als mit der Ein-Prozent-Rate der Allgemeinbevölkerung. Daß sich eine Erkrankung familiär häuft, bedeutet jedoch nicht notwendig, daß sie genetisch bedingt ist. Wie wir schon warnend vorausgeschickt haben, könnte sie nicht durch Gene, sondern durch kulturelle Praktiken, eine Infektionsquelle oder einen Lernprozeß, zum Beispiel durch Imitation, in den Familien weitergegeben werden. Wenn wir Familienstudien mit der Maßgabe betrachten, ob die Variable ein genetischer Faktor ist, müssen wir fragen, ob das Muster der Risiken in Abhängigkeit von der genetischen Überschneidung variiert oder in Folge des gemeinsamen Erfahrungshintergrundes. Tragen nahe Verwandte, die mehr Gene gemeinsam haben, ein größeres Risiko, und sinkt dieses Risiko mit dem Verwandtschaftsgrad? Außerdem: Wenn die Verwandten nicht manifest an Schizophrenie erkrankt sind, sind sie dann besonders merkwürdig oder absonderlich? Das spräche dafür, daß sie eine „verdünnte" Form von Schizophrenie geerbt haben könnten, das heißt eine Schizophreniespektrumstörung.

Die ersten systematischen Familienstudien der Schizophrenie führte 1915 Ernst Rüdin durch, der wie früher erwähnt in München bei Kraepelin arbeitete. 1932 entschloß sich Bruno Schulz, ein herausragendes Mitglied der Münchner Schule Rüdins (heute das Max-Planck-Institut für Psychiatrie), zu einer Nachuntersuchung von Rüdins Familien. Er stellte fest, daß 8,1 Prozent der mehr als 2000 Schwestern und Brüder der 613 ursprünglichen Probanden ohne betroffene Eltern schizophren waren. Schulz bezog sich auf die Patienten mit klassischer, Kraepelinscher Schizophrenie, um die Möglichkeit qualitativer Unterschiede bei der Vererbung der Schizophrenie zu prüfen, und beobachtete eine starke Tendenz zur familiären „Homologie". Wenn beispielsweise der ursprüngliche Patient kat 至aton schizophren gewesen war, neigten andere betroffene Geschwister ebenfalls zu katatonen Untertypen, obwohl in derselben Familie häufig auch andere Unterformen auftraten. Schulz zeigte jedoch, daß unabhängig von der Unterform des ursprünglichen Krankheitsbildes eines Patienten dessen Geschwister ein hohes Risiko für irgendeine Form der Schizophrenie trugen. Derartige Ergebnisse sprechen dagegen, die Schizophrenie in vorkraepelinsche Teile aufzuspalten, und für die Ansicht, daß für die Unterschiede im Symptombild die Dimension des Schweregrades *einer einzigen* Störung verantwortlich ist.

Schulz nahm moderne <u>Diathese-Streß-Ansätze</u> vorweg, indem er als nächstes seine ursprüngliche Patientengruppe danach unterteilte, ob der Erkrankung ein äußeres Ereignis vorausgegangen oder ob sie „aus heiterem Himmel" ausgebrochen war. Er wurde damit zum ersten Forscher, der feststellte, daß Schizophrenien, die auf einen somatischen Streßfaktor wie eine Kopfverletzung folgen, sich oft genetisch von denen unterscheiden können, denen kein solches auslösendes Ereignis vorausging. Er fand, daß das Risiko für *Geschwister* in Fällen ohne bekannten „Auslöser" zehn Prozent betrug; dies war für seine Stichprobe doppelt so hoch wie die 4,8 Prozent bei somatisch ausgelösten Fällen. Daraus folgte eine stärkere genetische Diathese oder „Belastung" in den Fällen, wo kaum Anzeichen für äußere Streßfaktoren vorlagen. Später untersuchte Schulz mit einer anderen Form seines Ansatzes die Verwandten von floriden Schizophrenen und Schizophrenen in Remission – zu einer Zeit, wo es noch keine spezifische Therapie für die Störung gab –; die Geschwister der letzteren Gruppe wiesen ein Schizophrenierisiko von nur 3,3 Prozent auf, die Kinder eines von 7,4 Prozent (vergleiche dazu das Durchschnittsrisiko von 13 Prozent in Abbildung 5.4).

Franz J. Kallmann, der Vater der psychiatrischen Genetik in den Vereinigten Staaten, veröffentlichte 1938, kurz nach seiner Emigration aus Hitlerdeutschland und während seiner Arbeit am New York State Psychiatric Institute, die erste umfassende Untersuchung aller Verzweigungen der Stammbäume von Schizophrenen, einschließlich einer eingehenden Studie der Kinder von Schizophrenen. Er untersuchte die Nachkommen von 1087 schizophrenen Patienten, die um die Jahrhundertwende in ein Berliner psychiatrisches Krankenhaus aufgenommen wurden. Insgesamt sammelte Kallmann Daten aus den Krankengeschichten von 14000 Personen aus fünf Generationen, je zwei Generationen vor beziehungsweise nach dem schizophrenen Probanden, die um die Jahrhundertwende erkrankt waren. Die <u>Schizophrenierisikozahlen</u>, die er für jeden Verwandtschaftsgrad – Eltern, Großeltern, Tanten und so weiter – ermittelte, stellen einen wesentlichen Beitrag zu den Übersichtsdaten in Abbildung 5.4 dar. Eine der zusätzlichen Schlußfolgerungen, die man aus Kallmanns Ergebnissen ziehen kann, ist, daß <u>der Schweregrad der Erkrankung eines betroffenen Elternteils einen Faktor für das Schizophrenierisiko seiner Kinder</u> darstellt. Diese Schlußfolgerung bestätigt die früheren Arbeiten von Schulz. Je schwerer der Elternteil erkrankt war (er nannte diese schweren Fälle *Kernschizophrene*; Kraepelin hatte sie als hebephren und kataton bezeichnet), so zeigte Schulz, desto wahrscheinlicher wurden dessen Kinder und Geschwister ebenfalls schizophren; die Nachkommen der Kernschizophreniepatienten trugen ein Risiko von 20 Prozent, die der paranoid und einfach Schizophrenen dagegen nur zehn Prozent. Wie in den Studien von Schulz traten alle Schizophrenieformen in allen Verwandtschaftsgraden auf; aus diesen Ergebnissen können wir schließen, daß hier eher die Auswirkungen der Dimension des Schweregrades oder „Gendosiseffekte" vorliegen als Indikatoren für zwei unterschiedliche Krankheiten, etwa Kernschizophrenie/schwere Schizophrenie gegenüber peripherer/leichter Schizophrenie.

Abbildung 5.4 faßt die Schizophrenierisiken auf Lebenszeit für die verschiedenen Verwandten eines Schizophrenen zusammen. Sie zeigt

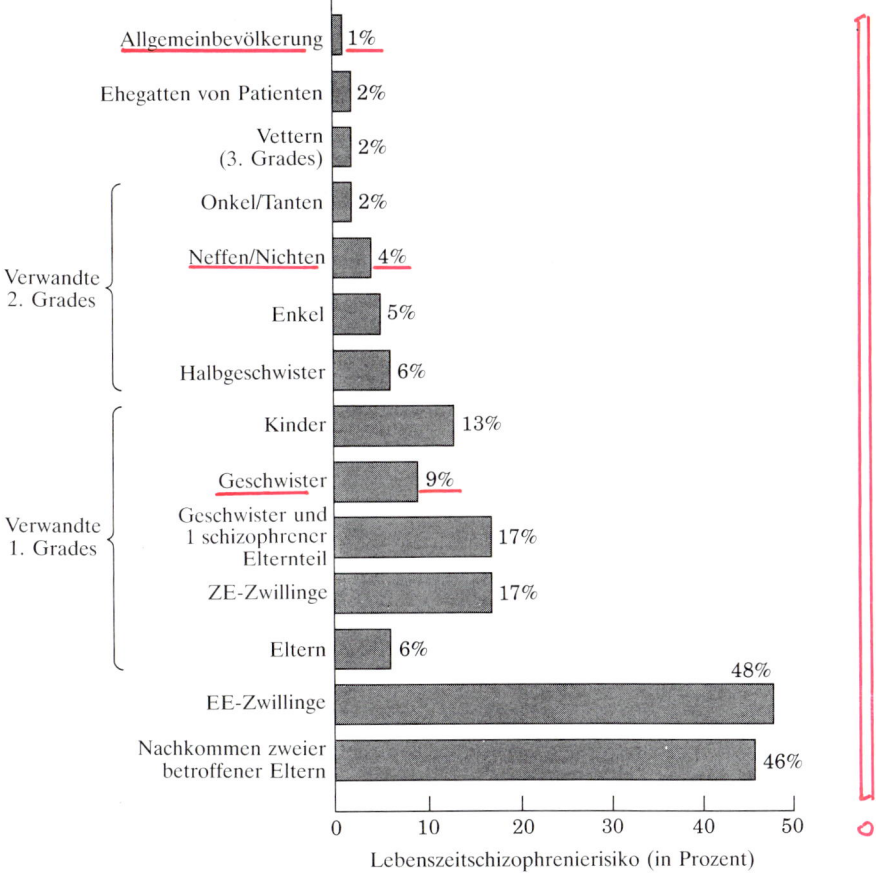

5.4 Grobe Durchschnittsrisiken für Schizophrenie, zusammengestellt aus den Familien- und Zwillingsstudien an europäischen Populationen zwischen 1920 und 1987; der Risikograd korreliert eng mit dem Grad der genetischen Verwandtschaft.

den Grad der genetischen Abhängigkeit verschiedener Verwandtengruppen, den man mit dem Prozentsatz des gemeinsamen Genmaterials verschiedener Familienmitglieder mit einem schizophrenen Probanden gleichsetzen kann (siehe Abbildung 5.1). Die Daten stammen aus einem Informationspool aus 40 reliablen Studien, die zwischen 1920 und 1987 in Westeuropa durchgeführt wurden. In der Zusammenfassung derartiger Daten liegt eine gewisse Gefahr, da die Untersuchungsdesigns sich nicht genau decken, doch nach einem wohlüberlegten Ausschluß des schwächsten Datenmaterials ergibt sich ein klares und stabiles Gesamtmuster, das aus einer oder zwei einzelnen Studien nicht zu ermitteln ist.

In Abbildung 5.4 sind Untersuchungen aus Deutschland, der Schweiz, den skandinavischen Ländern und Großbritannien eingegangen, da diese Länder ähnlich konservative diagnostische Maßstäbe haben. Enthalten ist auch eine moderne Wiederholung der Kallmann-Familienstudie, die David Kay und Rolf Lindelius 1970 an 4000 Verwandten in Schweden durchführten, und eine Schweizer Familienstudie von Manfred Bleuler (1978) an 3000 Verwandten; die Orientierung dieser Forscher war eindeutig „interaktionistisch"; sie wollten kein ausschließlich erbtheoretisches „Süppchen kochen". Die europäischen Forscher können, anders als die USamerikanischen, eher auf relativ stabile Populationen zurückgreifen und häufig nationale Psychiatrieregister verwenden, die aufgrund des gesetzlichen Krankenversicherungssystems entstehen. Solche Faktoren, sowie eine (verglichen mit den Vereinigten Staaten) relative Homogenität nach ethnischer Herkunft, Religion und Sozialschicht und ein hoher Grad an Kooperationsbereitschaft bei den Verwandten sprechen dafür, bevorzugt europäische Daten zur Erstellung sinnvoller Datenpools heranzuziehen.

Abbildung 5.4 stellt das Schizophrenierisiko für Verwandte ersten Grades (Eltern, Geschwister, Kinder), zweiten Grades (Onkel, Neffen, Enkel, Halbgeschwister) und dritten Grades (Vettern) von Schizophrenen dar. Auch beziffert sie das Risiko von zweieiigen Zwillingen, die ebenfalls Verwandte ersten Grades darstellen, und von eineiigen Zwillingen, die man als Verwandte nullten Grades bezeichnen könnte, weil sie im Grunde genetische Klone bilden. Das Risiko von Ehegatten von Schizophrenen, die höchst unwahrscheinlich mit diesen genetisch verwandt sind, dient zur Überprüfung der Vorstellung, es sei möglich, bei einem Menschen nur dadurch eine Schizophrenie hervorzurufen, daß er in einer engen physischen und psychischen Beziehung zu einem Schizophrenen lebt. Auch das Schizophrenierisiko der Kinder zweier Schizophrener ist aufgeführt; es kommt auch nicht entfernt an die erwähnten 100- oder 75-Prozent-Risiken bei rezessiven und dominanten Erbstörungen heran. Mit Ausnahme dieser Kategorie, auf die wir noch zurückkommen werden, repräsentieren die Pool-Studien ausreichend große Stichproben, so daß sie sehr reliabel sind. In der Abbildung steckt eine enorme Informationsmenge, und sie verdient eine sorgfältige Betrachtung.

Die Interpretation des Musters familiärer Risiken

Insgesamt spricht das Muster der Risikozahlen bei Verwandten von Schizophrenen sehr für den Schluß, daß der <u>Großteil des erhöhten Risikos mit dem Ausmaß des gemeinsamen Genmaterials</u> und nicht mit dem Ausmaß des gemeinsamen Milieus variiert. Eineiige Zwillinge und Nachkommen zweier betroffener Eltern haben ein höheres Risiko als Verwandte ersten Grades, die ein höheres Risiko als Verwandte zweiten Grades tragen; diese wiederum haben ein höheres Risiko als Verwandte dritten Grades, und deren Risiko überwiegt das von Ehegatten und das Grundrisiko von einem Prozent in der Allgemeinbevölkerung.

Kürzlich wurden Bedenken erhoben, daß die älteren Daten, die die familiäre Häufung der Schizophrenie überwältigend nachwiesen, Artefakte sein könnten, die erbtheoretisch voreingenommene Psychiater aufgrund nichtreliabler klinischer Urteile generiert hätten. Diese Befürchtungen erhielten weitere Nahrung, als man zwei neuere Familienstudien aus den Vereinigten Staaten an einer großen Anzahl Verwandter ersten Grades von Schizophrenen anhand der „objektiven" Kriterien des DSM-III überprüfte. Die eine Studie stellte unter 199 Verwandten überhaupt keinen Schizophrenen fest, die andere fand zwei unter 128 Verwandten ersten Grades; auf der Grundlage von Abbildung 5.4 würden wir erwarten, daß etwa 10 Prozent aus jeder Stichprobe betroffen wären. Haben diese moderen Forscher eine Vertuschung aufgedeckt? Im Grunde nicht. Die negativen Untersuchungen hatten die Stichprobengrößen nicht mit Hilfe einer angemessenen Alterskorrektur reduziert, sie wendeten ihre Kriterien nicht zum Vergleich auf eine nicht erkrankte Kontrollgruppe an, und sie verließen sich zu sehr auf Information aus zweiter Hand. Andere Familien- und Zwillingsstudien mit *denselben* objektiven, kriteriengeleiteten Diagnoseschemata folgten bald und ermittelten bei Verwandten ersten Grades neun- bis 18mal höhere Raten als in den Kontrollgruppen, *die nach demselben Maßstab beurteilt worden waren*. Damit bestätigten sie das in Abbildung 5.4 dargestellte <u>Muster der familiären Risiken</u>.

Die Risikowerte unter Verwandten ersten Grades (Eltern, Geschwister und Kinder), bei denen die Möglichkeit einer 50prozentigen Überlappung des Genoms besteht, sind nicht gleich, und wir müssen überlegen, was dies bedeuten könnte. Beginnen wir mit der geringen Variation zwischen Kindern von Schizophrenen (13 Prozent) und den Brüdern und Schwestern von Schizophrenen (neun Prozent). Das höhere Risiko für Kinder könnte durchaus mit nachteiligen, milieubedingten Streßfaktoren oder Auslösern zusammenhängen, die unabsichtlich und unglücklicherweise durch das Verhalten der schizophrenen Eltern vermittelt werden. Bruder oder Schwester eines Schizophrenen zu sein, ist wahrscheinlich weniger belastend als Kind schizophrener Eltern zu sein. Neuere Studien haben jedoch gleiche Risiken für Geschwister und Kinder von Schizophrenen ermittelt. Adoptionsstudien, wie wir sie in Kapitel 7 betrachten, sind nötig, um unser Wissen hier voranzubringen.

Innerhalb der Kategorie der Verwandten ersten Grades haben Elternteil-Kind-Paare *genau* 50 Prozent ihrer Gene gemeinsam, Geschwisterpaare jedoch haben *durchschnittlich* 50 Prozent ihrer Gene gemeinsam. Es ist daher möglich, daß einige Geschwisterpaare beträchtlich mehr oder weniger als die Hälfte ihrer Gene gemeinsam haben; die Folgen für ihre Ähnlichkeit oder Unähnlichkeit bei polygen beeinflußten Merkmalen (wie Körpergröße, Blutdruck und Anfälligkeit für Schizophrenie) liegen auf der Hand.

Das beobachtete Risiko von sechs Prozent für die Eltern von Schizophrenen ist nur halb so hoch wie das beobachtete Risiko für andere Verwandte ersten Grades; diese Tatsache ist wichtig, da sie der Vorhersage des gleichen Risikos für Eltern, Geschwister und Kinder zuwiderläuft, postuliere sie nun ein dominantes Gen oder eine polygene Theorie. Die große Mehrheit der Schizophrenen hat keine auffällig gestörten Eltern, wie jeder bei einem Jahrestreffen der National Alliance for the Mentally Ill feststellen kann. Die besten Erklärungen für das niedrigere Risiko von Eltern von Schizophrenen kreisen um die sozialen Selektionsprozesse bei Partnerwahl und Elternschaft. Schizophrene und Präschizophrene heiraten mit geringerer Wahrscheinlichkeit als Nichtschizophrene; diejenigen Schizophrenen, die heiraten, haben im allgemeinen die leichtesten Formen der Schizophrenie, und/oder ihre ersten schweren Symptome setzen später ein. Manfred Bleuler stellte 1978 in einer Schweizer Studie fest, daß von 28 schizophrenen Eltern von Schizophrenen 23 nach dem Alter von 30 Jahren erkrankt waren und daß 19 eine leichte Form oder sich sehr gut von einer schizophrenen Episode erholt hatten. Diese und andere selektiv wirkenden Einflüsse erklären nicht nur die niedrigere Schizophrenie-rate bei den Eltern von Schizophrenen, sondern auch die beträchtlich niedrigere Rate bei Eltern allgemein – sie beträgt nur die Hälfte des einen Prozents, das man üblicherweise in der nicht nach Elternschaft selektierten Allgemeinbevölkerung vorfindet.

Unter Schizophrenen, die Eltern werden, beträgt das Verhältnis von Müttern zu Vätern zwei zu eins. Diese verblüffende Tatsache hat zu-sammen mit dem hohen Schizophrenierisiko für die Kinder von Schi-zophrenen zu der kühnen Behauptung geführt, damit sei bewiesen, daß eine pathogene Mutter-Kind-Beziehung Schizophrenie verursache. Die Psychoanalytikerin Frieda Fromm-Reichmann prägte 1948 den Aus-druck *schizophrenogene Mutter*, als Erklärungen Hochkonjunktur hat-ten, die in den Erziehungsnormen die zentrale Ursache der Schizophre-nie sahen und genetische Faktoren in keiner Weise berücksichtigten. Die neutralere und, wie wir glauben, stichhaltigere Erklärung liegt dar-in, daß der Erkrankungsbeginn bei Männern früher liegt und sie daher mit geringerer Wahrscheinlichkeit eine Partnerin finden sowie daß Frauen im allgemeinen früher heiraten und Kinder bekommen, so daß weibliche zukünftige Schizophrene eher Gelegenheit zu Heirat und Fa-miliengründung haben, bevor sie erkranken. Der „Netzeffekt" derar-tiger sozialer Kräfte führt dazu, daß doppelt soviele Kinder schizo-phrene Mütter haben als schizophrene Väter, was dem Märchen der schizophrenogenen Mutter-Kind-Beziehung Nahrung gibt.[15] In den drei Untersuchungen, die Daten zu diesem Gegenstand liefern, liegt das *Risiko*, an Schizophrenie zu erkranken, für die Nachkommen schizophrener Mütter genauso hoch wie das für die Nachkommen schizophrener Väter. Der Ausdruck „schizophrenogene Mutter" kann nun aus der wissenschaftlichen Literatur gelöscht werden.

Zwar werden nur 13 Prozent der Kinder von Schizophrenen selbst schizophren, nach allgemeiner Meinung jedoch sollen viele, vielleicht etwa weitere 50 Prozent, psychiatrisch deutlich auffällig sein. Wenn dem so wäre, müßten wir unsere genetische Theorie dahingehend revidieren, daß Schizophrenie durch ein dominantes Gen vererbt wird, und zwar ein Gen, das nicht Schizophrenie selbst, sondern eine mit Schizophrenie zusammenhängende Krankheit überträgt, oder wir müßten eine stärker psychogenetisch orientierte Theorie eines „kulturellen Erbgangs" einführen. Drei frühe deutsche Studien an Kindern Schizophrener, einschließlich der von Kallmann, scheinen den Glauben an eine hohe Rate von Abweichungen insgesamt zu rechtfertigen. Wir halten diese Befunde im Lichte neuerer Studien für unhaltbar.

Manfred Bleuler, der die Arbeit seines Vaters in der Schweiz fort-
führte (1978), stellte einen überraschend hohen Prozentsatz unauffälliger Kinder unter den Nachkommen der Schizophrenen fest, die
er und sein Vater untersucht hatten. Bleuler beobachtete die Patienten über mehr als zwei Jahrzehnte und kannte sie gut; er kannte ihre
eigenen Vorgeschichten, die ihrer Ehegatten und den Verlauf ihrer
Ehen. Er betrachtete 74 Prozent der über 20jährigen Kinder als völlig
normal. Seine eigene Erklärung dafür ist instruktiv.

> „Wenn die bisherige Lehrmeinung ... festhält, daß über die Hälfte
> der Kinder Schizophrener irgendwie krankhaft (und im Grunde ge-
> nommen ‚unerwünscht‘ seien, so bedarf sie dringend einer Präzi-
> sierung: Sie sind es nur, wenn man als krankhaft, abnorm oder
> ‚unerwünscht‘ sogar Menschen bezeichnen will, die in einer Not-
> lage anders und schwieriger werden, als sie ihrer Natur nach sind.
> Sie sind es nicht, wenn man dem Gesunden zugesteht, daß er in
> Notlagen Wesenszüge an den Tag legen darf, die von psychopatho-
> logischen schwer zu unterscheiden sind.“ (1972, S. 474.)

Dieses Zitat stellt klar, daß die psychopathologischen Erscheinungen,
die man an den Verwandten Schizophrener, insbesondere den Kindern,
beobachtet, sowohl genetisch vererbt sein können als auch eine mögliche Reaktion und sogar eine Anpassung an einen psychotischen,
belastenden und Schuldgefühle provozierenden Elternteil im psychischen Raum eines Menschen darstellen. Weitere Zwillings- *und* Adoptionsstudien sind nötig, um diese komplementären Interpretationen in
das richtige Verhältnis zu bringen.

Diagnostische Grenzen

Die Familienstudien zeigen, daß sich weder die Schizophrenie noch die
affektiven Störungen „artenrein“ fortpflanzen. Personen mit Kernsyn-
dromdiagnose haben zwar mit größerer Wahrscheinlichkeit Verwandte,
auf die eher dieselbe – oder homologe – als die andere Diagnose zutrifft,
doch es gibt auch Überschneidungen. Schizophrenie und schwere affektive Störungen können per Zufall in denselben Familien auftreten,
wie die Lebenszeitrisiken beider Störungen zeigen (ein Prozent beziehungsweise acht bis 18 Prozent). Der britische Psychiater Peter McGuffin und seine Kollegen beschrieben die Diagnoseprobleme bei einer
Reihe von eineiigen Drillingen, von denen zwei laut Krankenakte als
schizophren diagnostiziert waren und einer als manisch-depressiv, ma-

nischer Typus, bezeichnet wurde. Drei Kliniker, die nicht wußten, daß die Patienten miteinander verwandt waren, stimmten eng mit den Klinikdiagnosen überein; nach den formaleren und objektiveren Research Diagnostic Criteria (dem Vorbild für das DSM-III, deutsch: Forschungs-Diagnosekriterien 1982) jedoch konnte bei allen drei Drillingen eine schizoaffektive Psychose, manischer Typus, auf verschiedenen Altersstufen und in verschiedenen Stadien diagnostiziert werden. Als die Beurteiler erfuhren, daß die Patienten verwandt waren, stimmten sie überein, daß diese eineiigen Drillinge jeweils eine Variante derselben Störung hatten, daß diese jedoch eine Form von Schizophrenie darstellte, die nicht exakt in eine unserer lehrbuchmäßigen Schubladen paßt.

Mit Höchstrisiko: die Nachkommen zweier Patienten

Obwohl Verbindungen zwischen schizophrenen Müttern und schizophrenen Vätern selten sind, gibt es fünf einschlägige Studien. Die Gesamtzahl der erwachsenen Nachkommen in diesen Studien ist gering – die alterskorrigierte Stichprobe umfaßte nur 134 risikobelastete Personen –, doch die Ergebnisse der einzelnen Studien ähnelten sich so, daß man sie ernst nehmen muß. Frühere Forscher beschäftigten sich deshalb mit diesen Verbindungen, weil sie Mendelsche Vererbungsmuster aufzufinden hofften. Wenn Schizophrenie von einem dominanten Gen verursacht würde, müßten 75 Prozent der Kinder betroffen sein, bei einem rezessiven Gen 100 Prozent. (Und, um Kapitel 7 vorzugreifen, wenn Schizophrenie nur durch das Milieu bei schizophrenen Eltern weitergegeben wird, müssen 100 Prozent der Kinder erkranken.) Die Ergebnisse waren recht einheitlich. Etwa ein Drittel der Kinder zweier schizophrener Eltern waren schizophren. Mit der entsprechenden Alterskorrektur ergibt das ein Maximum für das Lebenszeitrisiko von 46 Prozent. Die Studien zeigten jedoch auch, daß die Kinder von zwei Schizophrenen ein beträchtlich erhöhtes Risiko für andere psychiatrische Auffälligkeiten trugen. Der größte Prozentsatz war neurotisch, nicht psychotisch, doch einige der Kinder (vielleicht sogar ein Viertel) waren normal. Dieses letzte Ergebnis ist erstaunlich, wenn man bedenkt, wieviel Instabilität im Leben von Kindern herrschen muß, die zwei schizophrene Eltern haben. Wie sollte da das Aufwachsen in einer streßbelasteten Umgebung ein Hauptursachenfaktor für Schizophrenie sein, wenn sich herausstellt, daß ein Viertel der Kinder, die doch von beiden Seiten „Problemgene" geerbt haben und in einer durch zwei verrückte Eltern zerrütteten Familie leben, ganz normal sind? Welche Anerkennung gebührt der Widerstandskraft des menschlichen Körpers und Geistes – und dem glücklichen genetischen Zufall! Die Wechselwirkung von Streß *und* spezifischer genetischer Anfälligkeit kann eben zu solchen Ergebnissen führen.

Untersuchungen von Familien mit zwei schizophrenen Eltern gestalten sich schwierig, weil sogar in einer großen Population solche Ehen selten oder kinderlos sind. Finden wir jedoch solche Paare, liefern sie und ihr Nachwuchs äußerst wertvolle Bezugsdaten über das höchstmögliche, genetische plus psychogene Gesamtrisiko. Neuere, in skandinavischen Studien erhobene Zahlen lassen auf weitere interessante Informationen aus Forschungsarbeiten hoffen, die gegenwärtig an psychiatrisch hospitalisierten Eltern mit unterschiedlichen Diagnosen – reaktive Psychose, schwere Persönlichkeitsstörung, Schizophrenie und affektive Störung – durchgeführt werden. Wir hoffen auf eine ähnlich geartete genetische Information, wie sie die Wissenschaftler bei ihrer Erforschung der Taubheit vor einem halben Jahrhundert überraschte. Die Einrichtung von Gehörlosenschulen förderte Heiraten zwischen gehörlosen Personen, und damit traten neuartige Informationen zu Tage. Bisher hatten die Wissenschaftler geglaubt, daß die meisten Formen angeborener Taubheit sich rezessiv und einige wenige dominant vererbten. Doch aus diesen Ehen ging ein hinsichtlich Taubheit breites Spektrum von Nachkommen hervor. In einigen Fällen, wo beide Eltern an derselben rezessiven Form von Taubheit zu leiden schienen, war *keiner* ihrer Nachkommen taub, obwohl erwartungsgemäß alle hätten gehörlos sein müssen. Ähnliche Befunde ergaben sich bei Untersuchungen der genetisch bedingten Blindheit.

Gottesman und Aksel Bertelsen, ein dänischer Psychiater am Institute for Psychiatric Demography, führten an den 378 erwachsenen Nachkommen der 139 Paare im dänischen nationalen Psychiatrieregister, deren beide Partner vor 1961 wegen einer schweren psychischen Störung stationär behandelt worden waren, eine Nachuntersuchung durch; alle Probanden wurden bis Ende 1983 weiterverfolgt. Den anfänglichen Ergebnissen zufolge hatten 19 von 30 der schizophrenen Nachkommen eine schizophrene Mutter oder einen schizophrenen Vater und acht einen manisch-depressiven Elternteil, jedoch keinen schizophrenen; nur drei (0,8 Prozent, das entspricht dem Risiko der Allgemeinbevölkerung) stammten aus anders zusammengesetzten Verbindungen. Volle 53 Prozent der Nachkommen dieser 139 Höchstrisikopaare waren nicht deutlich abnorm. Interessanterweise stellte sich auch heraus, daß die Diagnose „reaktive oder psychogene Psychose" (ein dritter Psychosentypus, der weder schizophren noch affektiv ist und dem eindeutig belastende Ereignisse vorausgehen) eines Elternteils nicht zu einem erhöhten Risiko psychischer Störungen unter den Nachkommen führte; dieses Ergebnis spricht für eine Psychosenkategorie, deren Ursprung gänzlich in der Umwelt liegt.[16]

Zusammenfassung

Erst zu Beginn des 20. Jahrhunderts konnten erbtheoretische Strategien in die Suche nach den Ursachen psychiatrischer Erkrankungen wie der Schizophrenie eingehen. Sorgfältig erhobene Daten bestätigen schlüssig, daß die Störung familiär gehäuft auftritt, wobei das Risiko für Verwandte das der Allgemeinbevölkerung (ein Prozent) um ein Mehrfaches übertrifft und in etwa dem Anteil der mit einem erkrankten Verwandten gemeinsamen Gene entspricht. Familiäre Häufung ist notwendig zum Beweis des genetischen Arguments, doch sie ist eindeutig nicht hinreichend, wie mehrmals in diesem Buch festgestellt. Erinnern wir uns einiger sehr wichtiger Tatsachen. Die große Mehrzahl der Schizophrenen – etwa 89 Prozent – hat *keinen* manifest schizophrenen Elternteil und *weder* Eltern *noch* Geschwister, die betroffen sind – etwa 81 Prozent. Außerdem weist eine beträchtliche Mehrheit – ungefähr 63 Prozent – eine *negative* Familiengeschichte auf, das heißt, einen „unbelasteten Stammbaum", einschließlich Verwandten ersten Grades wie Kinder und zweiten Grades wie Nichten und Neffen. Schizophrenierisiken für derart weit entfernte Verwandte wie Großeltern, Tanten, Onkel, Vettern und Cousinen liefern wenig nützliche Information, weil sie zu dicht am Allgemeinbevölkerungsrisiko liegen, als daß man noch familiäre Häufungen erkennen könnte. Immer noch sind Zwillings- und Adopotionsstudien zur Schizophrenie nötig, wenn wir die Hypothese in Frage stellen wollen, hohe Schizophrenieraten bei Verwandten seien eine Folge der gemeinsamen Milieuerfahrungen mit einem Schizophrenen. In den nächsten beiden Kapiteln werden wir uns eingehend mit diesen Arbeiten befassen.

6. Befunde von Zwillingsstudien

Obwohl die im letzten Kapitel betrachteten Familienstudien zeigen, daß die Verwandten von Schizophrenen mit größerer Wahrscheinlichkeit schizophren sind als die Allgemeinbevölkerung, so läßt sich doch aus ihnen nur *ableiten*, daß die Quelle dieser familiär gehäuften Krankheit im Genmaterial liegen könnte. Damit ist das Argument noch nicht entkräftet, daß dem übermäßigen Risiko die gemeinsame familiäre Umgebung und Erfahrungswelt oder eine Art psychologischer Ansteckung zugrundeliegt. Die klassischen Studien an eineiigen (EE, monozygoten) und zweieiigen (ZE, dizygoten) Zwillingen, die zusammen aufwuchsen, prüfen die Vorstellung, daß die Ursache der familiären Häufung genetisch bedingt sei. Die Strategie stützt sich darauf, daß eineiige Zwillinge 100 Prozent ihrer Gene und ihrer Umwelt gemeinsam haben, während zweieiige Zwillinge durchschnittlich 50 Prozent ihrer Gene und 100 Prozent ihrer Umwelt gemeinsam haben. Die meisten Studien werden mit gleichgeschlechtlichen zweieiigen Zwillingen durchgeführt, um mögliche Variationen aufgrund von Geschlechtsunterschieden innerhalb eines Paares auszuschließen. Sollte ein gemeinsames Familienmilieu Schizophrenie verursachen, dann müßten alle Zwillingspartner, ob monozygot oder dizygot, sich ähnlich entwickeln. Eineiige Paare wären sich nicht ähnlicher (nicht konkordanter für Schizophrenie) als zweieiige Zwillinge. Sollten die Gene die ausschlaggebende Rolle spielen, müßten eineiige Zwillinge eine weit größere Konkordanz für Schizophrenie aufweisen als zweieiige.

Sir Francis Galton, der bereits erwähnte britische Gentleman-Wissenschaftler und Vetter von Charles Darwin, gilt auch als der erste, der an Zwillingen die relativen Anteile von Anlage und Umwelt untersuchte. Seine Vorstellungen waren eher intuitiv als in strengem Sinne wissenschaftlich, doch er beschrieb ein Paar eineiiger Zwillingsbrüder, die für eine bestimmte, damals als „Monomanie" bezeichnete Psychose konkordant waren. Die Symptome dieser Psychose bestanden in paranoiden Wahnvorstellungen, Gehörshalluzinationen und Stimmungsschwankungen – es könnte sich sehr wohl um Schizophrenie gehandelt haben. Die Zwillingsmethode wurde erst 1924 von dem Deutschen H. W. Siemens wissenschaftlich begründet. Diese Methode entwickelte sich seither zu einer der grundlegenden Strategien zur Erhebung von Basisdaten, wenn man die Frage klären will, ob bei Erkrankungen mit unsicherer Ätiologie möglicherweise genetische Faktoren eine Rolle spielen. Da auf 100 Erwachsene zwei Zwillinge kommen, kann man recht einfach Stichproben gesunder Zwillinge ziehen, und je nach dem Populationsrisiko für eine bestimmte Störung oder Erkrankung ist es mit etwas mehr Aufwand auch möglich, Stichproben betroffener Zwillinge zu gewinnen. In den Vereinigten Staaten und Europa werden pro 10000 Geburten etwa 33 eineiige Zwillingspaare und 70 bis 90 zweieiige Zwillingspaare geboren; ältere Mütter bekommen mehr zweieiige Zwillinge, mit EZ jedoch korreliert das Alter nicht.

Zu Forschungszwecken kann man Zwillinge mit einer Kombination von serologischen Verfahren und Beobachtung der allgemeinen Ähnlichkeit im Erscheinungsbild (Augenfarbe, Haarfarbe und -beschaffenheit, Größe, Gewicht), manchmal auch durch Analyse der Fingerabdrücke in EE-Paare und gleichgeschlechtliche ZE-Paare trennen. Eingehende Darstellungen der Zwillingsmethode finden sich in Bulmer (1970), Smith (1974) und Gottesman und Carey (1983). Hier genügt es, einfach die konzeptionelle Einfachheit der Methode herauszuheben:

Ähnlichkeit eineiiger Zwillinge hinsichtlich Schizophrenie (begründet durch) = 100 Prozent genetische Varianz + 100 Prozent umweltbedingte Varianz

Ähnlichkeit zweieiiger Zwillinge hinsichtlich Schizophrenie (begründet durch) = 50 Prozent genetische Varianz + 100 Prozent umweltbedingte Varianz

Daher: Ähnlichkeit EE minus Ähnlichkeit ZE = 50 Prozent der genetischen Varianz der Schizophrenieanfälligkeit

Klassische Zwillingsstudien: 1928 bis 1953

Insgesamt enthält die wissenschaftliche Literatur weltweit nur ein Dutzend systematische Studien; jede von ihnen war arbeitsintensiv und ist aufgrund ihrer Einsichten in die Vielschichtigkeit der Ursachen und fördernden Umstände für diese Psychose wertvoll. Geschichten über psychische Störungen bei Zwillingen – gewöhnlich eineiige und gewöhnlich konkordant für die fragliche Erkrankung – geistern seit den Tagen Galtons durch die medizinische und verhaltenswissenschaftliche Literatur. Da diese Geschichten jedoch keine systematischen Daten von zweieiigen Zwillingen – als Kontrolle des Faktors gemeinsame Umwelt – und von eineiigen Zwillingen enthielten, hatten sie wenig wissenschaftlichen Wert. In Hinsicht auf Masern beispielsweise sind fast alle eineiigen Zwillinge, die als Kinder zusammenleben, konkordant; bedenkt man jedoch, daß die Konkordanzrate bei zweieiigen Zwillingen ebenfalls fast 100 Prozent erreicht, können Hypothesen, die ein Gen für Masern postulieren, ausgeschlossen werden. Bei Verhaltensmerkmalen wie jugendlicher Delinquenz liegen die EE- und ZE-Konkordanzraten zu dicht beieinander, als daß genetische Faktoren viel Gewicht haben könnten. Bei der Kriminalität Erwachsener jedoch spricht der Unterschied zwischen der EE-Rate von 51 Prozent und der ZE-Rate von 22 Prozent dafür, daß irgendein genetischer Faktor eine bedeutsame Rolle spielen könnte (siehe McGuffin und Gottesman 1985).[17]

Als Hans Luxenburger 1928 an Rüdins Münchner Institut die erste systematische Zwillingsstudie durchführte, galt eine genetische Ursache der Schizophrenie bereits als gesichert, und das Ziel bestand darin, die „Penetranz" des mutmaßlich ursächlichen Gens zu quantifizieren, weil sich die ermittelten Risiken für Geschwister nicht mit den erwarteten glatten 25 oder 50 Prozent einer Mendelschen Theorie deckten. (*Penetranz* ist ein bequemer Begriff, der im Nachhinein erfunden wurde, um zu *erklären*, warum die Daten sich nicht so verhalten, wie sie es den Lehrbüchern zufolge tun sollten; bei an Menschen gewonnenen Daten verschleiert der Ausdruck im Gegensatz zu Daten von Pflanzen und Bakterien, daß wir nicht wissen, was sich auf den grundlegenden Ebenen der Gentätigkeit abspielt.) Luxenburger war entäuscht von den Ergebnissen, die er erhielt. Sie waren nicht so beweiskräftig, wie er sich erhofft hatte, und auch wenn beide eineiige Zwillinge eines Paares schizophren waren, wiesen sie nicht die „photographische Ähnlichkeit" (ähnlicher Erkrankungsbeginn, ähnlicher Schweregrad und so weiter) auf, die er aufgrund von Fallstudien in der Literatur erwartet hatte. Trotzdem litten beide eineiigen Zwillinge eindeutig öfter an Schizophrenie als die zweieiigen Zwillinge. Nach den besten Bewertungen ergaben seine Resultate, daß 58 Prozent der eineiigen Zwillinge (elf von 19) und keiner der 13 zweieiigen Zwillingspartner von Schizophrenen selbst betroffen waren.

Wiederum zeigt sich, daß zu kleine Stichproben mehr Rauschen als Signal produzieren: Die Rate von null bei den zweieiigen Zwillingen deutet als solche *weder* auf einen genetischen *noch* auf einen umweltbedingten Einfluß hin.

Wie bei den meisten Zwillingsstudien war die von Luxenburger untersuchte Reihe klein, obwohl sie den Gesamtertrag der Durchmusterung von 16 000 Psychiatriepatienten im Abgleich mit örtlichen

Geburtenregistern darstellte. In der Allgemeinbevölkerung sind schizophrene Zwillinge nur mit einer Wahrscheinlichkeit zu erwarten, die dem Produkt aus Lebenszeitrisiko für Schizophrenie von Erwachsenen (ein Prozent) und der Prävalenz von Zwillingen in der (weißen USamerikanischen oder europäischen) Bevölkerung (zwei Prozent) entspricht. Die Formel lautet $0,01 \times 0,02 = 0,0002$; demnach sind zwei von 10000 Personen sowohl schizophren als auch Zwillinge, doch nur eine von 15000 ist ein eineiiger Zwilling mit Schizophrenie. Kleine Stichprobengrößen sind die Regel bei psychopathologischen Zwillingsstudien.

1934 veröffentlichte Aaron J. Rosanoff eine Studie von Krankengeschichten USamerikanischer und kanadischer Zwillinge. Sie ist aufgrund verschiedener methodologischer Probleme (beispielsweise wurden keine persönlichen Interviews durchgeführt) praktisch nicht zu bewerten, doch die Befunde ähnelten erstaunlicherweise jenen der anderen Studien (siehe Abbildung 5.4). Der Autor schloß daraus, daß 61 Prozent der 41 eineiigen (EE) Paare und 13 Prozent der gleichgeschlechtlichen zweieiigen (GG ZE) Paare konkordant für Schizophrenie waren.

Erik Essen-Möllers schwedische Studie von 1941 mit einer Nachuntersuchung 1971 ist sehr viel reliabler und leichter nachvollziehbar als die Rosanoffs, da Essen-Möller ausgezeichnete Fallgeschichten aufführte. Essen-Möller sammelte nach seiner Promotion Erfahrungen am Münchner Institut und wurde zum bedeutendsten schwedischen Psychiater des letzten halben Jahrhunderts; seine Monographie verdient daher eine eingehende Betrachtung. Seine Daten beruhen auf den fortlaufenden Aufnahmen schwedischer psychiatrischer Krankenhäuser; ob ein Patient ein Zwilling war, überprüfte er anhand der Geburtsregister. Beim Studium der Daten Essen-Möllers müssen wir uns aber immer vor Augen halten, daß er ein Diagnostiker mit strenger, konservativer Orientierung ist. Wenn er schwere psychische Störungen mit schizophrenen Merkmalen statt nur seine definitiv Schizophrenen als konkordant betrachtete, ermittelte er Raten von 64 Prozent für die elf EE-Paare und 15 Prozent für die 27 GG ZE-Paare. Seine Sicht der mit Schizophrenie verknüpften Charakterzüge wie etwa des *Schizoids*, gründet auf seinen Untersuchungen der Persönlichkeiten der Zwillingspartner und stellt eine wichtige Grundlage für die aktuellen Vorstellungen über Schizophreniespektrumstörungen dar.

Die weitaus am besten bekannte der frühen Zwillingsstudien publizierte Kallmann in Jahr 1946; sie stützte sich auf Forschungen in den Vereinigten Staaten und war stark durch seine umfangreiche deutsche Familienstudie beeinflußt (siehe Kapitel 5). Sein militant vererbungstheoretischer Standpunkt hat die volle Würdigung seiner Daten bisher verhindert. Er zog seine Stichprobe aus den stationären Patienten aller staatlichen Krankenhäuser New Yorks 1937 sowie den nachfolgenden Aufnahmen bis 1945 und ermittelte 174 EE und 517 ZE-Paare mit einem schizophrenen Partner. Obwohl Kallmanns Studie die größte und bekannteste ist, wurde sie auch am heftigsten kritisiert, weil sie die Rolle genetischer Faktoren bei der Schizophrenie übertrieb. Teilweise, jedoch nicht gänzlich, ist die Kritik berechtigt (Shields, Gottesman und Slater 1967). Die Studie ist vom Prinzip her in Ordnung, weist jedoch im Detail bedauerliche Mängel auf. Nach einer diagnostischen Revision am Ende seiner Untersuchungen ermittelte Kallmann 59 Prozent EE und neun Prozent ZE-Paare, die konkordant hinsichtlich der von ihm so bezeichneten sicheren Schizophrenie waren. Wenn er seine zweifelhaften Schizophreniefälle einbezog, stiegen seine Konkordanzraten auf 69 beziehungsweise zehn Prozent. Diese Werte sind sehr hoch, wachsen jedoch altersbereinigt sogar auf 85 und 15 Prozent an, was Anhängern und Gegnern gleichermaßen Unbehagen bereitet. Zwei der wahrscheinlichsten Gründe für die ungewöhnlich hohen Raten liegen zum einen darin, daß seine Stichprobe aus den Langzeitstationen der staatlichen Krankenhäuser vor Einsetzen der Ära der modernen Therapie kam – schwere, chronische Fälle mit größerer genetischer und umweltbedingter Anfälligkeit waren daher überrepräsentiert – und daß zum zweiten die Standardalterskorrektur *über*korrigierte. Man hat beobachtet, daß eineiige Zwillinge, die für Schizophrenie konkordant werden, dies innerhalb drei bis fünf Jahren nach der Erkrankung des ersten Zwillings tun. Daher hätte Kallmann für seine Stichprobe, die zahlreiche ältere und katamnestisch untersuchte Zwillingspartner umfaßte, einen geringeren Faktor zur Alterskorrektur ansetzen müssen.

Zeitgleich mit Kallmann, von kurz vor bis kurz nach dem Zweiten Weltkrieg, führten Eliot Slater, ein angesehener britischer Psychiater, der an der Münchner Schule unter Schulz gearbeitet hatte, und James Shields, ein bedeutender Verhaltensgenetiker, in London eine Zwillingsstudie durch, die alle psychischen Störungen umfaßte. Ihre Arbeit ging aus von allen stationären Patienten und nachfolgenden Neuaufnahmen der zahlreichen pychiatrischen Krankenhäuser des London County Council. Sie teilten ihre Probanden in vier psychopathologische Kategorien ein, darunter eine Gruppe Schizophrener.

In dieser lagen die Konkordanzraten bei 65 Prozent für die 37 Mz-Paare und bei 14 Prozent für die 58 GG ZE-Paare. Wie in der schwedischen Studie sind Fallberichte zur weiteren Analyse beigefügt. Geringfügige Abweichungen der Persönlichkeit von nichtpsychotischen Verwandten ersten Grades der Zwillinge veranlaßten Slater und Shields zu der Vermutung, daß Züge wie Gefühlsmangel, Mißtrauen, Exzentrizität und übermäßige Zurückhaltung auf eine genetisch beeinflußte und ätiologisch relevante, schizoide Persönlichkeit hinweisen könnten – Anhaltspunkte für eine objektive Definition von Spektrumstörungen. Wiederum erwiesen sich Zwillingsstudien als höchst nützlich, wenn man sie zu Zwillingsfamilienstudien ausweitete und sowohl den Zwillingspartnern als auch den anderen Verwandten Aufmerksamkeit widmete.

Nach der britischen Studie von 1953 wurden keine Zwillingsstudien mehr veröffentlicht, bis 1961 Eiji Inouye die Ergebnisse seiner Studie in Japan bekanntgab. Dies ist die einzige bisher bekannte Stichprobe nichtweißer, nichtwestlicher schizophrener Zwillinge. Inouyes ursprünglich ermittelte Konkordanzen wurden 1972 überprüft; dabei faßte man die Kategorien Schizophrenie und schizophrenieähnliche Psychosen zusammen, und es ergaben sich Konkordanzen von 59 Prozent bei den 58 EE-Paaren und 15 Prozent bei den 20 ZE-Paaren. Inouye stellte fest, daß die Konkordanz bei eineiigen Zwillingen viel höher ausfiel, wenn der erste Zwilling schwer, chronisch oder wiederholt schizophren war, statt nur leicht, chronisch oder vorübergehend, schizophren; allen nichtbetroffenen EE-Zwillingen wurde eine schizoide Persönlichkeit zugeschrieben. Beide Beobachtungen stimmen besser mit einem quantitativen oder polygenen als mit einem Mendelschen Modell überein.

Heutige Zwillingsstudien

Die sechs klassischen, oben beschriebenen Zwillingsstudien ergaben ohne die fragwürdigen Alterskorrekturen bemerkenswert ähnliche Konkordanzraten. Diese Korrekturen sind deshalb zweifelhaft, weil sie hinsichtlich des Erkrankungsbeginns bei Paaren von Verwandten keine Korrelation annehmen, doch wie schon erwähnt, erreicht diese Korrelation bei Zwillingspaaren beachtliche Werte. Trotz der Konsistenz der Zwillingsbefunde bezüglich Schizophrenie und deren Implikationen für die Bedeutung genetischer Ursachenfaktoren ignorierte oder bagatellisierte sie die psychopathologische Standardliteratur. Erst während und

125

nach der Dorado-Beach-Konferenz 1967 lebte das Interesse an Zwillingsdaten als wichtigen Beweisen wieder auf. Die fünf Zwillingsstudien, die seit 1963 veröffentlicht wurden – drei aus Skandinavien, eine aus den Vereinigten Staaten und eine aus Großbritannien – berichten allgemein niedrigere Konkordanzen für eineiige Zwillinge als die älteren Studien, für zweieiige Zwillinge jedoch ähnliche Raten. Oberflächlich betrachtet variieren ihre EE-Befunde breiter, zwischen null und 50 Prozent, doch der Nullwert in den vorläufigen Berichten der finnischen Studie ist ein unglücklicher Zufall. Da sich im Prinzip alle diese Studien auf noch lebende und diskordante Zwillinge erstrecken, sind ihre Ergebnisse noch nicht endgültig. Beispielsweise meldete die finnische Studie zwischen ziemlich jungen eineiigen Zwillingen anfangs keine Konkordanz, doch die Katamnese einige Jahre später erbrachte eine Konkordanz von 36 Prozent. Bei jeder erneuten Überprüfung der ursprünglichen Probanden können neue Raten herauskommen, doch fünf bis zehn Jahre nach der Diagnose des ersten eineiigen Zwillings werden die Veränderungen unbedeutend.

Die neuen Studien tragen entscheidend dazu bei, die Glaubwürdigkeit des vererbungstheoretischen Informationsmaterials zu stützen. Die klassischen Studien wurden heftig kritisiert, beispielsweise von dem einflußreichen, psychodynamisch orientierten Psychiater Don Jackson (1960): Sie seien verzerrt durch vererbungstheoretisch eingestellte Forscher; die Information über Zygotizität (Zwillingstyp) sei kontaminiert, da ein und derselbe Untersucher voreingenommene psychiatrische Diagnosen gestellt habe; Zwillinge seien aufgrund ihrer angeblichen „Identitätsprobleme" atypische Probanden; die Studien hätten versäumt, eineiige Zwillinge zu untersuchen, die getrennt aufgewachsen waren, um ein mögliches Imitationslernen als Erklärung für die Konkordanz auszuschließen. David Rosenthal zeigte sich in einer Artikelserie in den frühen 60er Jahren als weit verständigerer „Zuchtmeister" und konstruktiver Kritiker; seine Beiträge verbesserten den Stand der Technik von Schizophrenie-Zwillingsstudien in vorbildlicher Weise (siehe auch Shields 1968).

Tabelle 6.1 gibt einen Überblick über diese neueren Studien. Sie nennt unter der Rubrik *paarweise* Konkordanz einen Bereich (keine einzelne Prozentzahl), wie von den Forschern selbst berichtet, so daß direkte Vergleiche mit den klassischen Zwillingsstudien möglich sind. Auch haben wir diese Zahl in ein technisch korrekteres und erbtheoretisch informativeres Maß umgerechnet, die sogenannte *probandenweise* Konkordanz. Bei der paarweisen Konkordanz wird ein Paar, dessen Partner beide schizophren sind, im Zähler und im Nenner als ein Paar gezählt. Bei der probandenweisen Konkordanz werden konkordante Zwillinge sowohl im Zähler als auch im Nenner als zwei Paare gezählt, doch nur wenn diese Paare aus Schizophrenen bestehen, die beide unabhängig voneinander aus dem offiziellen Fallregister ermittelt wurden. Probandenweise Raten weisen keine Stichprobenfehler auf und sind als einzige direkt vergleichbar mit den in den vorigen Kapiteln angesprochenen Populationsrisiken (siehe Gottesman und Shields 1976). Wir hätten für die älteren Studien probandenweise Raten angegeben, wäre dies möglich gewesen, doch die dazu nötige Information stand uns nicht zur Verfügung.

Die erste der modernen Studien führte Pekka Tienari (1963, 1975), ein psychodynamisch und familientheoretisch orientierter Psychiater, in Finnland durch. Sie beruht auf einem landesweiten Geburtenregister männlicher Zwillinge, die zwischen 1920 und 1929 geboren wurden. Todesfälle in der Kindheit und Kriegseinwirkungen führten zum Verlust der Hälfte seiner anfänglichen Probanden, doch bei den 1000 überlebenden, intakten Paaren stellte Tienari alle Arten von Psychosen fest. Als er 1963 zum ersten Mal von seinen 16 EE-Paaren mit Schizophrenie berichtete, erwies sich zu allseitiger Überraschung keines von ihnen als konkordant. Zwar war die Stichprobe klein, doch eine Konkordanz von null hatte niemand erwartet, denn dies hätte bedeutet, daß weder Vererbung noch gemeinsame Umwelt zu den Ursachen der Schizophrenie

Tabelle 6.1: Konkordanzraten für Schizophrenie in neueren Zwillingsstudien

| Land/Jahr | EE-Paare | | | ZE-Paare | | |
	gesamt	Paar-weise Rate (%)	Proband-weise Rate (%)	gesamt	Paar-weise Rate (%)	Proband-weise Rate (%)
Finnland, 1963/1971	17	0−36	35	20	5−14	13
Norwegen, 1967	55	25−38	45	90	4−10	15
Dänemark, 1973	21	24−48	56	41	10−19	27
Großbritannien, 1966/1987	22	40−50	58	33	9−12	15
gewichteter Durchschnitt			48%			17%
Vereinigte Staaten, 1969/1983	164	18	31	277	3	6

beitrugen. Nach der Katamnese (1975) berichtete Tienari eine paarweise Konkordanzrate von 36 Prozent für die EE-Zwillinge und 14 Prozent für die ZE-Zwillinge und fällt mit diesen Raten nicht „aus dem Rahmen".

1967 veröffentlichte Einar Kringlen ein zweibändiges Werk über seine norwegische Studie, das die Fallgeschichten aller psychotischen eineiigen Zwillinge enthielt. Kringlens Motivation zu dieser Studie lag in seiner Skepsis gegenüber dem herrschenden vererbungstheoretischen Dogma; zudem beeindruckte ihn der Einfluß sozialer Kräfte auf das menschliche Verhalten. Er ging aus von dem bekannten Psychosen-Zentralregister des Landes und dem Zwillingsgeburtenregister für die Jahre 1901 bis 1929. Kringlen untersuchte alle „nichtorganischen" Psychosen einschließlich Schizophrenie. Anders als das finnische Projekt bezog er Männer und Frauen sowie gegengeschlechtliche und gleichgeschlechtliche zweieiige Zwillinge in seine umfangreiche Feldstudie mit ein; hinsichtlich Schizophrenie fand er keinen Unterschied zwischen den zweieiigen Konkordanzraten.

Kringlen ermittelte eine eineiige Konkordanzrate für Schizophrenie von 60 Prozent bei den am schwersten erkrankten Patienten seiner Stichprobe; sie sank bei den am wenigsten betroffenen ohne Alterskorrektur auf 25 Prozent. In seiner Studie betrachtete er auch, wie spezifisch eine Konkordanz für eine bestimmte Psychose war. Von 21 psychotisch konkordanten Paaren litten 20 Zwillingspartner an derselben Erkrankung: schizophrene, reaktive, manisch-depressive oder schizophreniforme Psychose – ein starkes Argument gegen den Begriff des „Psychosekontinuums", für den sich Karl Menninger und der britische Psychiater T. J. Crow einsetzten. Im Verlauf der Nachuntersuchung verschmolz die schizophreniforme Zwillingsgruppe mit der schizophrenen Gruppe zu der in Tabelle 6.1 aufgeführten, einen Kategorie.

In Dänemark konstruierten die Psychiaterin Margit Fischer, eine Schülerin des in München ausgebildeten Erik Strömgren, und die Genetiker Bent Harvald und Mogens Hauge ein wertvolles, nationales psychiatrisches Zwillingsregister, indem sie das nationale Psychiatrieregister mit dem nationalen Zwillingsregister abglichen. In einer Anfangsstichprobe von fast 7000 gleichgeschlechtlichen, zwischen 1870 und 1920 geborenen Paaren fanden sie 395 psychiatrisch hospitalisierte Paare, von denen 21 eineiige und 41 zweieiige Zwillingspaare schizophren waren. Fischer verfolgte die Probanden über mehr als 24 Jahre, nachdem der erste Zwilling eines Paares erkrankt war; in einem derartigen Design müssen die Konkordanzraten nicht altersbereinigt werden.

Die Konkordanzrate der dänischen Studie für zweieiige Zwillinge liegt mit 27 Prozent sehr hoch, doch dies kann man teilweise auf den Schweregrad der Erkrankung bei den Zwillingsprobanden und teilweise auf die mögliche Fehlklassifikation einiger konkordanter EE-Paare als ZE-Paare zurückführen. Als unerwünschtes Ergebnis des langen Untersuchungszeitraums waren 35 Prozent der ursprünglichen Probanden verstorben, als die Schlußbefunde erhoben wurden; so bestand bei einem substantiellen Teil der Anfangsgruppe keine Möglichkeit mehr zu einem persönlichen Interview. Andererseits reproduzierte dieser lange Untersuchungszeitraum einen wichtigen Befund. Die meisten konkordanten eineiigen Zwillinge erkrankten etwa zur gleichen Zeit, doch Fischer fand immerhin zwei Paare, bei denen der Erkrankungsbeginn 17 beziehungsweise 29 Jahre auseinanderlag – ein beeindruckender klinischer Nachweis für umweltbedingte Auslöser.

Fischers Studie berücksichtigte alle Persönlichkeitsabweichungen bei den Zwillingspartnern von neurotischen über nervöse bis zu absonderlichen Zügen. Wertete man all diese möglichen Spektrumstörungen, von schizophren bis absonderlich, als Anzeichen einer Schizophrenieerkrankung, stieg die Konkordanz sprunghaft auf 64 Prozent für EE-Zwillinge und 41 Prozent für ZE-Zwillinge. Die Konkordanzen unterschieden sich zwischen den Geschlechtern nicht auffällig, und die Studie stellte keine Korrelation zwischen Konkordanz und Schweregrad fest. Fischer vermutete, daß die Beziehungen zwischen Schwere der Erkrankung und Konkordanz in der Literatur zur Zwillingsforschung eher auf Umweltfaktoren als auf genetische Faktoren zurückgingen. Wir vermuten darüberhinaus, daß die Enge von Fischers diagnostischem Maßstab die Bandbreite der Schwere und daher die Korrelation eingeschränkt haben könnte. Die dänische Forscherin suchte eingehend nach umweltbedingten Unterschieden, die erklären konnten, warum ein Zwilling eines EE-Paares schizophren geworden war, der andere dagegen nicht; sie schloß, daß dort wo solche Faktoren auftraten, sie idiosynkratisch seien, etwa eine Kopfverletzung oder eine Reaktion auf die Menopause. Die Fallgeschichten stellen eine Herausforderung sowohl für Verfechter der vererbungstheoretischen als auch der milieutheoretischen Position dar.

Die Zwillinge eines Landes stellen für die biomedizinische Forschung einen schier unerschöpflichen nationalen Schatz dar, was die über viele Jahre geführten, nationalen Zwillingsregister der skandinavischen Länder beweisen. Es wird nicht allgemein gewürdigt, daß auch die Vereinigten Staaten ein spezielles Zwillingsregister führen, doch obwohl es nicht vollständig ist und Frauen nicht erfaßt, enthält es einen Informationsreichtum, der unser <u>Wissen über die</u> *condition humaine* nur befördern kann. Alle zwischen 1917 und 1929 geborenen männlichen Zwillinge in 39 der 50 Staaten der USA (54000 Mehrlingsgeburten) wurden mit dem Master Index der Veterans Administration (VA) auf alle Zwillingspaare, deren Mitglieder *beide* in den Streitkräften gedient hatten, durchsucht; man fand 15 924 Paare. (Auf Anregung des Autors wurde ein Zwillingsregister der Vietnamzeit erstellt.) Beim Screening der verfügbaren Akten dieser Zwillinge nach offiziellen Diagnosen eines breiten, DSM-III-ähnlichen Schizophreniekonstruktes (gleichbedeutend mit der alten Dementia praecox), identifizierte man 164 eineiige und 277 zweieiige Zwillingspaare. Alle im Rahmen dieser wichtigen Studie analysierten Daten stammten aus VA-Unterlagen; keiner der Forscher sah oder interviewte einen der Zwillinge persönlich.

Diese Stichprobe „Schizophrener" beruhte also auf einem Screening der körperlichen und geistigen Gesundheit beider Partner eines Paares, und die genauen Konsequenzen für die Konkordanzraten sind daher schwierig zu beurteilen. Die Ergebnisse der Studie gehen nicht in die Durchschnittswerte der in Tabelle 6.1 zusammengefaßten Studien ein, da diese auf extensiven und intensiven Kontakten zwischen den Wissenschaftlern und den Zwillingen beruhten. Wir wissen aufgrund amtlicher Unterlagen, daß 1,7 Millionen Männer bei der Einberufung während des Zweiten Weltkriegs aus „emotionalen oder geistigen" Gründen zurückgewiesen wurden, und eine weitere halbe Million wurde aus diesen Gründen nach der Einberufung aus dem aktiven Dienst entlassen.

Als erster untersuchten William Pollin und seine Kollegen vom National Institute of Mental Health (NIMH) 1963 die psychiatrisch gestörten Zwillinge, doch dieser Bericht ist jetzt überholt. 1981 berichteten Kenneth Kendler und Dennis Robinette nach einer weiteren Untersuchung der Unterlagen der Veterans Administration nach 16 Jahren über eine vergrößerte Stichprobe. Zur Zeit der Nachfolgeuntersuchung hatten die Zwillinge alle die Risikoperiode des möglichen Ausbruchs einer Schizophrenie durchlaufen. Die probandenweisen Raten für die breite Schizophreniedefinition betrugen für die EE-Paare 31 Prozent und für die ZE-Paare sechs Prozent. Wenn man die Konkordanzdefinition dahingehend erweiterte, daß sie *jede* Art psychiatrische Diagnose (meist Persönlichkeitsstörungen) bei den Zwillingspartnern einschloß, stiegen die Raten auf 53 Prozent für die EE-Paare und 24 Prozent für die ZE-Paare. Wir werden die „wahren" Raten für „echte" Schizophrenie nie erfahren und sollten nicht erwarten, sie durch einen im wesentlichen epidemiologischen Ansatz der psychiatrischen

Genetik ermitteln zu können. Nur ein Drittel der Schizophreniediagnosen dürfte Kendler zufolge den DSM-III-Kriterien entsprechen, doch ein zweites Drittel entspräche höchstwahrscheinlich den Kriterien einer vernünftigen Definition des Schizophreniespektrums.

Die Zwillingsstudie, auf die wir uns am meisten stützen, bezieht sich auf die britischen Daten, die vom Autor dieses Buches und seinem kürzlich verstorbenen Forscherkollegen James Shields gesammelt wurden. 1948 begann Eliot Slater, dessen eigene Zwillingsstudie zu den oben beschriebenen, klassischen Studien gehört, ein neues Zwillingsregister, das Stichprobenfehler vermeiden sollte. Es wird am Maudsley-Bethlem Hospital and Institute of Psychiatry in London geführt. 16 Jahre später erhoben Gottesman und Shields in einer Feldstudie und in Krankenhausinterviews katamnestische Daten und wählten aus einem Gesamtregister von 479 gestörten Zwillingen 62 schizophrene Probanden von 57 Zwillingspaaren aus – das Gesamtergebnis aus etwa 45000 aufeinanderfolgenden Krankenhausaufnahmen. Anders als die meisten schizophrenen Stichproben enthielt diese einen höheren Anteil von Fällen mit guter Prognose, da die Probanden aus kontinuierlichen Aufnahmen sowohl stationärer als auch ambulanter Patienten hervorgingen. Wie sich jedoch herausstellte, waren die ambulanten schizophrenen Zwillinge bis 1965 alle hospitalisiert worden, wenn auch nur für einige Wochen. Die Maudsley-Bethlem-Studie war so angelegt, daß der Großteil der Kritik an den früheren Zwillingsstudien hinsichtlich genetischer Verzerrungen, Stichprobenfehler und diagnostischer Unsicherheit vermieden wurde.

In Kapitel 2 haben wir beschrieben, wie diese Studie dies erreichte: durch Blinddiagnosen eines Gremiums von sechs Beurteilern statt durch Krankenaktendiagnosen oder eigene Bewertungen. In diesem Durchgang fielen so zwei eineiige Zwillingspaare aus der Studie heraus. Die Konkordanzraten aus den „Übereinstimmungsdiagnosen" der sechs Beurteiler betrugen auf der Ebene der schizophrenieähnlichen, „funktionellen" Psychosen 58 Prozent für die EE-Paare und zwölf Prozent für die ZE-Paare. Diese Raten wurden nicht altersbereinigt, da die diskordanten Zwillinge noch drei bis 27 Jahre lang weiterverfolgt wurden. Eine Alterskorrektur hätte die Raten künstlich erhöht, da die gesunden Zwillingspartner ihr Risiko einer zukünftigen Schizophrenie in Wirklichkeit schon „aufgebraucht" hatten. Obwohl sich ein Teil dieser ursprünglichen Probanden immer noch in der Risikophase befand, fand sich bei einer weiteren Durchsicht der nationalen Krankenversicherungsunterlagen (unter Mitarbeit von Dr. Adrianne Reveley) nach weiteren 20 Jahren nur ein neuer Schizophreniefall in der Gesamtreihe.

Die Patientin war eine Zwillingspartnerin eines ZE-Paares und erhöhte die Rate um drei Prozent zu der in Tabelle 6.1 aufgeführten.

Wie gültig ist allgemein Anerkanntes?

Sollten die Ergebnisse früherer Zwillingsstudien größtenteils auf *klinische* Diagnosen auf der Grundlage unstrukturierter Interviews oder auf knappe, militärische Aufzeichnungen von nicht psychiatrisch spezialisierten Ärzten zurückzuführen sein, könnten wir erwarten – sofern wir erbtheoretischen Interpretationen mit Skepsis begegnen –, daß die starken Anzeichen zugunsten genetischer Faktoren sich abschwächen, wenn objektive Maßstäbe angelegt werden. Wir unterzogen die schizophrene Maudsley-Bethlem-Zwillingsreihe einer Revision und wandten im Blindversuch die aktuellen, objektiven Kriterien auf die ursprünglichen Fallgeschichten an; diese schlossen wörtliche Transkriptionen halbstrukturierter Interviews ein (siehe McGuffin et al. 1984 und Farmer et al. 1987). Die Rohwerte der so erzielten Stichprobengrößen diagnostizierter Schizophrener schwankten zwischen drei [sic] und 54; die klinischen Diagnosen hatten 34 bis 81 erbracht, wobei das übereinstimmende Urteil aller sechs Beurteiler 69 Schizophreniefälle identifizierte.[18] Die abweichenden Konkordanzraten aufgrund der objektiven, bezüglich der Eiigkeit blind angewandten Kriterien werden jetzt in Hinsicht auf ihre genetische Bedeutung interessant.

Bei Anwendung der Research Diagnostic Criteria (RDC), der objektiven Regeln für die psychiatrische Diagnose, die das Vorbild des DSM-III darstellten, blieb die EE-Reihengröße erhalten, ein Drittel der ZE jedoch wurde ausgeschlossen; trotzdem gelangten wir so zu Konkordanzraten, die mit den älteren, doch klinisch fundierten Raten vergleichbar waren: Die RDC-Raten für die EE-Paare betrugen 46 Prozent und für die ZE-Paare neun Prozent. Die DSM-III-Kriterien führten zu praktisch identischen Konkordanzraten von 48 Prozent für EE-Zwillingspaare und zehn Prozent für ZE-Paare; die Stichprobengröße verminderte sich ähnlich wie bei den RDC-Kriterien. Wenn wir festlegten, daß in den Fallgeschichten ein oder mehrere Schneidersche Symptome 1. Ranges explizit aufgeführt sein mußten (statt daß wir sie aus diesen erschlossen), verringerte sich die Stichprobengröße auf triviale 17 Zwillingsprobanden; außerdem erzeugte dies paradoxerweise höhere Konkordanzraten für die ZE-Paare als für die EE-Paare. Ginge man nur von diesen Befunden aufgrund einer engen Definition von Schizophrenie aus, müßte man genetische Faktoren als *unwichtig* für die Ätiologie der Schizophrenie ansehen. Wenn wir die am stärksten vererbungstheoretisch fundierte Definition der Schizophrenie – eine Definition, die das Verhältnis zwischen EE-Konkordanz geteilt durch ZE-Konkordanz für eine bestimmte Definition maximierte – in die Suche einbezogen und uns an der Typologie von Dr. Crow orientierten, konnten wir die Zwillinge in drei Typen unterteilen: einen reinen Typ I, der sich durch positive Symptome (Wahnvorstellungen, Halluzinationen) und günstige Reaktion auf Medikamente auszeichnet; einen reinen Typ II, der gekennzeichnet ist durch negative Symptome (Apathie, Rückzug, Verlust der Fähigkeit zu angenehmen Empfindungen), morphologische Gehirnveränderungen und Therapieresistenz; und einen Mischtyp. Nur drei Zwillinge gehörten zum Typ II, was einen gewissen Zweifel an der Nützlichkeit dieses Konzepts aufwirft.[19] Die probandenweisen Konkordanzraten für Typ I betrugen 53 Prozent (8/15) für die EE-Paare und 19 Prozent (4/21) für die ZE-Paare; beim Mischtyp lagen sie bei 64 Prozent (7/11) und null Prozent (0/11). Unser ursprünglicher Versuch, die genetischen Implikationen von Crows Typologie auszuloten, führt sowohl zu ermutigenden Ergebnissen – ein sehr hohes EE/ZE-Verhältnis für den Mischtyp – als auch zu enttäuschenden Resultaten – fast keine als Typ II diagnostizierten Fälle. Jedoch könnten diese Daten dahingehend interpretiert werden, daß sie ein Kontinuum des Schweregrades innerhalb einer breiteren Kategorie der Schizophrenie widerspiegeln.

Der Schweregrad als Indikator der genetischen Belastung

Gottesman und Shields untersuchten mit mehreren unterschiedlichen Verfahren auch die Beziehung zwischen Schwere der Erkrankung und Konkordanz. Wenn das Kriterium für den Schweregrad entweder in der Arbeitsunfähigkeit eines Zwillings oder seiner stationären Aufnahme innerhalb der sechs Monate vor dem katamnestischen Interview bestand, betrug die Konkordanzrate für schwer erkrankte eineiige Zwillinge 75 Prozent, für leicht erkrankte nur 17 Prozent. Galt als Schwerekriterium die Zuordnung zu den Untertypen „Kernschizophrenie" beziehungsweise „keine Kernschizophrenie", so betrug die Rate für schwer erkrankte EE 91 Prozent und für leicht erkrankte EE 33 Prozent. Stellte die Persönlichkeit des Probanden vor der Erkrankung das

Kriterium dar (prämorbides Vorliegen einer schizoiden Persönlichkeit), waren die Resultate gleichermaßen verblüffend: 82 Prozent für EE mit schizoider Persönlichkeit, 25 Prozent für EE ohne.

Schlußbemerkung:
alte und neue Zwillingsstudien

Wir glauben, daß die zusammengefaßten, probandenweisen Konkordanzen für Schizophrenie in Tabelle 6.1 das Erkrankungsrisiko für eineiige und zweieiige Zwillinge in den industrialisierten Gesellschaften der zweiten Hälfte des 20. Jahrhunderts am genauesten abbilden. Unter Berücksichtigung der Designunterschiede zwischen den klassischen und den neuen Studien sind wir davon überzeugt, daß die Zwillingsbefunde insgesamt einem grundlegenden Anspruch der „harten" Wissenschaften genügen – der Wiederholbarkeit. Wenn Zwillinge zusammen aufwachsen, wird der eineiige Zwilling eines Schizophrenen unbestreitbar mit größerer Wahrscheinlichkeit schizophren als der zweieiige Zwilling eines Schizophrenen. Die Zwillingsstudien haben nicht mit einer oder zwei Konkordanzraten ihr letztes Wort gesprochen, doch die Befunde sind konsistent und sehr regelmäßig. Ohne die Studie auf der Grundlage der VA-Unterlagen führten die in Tabelle 6.1 zusammengefaßten Daten zu einer Konkordanzrate von 48 Prozent für eineiige Zwillinge und von 17 Prozent für zweieiige. Diese Ergebnisse sprechen dafür, daß gemeinsame Gene sicherlich etwas mit der Ursache der Schizophrenie zu tun haben. Die Tatsache jedoch, daß nur die Hälfte der eineiigen Zwillingspaare für erkennbare Schizophrenie konkordant ist, sagt uns auch, daß über die genetischen Faktoren hinaus noch etwas Wichtiges fehlt, um das Ursachenrätsel zu lösen.

Die neueren Zwillingsstudien zur Schizophrenie stimmen recht gut überein. Die Bilder ähneln sich, teils infolge des probandenweisen Berechnungsverfahrens und teils infolge der gründlichen Untersuchung der Reihen und der längeren Laufzeit der Studien. Sie ähneln sich jedoch auch deswegen, weil moderne Forscher in ihren diagnostischen Kriterien besser übereinstimmen und häufiger den „goldenen Mittelweg" gehen. Wir bevorzugen einen Standard, der Zwillingspartner als konkordant einstuft, die schizophren oder wahrscheinlich schizophren sind, die praktisch alle wegen einer funktionellen (das heißt einer eindeutig nicht organischen) und sehr wahrscheinlich nicht wegen einer affektiven Psychose hospitalisiert waren. In der zweiten Phase der Datenanalyse würden wir die Zwillingspartner mit genetisch relevanten Schizophreniespektrumstörungen einbeziehen, doch gegenwärtig gibt es kein sicheres Verfahren zur Identifikation solcher Störungen. Die Entwicklungen der bildgebenden Untersuchungsverfahren des Gehirns, der kognitiven Neurowissenschaften und der Molekulargenetik dürften bald viele der Uneindeutigkeiten klinischer, ausschließlich verhaltensbezogener Diagnosen beseitigen.

Was bedeutet Diskordanz bei eineiigen Zwillingen?

In fast jeder Zwillingsstudie zur Schizophrenie enthält die Hälfte der eineiigen Zwillingspaare einen Zwillingspartner, der nicht manifest psychotisch ist. Diese diskordanten Paare wurden eingehend erforscht, stellen sie doch eine scheinbar so ergiebige Quelle von Hinweisen dar, welche Umweltfaktoren Schizophrenie beeinflussen könnten. Zwei Personen mit exakt derselben genetischen Ausstattung, die in derselben Familie aufwachsen, unterscheiden sich radikal hinsichtlich ihres psychischen Gesundheitszustands. Sicher liegt irgendwo in den Erfahrungen dieser Personen verborgen, welche spezifischen Streßfaktoren, Viren, ökologische Zusammmenhänge oder prädisponierende Faktoren einerseits zu der Erkrankung beitragen und welche Faktoren andererseits verhindern, daß ein Mensch an Schizophrenie erkrankt.

Loren Mosher, William Pollin und James Stabenau, damals alle am NIMH (1971), führten eine landesweite Studie an 15 EE-Paaren durch, die diskordant für Schizophrenie waren. Sie prüften Geburtsgewicht, Identifikation mit den Eltern, Nachgiebigkeit und Dominanz innerhalb der Paare und verschiedene andere neurologische und psychosoziale Variablen. Ihre Daten sowie Daten aus anderen Studien stützen die Annahme nicht, daß Unterschiede im Geburtsgewicht oder Geburtskomplikationen *spezifisch* mit Schizophrenie zusammenhängen, doch solche Faktoren gelten als risikosteigernde „Zutaten" zu dem multifaktoriellen „Gebräu". In einer Reihe von Zwillingsstudien korreliert Nachgiebigkeit innerhalb des Paares in der Tat damit, welcher von zwei genetisch identischen Menschen schizophren wird; ist nun aber Unterwürfigkeit eine Ursache oder eine früh erscheinende Wirkung? Wir wissen es nicht.

Trotz hochgespannter Hoffnungen hat die Erforschung diskordanter eineiiger Zwillinge bis jetzt noch kein durchschlagendes Ergebnis erbracht, doch neue Verfahren in der Biologie sprechen dafür, daß hier durchaus noch etwas zu holen ist. Das Problem ist einfach nur komplizierter als vermutet. Die Umwelt der Personen einer Lebensgemeinschaft unterscheidet sich im Kleinen, was schwierig zu spezifizieren ist. Außerdem gibt es nicht viele dieser speziellen Zwillingspaare, die sich für die nötigen, aufwendigen Untersuchungen zur Verfügung stellen. Was wir über sie wissen wollen, unterliegt Erinnerungsverfälschungen durch das, was sich seit der Erkrankung des einen ereignet hat. Vielleicht ist das, wonach wir suchen, vor langer Zeit geschehen, eventuell sogar schon vor der Geburt; vielleicht ist es sehr unspezifisch oder in hohem Maße variabel. Als ob uns nun diese Probleme noch nicht genügend zu schaffen machten, tun sich noch viele andere auf. Sogar die Entscheidung, welche Zwillinge diskordant und welche konkordant sind, ist hinterfragbar. Diese Entscheidung beruht auf einer künstlichen Trennungslinie in einem Verhaltenskontinuum, das sich entlang einer Skala von „normal" bis „schizophren" erstreckt. Personen, die sehr dicht beieinander, jedoch auf entgegengesetzten Seiten dieser willkürlichen Linie angesiedelt sind, nennt man normal *oder* schizophren. Dieses Problem wollen wir an einigen Fallgeschichten aus unserer britischen Stichprobe illustrieren. Es handelt sich immer um Zwillinge, die (nach dem übereinstimmenden Urteil der sechs Untersucher) als diskordant für Schizophrenie galten.

In einem Paar litt der schizophrene Zwilling wahrscheinlich an einer organischen Psychose, die der Schizophrenie ähnelt, einer sogenannten symptomatischen Psychose (symptomatische Schizophrenie, siehe Kapitel 2). Er war in japanischer Kriegsgefangenschaft gewesen und hatte während Hungerphasen in dem Kriegsgefangenenlager möglicherweise einen ernährungsbedingten Hirnschaden davongetragen. Er ist taub und sein Elektroenzephalogramm (EEG, Gehirnstrombild) deutet auf eine Gehirnläsion hin. Sein Zwillingsbruder ist verheiratet und voll ins Berufsleben integriert; der Persönlichkeitstest ergab normale Werte, doch er wurde aggressiv, wenn er etwas Nachteiliges an sich eingestehen mußte. Er hatte keine Schäden durch Krieg, Hunger und Taubheit erlitten. Er verweigert sich jedoch einer Befragung und hat vielleicht irgendeine Spektrumstörung – doch wir können es nicht nachweisen. Falls der Proband tatsächlich eine Phänokopie der Schizophrenie hat (eine Imitation der echten Störung), kann der Zwillingspartner keine für die Ursachenaufklärung der „echten" Schizophrenie relvante Information liefern. Andererseits könnte der Proband den von Schulz (siehe Kapitel 5) untersuchten Schizophrenen ähneln, deren Psychosen ein somatisches Hirntrauma vorausging und deren Verwandte sehr niedrige, aber nichtsdestoweniger höhere Schizophrenieraten als die Allgemeinbevölkerung (ein Prozent) aufwiesen.

Der schizophrene Zwilling des zweiten Paars war nur einmal sechs Wochen lang stationär behandelt worden. Beide Zwillinge sind fasziniert vom Okkulten. Der schizophrene Zwilling verschrieb sich mit 20 Jahren einer messianischen Sekte und verließ zwei Jahre später seine zweite Frau, um sich einer besonderen Schulung zu unterziehen. Während dieser Zeit erlebte er eine von ihm so bezeichnete „psychische Neuausrichtung" und erhielt ein „telepathisches Training". Er berichtete, daß er „seine Gedanken ausstrahle" und daß er glaube, die anderen Mitglieder der Sekte wüßten über sein Sexualleben in allen Einzelheiten Bescheid. In unserem Gespräch bei der Katamnese vier Jahre darauf berichtete er, daß er zwei Jobs gleichzeitig habe, um über die Runden zu kommen, daß er wieder zu seiner zweiten Frau und seinem Kind zurückgekehrt sei und keine Medikamente mehr nehme, sich jedoch depersonalisiert fühle und Gehörshalluzinationen habe. Er sagte, er sei „ein sendender Telepath", hatte jedoch soviel Einsicht, dies seinen Kollegen zu verschweigen.Sein Bruder wirkte bei der ersten Nachuntersuchung recht seltsam. Mit 20 war er verheiratet, hatte Kinder und arbeitete in verantwortlicher Position. Er erzählte mir, er sei Mitglied derselben okkulten Sekte wie sein Bruder, und er habe gekündigt, um in deren nationaler Zentralstelle zu arbeiten. Er verglich sich mit dem Apostel Paulus. Er hält sich für zu vorsichtig, als daß er verrückt werden könnte, für selbstsicherer als seinen Zwillingsbruder und für körperlich und geistig „stärker". Bei Persönlichkeitstests zeigten beide Zwillinge paranoide und schizoide Züge, wie wir sie einer Schizophrenie in Remission zuschreiben. „Blinde" Beurteiler ordneten den zweiten Zwilling bei einer erneuten Untersuchung mit 26 Jahren in das „Schizophreniespektrum" ein, obwohl er bis zum Alter von 48 Jahren weder ambulant noch stationär behandelt wurde. Dieses Paar illustriert, wie willkürlich die Schwelle zum „Normalen" und wie frustierend die Jagd nach Auslösern oder Schutzfaktoren ist.

Unser letztes Beispiel bildet ein schizophrener Zwilling, der dreimal stationär behandelt wurde, erstmals im Alter von 16 Jahren unter der Diagnose einer Adoleszenzdepression. Einmal jedoch wurde eine schizoaffektive Psychose diagnostiziert. Eine Elektroschockbehandlung hellte seine Depression auf, seine Denkstörung jedoch blieb; zahlreiche Schizophrenieepisoden folgten seither. Eine antipsychotische Medikation verbesserte seinen Zustand soweit, daß er ambulant weiterbehandelt werden konnte. Sein Bruder, der keinerlei Kontakt mit der Welt der Psychiatrie hatte, wurde wegen körperlicher Beschwerden („Magengeschwüre") ohne organischen Befund zweimal stationär behandelt. Er hatte beruflich keinen Erfolg, und er war der schlechtere Schüler gewesen. Der nichtschizophrene Zwilling war bei der instabilen Mutter (sie paßt zu dem Märchen der schizophrenogenen Mutter) und dem strengen Stiefvater aufgewachsen, wohingegen der erkrankte Zwilling meist bei einer warmherzigen, mütterlichen Verwandten gelebt hatte. Zwar weist der nichtschizophrene Zwilling Persönlichkeitszüge auf, die einem klinischen Schizophreniefall ähneln, doch gemessen an seinem Verhalten trifft die Diagnose Schizophrenie nicht auf ihn zu; er gehört jedoch irgendwo in das Spektrum hinein. Wie bei dem zweiten, oben besprochenen Paar liegt hier möglicherweise die Teilmanifestation der genotypischen Anlage zur Entwicklung von Schizophrenie vor; diese Ansicht deckt sich mit derjenigen, die Regulationsfaktoren eine Rolle zuschreibt – entweder anderen Genen oder zufälligen Umweltbedingungen.

Die Wiederbelebung der Forschung an diskordanten Zwillingen

Bei der wissenschaftlichen Erforschung der Einzelheiten der Biologie und Psychologie eineiiger Zwillinge, die fünf oder mehr Jahre lang diskordant geblieben sind, bleibt jedoch noch viel zu tun. Mit der Entwicklung der neuen bildgebenden Verfahren der Gehirnuntersuchung – NMR, rCBF, PET und Feinanalysen des EEG (BEAM, *brain electrical activity mapping* – Kartierung der Hirnstromaktivität) – und der Möglichkeit, die DNA selbst zu zukünftigen Gentests (*restriction fragment length polymorphisms* – Restriktionsanalysen) zu lagern, hat eine Gruppe um E. Fuller Torrey, dem bedeutenden Psychiater und Patientenanwalt, und Gottesman am Saint Elizabeths Hospital (NIMH) eine neue, landesweite Studie diskordanter, schizophrener, eineiiger Zwillinge begonnen. Die Zwillinge – mehr als zwei Dutzend Paare – kommen zusamen mit ihren Eltern nach Washington, D.C., und werden wochenlangen Untersuchungen mit den neuen und alten Verfahren (zum Beispiel Erhebung der bedeutsamen Ereignisse in der gesamten Lebensgeschichte und Persönlichkeitsmessungen) unterzogen. Wir hoffen herauszufinden, was das Gehirn eines oder einer Schizophrenen von dem seines genetisch identischen Zwillingspartners (oder der Partnerin), der oder die gegenwärtig gesund ist, tatsächlich unterscheidet. Zugleich erheben wir Kontrollinformation von EE-Zwillingspaaren, die konkordant für Schizophrenie sind, und von solchen, die beide normal sind. Die Studie wird bis in die 90er Jahre laufen. (Falls Ihnen diskordante, eineiige Zwillingspaare bekannt sind, setzen Sie uns bitte davon in Kenntnis: Twin Unit, WAW Saint Elizabeths Hospital, Washington, D.C., 20032.)

Eineiige, getrennt aufgewachsene Zwillinge

Die Unterschiede der Milieuerfahrungen eineiiger, schizophreniediskordanter Zwillinge können offenbar die Diskordanz nicht zufriedenstellend erklären. Nur wenige von den Kindern mit niedrigem Geburtsgewicht oder von denen, die an den Schürzenbändeln einschränkender und inkonsistenter Mütter hängen, und auch nur wenige submissive Zwillinge, die sich nur schwer behaupten können, werden tatsächlich schizophren. Derartige Faktoren können jedoch bei eineiigen Zwillingen mit einer Prädisposition zur Schizophrenie mitentscheiden, wie Krankheit und Gesundheit zwischen ihnen verteilt sind. Eineiige, von Geburt an getrennt aufgewachsene Zwillinge scheinen so etwas wie ein „natürliches Experiment" darzustellen, mit dessen Hilfe wir einige wissenschaftliche Probleme im Streit um die relative Bedeutung von Anlage und Umwelt lösen können. Was die Schizophrenie betrifft, kommen diese Fälle jedoch sehr selten vor, und die Umstände, die dazu führen, sind gelinde gesagt ungewöhnlich.

Die wissenschaftliche Literatur beschreibt 14 eineiige, getrennt aufgewachsene Zwillingspaare, von denen jeweils ein Zwilling als schizophren diagnostiziert wurde; die Stichprobe ist allerdings zu klein für irgendwelche Verallgemeinerungen (Gottesman und Shields 1982). Von diesen Paaren sind jedoch 64 Prozent konkordant, ein Wert, der um einiges über der Konkordanzrate von 48 Prozent für eineiige, zusammen aufgewachsene Zwillinge liegt. Bei der Bewertung dieser Daten müssen wir berücksichtigen, welche Umstände dazu führten, daß ein oder beide Zwillinge weggegeben wurden und in verschiedenen Familien aufwuchsen. Wahrscheinlich betrachten wir diese Sammlung von Paaren besser nur als eine faszinierende Kuriosität. Sagen wir also lieber: Sieh mal an! – und beschäftigen wir uns dann mit etwas anderem.

Eines dieser wenigen Beispiele von Konkordanz für Schizophrenie bei getrennt aufgewachsenen Zwillingen fand sich in der Londoner Studie von Gottesman und Shields. Herbert und Nick (Namen geändert) waren die Kinder einer Halbchinesin, die bei einer flüchtigen

Begegnung mit einem britischen Mechaniker schwanger wurde und ihn nie wiedersah. Die Kinder wurden gleich nach der Geburt 1934 getrennt. Sie wanderten als Säuglinge durch mehrere, verschiedene Pflegefamilien, wurden jedoch mit fünf Jahren bei der Evakuierung der Kinder aus London wegen der deutschen Luftangriffe wieder vereint; nach weniger als einem Jahr wurden sie wieder getrennt, und nur Herbert wuchs bei seiner chinesischen Großmutter mütterlicherseits auf. Da diese die zusätzliche Belastung durch Nick ablehnte, übergab sie ihn einer 41jährigen, kinderlosen Frau aus ihrer Bekanntschaft (der Pflegemutter der Tante der Zwillinge), die wir Frau M. nennen wollen.

Die Geschichte entwickelt sich immer mehr zu einer Seifenoper. Frau M.s Ehemann wurde nicht gefragt, fügte sich jedoch in ihre Entscheidung, Nick aufzunehmen, der damals siebeneinhalb Jahre alt war. Ein Jahr später, mit 42, wurde Frau M. schwanger. Herbert lebte weiter im Chinesenviertel Londons bei seiner Großmutter und ihrem zweiten, chinesischen Ehemann, der kaum Englisch sprach. Sie kümmerten sich kaum um Herbert. Nick dagegen lebte bei gutsituierten und liebevollen weißen Adoptiveltern, die es ihm an nichts fehlen ließen, und vertrug sich gut mit seinem jüngeren Stiefgeschwister.

Herbert war der kleinere und zartere der beiden Zwillinge gewesen. Seine Mutter hatte zwei Tage in den Wehen gelegen, doch nur Herbert war mit der Zange entbunden worden. Mit zehn und zwölf Jahren erlitt er wahrscheinlich Gehirnerschütterungen. Bis zum Alter von zwölf Jahren näßte er noch ein; auch legte er Feuer und quälte Hunde, weil, wie er sagte, ihm der Teufel dies auftrage. Nach Diebstählen mit 15 besuchte er ein Jahr lang eine Schule für Delinquente. Dann wurde er zur Armee eingezogen und diente in einer Einheit für „minderbegabte Soldaten"; man stellte fest, daß er Analphabet war und einen IQ von 87 hatte. Trotzdem diente er redlich, begegnete jedoch nie seinem Zwillingsbruder, der ebenfalls in eine ähnliche Einheit eingezogen worden war.

Nick brachte in einer Privatschule nur mangelhafte Leistungen und nahm im Alter von zehn bis 14 Jahren an Förderunterricht teil; er näßte ein, bis er 14 war; er geriet mit neun und zehn Jahren wegen Brandstiftung in Konflikt mit der Polizei, und mit 17 wurde er zweimal wegen Diebstahls zu einer Jugendstrafe auf Bewährung verurteilt. Als auch er zum Militär eingezogen wurde, erwies er sich als Analphabet mit einem IQ von 75; auch er diente rechtschaffen, erfüllte untergeordnete Aufgaben. Nach der Entlassung arbeitete er kurz, kündigte jedoch, weil „die anderen mir nachspionierten". Trotz ihres Analphabetentums und ihrer niedrigen IQ-Werte konnten sich beide sehr verständig mit mir unterhalten. Keiner der Zwillinge interessierte sich für Mädchen.

Bis zum Alter von 22 Jahren arbeiteten beide Zwillinge gelegentlich als Lieferjungen. Dann begann Herbert sich sonderbar zu verhalten, saß über lange Zeitspannen in verkrümmten Haltungen, vernachlässigte sich, grimmassierte und lachte vor sich hin; die Geräusche vorüberfahrender Autos interpretierte er als feindliche Flugzeuge. Nicks Familie kam zu Ohren, daß es Herbert nicht gut gehe, und dachte, ein Besuch könne ihm helfen; die Zwillinge hatten sich seit dem Alter von siebeneinhalb Jahren selten gesehen, wußten aber voneinander. Der Besuch fand am 22. Dezember statt; bei dieser Gelegenheit erfuhr Nick, daß seine biologische Mutter, die in den Vereinigten Staaten lebte, Herbert und ihre Großmutter bereits im Oktober bei einem Kurzbesuch kurz gesehen hatte.

Am 8. Januar wurde Herbert in unsere Klinik überwiesen und in das Zwillingsregister aufgenommen: „Man fühlt es, wenn die Leute einen hintergehen… Ich könnte die Gedanken der Leute lesen, wenn ich mich konzentriere… Manche Leute reden rückwärts, und bei manchen muß man zwischen den Zeilen lesen. [Später] Ich bin sicher, eine ‚interdiskrete [Neologismus] Gesellschaft' könnte einem helfen. Kommunistische Aggression gemischt mit Rassismus…" Herbert wurde als Langzeitpatient in eine psychiatrische Klinik überwiesen und war nach mehr als 28 Jahren immer noch dort.

Wie wir zu dieser Zeit noch nicht wußten, wurde Nick am 5. Januar in eine andere Klinik eingewiesen, nachdem er über ein gepflügtes Feld gerannt war, die Arme wie zum Gebet ausgestreckt. Am Abend seines Besuchs bei Herbert fand man ihn weinend vor, und am nächsten Tag schien er in Gedanken verloren und schnalzte ständig mit der Zunge. Nach Neujahr verblüffte er seine Adoptiveltern mit unverständlichen Reden; er glaubte, besondere Kräfte zu besitzen, sie jedoch zu verlieren, wenn eine Zigarettenpackung weggeworfen würde; er zertrümmerte einen Porzellanhund: „Der Teufel war hier, und es gilt, er oder ich"; er sah ein Flammenmeer und hörte Stimmen: „Höret, die Verkündigungsengel singen." Am nächsten Tag wurde er in verwirrtem und erregtem Zustand in eine psychiatrische Klinik gebracht. Wie sein Zwillingsbruder blieb er dort praktisch ununterbrochen 27 Jahre lang, ohne Kontakt zu diesem. Er kam bei einem Autounfall auf dem Klinikgelände ums Leben. Beiden Zwillingen ging es mit verschiedenen Phenothiazinen besser als ohne Medikation, doch nie so gut, daß eine Entlassung möglich gewesen wäre. Bei der Katamnese 1963 befragte ich ihre Tante mütterlicherseits, die mit 43 Jahren, fünf Jahre nach den beiden Zwillingen, wegen einer paranoiden Schizophrenie stationär aufgenommen wurde.

Sicher sind nicht alle getrennt aufgewachsenen Zwillinge wie Herbert und Nick, doch die Umstände anderer Fälle sind auf ihre Weise ebenfalls ungewöhnlich. So scheint uns hier zwar das Schicksal wunderbare Forschungsmöglichkeiten zu bieten, doch sind die Fälle oft zu sonderbar, als daß Verallgemeinerungen möglich wären. Obwohl diese beiden Zwillinge unter ganz verschiedenen Bedingungen aufwuchsen, wurden beide mit 22 schizophren; steckt Streß dahinter, ihr biogenetisches Programm oder irgendeine Wechselwirkung? Zweifelsohne können Vertreter aller Parteien in dieser speziellen Geschichte eine Bestätigung ihrer bevorzugten, einander widersprechenden Theorien sehen.

Die Nachkommen schizophrener Zwillinge

Untersucht man die Nachkommen konkordanter und diskordanter EE- und ZE-Zwillinge, erhält man Befunde, die sich in einzigartiger Weise zur Prüfung der Vorstellung eignen, der Genotyp für Schizophrenie trete bei einem „Träger" vielleicht überhaupt nicht in Erscheinung oder „exprimiere" sich nicht und werde trotzdem an die nächste Generation weitergegeben. Wenn das Schizophrenierisiko für die Nachkommen schizophrener EE-Zwillinge dem Risiko der Nachkommen gewöhnlicher Schizophrener (13 Prozent) entspräche und wenn das Risiko der Nachkommen klinisch unauffälliger EE-Zwillingspartner in der Nähe des Populationsrisikos von einem Prozent läge, würde dies sehr stark *für* die Verursacherrolle der Umwelt (durch einen schizophrenen Elternteil geprägtes Milieu) sprechen. Zudem würde dies weitere Fragen hinsichtlich nichtgenetischer Phänokopien von Schizophrenie bei dem erkrankten EE-Zwilling aufwerfen. Wenn dagegen das Risiko der Kinder des gesunden EE-Zwillingspartners dem der Kinder des erkrankten entspräche, dann würde dies *gegen* eine bedeutsame Rolle von gemeinsamen Milieufaktoren wie Sozialschicht sowie *dem nichtgemeinsamen Faktor eines schizophrenen Elternteils* sprechen.

Diese Strategie, die Nachkommen von Zwillingen zu untersuchen, wurde 1971 von Margit Fischer in die psychiatrische Genetik eingeführt. Sie wandte sie auf ihre dänische Stichprobe schizophrener Zwillinge an, die oben beschrieben wurde. Zu dieser Zeit waren die Probanden noch recht jung und lieferten noch nicht soviel Information, wie das eine Nachuntersuchung zu einem Zeitpunkt täte, wenn die Nachkommen der Zwillinge die Risikoperiode für manifeste Schizophrenie durchlaufen oder abgeschlossen haben. Als weiteren Vorteil stellt eine Katamnese fest, ob die diskordanten Zwillingspartner an einer im Vergleich zu ihrem erkrankten Zwilling spät einsetzenden Schizophrenie erkrankt sind oder nicht. Aksel Bertelsen, der dänische Psychiater, der die bahnbrechende Zwillingsstudie bei manisch-depressiven Störungen leitete, und Gottesman führten 1989 eine Nachuntersuchung der Fischerschen Zwillingsserie und ihrer Nachkommen durch. Der Beobachtungszeitraum verlängerte sich damit um 18 Jahre und erfaßte auch die zweieiigen Zwillinge. Derartige Forschungsarbeiten waren nur in Skandinavien möglich, da wir nur dort Zugang zu dem einzigartigen, nationalen Dokumentationssystem über 120 Jahre hatten, das wir brauchten, um in einer Population von fünfeinhalb Millionen Bürgern den psychischen Zustand der Zwillinge und ihrer Kinder zu ermitteln.

Tabelle 6.2 zeigt die Anzahl der Zwillinge mit Nachkommen aus der anfänglichen Stichprobe von Fischers 21 EE- und 41 ZE-Paaren (124 einzelne Zwillinge). Die gesunden Zwillinge hatten die gesamte Risikoperiode durchlaufen; wir können also darauf vertrauen, daß sie nie schizophren wurden. Man beachte, daß weniger als ein Drittel der Schizophrenen Kinder hatten, dagegen zwei Drittel ihrer gesunden Zwillingspartner. Insgesamt hatten die Zwillinge 150 Kinder, von denen 14 früh starben, 115 zum Zeitpunkt der Katamnese jedoch über 35 Jahre alt waren.

Tabelle 6.3 zeigt die bemerkenswerten Ergebnisse dieser sehr speziellen Kombination von Zwillings- und Familienuntersuchung. Die Schizophrenierisiken für die Nachkommen der beiden Gruppen eineiiger Zwillinge sind sehr hoch und nicht zu unterscheiden. Das Risiko der Nachkommen von schizophrenen ZE-Zwillingen entspricht im Prinzip dem der beiden EE-Zwillingsgruppen. Das Risiko für die Kinder gesunder ZE-Zwillingspartner, also der Nichten und Neffen von Schizophrenen, liegt in der Nähe des in der Literatur (siehe Abbildung 5.4) für solche Verwandte belegten Risikos von nur 2,1 Prozent.

Tabelle 6.2: Gottesman/Bertelsen-Nachuntersuchung (1985) von Fischer (1966–1967): Zahl reproduktiver Zwillinge nach Eiigkeit und Diagnose

	schizophrene Zwillinge		normale Zwillinge	
	reproduktive	gesamt	reproduktive	gesamt
EE	12	31	7	11
ZE	11	49	21	33
gesamt	23	80	28	44
reproduktiver Anteil	29%		64%	

nach Gottesman und Bertelsen (1989).

Tabelle 6.3: Schizophrenien und schizophrenieähnliche Psychosen bei Nachkommen schizophrener Zwillinge

		eineiige Reihe	
		Nachkommen	
Probanden (Eltern)	Zahl	Schizophrenie und schizophrenieähnliche	Morbiditäts-risiko (%)
schizophrene Zwillinge N=11	47	6	16,8
„normale" Zwillingspartner N=6	24	4	17,4
		zweieiige Reihe	
		Nachkommen	
Probanden (Eltern)	Zahl	Schizophrenie und schizophrenieähnliche	Morbiditäts-risiko (%)
schizophrene Zwillinge N=10	27	4	17,4
„normale" Zwillingspartner N=20	52	1	2,1

nach Gottesman und Bertelsen (1989).

Die Daten dieser ungewöhnlich gut nachuntersuchten, dänischen schizophrenen Zwillingsreihe und ihrer Nachkommen deuten auf eine gewichtige Rolle von Erbfaktoren in der Ätiologie der Schizophrenie hin. Keine Bestätigung findet sich für die Vermutung, der Einfluß eines schizophrenen Elternteils sei für Schizophrenie bei den Nachkommen notwendig oder hinreichend. Unsere Daten stützen auch nicht die Hypothese, daß nichtgenetische Faktoren wie Viren, Hirnverletzungen oder Toxine häufig zu monozygotischer Diskordanz führten, da die Nachkommen der phänotypisch unauffälligen EE-Zwillingspartner von Schizophrenen dasselbe Schizophrenierisiko aufwiesen, wie wenn sie die Kinder von Schizophrenen gewesen wären. Es scheint ganz so, als könne der Genotyp für Schizophrenie oft klinisch völlig stumm bleiben, übertragen werden und sich dann in der nächsten Generation exprimieren, wenn die Söhne und Töchter einer anderen Konstellation von relevanten Streßfaktoren ausgesetzt sind.

Eineiige, schizophreniekonkordante Vierlinge

Jede Erläuterung der Rolle und des Nutzens von Zwillingsstudien in der Schizophrenieforschung wäre unvollständig, erwähnte sie nicht die erstaunliche Geschichte der Genain-Vierlinge. Sie können als Mikrokosmos der gesamten Schizophrenieforschung gelten. David Rosenthal (1963) ließ sich in die vielschichtige Anlage-Umwelt-Debatte zur Schizophrenie hineinziehen, als sich ihm die Gelegenheit bot, am Clinical Center des NIMH eineiige, allesamt schizophrene Vierlinge eingehend untersuchen zu lassen. Die Vierlinge wurden mit Zustimmung ihrer Eltern über einen Zeitraum von mehreren Jahren intensiv begleitet. Diese vier weiblichen Schizophrenen eigneten sich ideal zur Hypothesengenerierung, da sie sich trotz ihrer identischen genetischen Prädisposition zu einem schizophrenen Phänotyp hinsichtlich der Symptome, des Erkrankungsbeginns und -verlaufs sowie des Ausgangs unterschieden.

Alle waren in starkem Maße demselben pathologischen Familienmilieu ausgesetzt gewesen, und alle erkrankten; doch eine Reihe von Umständen, unter denen die unterschiedlichen Muster der zwischenmenschlichen Beziehungen innerhalb der Familie hervorstachen, führten zu Symptombildern, die von „leicht mit Remission" bis zu „schwer mit progredientem Verlauf" reichten.

Etwa 25 Jahre nach der Erstuntersuchung wurden die Frauen wieder einbestellt und mit einem ganzen Arsenal von hochtechnologischen Geräten untersucht, da man die bereits vorhandene klinische Information in ihren Akten ergänzen zu können hoffte. Man machte PET-und NMR-Aufnahmen des Gehirns und führte Tests auf neurochemische Variationen sowie neuropsychologische Tests durch. Die wichtigsten Ergebnisse (siehe die Artikelserie von Buchsbaum, DeLisi und Mirsky 1984) beleuchten die klinische Variabilität, die schon bei einem Exemplar eines vierfach vorhandenen schizophrenen Genotyps möglich ist. Eine derartige Vielfalt wirft ein Schlaglicht darauf, welche bedeutsame Rolle psychosoziale und nichtgenetische/biologische Faktoren sowie die zeitliche Abstimmung genetischer Regulationsfaktoren spielen, wenn es im Genmaterial selbst keine Variabilität gibt (zumindest nicht zur Zeit der urspünglichen Vierteilung der befruchteten Eizelle). Die PET-Befunde ließen vermuten, daß eine Unterfunktion (verminderte Aktivität) des Frontalhirns nicht familiär bedingt war, sondern wahrscheinlich eher einen „Zustandsmarker" darstellte, der ihre damalige klinische Verfassung kennzeichnete, als ein Indikator für einen Marker einer dauerhaften genetischen Eigenschaft (*trait*). Das Verhältnis von Ven-

trikelgröße zu Gehirnmasse (ein Indikator für „Löcher im Gehirn")
schien familiär bedingt zu sein, doch entgegen der Erwartung aufgrund
der Literatur (siehe Kapitel 12) zeigten die NMR-Aufnahmen der Vierlinge keine vergrößerten Ventrikel oder irgendwelche Atrophien des
Cortex. Ein hoffnungsvoller Befund war, daß bei diesen medikamentös
behandelten, gut versorgten, chronisch schizophrenen (drei Schwestern) beziehungsweise schizoaffektiven (eine Schwester) Vierlingen
nach 25 Jahren keine Verschlechterung eingetreten war. Die Strategie
mehrfacher biologischer und psychologischer Messungen durch ein
Wissenschaftlerteam ist so vielversprechend, daß Torrey und seine Kollegen vom Saint Elizabeths Hospital auf dieser Grundlage eine neue,
landesweite Studie an eineiigen, für Schizophrenie diskordanten und
konkordanten Zwillingen durchführen.

Zusammenfassung

Die in Familienstudien von Schizophrenen gesammelten Daten zu Schizophrenierisiken – von Eltern, Geschwistern, Kindern und entfernteren
Verwandten – sprechen alle dafür, daß es bei der Schizophrenie familiäre Zusammenhänge gibt; das heißt, daß Schizophrenie unter den
Verwandten Schizophrener viel häufiger auftritt als in der Allgemeinbevölkerung. Eine mögliche Beweisführung, daß die familiäre Häufung
eher das Ergebnis gemeinsamer Gene als eines gemeinsamen Milieus
ist, leistet die klassische erbtheoretische Strategie des Konkordanzen-
vergleichs von ein- und zweieiigen schizophrenen Zwillingen; Abwand-
lungen dieser Methode, wie die Mikroanalyse diskordanter eineiiger
Zwillinge, getrennt aufgewachsener Zwillinge und einer Gruppe von
Vierlingen, die für Schizophrenie konkordant sind, sich aber hinsichtlich Symptomatik und Verlauf unterscheiden, sichern die Ergebnisse
weiter ab. Die für Zwillinge und andere Verwandte beobachteten Raten
deuten darauf hin, daß genetische Faktoren eine wichtige Rolle spielen,
jedoch nicht alle Beobachtungen erklären können. Immer noch unklar
ist, welchen Einfluß mögliche gemeinsame Erfahrungen innerhalb der
Familie ausüben; dazu sind Studien an Kindern nötig, die von ihren
schizophrenen Eltern wegadoptiert wurden.
　　Die folgende Falldarstellung führt uns in die klinische Wirklichkeit
und damit zum „Rohmaterial" der genetischen Analyse zurück. Die
Probleme der Familienmitglieder zeigen, wie weit der Weg noch ist, den
die Forschung zurücklegen muß, bis wir Empfehlungen zu Therapie und
Prävention daraus ableiten können.

Schizophrenie in drei Generationen

Eine Sozialarbeiterin, deren Onkel, Bruder und Tochter alle schizophren sind, spricht über ihre Angst und ihre Lebensperspektive. *

Ibsen gestaltete das Thema tragisch in *Gespenster* und Gilbert und Sullivan humoristisch in *Ruddigore*. Ich meine das Thema des Fluchs, der in Form der Geistesstörung, die von einer Generation zur nächsten weitergegeben wird, auf einer Familie lastet. *Gespenster* gefiel mir nicht wegen der morbiden Atmosphäre; *Ruddigore* mochte ich, weil es so unbeschwert närrisch ist. In keinem Fall aber glaubte ich, daß es eine vererbte Geisteskrankheit wirklich geben könnte. Jahre später erst erkannte ich, daß während dieser ganzen Zeit meine Familie ihre eigene, mehrere Generationen erfassende Tragödie aufführte. Zwar habe ich mir das nicht ausgesucht, doch als Kind wurde mir eine kleine Rolle übergestülpt, und als die Tragödie ihren Lauf nahm, wurde ich als Erwachsene unausweichlich in eine größere Rolle hineingezogen. Ich spreche von der Schizophrenie.

Schon als kleines Kind bekam ich mit, wenn mein Vater seinen Bruder besuchte. Er unternahm dazu eine mühselige, dreistündige Bahn- und Busfahrt an einen traurigen und geheimnisvollen Ort. So traurig, daß meine Mutter, die ich als gütig kannte, sich weigerte mitzugehen. Sie verbrachte jedoch den Tag zuvor damit, die Mahlzeit zuzubereiten, die mein Vater zusammen mit meinem Onkel verzehren sollte. Früh am Morgen des Reisetages beobachtete ich, wie meine Mutter und mein Vater weitere Leckereien, geflickte Unterwäsche und verschiedene andere Dinge wie Zeitschriften und Zeichenmaterial einpackten; diese sollten meinen Onkel dazu verlocken, etwas zu tun. Am Tag danach wurde der Besuch besprochen. „Was hat der Arzt gesagt?" verstand ich noch. „Wie hat sich Aaron benommen?" bereitete mir Unbehagen, da die Frage schlechtes und kindisches Verhalten bei einem Erwachsenen implizierte. Als ich älter wurde, merkte ich, daß mein Vater immer erschöpfter von den Besuchen nach Hause kam und immer enttäuschter, weil sich der Zustand seines Bruders nicht besserte. Die traurigsten Besuche waren die, nach denen mein Vater berichten mußte, mein Onkel sei aufgrund seines Verhaltens auf eine „schlechte Station" [wahrscheinlich eine Verwahrstation für chronische Patienten mit wenig Aussicht auf Besserung] verlegt worden. Ende der 40er Jahre erwogen

---

* Fuchs, L. In: *Schizophrenia Bulletin* 12 (1986) S. 744–747.

meine Eltern den Vorschlag einer Lobotomie. Sie stimmten schließlich zu und hofften das Beste. Das Beste geschah nie. Mein Onkel starb mit über 80 Jahren im Pilgrim State Hospital. Er war 60 Jahre dort gewesen.

Ich sah meinen Onkel erst, als ich erwachsen war, doch sein Selbstportrait hing in unserem Wohnzimmer. So war dieser schöne, vor sich hin brütende Mann stets anwesend, und ich empfand so etwas wie Verlust, denn obwohl ich andere Onkel hatte, war keiner von ihnen ein Künstler oder so jung.

Und was verursachte seine traurige Krankheit? Wir kannten den Namen der Störung meines Onkels nicht, doch wir hatten offenbar alle psychoanalytisches Gedankengut aufgenommen. Meine Großmutter, die Mutter meines Onkels, war eine würdevolle, jedoch kalte Frau, so daß der Glaube, Schizophrenie werde durch mütterliche Ablehnung verursacht, auf fruchtbaren Boden fiel.

Die Krankheit meines Onkels hatte aber einen Namen, und sie kam aus heiterem Himmel. Tragischer war die meines Bruders, die keinen Namen hatte und sich heimtückisch breitmachte. Er war ein fröhliches, hübsches Kind, fünf Jahre älter als ich, von meinen Eltern geliebt und bei seinen Lehrern beliebt. Er interessierte sich jedoch nicht für andere Kinder. Als er älter wurde, machten sich meine Eltern immer mehr Sorgen, weil er stets Erwachsene bevorzugte. Ich teilte ihre Angst und erinnere mich noch, wie begeistert wir waren, als er von zwei Jungen erzählte, die er vielleicht nach Hause einladen wollte. Obwohl sie nie kamen, weiß ich noch heute ihre Namen. In untergründiger Weise war also die natürliche Reihenfolge verkehrt, und ich sollte Verständnis und Rücksichtnahme für meinen älteren Bruder zeigen.

Da er keine Freunde hatte, kommandierte er mich herum und ärgerte mich. Zwar spielte er selten mit mir, doch er beneidete mich, wenn ich mit anderen Kindern spielte, und störte unser Spiel oder verhielt sich so unausstehlich, wenn ich neue Freunde oder Freundinnen mit nach Hause brachte, daß es mir peinlich war. Am schlimmsten für mich waren seine plötzlichen Stimmungsumschwünge. Ich riskierte einen Wutanfall, wenn ich mich seinen Wünschen nicht beugte, und setzte meine Selbstachtung aufs Spiel, wenn ich dem Druck nachgab. Diese Zwickmühle war umso schmerzlicher, als ich ihn liebte. Als er in die Pubertät kam, richtete sich seine Kritik und sein Zorn auch gegen unsere Eltern. Wir lernten es, Zusammenstöße zu vermeiden. Die Lage spitzte sich zu, als er 16 war. Er wechselte auf ein örtliches College und bekam Lernstörungen. Jetzt weiß ich, daß ein Grund dafür die schizophrene „Denkstörung" war. Meine Eltern vereinbarten für ihn einen

Termin bei einem Psychiater, doch weigerte er sich, zu einer zweiten Sitzung zu gehen.

Trotz dieser Probleme muß mein Bruder heldenhafte Anstrengungen gemacht haben. Er schloß nicht nur das College ab, sondern diente auch einige Jahre in der Armee. Er versah nie aktiven Dienst; seine vorgesetzten Offiziere nahmen ihn in einer Nachrichteneinheit unter die Fittiche. Sie schätzten seine Verläßlichkeit und seine strengen und religiös geprägten Ansichten. Obwohl er warme und lange Briefe schrieb, war das Zusammenleben mit ihm nach seiner Rückkehr wieder sehr schwierig. Er schnitt mich total, weil er meine Verlobung mißbilligte, und sprach nicht mehr mit mir bis zur tödlichen Krankheit unserer Mutter 15 Jahre später. Während dieser Zeit gestaltete er sich sein Leben so, daß er es bewältigen konnte. Er heiratete nicht, wurde sehr religiös und unterstützte mit viel Zeit und Energie unsere alternden Eltern. Er arbeitete als Grundschullehrer an einer Schule in der Innenstadt und erwarb sich den Ruf eines strengen, aber gerechten Lehrers, besonders für Kinder, die Regeln und Strukturen brauchten. Schließlich fand er in einer streng religiösen Gemeinschaft Freunde, und dies war meinen Eltern ein Trost, als sie sich damit abgefunden hatten, daß er nicht heiratete. Es beruhigte sie zu wissen, daß er in seiner Arbeit aufging und verläßliche Freunde gefunden hatte. Ich berichte hier so ausführlich über die langfristige Anpassung meines Bruders, weil ich glaube, man muß auch anderen „leicht Schizophrenen" Aufmerksamkeit zollen, die unglücklich sind und ihren Angehörigen Kummer machen, es aber schaffen, ein Leben ohne Behandlung und ohne offizielle Diagnose zu führen. Mein Bruder diagnostizierte sich schließlich selbst. Seine Wut ließ nach, als er sich nicht mehr so sehr von seinem wahnhaften Denken beherrschen ließ. Er betrachtete mich oder meinen Mann nicht mehr als böse Menschen. Er offenbarte uns seine Selbstdiagnose, als meine Tochter psychotisch wurde.

Mein Bruder wollte helfen und erzählte mir, daß ihm aufgefallen war, daß sein eigenes Denken weniger schwierig wurde, als er wegen einer anderen Erkrankung Medikamente nahm. Er schilderte mir, wie er seine Stimme zurechtwies, wenn sie Ärger machte: „Wenn du nichts Vernünftiges zu sagen hast, dann halt den Rand!" Vor seiner Enthüllung hatte ich mir noch keine endgültige Meinung über sein Problem gebildet. Ich dachte schon an Schizophrenie, wenn er sich mir gegenüber ohne Grund vorwurfsvoll und strafend verhielt, glaubte aber eher an eine zwanghafte Störung, wenn seine Vorwürfe irgendeine reale Grundlage hatten. Auf jeden Fall ermutigte er meinen Mann und mich aufgrund seiner eigenen Erfahrungen, unsere Tochter während ihres

Wahnerlebens weiterhin einfühlsam zu stützen, und betonte, wie notwendig es sei, ihr Hoffnung und Ermutigung zu vermitteln. So hat die Familie über Jahre des Schmerzes, des Wahnsinns und der Verwirrung aus- und zusammengehalten, und auch die kommenden Jahre versprechen einiges an einfachen Familienkontakten und -freuden.

Genauso wie ich lange Zeit die Diagnose nicht erkannte, entgingen mir auch die ursächlichen Zusammenhänge. Obwohl ich meine Eltern liebte, war ich auch von der damaligen Denkweise beeinflußt, und in meinem tiefsten Innern gab ich ihnen die Schuld. Jetzt weiß ich, daß das Zusammenleben mit einem psychisch gestörten Sohn diese von Natur aus sanftmütigen und vorsichtigen Menschen immer ängstlicher gemacht hat. Zu jener Zeit schenkte man den Bemerkungen von Nachbarn und Freunden nur allzu leicht Glauben, daß die Probleme meines Bruders von der Unsicherheit meiner Eltern und ihrem unsinnigen Nachgeben vor seinen Wutausbrüchen kämen. Heute neigen einige Familientherapeuten dieser Einstellung gefährlich zu; sie vertreten die Theorie, der Schizophrene sei der „als Patient Identifizierte" [Cooper 1972], der die Pathologie der übrigen Familie ausagiert. Auf bestimmte Fällen mag diese Theorie zutreffen, doch sie setzt sich völlig gefühllos über die unvermeidlichen Veränderungen hinweg, die sich in Familien mit einem psychisch kranken Mitglied vollziehen. Wie auch immer, ich nahm mir jedenfalls schon als junger Mensch fest vor, später als Mutter weder ein Kind zu vernachlässigen noch das andere zu verwöhnen, und ich war entschlossen, fröhlicher zu leben. Gute Vorsätze – aber keine Versicherung gegen eine biologische oder genetische Katastrophe.

Wenn ich meine Geschichte betrachte, ist klar, warum eine Arbeit mit gestörten Menschen für mich attraktiv war und warum ich mir wünschte, selbst eine glückliche, gesunde Familie zu haben. Alles lief gut, und mein Mann und ich sahen der Zukunft unserer Kinder zuversichtlich entgegen, als sie klein waren. Ich wußte natürlich, daß es das perfekte Kind nicht gibt und daß man im Leben immer Schmerz und Schwierigkeiten durchstehen muß. Als sich daher unser zweites Kind, Susan, als ungewöhnlich stilles Baby und später als scheues Kleinkind erwies, nahm ich diese Eigenschaften eben als Teil ihres, nur ihr eigenen Wesens. Wenn andere Menschen ihr weniger Aufmerksamkeit zuwandten als ihrem älteren Bruder, der mehr aus sich herausging, wunderte ich mich und liebte sie umso zärtlicher. In der Rückschau merke ich, daß ich schon sehr früh versuchte, die Kluft zwischen ihr und der übrigen Welt zu überbrücken, indem ich sie mehr beachtete, mich mehr mit ihr beschäftigte und sie mehr beschützte. So gewöhnte ich mich langsam und ganz natürlich an ihre Art und fühlte mich verantwortlich für ihr Glück. Trotz ihrer frühen Zurückhaltung war sie mit sieben oder acht zu einem willensstarken und aufgeweckten Kind geworden. Sie war eine glänzende Schülerin, las begierig und war gut in allerlei Sportarten. Bei all dem fiel es ihr immer noch schwer, Freundschaften zu schließen. Sie war schüchtern, leicht verletzbar, dennoch kritisch und streitbar. Wir glaubten, sie würde irgendwann ein oder zwei ganz besondere Freunde oder Freundinnen finden, und wir spielten ihre pedantischen Streitereien in der Überzeugung herunter, sie habe eben ausgeprägte Standpunkte und sei unabhängig. Im Spaß sagten wir, sie sei die geborene Rechtsanwältin.

In der High School wurde Susan etwas zugänglicher. Mit ihrer Intelligenz und ihrem lebhaften Interesse an Ideen und Aktionen zog sie potentielle Freunde an. Doch sie war immer noch leicht verletzbar, und ihre Beziehungen verliefen unausgeglichen und stürmisch. Es war eine Zeit voll Verwirrung und Streß auch für mich. Obwohl sie immer zu mir kam, wenn sie, in Tränen aufgelöst, Trost brauchte, fiel mir allmählich auf, daß die Wärme und die Wechselseitigkeit fehlte. Es war nicht mehr so wie früher zwischen uns. Die Beziehung war aus dem Gleichgewicht, und das Leben mit meiner Tochter wurde emotional belastend. Immer noch hielt ich mich an der Binsenweisheit fest, Susan sei nur in der Pubertät und ich eine überbesorgte Mutter. Als Susan 15 wurde, nahmen wir schließlich eine therapeutische Beratung in Anspruch, weil ein neues Symptom aufgetaucht war: Sie hatte Schwierigkeiten mit schriftlichen Arbeiten. Ein- oder zweimal bemerkte sie, daß sie glaube, verrückt zu werden, weil sie nicht denken könne. Das lag außerhalb meiner Vorstellungskraft, und ich versicherte ihr, daß die meisten Jugendlichen solche Ängste hätten. Offenbar lag das auch für den Psychiater außerhalb des Möglichen, da er andeutete, Susan hätte Probleme mit ihrem Selbstwertgefühl, und mir empfahl, stärker auf Distanz zu gehen. Ich befolgte nicht nur seinen Rat, sondern achtete auch sorgfältig darauf, mich aus dem Behandlungsprozeß bei ihm und später bei dem Psychiater am College herauszuhalten. Im College ging es weiter mit Susans Hochs und Tiefs: Sie warf sich in Beziehungen hinein, wurde schmerzlich enttäuscht und hatte Probleme bei schriftlichen Arbeiten. Im Nachhinein meine ich, daß das, was die beiden Psychiater an Gutem getan haben mögen, nicht durch ihre aufdeckende Therapie bewirkt wurde, sondern durch die menschliche Beziehung und Unterstützung. Susan brach das College im dritten Jahr ab, und erst nach ihrem ersten psychotischen Zusammenbruch zwei Jahre später erkannten wir, daß sie schizophren war. In der Rückschau glaube ich, daß es schon viel früher Anzeichen gab. Jetzt begegne ich manchen leicht dahingesagten Behauptungen über die „normale Pubertät" mit Mißtrauen. Ich mißtraue auch der Theorie, Schizophreniefrüherkennung sei nachteilig und führe notwendig zu sich selbst erfüllenden Prophezeiungen. Was ist mit der Fehldiagnose von Neurosen? Auf welchem anderen Gebiet gilt Ahnungslosigkeit als Vorteil? Da scheint mir doch das Argument mindestens ebenso einsichtig, daß die Früherkennung von Risikokindern zu früh einsetzender und angemessenerer Hilfe führen kann. Ich bedaure insbesondere, daß ich dem professionellen Rat gefolgt bin und mich in ihrer Pubertät distanzierte. Schizophrene leiden sowieso schon an zu großer innerer Distanz.

Es bleiben noch viele andere Vorgänge zu klären. War beispielsweise das bevormundende und streitsüchtige Wesen meines Bruders ein Warnzeichen? Wenn solche Züge mit Schüchternheit verbunden sind, könnte man das dann so deuten, daß die Betroffenen zuerst versuchen, andere dazu zu bringen, ihre atypischen Wahrnehmungen zu teilen, sich dann verletzt fühlen und sich wütend zurückziehen, wenn ihnen das nicht gelingt?

Susan wurde mit 23 kataton und führte ein Nomadenleben. Nach Eingreifen eines Polizisten wurde sie in eine Klinik eingeliefert, doch entgegen ärztlichem Rat entlassen, als ein Patientenanwalt sie über ihre Rechte informierte. Wir atmeten erleichtert auf, als sie die drei Tage im Krankenhaus war, weil wir glaubten, dort würde ihr geholfen. Man setzte uns zum selben Zeitpunkt von der Diagnose „Schizophrenie" in Kenntnis, als sie entlassen wurde, und waren natürlich entsetzt über die vorzeitige Entlassung. Susan zog anderthalb Jahre lang durch mehrere Städte, lebte auf der Straße und in Asylen oder platzte bei Freunden herein. Alle paar Wochen meldete sie sich, manchmal telefonisch, mit fantastischen Vorwürfen und Drohungen. Wenn sie ab und an nach Hause kam, versuchten wir, uns um sie zu kümmern und ihr zu helfen; wir schlugen ihr eine psychiatrische Behandlung vor, hatten jedoch Angst, sie zu sehr unter Druck zu setzen. Die eine Gelegenheit, bei der wir uns auf die Hinterfüße stellten, endete in einem gewalttätigen Eklat und Flucht. Ihre zweite katatone Episode trat gottseidank während eines Besuches zu Hause ein, daher waren wir vorbereitet. Diesmal sorgten wir dafür, daß sie sich in eine Klinik in der Nähe bringen ließ, und hatten schon einen Psychiater ausgesucht. Die Medikation löste ihre Starre und ihr wahnhaftes Denken. Sie wurde warmherziger und offener als seit Jahren. Susan kam in ein Rehabilitationszentrum, und sie genoß die Gruppentherapie und die Kontakte zum Personal. Wir schöpften wieder Hoffnung. Aber obwohl sie sich einen Monat lang mit den Nebenwirkungen – zwanghaftes Umhergehen – abgefunden hatte, brach sie plötzlich die Medikation abrupt ab, und alle Fortschritte waren dahin. Sie nahm ihr Vagabundenleben wieder auf. Immer noch hofften wir, die Sache in den Griff zu bekommen und daß sie aufgrund ihrer positiven Erfahrungen freiwillig Hilfe suchen würde. Wir hatten noch nicht verstanden, wie schrecklich das gestörte Denken zuschlägt. So saßen wir mit Susan auf einem Karussell: Zwangseinweisung, vorzeitige Entlassung mit der „Hilfe" eines Patientenanwalts, weiteres selbstzerstörerisches Verhalten, Hilfeschreie und chaotische Besuche zu Hause.

Wir wissen nicht, ob sie jemals Hilfe annehmen oder ein erträgliches Leben führen wird. Doch trotzdem müssen wir unser Leben weiterleben. Wir tun dies um unseretwillen, füreinander und für unseren Sohn. So wie es aussieht, wird er sein Leben lang eine zusätzliche Verantwortung tragen, und wir möchten ihn nicht auch noch belasten. Ich glaube, daß ich um meines gesunden Sohnes willen, der nur das übliche Maß menschlichen Leides erfahren hat, und um meiner Tochter willen, die in fast ständigem Leid lebt, weiterleben muß, so gut ich kann. Man muß nach Alternativen und auch Freuden suchen, wenn auch nur am Rande einer alles beherrschenden Tragödie. Ich merke über dem Schreiben, daß ich mir dies immer wieder selber sage, und das schon seit meiner Kindheit, als ich als Kind Zeuge der Qualen meines Vaters wegen seines schizophrenen Bruders und seines schizophrenen Sohnes wurde.

7. Ist Schizophrenie psychologisch übertragbar?

Die in den beiden vorigen Kapiteln dargestellten und diskutierten Daten sprechen <u>deutlich für wie auch immer geartete genetische Faktoren in der Ätiologie der Schizophrenie</u>. Nun könnten Kritiker und Skeptiker einwenden, daß diese Daten durch eine Art umweltbedingte „Ansteckung" zu erklären seien. Der Vektor oder Überträger dieser Ansteckung könne irgendein innerfamiliäres, psychologisches Phänomen sein, etwa die Anwesenheit einer sogenannten schizophrenogenen Mutter oder der affektive Stil (die ausgedrückten Einstellungen) oder die abweichende Kommunikation zwischen scheinbar normalen Eltern und zwischen derartigen Eltern und *manchen* ihrer Kinder. Da das <u>Erkrankungsalter bei der Schizophrenie von der Pubertät bis zur Mitte des sechsten Lebensjahrzehnts reicht</u>, müsse der Vektor wie eine Zeitbombe funktionieren, etwa in der Art langsamer Viren, die bei einigen körperlichen Krankheiten eine Rolle spielen; ein Beispiel dafür ist die Enzephalopathie Kuru, die sogar ein familiäres Übertragungsmuster aufweist. Wie in Kapitel 1 erwähnt, vertreten auch einige seriöse Wissenschaftler, etwa Edward Hare, Fuller Torrey und Tim Crow, <u>Virustheorien der Ätiologie der Schizophrenie</u>. David King und Stephen Cooper (1989) stellen in ihrem kürzlich erschienenen Übersichtsartikel fest, daß es sehr wichtig sei, <u>Viren als Ursache psychischer Störungen und beeinträchtigte Immunfunktion, die aus dem Streß des psychisch Krankseins</u> folgt, auseinanderzuhalten; weder psychiatrisches Pflegepersonal noch Ehegatten von Schizophrenen weisen erhöhte Schizophrenieraten auf.

Triftige Argumente dafür, daß die Familie als Familie zu den Ursachen von Psychopathologien beiträgt, können bis auf den 1926 veröffentlichten Artikel des Soziologen Ernest Burgess mit dem Titel „Die Familie als Einheit interagierender Persönlichkeiten" zurückverfolgt werden. 1928 führte kein geringerer als Ludwig von Bertalanffy (1901 bis 1972) – Biochemiker und außergewöhnlicher Wissenschaftsphilosoph – eine „organismische" oder einheitswissenschaftliche Methode zur Untersuchung biologischer Probleme ein, gewissermaßen als Reaktion auf die Überbetonung des Reduktionismus in den Biowissenschaften seiner Zeit; sein Ansatz wurde dann als *allgemeine System-*

theorie bezeichnet. Dieser Paradigmenwechsel erhielt in den 50er Jahren weiteren Auftrieb durch Gregory Bateson, dem Kulturanthopologen in Palo Alto, der stark von Zen-Buddhismus und den Vorstellungen Claude Shannons und Norbert Weiners (Mathematiker/Informationstheoriespezialisten) über Computertechnologie, Kybernetik und elektronische Kommunikation beeinflußt war. Bateson formulierte gemeinsam mit Don Jackson, Jay Haley und John Weakland auf der Grundlage dieser Vorstellungen eine einflußreiche Theorie über die Ursachen der Schizophrenie: die „double bind-Hypothese" der gestörten Kommunikation. Ihrer Ansicht nach resultierte Schizophrenie aus der pathogenen Kommunikation in einer Familie, in der es den Kindern nicht gelingt, widersprüchliche Bedeutungsgehalte in den Botschaften ihrer Eltern miteinander in Einklang zu bringen; 1956 war eine neue Bewegung entstanden (ein umfassender Überblick findet sich in: Jacob, T. *Family Interaction and Psychopathology: Theories, Methodes and Findings* 1986).

Die Konstruktion von Versuchsanordnungen zur Prüfung derartiger Vorstellungen ist sehr schwierig. Eine wichtige Zugangsmöglichkeit jedoch bietet die Untersuchung der Nachkommen schizophrener Mütter und Väter, die bei Adoptiveltern aufwuchsen; da diese nach psychischer Gesundheit ausgewählt wurden, dürften sie nur mit geringer Wahrscheinlichkeit abweichende Kommunikationsstile aufweisen.

Adoptionsstudien

Wenn die Eltern, die ihren Kindern ihr Genmaterial vererben, nicht identisch sind mit denen, bei denen sie aufwachsen, so bietet diese Situation eine Gelegenheit zur Aufschlüsselung der genetischen und milieuerfahrungsbedingten Faktoren, die eine Person zu einer späteren Schizophrenie disponieren. Die traditionellen Familienstudien der Schizophrenie haben bereits gezeigt, daß die Kinder von Patienten in der Tat ein hohes Risiko tragen, dieselbe Störung zu entwickeln; es liegt 13mal höher als das der Allgemeinbevölkerung. In Adoptionsstudien der Schizophrenie vermitteln die leiblichen Eltern, von denen einer schizophren ist, dem betreffenden Adoptivkind sein oder ihr Genmaterial (und die pränatale Umwelt); die Umwelt, in der das Kind aufwächst und Erfahrungen macht, vermitteln dagegen Adoptiveltern, die durch persönliche Befragungen und Überprüfung der Krankenakten nach Kriterien wie psychische Gesundheit und ökonomische Sicherheit ausgewählt wurden. Auf den ersten Blick dividiert ein derartiges Arrangement Anlage und Umwelt auseinander und gestattet eine nähere Untersuchung beider möglicher Ursachenkategorien. Im Idealfall müßten methodisch durchdachte Adoptionsstudien die erbtheoretische Interpretation der beobachteten Familiarität der Schizophrenie bestätigen oder derartige Interpretationen zugunsten einer psychologischen (oder sogar infektiösen) Ansteckung entkräften können.

Es gibt vier Variationen der Adoptionsstrategie. Die erste und meistverwendete betrachtete die erwachsenen, wegadoptierten Nachkommen leiblicher Eltern (Mütter und manchmal Väter), die bekanntermaßen als schizophren diagnostiziert sind oder waren. Die zweite Form beginnt bei erwachsenen Adoptierten, die als schizophren diagnostiziert wurden, und wertet dann die gegenwärtige und vergangene psychiatrische Verfassung ihrer biologischen *und* ihrer Adoptivfamilie aus. Die dritte Variation könnte man als reverse Adoptionsstudie (*cross-fostering*) bezeichnen; sie ist sehr schwierig durchzuführen. Die Arbeit geht von den Kindern normaler Eltern (oder zumindest solcher ohne psychiatrische Vorgeschichte) aus; diese wurden in Familien hineinadoptiert, in denen ein Adoptivelternteil sich zum Zeitpunkt der Adoption in den Grenzen des psychologisch Normalen bewegte und später als schizophren diagnostiziert wurde. Der letzte Ansatz, zu dem bis jetzt noch keine zu Ende gebrachten Beispiele vorliegen, untersucht in Prospektiv- oder Längsschnittstudien die wegadoptierten Kinder Schizophrener und ihre Adoptiveltern sowie die physische und emotionale Umwelt, denen die Kinder in ihren Adoptivfamilien ausgesetzt sind. Wenn dann entsprechend viele Adoptivkinder schizophren geworden sind, kann man deren Familien und Milieuerfahrungen mit denen der noch gesunden Adoptivkinder vergleichen und so die ursächlichen und auslösenden Ereignisse für die Schizophrenie sowie die Schutzfaktoren bestimmen.

Implizit steckt in diesen Ansätzen die Frage, ob die Existenz eines schizophrenen Elternteils ein relevanter *Umweltfaktor* ist, wenn einer seiner (oder ihrer) Nachkommen eine Schizophrenie entwickelt. Führt das bloße Vorhandensein eines solchen „Pathogens" zu denjenigen Belastungen, widersprüchlichen Botschaften, negativ ausgedrückten Emotionen, gestörten Ehen, Kommunikationsstörungen und so weiter, die bei den „Opfern" angeblich eine Schizophrenie auslösen? Wäre dem so, könnten wir erwarten, daß Kinder, die durch Adoption aus solchen Familien herauskommen, ein niedrigeres Risiko tragen als die durchschnittlich 13 Prozent, das man gewöhnlich bei den Kindern von Schizophrenen, die zu Hause aufwachsen, beobachtet (siehe Kapitel 5). Wir wissen, daß etwa 87 Prozent der Personen mit einem schizophrenen

Elternteil keine klinisch manifeste Schizophrenie entwickeln. Aus dieser Beobachtung allein erhellt, daß die bloße Anwesenheit eines kranken Elternteils als umweltbedingte Ursache von Schizophrenie nicht hinreicht; und weil nur etwa zehn Prozent aller Schizophrenen eine psychotische Mutter oder einen psychotischen Vater haben, ist ein derartiger Elternteil als genetische Ursache der Schizophrenie auch nicht notwendig.

Der einzige „experimentell" kontrollierte Umweltfaktor bei Adoptionsstrategien ist die postnatale An- oder Abwesenheit eines schizophrenen Elternteils, der das Kind aufzieht. Weil wir noch nicht wissen, *welche* Aspekte der Eltern-Kind-Beziehung in der Ereigniskette, die zu Schizophrenie führt, ursächlich oder förderlich sind, können wir diese Aspekte in den beiden Familienkategorien nicht direkt vergleichen. Mit den Ergebnissen der Adoptionsstudien können wir weder *allgemeine* Umweltfaktoren auf ihren Beitrag zur Schizophrenie hin beurteilen, noch die Bedeutung anderer psychosozialer oder ökologischer Faktoren als des einen kontrollierten für eine erste oder wiederholte Schizophrenieepisode ausschließen oder schmälern.

Die folgende Geschichte – mit einer Moral – illustriert die obige etwas gequälte Erklärung. Wir wissen heute, daß der Favismus, eine Form der hämolytischen (Blut-)Anämie, durch ein mutiertes Gen auf dem X-Chromosom verursacht wird. Die Krankheit ist im Mittelmeergebiet, insbesondere unter Griechen und Italienern, verbreitet. Sie bricht erst aus, wenn der Träger des mutierten Gens Favabohnen (Dicke Bohnen, Sau-, Puffbohnen) ißt oder mit dem Blütenstaub der Pflanze in Berührung kommt. Wenn nun jemand die Ursache des Favismus darin vermuten würde, daß die Söhne (die Störung ist geschlechtsgebunden) durch ihre „favogenen" Eltern bestimmten, unspezifischen, psychologischen Faktoren ausgesetzt seien, und eine Adoptionsstudie durchführen würde, so könnte sich dieser Wissenschaftler solange der Bestätigung seiner „favogenen" Hypothese freuen, solange die Jungen aus dem Mittelmeerraum in eine „bohnenfreie" Umwelt wegadoptiert würden. Unter den Adoptierten träte kein Favismus auf, doch in einer Kontrollgruppe, die in ihren eigenen, bohnenessenden Familien aufwüchse, kämen weiterhin Anämien vor. In diesem Fall sind sowohl das Gen als auch die Bohne nötig, und jede Erklärung, die nur auf einen Ursachenfaktor abhebt, ist falsch, weil sie die Interaktionshypothese nicht ins Kalkül zieht.

Die Adoptionsstudie von Heston in Oregon

Die erste veröffentlichte Adoptionsstudie zur Schizophrenie führte Leonard Heston (1966) durch, damals ein junger Assistenzarzt für Psychiatrie an der Universität von Oregon. Ohne Unterstützung durch Forschungsgelder brauste er in seinem Käfer kreuz und quer durch die Vereinigten Staaten und Kanada, bis er ein heute klassisches Ergebnis erzielt hatte. Ein Großteil seines Erfolgs beruhte darauf, daß ihm der damalige Senator Wayne Morse viele Türen öffnete und zahlreiche öffentliche Bedienstete ihn selbstlos unterstützten. Heston befragte die erwachsenen Nachkommen von 47 Frauen, die in den 30er Jahren in den psychiatrischen Landeskrankenhäusern Oregons die Diagnose „Dementia praecox" oder „Schizophrenie" erhalten hatten und deren dort geborene Kinder (entsprechend den damaligen Gesetzen) in den ersten drei Lebenstagen in ein Waisenhaus oder bei nichtmütterlichen Verwandten untergebracht wurden. Eine angemessene Kontrollgruppe bestand aus Kindern, deren Mütter nicht psychisch erkrankt waren, die jedoch ebenfalls in Pflegefamilien oder Heimen aufwuchsen. Gewöhnlich hatten diese Kinder ihre Mütter durch Tod verloren oder waren ausgesetzt worden. Die 50 Adoptierten der Kontrollgruppe und die 47 „Adoptivprobanden" entsprachen sich hinsichtlich Geschlecht, Unterbringungsart und Versorgung und wurden durchschnittlich bis zum Alter von 36 Jahren verfolgt. Keiner der Väter war als Patient in den psychiatrischen Landeskrankenhäusern Oregons gewesen, doch da die Mütter ihre Kinder während ihres stationären Aufenthalts zur Welt brachten, bezweifeln wir, daß die Väter allesamt Paradebeispiele für psychische Gesundheit und Charakterstärke waren. Heston hatte nach eigenem Bekunden vor Beginn seiner Adoptionsstudie erwartet, seine Ergebnisse würden zeigen, daß man die Risiken für die Kinder Schizophrener, die von ihren leiblichen Eltern aufgezogen wurden, übertrieben hatte.

Eine Zusammenfassung der Befunde und Ergebnisse führt Tabelle 7.1 auf. Fünf der 47 adoptierten Probanden wurden als Erwachsene schizophren (nach dem übereinstimmenden Urteil Hestons sowie zweier unabhängiger Kliniker im Blindversuch); bei keiner der 50 Kontrollpersonen erhob sich auch nur der Verdacht auf eine psychotische Erkrankung. Die 10,4 Prozent Prävalenz von Schizophrenie unter den wegadoptierten Nachkommen Schizophrener wächst nach der nötigen Alterskorrektur auf 16,6 Prozent. Die Rate für diese Kinder schwer psychotischer Mütter liegt leicht über dem in Abbildung 5.4 genannten Durchschnitt von 13 Prozent des altersbereinigten Risikos von Kindern, die von ihren leiblichen, schizophrenen Eltern aufgezogen wurden. Auf den ersten Blick hatte der Wechsel weg von einem schizophrenen Elternteil in eine „bessere" Umgebung keine „bessernde" Wirkung auf die Häufigkeit von Schizophrenie in der Stichprobe Hestons. Doch sehen wir uns die Umstände etwas näher an.

Die Mütter der Oregon-Studie waren alle schwer schizophren; dagegen reichten die Schizophrenien der in Abbildung 5.4 erfaßten Eltern von leicht bis schwer, und wir wissen aus den schon referierten Familien- und Zwillingsstudien, daß <u>ein größerer Schweregrad höhere Risiken voraussagt</u>. Der genetische Einfluß der Väter auf die bei ihren Nachkommen beobachtete Psychopathologie ist ungewiß, doch die Anzeichen für „soziopathische Persönlichkeiten" und andere Persönlichkeitsstörungen bei den Adoptierten kann sehr wohl auf einen väterlichen Beitrag hindeuten. Was wir brauchen – und auch in Kürze liefern werden –, ist eine Art Metaanalyse, die die Schizophrenierisiken von zu Hause aufgewachsenen Kindern Schizophrener aufgegliedert nach Schweregrad der Schizophrenie, Psychopathologie des anderen Elternteils und postnatalen Erfahrungen untersucht.

Tabelle 7.1: Adoptionsstudie von Heston in Oregon: katamnestischer Status von Kindern, die von ihren leiblichen, schizophrenen Müttern getrennt wurden

	Kinder schizophrener Mütter	Kinder normaler Mütter
Zahl der Adoptierten	47	50
Verhältnis Knaben:Mädchen	30:17	33:17
Durchschnittsalter	35,8	36,3
schizophrene Nachkommen	5	0
Morbiditätsrisiko (alterskorrigiert)	16,6%	0%
soziopathische Persönlichkeit	9	2
andere psychiatrische Störungen	13	7
geistige Behinderung (ausschließlich)	2	0
durchschnittliche psychologische Anpassung (100=höchster Wert)	65,2	80,1
durchschnittlicher IQ	94,0	103,7
durchschnittliche Schulbildung (Jahre)	11,6	13,4

nach Heston (1966).

Befunde aus Dänemark

Ohne die Replikation von Ergebnissen bekommen wir keine vertrauenswürdigen wissenschaftlichen Belege; es könnte sich bei den Daten aus Hestons Adoptionsstudie nur um zufällige oder nicht generalisierbare Befunde handeln. Aus Dänemark, wo ein ausgezeichnetes System nationaler Register besteht (das allerdings 1989 durch einen Brand in Mitleidenschaft gezogen wurde und dessen Existenz durch Interventionen von Bürgern, die sich um ihre Privatsphäre sorgen, bedroht ist), stammt eine Studie, die gegenüber der Adoptionsstudie Hestons insofern eine Verbesserung darstellt, als sie zusätzlich schizophrene Väter unter den Eltern von Adoptivkindern berücksichtigt. Das Projekt wurde gemeinsam von einem NIMH-Team (David Rosenthal, Seymour Kety und Paul Wender) und dänischen Wissenschaftlern (Joseph Welner, Fini Schulsinger und Bjørn Jacobsen) durchgeführt und stand 1967 der Dorado Beach Konferenz in Teilen zur Verfügung. Die Forscher gingen aus von einem nationalen Verzeichnis aller 14500 offiziellen, nicht innerfamiliären Adoptionen in Dänemark zwischen 1924 und 1947, beschränkten sich dann jedoch auf die 5500 Kinder, die im Großraum Kopenhagen wohnten. Dann glichen die Wissenschaftler die 10000 bekannten biologischen Eltern (25 Prozent der Väter konnten die Mütter nicht nennen) mit dem in Kapitel 5 erwähnten nationalen psychiatrischen Register ab, das 95 Prozent aller stationären Aufnahmen seit 1930 verzeichnet sowie etwas weniger vollständig (Dupont 1983) die Aufnahmen seit 1910. Als das Team mit seiner Arbeit begann, wurde das Verzeichnis, das die damalige Bevölkerung von 5,5 Millionen abdeckte, noch nicht elektronisch geführt; es wurde erst 1969 auf EDV umgestellt und erfaßt jetzt die Daten von 86 Einrichtungen mit 12000 Betten. Wissenschaftler können nach der Genehmigung der Überwachungsbehörden die gesamten Daten jedes einzelnen Psychiatriepatienten anfordern und auswerten, solange sie sich an die strengen Datenschutzrichtlinien halten.

Zu Beginn wurden 69 leibliche Mütter oder Väter aufgrund englischsprachiger Zusammenfassungen ihrer Krankendaten als psychotisch beurteilt. Ihre Kinder in einem Alter von 20 bis 52 stellten die Probanden dar; Kontrollpersonen waren ähnliche Adoptivkinder mit nichtregistrierten („normalen") Eltern. Zum Zeitpunkt des ersten Berichts hatten sich nur 39 Probanden und 47 Kontrollpersonen bereiterklärt, an einer zweitägigen, ausführlichen Untersuchung mit psychophysiologischen und psychologischen Tests sowie einem drei- bis vierstündigen Interview mit einem begabten, psychoanalytisch ausgebildeten, dänischen Kliniker, Joseph Welner, teilzunehmen. Der Leser kann die Einzelheiten der Studie den Originalberichten und ihren Fortsetzungen (Rosenthal et al. 1968, 1975, Lowing et al. 1983) entnehmen.

Nur 27 unter den Eltern der Adoptivprobanden waren „chronisch schizophren", während der jeweils andere Elternteil die Diagnose „akute" oder „Borderline-Schizophrenie" oder „manisch-depressive Psychose" hatte. Von den 39 adoptierten Kindern der Psychotiker wurden acht (21 Prozent) „blind" als Borderline-schizophren oder schwerer gestört („hartes Spektrum") diagnostiziert, und insgesamt 13 (33 Prozent) wiesen harte oder weiche Spektrumstörungen auf (das heißt einzelne, akute, schizophrene Episoden oder schizoide oder paranoide Persönlichkeiten). Die entsprechenden Psychopathologiezahlen in der Kontrollgruppe betrugen nach den klinischen Konsensurteilen des Teams zwei Prozent für harte Störungen und 15 Prozent für weiche. Dies sind Rohwerte der nicht altersbereinigten Prävalenzen und daher Unterschätzungen, weil im Prinzip alle Mitglieder der Stichprobe (35/39) zum Zeitpunkt der Untersuchung noch jünger als 45 Jahre waren (siehe Kapitel 2).

Wendet man die objektiveren Kriterien des DSM-III, die es zur Zeit der ersten Analysen noch nicht gab, auf die Rosenthal-Adoptionsstudie an, dürfte sich mit Sicherheit die Reliabilität erhöhen, jedoch *nicht* unbedingt die Validität der Ergebnisse. Nur einer der adoptierten Probanden war wegen Schizophrenie stationär behandelt worden, und nur zwei weitere erhielten die Diagnose aufgrund von nicht stationär behandelten Episoden, die offenbar schizophren gewesen waren; die übrigen beobachteten psychopathologischen Erscheinungen waren weniger schwer. Die Eltern der Adoptivkinder waren insgesamt weniger chronisch krank als Hestons Oregon-Stichprobe. Mit Hilfe der DSM-III-Kriterien werteten Patricia Lowing und ihre Kollegen (1983) von NIMH die Originaldaten der dänischen Stichprobe erneut aus und berichteten, daß 39 Eltern (27 Mütter und 12 Väter) die Kriterien für eine Schizophreniediagnose erfüllten, jedoch nur einer ihrer Nachkommen, was einer Prävalenz von nur 2,3 Prozent für die Nachkommen entspricht; keiner der Kontrollpersonen entsprach den Kriterien. Zehn weitere Probanden und vier Kontrolladoptivkinder erfüllten die Kriterien für eine schizotype (eine neue Kategorie, die früheren Beschreibungen der Borderline-Schizophrenie nahekommt) oder schizoide Persönlichkeit. Demnach beträgt die neue, kombinierte Rate für harte und weiche Spektrumstörungen 28 Prozent in der Probandengruppe und zehn Prozent in der Kontrollgruppe, Zahlen, die sowohl mit Hestons Studie als auch den früheren Berichten von Rosenthal und

Kollegen im wesentlichen übereinstimmen, auch wenn das absolute Ausmaß der Störung sich jeweils unterscheidet.

Die dänische Arbeit beseitigte einige Unklarheiten, die das Oregon-Projekt offen gelassen hatte. Die schizophrenen Probanden (Ausgangs-fälle) waren sowohl Väter als auch Mütter, so daß die Wahrscheinlich-keit sank, daß mit dem Schwangerschaftsverlauf zusammenhängende prä- und perinatale Faktoren signifikant zum Risiko der Nachkommen beitragen (das heißt, daß kein schizophrener Vater schwanger war!). Außerdem befanden sich unter den dänischen schizophrenen Eltern nur einige wenige, die sicher erkrankt waren, *bevor* ihre Kinder zur Adop-tion freigegeben wurden; die Adoptionsbehörden und die Adoptivel-tern konnten also hinsichtlich des Schicksals der Kinder keinen sich selbst erfüllenden Prophezeihungen aufsitzen, da sie von den psychi-schen Störungen der leiblichen Eltern nichts wußten.

Eine Metaanalyse des Risikos der Nachkommen

Versuchen wir jetzt herauszuarbeiten, wie genetische und schizospezi-fische Milieufaktoren gemeinsam zum Schizophrenierisiko der Nach-kommen beitragen. Aus dieser Analyse ergeben sich bedeutsame Implikationen sowohl für die theoretischen Auseinandersetzungen in der Schizophrenieforschung als auch für praktische Probleme, etwa bei Gerichtsverhandlungen und Pflegschaftsverfahren. Wie bereits festge-stellt, erwecken die Ergebnisse der Adoptionsstudien den Eindruck, die Trennung eines Kindes von seinen schizophrenen Eltern wirke sich *nicht* senkend auf das Schizophrenierisiko aus. Zwar haben wir gesehen, daß die Prävalenz für stationär behandlungsbedürftige Schizophrenie in der dänischen Studie nur 2,3 Prozent betrug, das altersbereinigte Risiko für in der leiblichen Familie aufgewachsene Kinder Schizophrener dagegen 13 Prozent (Abbildung 5.4); die wegadoptierten Kinder in Oregon wie-sen allerdings immer noch ein altersbereinigtes Risiko von 16,6 Prozent auf. Wie können wir diese Werte mit der Meinung in Einklang bringen, daß es *irgendetwas* am Risiko ausmachen muß, ob genetisch belastete Kinder in physischem und psychischem Chaos aufwachsen oder in einer Durchschnittsfamilie? Hier hilft uns eine Metaanalyse. Wir verwenden dabei Daten, die ursprünglich nicht zu einem derartigen Zweck erhoben wurden, doch in den Dienst eines „fast perfekten", quasiexperimentel-len Designs gestellt werden können.

Die 1938 publizierte Studie Kallmanns (siehe Kapitel 5) über die Familien von Schizophrenen, die er im ersten Drittel des Jahrhunderts untersucht hatte, ergab ein sehr breites Spektrum des Risikos der Nachkommen. Es variierte in Abhängigkeit von den elterlichen genetischen und psychosozialen Merkmalen, insbesondere jedoch von der Schwere ihrer Erkrankung, wie schon durch die Kraepelinsche Unterform angedeutet. Das gesamte Schizophrenierisiko der Nachkommen aller seiner Schizophrenen betrug 16 Prozent. Unter diesen Wert von 16 Prozent fielen jedoch einige Kinder, deren Eltern beide schizophren waren (eine Untergruppe mit einem Risiko von 46 Prozent), einige mit einem katatonen Elternteil (eine Untergruppe mit einem Risiko von 22 Prozent), einige mit einem paranoid schizophrenen Elternteil (eine Untergruppe mit einem Risiko von zehn Prozent) und so fort. Kallmann berechnete auch differenzierte Risiken, je nach dem, ob der nichtschizophrene Elternteil psychisch auffällig war oder nicht und ob es sich um eine formal legitimierte Beziehung handelte oder nicht (auf diese Weise identifizierte er lockere Verbindungen zwischen schizophrenen Frauen und soziopathischen Männern). Wir können demnach die Probanden für unsere Metaanalyse so auswählen, daß sie den Merkmalen der Eltern in Hestons Adoptionsstudie entsprechen; dort haben wir es *nur* mit schizophrenen Müttern zu tun, deren ursprüngliche Diagnose Dementia praecox (nach Kraepelin) oder Schizophrenie lautete, deren Beziehungen meist nicht formal legitimiert waren und deren Kinder unter weit besseren Umständen aufwuchsen, als wenn sie bei ihren psychotischen Müttern geblieben wären.

Tabelle 7.2 führt die jetzt berechenbaren Risiken auf, mit denen wir die Frage beantworten können, wie es sich auswirkt, wenn ein Kind mit einer genetischen Prädisposition zur Schizophrenie bei schizophrenen Eltern aufwächst. In der Berliner Stichprobe führte diese sowie uneheliche Geburt zu einem altersbereinigten Risiko der Nachkommen von 27 Prozent. Für die wegadoptierten Kinder mit ähnlichem elterlichem Hintergrund in Oregon betrug das Risiko nur 17 Prozent; wir sagen „nur", weil es noch viel höher hätte sein können. Die Verminderung des Risikos dadurch, daß das Kind aus einem „schizophrenogenen" Milieu herauskam und in einer Pflege- oder Adoptivfamilie aufwuchs, gibt die Tabelle mit 37 Prozent an; umgekehrt wäre das Risiko um 59 Prozent gestiegen, wäre das Kind bei seiner schizophrenen Mutter geblieben. Obwohl sich diese Metaanalyse etwas dichterische Freiheit herausnimmt (hoffentlich nicht soviel, daß der Leser sie kurzerhand zurückweist), illustriert sie sowohl das beträchtliche genetische Risiko für die Kinder von Schizophrenen, als auch den beträchtlichen umweltbedingten Risikozuwachs, wenn sie in ihrer leiblichen Familie bleiben oder nach einer Scheidung der Eltern weiter Kontakt zu ihrem schizophrenen Elternteil haben. Nach einem Diathese-Streß-Modell entscheiden erwartungsgemäß sowohl der Genotyp als auch das postnatale emotionale Klima über die beobachteten Ausgänge.

Die Adoptivfamilien schizophrener Adoptivkinder – die Kety-Studie

Die verschiedenen, bereits erwähnten dänischen Register können auch gegenläufig zur Heston-Rosenthal-Strategie eingesetzt werden – ausgehend von den schizophrenen Eltern verfolgt man das Schicksal ihrer wegadoptierten Nachkommen. Seymour Kety und eine Gruppe amerikanischer und dänischer Kollegen haben dies mit ihrer heute klassischen Studie bewiesen. Adoptivkinder, die als Erwachsene an Schizophrenie erkrankten, und Kontrolladoptivkinder, die gesund blieben, stellten den Ausgangspunkt der Untersuchung dar, und anschließend wurden ihre biologischen und ihre Adoptivfamilien näher erforscht. Dänische Psychiater führten Feldinterviews durch und durchsuchten die nationalen Register nach den biologischen und Adoptivverwandten von

Tabelle 7.2: Metaanalyse der Wirksamkeit familiärer Milieufaktoren bei Schizophrenie

Stichprobe	Art der Beziehung	Risiko der Kinder
zu Hause aufgewachsen (Kallmann) Landeskrankenhaus	schizophrene Mutter × männliche „Zufallsbekanntschaft"	27%
in Pflege-/Adoptivfamilie aufgewachsen (Heston) Landeskrankenhaus	schizophrene Mutter × männliche „Zufallsbekanntschaft"	17%

erhöhtes Risiko (%) durch schizophrene Mutter demnach	$= \dfrac{10}{17} = 59\%$
oder anders ausgedrückt, *erniedrigtes* Risiko durch Trennung von der Mutter	$= \dfrac{10}{27} = 37\%$

Schizophrenen, die selber eine deutliche Psychopathologie aufwiesen, insbesondere Schizophrenie und mutmaßliche Schizophreniespektrumstörungen. Die Ergebnisse der landesweiten Gesamtstichprobe von 14500 Adoptierten und einer Stichprobe von 5500 dieser Adoptierten aus dem Großraum Kopenhagen finden sich in der wissenschaftlichen Literatur, und die Schlußfolgerungen sind im wesentlichen unumstritten (Kety 1988). In der Kopenhagen-Stichprobe erschienen 33 Adoptierte, die als Erwachsene an Schizophrenie erkrankten, und 41 weitere fanden sich, als man die Suche auf das gesamte Land ausdehnte – ein Erfolg der Beharrlichkeit der Forscher und ein Beweis des Nutzens einer umfassenden, nationalen, psychiatrischen Statistik.

Nur bei den biologischen Verwandten schizophrener Adoptivkinder häuften sich signifikant Schizophrenien und Schizophreniespektrumstörungen; die Raten für die Adoptivverwandten, bei denen die Schizophrenen aufgewachsen waren, unterschieden sich nicht von denen der Kontrollgruppen für derartige Bedingungen. In der Kopenhagen-Stichprobe hatten 21,4 Prozent (37/173) der biologischen Verwandten und 5,4 Prozent (4/74) der Adoptivverwandten Spektrumstörungen (6,4 Prozent beziehungsweise 1,4 Prozent davon hatten eine sichere Schizophrenie). Es scheint eindeutig, daß die schizophrenen Adoptivkinder etwas von ihren biologischen, schizophrenen Eltern geerbt hatten, das ihre psychische Krankheit verursachte, denn die Adoptivfamilien, bei denen die schizophrenen Adoptivkinder aufgewachsen waren, wiesen viel niedrigere Schizophrenieraten auf.

Ein weiterer wichtiger Befund zu den Ursachen der Schizophrenie liefern die Analysen von 104 biologischen Halbgeschwistern der später schizophrenen Adoptivkinder, die Kety und seine Kollegen durchführten. Unter den 63 Halbgeschwistern der schizophrenen Adoptierten *väterlicherseits* hatten 12,7 Prozent eine sichere Schizophrenie, während unter den 41 Halbgeschwistern *mütterlicherseits* die Schizophrenierate 4,9 Prozent betrug. Da erstere weder dasselbe pränatale Milieu noch die frühe Mutter-Kind-Beziehung wie ein Schizophrener gehabt hatten, letztere dagegen wohl, weisen die Ergebnisse in die entgegengesetzte Richtung der Hypothese, daß Ereignisse während und kurz nach der Geburt für die Entwicklung einer späteren Schizophrenie eine wesentliche Rolle spielen.

1984 nahmen sich zwei junge amerikanische Psychiater, Kenneth Kendler und Allen Gruenberg, die gewaltige Aufgabe vor, das übersetzte, dänische Material über alle Adoptivkinder und diejenigen ihrer Verwandten, die interviewt worden waren, erneut durchzuarbeiten und auf der Grundlage der Kriterien des DSM-III neue, „objektivere", klinische Diagnosen zu erstellen. Die Notwendigkeit des Projekts ergab sich aus dem wachsenden Unbehagen daran, daß man früher klinische Kriterien verwendete, um den Grundsatz der Wirksamkeit von Erbfaktoren bei der Schizophrenie zu stützen. Eine Zusammenfassung ihrer Ergebnisse für die Kopenhagener Stichprobe zeigt Tabelle 7.3. Hervorzuheben ist, daß Schizophrenie oder Schizophreniespektrumstörungen unter den biologischen Verwandten schizophrener Adoptierter – die *sie nicht aufzogen* – insgesamt immer noch signifikant häufiger vorkommen als unter den Adoptivverwandten, von und bei denen sie aufgezogen *wurden.* Die ursprüngliche Interpretation bestätigte und erhärtete sich also: Genmaterial von schizophrenen Eltern trägt mehr zur Entstehung von Schizophrenie bei als die Erziehung durch diese biologischen Eltern.

Zwischen der ursprünglichen klinischen Forschungsarbeit in den 60er Jahren und der Anwendung objektiver Kriterien in den 80ern wurde das Schizophreniespektrum neu definiert und differenziert, so daß es nicht nur die DSM-III-Schizophrenie einschloß, sondern auch die schizoaffektive Psychose – hauptsächlich Schizophrenie –, die schizotype Persönlichkeit und die paranoide Persönlichkeit. Schizophreniforme Störungen (wie im DSM-III definiert) wurden in dieser erneuten Analyse aus dem Spektrum ausgeschlossen. Der beiläufig interessierte Leser braucht sich um derartige Details nicht übermäßig zu kümmern, doch angehende Forscher müssen ihnen gewissenhaft nachgehen, damit sie in zukünftigen Arbeiten, die auf diesen Grundlagen aufbauen, nicht fälschlicherweise von einer Bestätigung oder einer Widerlegung ausgehen. Die objektiven Kriterien des DSM-III ließen die urspünglich 34 schizophrenen Adoptivprobanden auf 19 Schizophreniespektrumfälle zusammenschmelzen, darüberhinaus wurden noch fünf weitere, die als schizophreniform bezeichnet worden waren, den Regeln zufolge ausgeschlossen. Nach einer derartigen Definition erhielten 22 Prozent der 69 biologischen Verwandten ersten und zweiten Grades (Eltern und Halbgeschwister) der Spektrumadoptivkinder (Ziffernreihe 2 der Tabelle 7.3) im Blindverfahren die Diagnose „Spektrumstörung", dagegen nur zwei Prozent der Verwandten der Kontrollpersonen; dieser Unterschied ist statistisch so reliabel, daß man die Klinik darauf verwetten könnte.

Zum ersten Mal können die altersbereinigten Lebenszeitmorbiditätsrisiken für Schizophrenie als solche in einer Adoptionsstudie berechnet und mit den in Abbildung 5.4 dargestellten Daten verglichen werden. Für Verwandte ersten Grades beträgt das Risiko 10,5 ± 9,9 Prozent (der Standardfehlerbalken der Statistik) und für Verwandte zweiten Grades

6,7 ± 6,5 Prozent; das liegt ausreichend nahe an den entsprechenden Schätzwerten gewöhnlicher Familienstudien, um konstatieren zu können, daß sie alle miteinander übereinstimmen.

Mit Hilfe dieser besonderen Abwandlung der Adoptionsstrategie können wir mit gutem Grund wiederum die Hypothese bestätigen, daß Schizophrenie offenbar durch die Interaktion oder Koaktion einer genetisch bedingten Anfälligkeit mit prä- und/oder postnatalen Streßfaktoren in der Umwelt entsteht. Der Streßfaktor muß nicht unbedingt eine „Spektrumperson" sein, da unter den Adoptiveltern diese Diagnose überhaupt nicht vorkam. Die Erbfaktoren sind wohl ziemlich spezifisch – die schizophrenen biologischen Eltern der Adoptivkinder vererbten ihnen kein erhöhtes Risiko für schwere affektive oder für wahnhafte Störungen. Wenn überhaupt etwas gegen die Befunde der Adoptionsstudien einzuwenden ist, dann daß sie den genetischen Faktoren bei der Verursachung der Schizophrenie zuviel Gewicht beimessen; die Ergebnisse müssen im Lichte der obigen Metaanalyse interpretiert werden. Diese versuchte, die Rolle des Schweregrades der Erkrankung bei den biologischen Eltern angemessen zu kontrollieren, um zu zeigen, daß ein günstiges Adoptivfamilienmilieu vorbelastete Nachkommen in der Tat vor dem Ausbruch einer Schizophrenie schützt und so ihr Risiko beträchtlich mindert – doch nicht beseitigt.

Tabelle 7.3: Ketys schizophrene und Kontrolladoptierte: Häufigkeit von Spektrumstörungen unter den leiblichen Verwandten (DSM-III-Diagnosen)

adoptierte			leibliche Verwandte						
			ersten Grades				zweiten Grades		
Diagnose	N	N	Schizo-phrenie	schizo-type Persön-lichkeits-störung	paranoide Persön-lichkeits-störung	N	Schizo-phrenie	schizo-type Persön-lichkeits-störung	paranoide Persön-lichkeits-störung
Schizophrenie	13	10	1	2	1	25	1	3	1
Schizophrenie-spektrum*	19	17	1	3	2	52	2	6	1
gescreente Kontrollpersonen	24	31	0	0	0	60	0	0	0
alle Kontrollpersonen	34	47	0	1	0	90	0	1	1

nach Kendler und Gruenberg (1984).
* Schizophreniespektrum (13 + 6) umfaßt Schizophrenie, schizotype Persönlichkeitsstörungen, schizoaffektiv-schizophrener Typus und paranoide Persönlichkeitsstörung.

Wenders Arbeit zur reversen Adoption

In der Geschichte der psychiatrischen Genetik ermöglicht bisher nur das dänische Dokumentationssystem das ungewöhnliche Untersuchungsverfahren von Paul Wender (1974) und dem oben beschriebenen dänisch-amerikanischen Team. Ohne eigenes Verschulden oder einen Fehler der gewissenhaften Adoptionsbehörden werden manchmal Kinder anscheinend normaler Eltern von zum entsprechenden Zeitpunkt normalen Familien adoptiert, und die Adoptivmutter oder der Adoptivvater entwickeln später eine schizophrene Störung. In der Stichprobe der 5500 Adoptivkinder aus dem Großraum Kopenhagen geschah dies 28mal. Das Risiko für Schizophreniespektrumstörungen in einer solchen einzigartigen Stichprobe stellt einen sehr direkten Test für Hypothesen dar, die einen Einfluß sogenannter schizophrenogener Mütter oder Ähnliches postulieren. Sollte irgendeine dieser Hypothesen stichhaltig sein, müßte ein hoher Prozentsatz der Kinder von normalen Eltern, die bei Schizophrenen aufwachsen, deutliche Psychopathologien entwickeln. Von den 28 revers adoptierten Probanden wiesen drei (10,7 Prozent) Anzeichen einer Borderline-Schizophrenie oder einer schwereren, schizophrenieähnlichen Psychopathologie auf. Diese Stichprobe der 28 Kinder wurde um diejenigen bereinigt, die schon vor der Adoption auffällig gewesen waren (beispielsweise an angeborener Syphilis litten) oder einen leiblichen Elternteil mit einer anderen psychiatrischen Diagnose als Schizophrenie hatten. Dadurch verkleinerte sich die Probandenzahl auf 21, und die Rate der Spektrumstörungen fiel auf 4,8 Prozent. Wie verträgt sich diese Rate mit der bei Kindern von Schizophrenen, die von normalen Eltern adoptiert wurden (siehe die Rosenthal-Studie)? Wender nennt eine Häufigkeit von 18,8 Prozent harter Spektrumdiagnosen nach denselben Kriterien, die die viel niedrigere Rate von 4,8 Prozent ergeben hatten. Jedoch nur neun der 28 ursprünglichen Adoptiveltern, die schizophren wurden, hatten die Diagnose „chronische Schizophrenie"; die übrigen litten an einer weniger schweren Erkrankung. Diese Tatsachen schwächen den Test etwas, doch alles in allem scheint es, daß beim Fehlen einer genetischen Prädisposition (was daraus zu schließen ist, daß die Kinder von normalen Eltern abstammten) „schizophrenes Elternverhalten" kein wirksamer Faktor ist. Andererseits begrenzte eine vorhandene genetische Prädisposition (die sich daraus ergibt, daß zumindest ein leiblicher Elternteil schizophren war) die Schutzwirkung von normalen Adoptiveltern vor einer späteren Schizophrenie. Die oben dargestellte Metaanalyse differenziert diese allgemeinen, vereinfachenden und vorläufigen Feststellungen. Legte man die DSM-III-Kriterien an die Daten dieser Studie an, würde dies zweifelsohne den Beweisgehalt dieser Ergebnisse, die komplementär zu den beiden anderen dänischen Adoptionsstudien und der Oregon-Studie sind, verringern, jedoch nicht zunichte machen.

Adoptionsstudien in Finnland

Die oben beschriebenen Adoptionsstudien konnten nur retrospektiv verfahren, und sie konzentrierten sich auf die Endzustände der Adoptierten. Zudem war der letztendliche Anteil von sicher Schizophrenen an den verschiedenen Zielgruppen der Adoptionsstudien in Oregon und Dänemark zu klein, als daß sie definitive, verläßliche Ergebnisse hätten erbringen können. Könnte man die mit der Adoptionsstrategie ermittelten, tatsächlichen Erziehungspraktiken und familiären Interaktionsstile prospektiv, also im Vorhinein erfassen und auf ihre Feinstrukturen analysieren, so würde sich ein beträchtlicher Teil der restlichen Unklarheit darüber auflösen, warum die Adoptierten so wurden, wie sie sind – krank beziehungsweise gesund. Ein derartig schwieriges Unterfangen wird gerade in Finnland ins Werk gesetzt, geleitet von dem bekannten finnischen Psychiater Pekka Tienari (zur Diskussion seiner Zwillingsstudie siehe Kapitel 6) und dem bedeutenden amerikanischen Psychiater und Psychologen Lyman Wynne in Zusammenarbeit mit einem Team finnischer Kollegen. Diese führenden Wissenschaftler vertreten psychodynamische und Familiensystemtheorien psychischer Störungen, machen jedoch vorsichtige Zugeständnisse an die notwendige Rolle genetischer Faktoren. Wynne und die klinische Psychologin Margaret Singer vertraten hinsichtlich der Schizophrenieursachen früh (1965) eine epigenetische Ansicht, in der sowohl prädisponierende, genetische Faktoren als auch elterliche Kommunikationsabweichung eine wichtige Rolle spielen.

Die Studie ging von einem Pool von 20000 schizophren und paranoid psychotischer Frauen aus, die sich in der landesweiten finnischen Stichprobe der zwischen 1960 und 1980 hospitalisierten Frauen fand. 171 davon hatten ihre 184 Nachkommen von Nichtverwandten adoptieren lassen, bevor die Kinder vier Jahre alt waren. In einem fallweisen Matchingverfahren nach bedeutsamen Variablen wurden auch Kontrollpersonen mit normalen Müttern ausgewählt. Sehr vorläufige Ergebnisse nur des retrospektiven Teils der Studie, in dem die über 16 Jahre alten Nachkommen untersucht wurden, bestätigen die amerikanischen und dänischen Ergebnisse hinsichtlich der Ausgänge. Unter den ersten bis-

her untersuchten 128 Probanden und Kontrollpersonen fanden sich
unter den wegadoptierten Nachkommen Schizophrener (weit definiert;
8/93 bei Verwendung der strengen RDC-Kriterien) zehn Psychotiker,
dagegen nur einer unter den wegadoptierten Nachkommen normaler
Kontrollpersonen. In diesem frühen Stadium des Projekts wäre eine
Alterskorrektur verfrüht.

Neu und aufregend ist – neben der Bestätigung der früheren Ergebnisse sogar durch nicht erbtheoretisch orientierte Forscher – die vorläufige Beobachtung, daß der psychische Gesundheitszustand der
Adoptivfamilien differenziert werden konnte. Die Daten stammten aus
klinischen Einstufungen der Kommunikationsstörung und der Beurteilungen der interpersonalen Dynamik innerhalb der Ehepaare, unter
anderem mit dem Rorschach-Test. Fünf der zehn psychotischen Adoptivprobanden und der eine Kontrollfall waren in Familien aufgewachsen, die die ungünstigste klinische Einstufung – „schwer gestört" –
erhielten; weitere drei psychotische Adoptierte kamen aus Adoptivfamilien, die als „mäßig gestört" beurteilt wurden. Natürlich gab es auch
eine Reihe anderer Adoptivkinder, die in ähnlich eingestuften Adotivfamilien nicht psychotisch wurden.

Die Diagnosen der zehn Psychotiker setzen sich aus sechs Schizophrenien, drei paranoiden Psychosen und einer manisch-depressiven
Psychose zusammen. Wenn die paranoide Psychose, auch als wahnhafte
Störung bezeichnet, genetisch nicht mit der Schizophrenie zusammenhängt (Schanda et al. 1983; Kendler et al. 1987), bestätigen die Anfangsergebnisse die früheren Studien immer noch, doch die Interpretation der Daten wird komplizierter. Wenn die weichen Daten dieses
Projekts und seines prospektiven Teils durch „blinde" Einschätzungen
der Bandmitschnitte (anfangs durfte nur ein Interviewer die Adoptivfamilien zu Hause besuchen) „gehärtet" werden und der Fachkritik zur
Verfügung stehen, könnten sie das Diathese-Streß-Modell der Ursprünge der Schizophrenie stützen, auf das wir in diesem Buch immer
wieder zurückkommen.

Der prospektive Teil der finnischen Adoptionsstudie muß sich der
weiterbestehenden Ungewißheit stellen, ob zukünftige Schizophrene
die beobachtete Kommunikationsstörung der Familie verursachen oder
ob die gestörte Familienkommunikation zu Schizophrenie führt. Kann
die Studie dieses Problem lösen, könnte sie auch die Grundlage liefern,
auf der die relevanten psychosozialen und ökologischen Streßfaktoren
im Diathese-Streß-Modell der Schizophrenie zu spezifizieren sind. Sie
würde damit die langgesuchte Informationsbasis für vernünftige Interventions- und Präventionsprogramme liefern.

Die Adoptionsbefunde im Überblick

Die umfassende Gene-plus-Umwelt-Hypothese der Schizophrenieursachen wird durch die Adoptionsstudien gestärkt. Sie zeigen, daß die familiäre Häufung im allgemeinen nicht auf eine gemeinsame Umwelt mit einem schizophrenen Elternteil oder einem anderen Schizophrenen zurückgeführt werden kann. Eine der bevorzugten Ansichten vor 1966 (als Hestons Adoptionsstudie und Gottesmans und Shields Zwillingsstudie auf der Grundlage objektiver Diagnosen publiziert wurden) bestand darin, daß in der Tat das Erbmaterial eines Schizophrenen eine Person zur Schizophrenie prädisponierte, doch daß der Überträger der Gene, der diese Person auch aufzog, zudem noch eine „schizophrenogene" Umwelt vermittele. Daß spezifisch schizophrenogene Umgebungen, die von schizophrenen Eltern geschaffen würden, notwendig und hinreichend seien, haben die Adoptionsbefunde widerlegt. Man erinnere sich nur daran, daß fast 90 Prozent aller Schizophrenen keine schizophrenen Eltern haben.

Aus der gegenwärtig laufenden, finnischen Studie und aus Arbeiten über andere innerfamiliäre Einflüsse (*expressed emotion* – EE, affektiver Stil etc.), die im nächsten Kapitel betrachtet werden, ergibt sich jedoch eindeutig, daß solche Einflüsse als Teil der komplexen Kausalkette, die entweder zur Entwicklung einer Schizophrenie oder zu Veränderungen in ihrem Verlauf führen, nicht auszuschließen sind. Doch derartige Faktoren sind nicht spezifisch für die Eltern von Schizophrenen, und solche Eltern müssen dieses Kreuz nicht länger auf sich nehmen. Die Ursachenfaktoren können durchaus denen in unserer Geschichte über die Favabohnen und die hämolytische Anämie ähneln; die Umweltfaktoren sind in manchen Umwelten weitverbreitet, führen jedoch zu einer Krankheit oder Störung *nur dann*, wenn sie mit einem besonders prädisponierten Genotyp wechselwirken.

8. Die Rolle psychosozialer und umweltbedingter Streßfaktoren

Erbtheoretische Studien und Schlüsse zu Ätiologie, Verlauf und Ausgang von Schizophrenie sind viel leichter zu bewerkstelligen als solche, die psychosoziale und physisch-umweltbedingte Faktoren nachweisen wollen. Das Wasser auf die Mühlen der einschlägigen Forschung ist ein äußerst spärliches Rinnsal, selbst wenn man an die wichtigen, wenn auch exotischen Varianten der Adoptionsstrategie aus dem vorangegangenen Kapitel denkt. Ereignisse, die während der zwei oder drei Lebensjahrzehnte vor dem Beginn der Schizophrenie auftraten – geschweige denn während der pränatalen Entwicklung –, verläßlich zurückzuverfolgen, ist so gut wie unmöglich, wenn solche Hilfsmittel wie nationale psychiatrische Register, obligatorische „Babytagebücher" und Verzeichnisse von Privatvideos fehlen.

Noch problematischer ist die Möglichkeit, daß Umwelteffekte das Leben eines Präschizophrenen nicht als Einzelereignisse beeinflussen, sondern kumulativ wirken; so sieht der oberflächliche Betrachter nur den sprichwörtlichen *einen* Tropfen, der das Faß zum Überlaufen bringt. Wie sich ein Ereignis auf eine Person auswirkt, hängt nicht nur davon ab, wie diese Person es wahrnimmt und welche Ereignisse ihm vorausgegangen sind, sondern auch davon, wann die Ereignisse eingetreten sind, sowie von der individuell unterschiedlichen Anfälligkeit dieser Person zu jedem dieser Zeitpunkte. Eine derartige Abfolge sich entfaltender Wechselwirkungen bezeichneten Margaret Singer und Lyman Wynne als *epigenetisch*, wie in Kapitel 7 erwähnt. Gottesman und Shields (1982) erweiterten den Begriff um die zeitlichen Veränderungen in der Konstitution einer Person (der Gesamtsumme ihres körperlichen Selbst), die mit dem Ein- und Abschalten von Genen als Reaktion auf Veränderungen des äußeren und/oder inneren Milieus einhergehen.

Es wäre ein Segen für die therapeutische Intervention, die Rehabilitation und die Prävention, wenn die systematische klinische Forschung einige Hauptfaktoren im psychosozialen oder ökologischen Kontext ausfindig machen könnte, die den Beginn von Schizophrenie verursachen oder fördern, eine Episode aufrechterhalten und Rezidive und Remissionen beeinflussen. Wahrscheinlicher ist, daß wir vielleicht endlich einsehen, daß zahlreiche, kleinere Faktoren so zusammenkommen (sich so verketten), daß sie eine schizophrene Episode auslösen oder verschlimmern. Vielleicht erfahren wir auch, daß bestimmte andere Faktoren allein oder miteinander kombiniert eine psychotische Episode entweder verhüten oder Dauer oder Schwere verringern. Auf derartige empirische Beobachtungen an sicher diagnostizierten Schizophrenen können wir unsere multifaktoriellen Anlage-plus-Umwelt-Modelle gründen, wobei uns die in den vorigen Kapiteln dargestellten Daten leiten können.

Sogar unter den bestmöglichen Umständen ist die Identifikation von universellen, bedeutsamen Umweltfaktoren in der Epigenese einer Krankheit oder Störung schwierig. In früheren Kapiteln zeigte sich, daß Faktoren der Makroebene wie Sozialschicht, Nationalität, Industrialisierungsgrad und Vorhandensein eines schizophrenen Elternteils als universelle Faktoren ausfallen. Der Tod durch Lungenkrebs illustriert exemplarisch die Identifikation eines Risikofaktors, der die Entwicklung einer Krankheit fördert. Die Sterberate an Lungenkrebs unter *nichtrauchenden*, britischen, männlichen Ärzten beträgt sieben auf 100000 Männer.

Unter Ärzten, die 20 oder mehr Zigaretten täglich rauchen, beträgt die Sterblichkeit 139 auf 100000 – eine Erhöhung des relativen Risikos um das 20fache. Wir haben Beruf und Sozialschicht sorgfältig kontrolliert; können wir jetzt sicher schließen, daß Zigarettenrauchen unweigerlich Lungenkrebs *verursacht*? Die große Mehrheit der Raucher stirbt nicht an Lungenkrebs, doch alle unvoreingenommenen Beobachter, insbesondere der Gesundheitsminister und die Steuer- und Versicherungsbeitragszahler, würden schließen, daß damit ein Hauptrisikofaktor – Tabakkonsum – identifiziert wurde, und zwar mit unmittelbaren Konsequenzen für die Prävention. Wie man sich denken kann, müssen individuelle Unterschiede in der Anfälligkeit für Lungenkrebs ebenfalls eine Rolle spielen. Aus dem relativen, 13fach beziehungsweise 48fach erhöhten Risiko für Schizophrenie der Nachkommen und der eineiigen Zwillingspartner von Schizophrenen (siehe Kapitel 6) könnte man auf bedeutsame Risikofaktoren schließen, doch wären diese Faktoren diesmal genetisch bedingt. Da jedoch die Mehrzahl dieser Nachkommen und Zwillingspartner *nicht* schizophren ist, spricht das wiederum für nichtgenetische Faktoren, die die Entwicklung von Schizophrenie fördern. Offensichtlich haben wir gerade erneut die Diathese-Streß-Theorie formuliert, die die Aufmerksamkeit genauso auf genetische Stärken und Schwächen wie auf günstige und ungünstige Umweltaspekte lenkt (siehe Abbildung 5.2). In Hinsicht auf die relative Wichtigkeit oder Wirksamkeit solcher Einflüsse hat es den Anschein, als sei das Erbe von 100 Prozent des Genmaterials eines Schizophrenen mehr als doppelt so bedeutsam für die Entstehung einer Schizophrenie als das Rauchen eines Päckchens Zigaretten täglich für den Tod durch Lungenkrebs.

Belastende Lebensereignisse

Es wurden bisher nur wenig Fortschritte erzielt, im Rahmen des Diathese-Streß-Modells eine Liste von Streßfaktoren zu erstellen, die mit dem erstmaligen oder erneuten Einsetzen einer schizophrenen Episode verbunden sind. Der Schluß liegt nahe, daß die mutmaßlichen Lebensereignisse idiosynkratisch sind; das heißt, was für den einen Präschizophrenen ein Streßfaktor sein kann, läuft an den anderen ab wie das sprichwörtliche Wasser, während bei jemandem ohne schizophrene Anlage genau derselbe Streßfaktor vielleicht Angst oder eine Depression auslöst oder auch völlig unbemerkt bleibt.

Der gesunde Menschenverstands würde vermuten, daß ein lebensbedrohliches Ereignis wie Verwicklung in kriegerische Auseinandersetzungen mit Sicherheit zu den Streßfaktoren zählt, die eine Prädisposition für Schizophrenie zum Ausbruch bringen können. Doch in diesem Falle irrt der gesunde Menschenverstand. Während der ersten beiden Monate der Normandie-Offensive beispielsweise richtete die amerikanische Armee in der Nähe der Brückenköpfe „exhaustion centers" (wörtlich: Erschöpfungszentren) ein, um den erwarteten Strom neuropsychiatrischer Ausfälle (die im ersten Weltkrieg sogenannten Kriegsneurosen) aufzufangen. Philip S. Wagner war der leitende Psychiater der Einheit, die 14 Tage nach dem Tag der Landung der alliierten Truppen in der Normandie zwölf Meilen landeinwärts von Omaha Beach eingerichtet wurde. Nach dem Krieg (1946) berichtete er über seine Erfahrungen. Innerhalb der ersten 48 Stunden nach Arbeitsbeginn des Zentrums wurden 275 Männer aufgenommen; viele warteten einfach an den Kontrollstellen, daß die Türen geöffnet würden. Innerhalb acht Wochen wurden 5203 neuropsychiatrische Fälle in nur diesem einen Zentrum behandelt, das in diesem Zeitraum vier bis acht Divisionen versorgte. Bemerkenswert ist, daß nur 66 dieser Fälle als schizophren diagnostiziert wurden – gerade 1,3 Prozent – und daß offenbar nur bei insgesamt 154 überhaupt eine Psychose vorlag. Bei der großen Mehrzahl der Fälle handelte es sich um Angstneurosen oder „unzulängliche Persönlichkeiten". Ähnliche Befunde wurden für die britische Armee während der Schlacht um Dünkirchen berichtet (Slater 1943). Es ist klar, daß katastrophaler, lebensbedrohlicher Streß, etwa bei kämpfenden Soldaten oder Zivilisten während Luftangriffen oder der Internierung in Konzentrationslagern, zu schweren psychiatrischen Problemen führen kann, die man heute als posttraumatische Belastungsstörungen bezeichnen würde, doch derartige Fälle werden offensichtlich nicht sehr häufig schizophren. Vielleicht sind die für Schizophrenie wirksamen Stressoren subtiler.

H. Steinberg und J. Durell (1968) untersuchten Freiwillige und Wehrpflichtige unter Friedensbedingungen, um die Hypothese zu testen, daß bei jungen Männern, die zum ersten Mal von ihrer Familie getrennt und der üblichen, unpersönlichen Härte des Wehrdienstes ausgesetzt sind, der Zwang zur Anpassung an die Bedingungen der Grundausbildung eine Schizophrenie auslösen könnte. Alle Männer hatten ein Screening durchlaufen, das ihre psychische Gesundheit sicherte. Die Hospitalisierungsrate wegen Schizophrenie war im ersten Monat der Dienstpflicht deutlich erhöht; sie lag sechsmal höher als im zweiten Dienstjahr. Der Effekt im ersten Monat war bei den Wehrpflichtigen ausgeprägter als bei den Freiwilligen. Eine sorgfältige Durchsicht der Akten ergab, daß diese Schizophreniefälle nicht einfach auf eine Psychopathologie zurückzuführen waren, die man bei der Eingangsuntersuchung übersehen hatte. Die Forscher kamen zu dem Schluß, daß „die Hypothese, die durch die Daten bestätigt wird, wie folgt lautet: Der emotionale Streß, der mit dem sozialen Anpassungsprozeß an den Militärdienst verknüpft ist, kann schizophrene Symptome induzieren" (S. 1103).

Klinische Erfahrungen mit einigen Patienten können oft zu dem nachhaltigen Eindruck führen, daß bestimmte Lebenserfahrungen oder -ereignisse für den Ausbruch der Schizophrenie eines bestimmten Patienten eine ursächliche Rolle gespielt haben. William Schofield, ein klinischer Psychologe an der medizinischen Fakultät der Universität von Minnesota, und Lucy Balian, damals fortgeschrittene Medizinstudentin, unterzogen derartige Mutmaßungen einer direkten Prüfung; sie führten genau dieselben Tiefeninterviews, mit denen man psychiatrische Patienten befragt, mit 150 psychiatrisch unauffälligen Personen durch. Die Probanden waren schwer körperlich kranke Patienten, die nicht aus psychologischen Gründen stationär aufgenommen worden waren. In einem Matchingverfahren nach einer Vielzahl demographischer Variablen (zum Beispiel Sozialschicht, Schulbildung, Familienstand) stellten die Autoren eine Gruppe von 178 Schizophrenen aus demselben Lehrkrankenhaus zusammen. Ganz erstaunlich war die Ähnlichkeit der Vorgeschichten derartig unterschiedlicher Gruppen.

Tabelle 8.1 beleuchtet einige der Befunde im Zusammenhang mit den Beziehungen der Eltern in der Ursprungsfamilie, den emotionalen Einstellungen der Mutter und solchen Umfeldbedingungen wie Armut, Scheidung und früher Tod eines Elternteils.

Von den 35 Hauptvariablen der frühen Vorgeschichte und des Anpassungsgrades, die die Interviews erfaßten, ergab ein Drittel keinen signifikanten Unterschied zwischen den Familien der Schizophrenen und denen der psychsich nicht Gestörten. Bei den 22 Variablen, bei denen ein reliabler Unterschied auftrat, zeigten fünf (23 Prozent), daß die nicht Gestörten *mehr* psychosoziale Benachteiligungen erfahren hatten als die Psychotiker. Obwohl mütterliche Zuneigung für die Mutter-Kind-Beziehungen der Schizophrenen weniger typisch war, berichteten immer noch zwei Drittel von ihnen über eine positive Erfahrung. Bedenkt man zudem die retrospektive Anlage der Studie, könnten ei-

Tabelle 8.1: Beziehungen zwischen Eltern und zur Mutter sowie
häusliche Umstände in den Vorgeschichten Normaler und Schizophrener

	Normale ($N \geq 144$)	Schizophrene ($N \geq 101$)	Unterschied statistisch signifikant?
Elternbeziehung			
Zuneigung	75,7%	76,2%	nein
Ambivalenz	6,3	5,9	nein
Gleichgültigkeit	0,7	1,9	nein
Feindseligkeit	17,4	15,8	nein
Mutter-Kind-Beziehung			
Zuneigung	81,3%	64,8%	ja
Ambivalenz	8,0	2,3	
Gleichgültigkeit	2,7	1,5	
Ablehnung	6,0	6,2	ja
Überfürsorglichkeit	0,7	13,2	
Dominanz	0,7	10,9	
Vernachlässigung	0,7	0,7	
häusliche Umstände			
Armut	20,7%	9,0%	ja
Alkoholismus	6,0	6,8	nein
Invalidität	12,7	0,6	ja
Scheidung	6,0	1,6	nein
Trennung	2,7	1,1	nein
Tod eines Elternteils	14,7	10,7	nein

nach Schofield und Balian (1959).

nige der berichteten pathologischen Befunde, etwa mütterliche Über-
fürsorglichkeit, eher die Folge als die Ursache früher Symptome einer
psychischen Störung gewesen sein. Die Schofield-Balian-Studie stellt
einen Großteil der allgemein anerkannten Überzeugungen von der
„Schizophrenogenität" vieler vorausgehender Ereignisse ernsthaft in
Frage; es bleiben jedoch noch genügend positive Befunde, so daß sich
weitere Forschungsarbeiten empfehlen. Die Tatsache, daß fast ein Viertel der nicht Gestörten „traumatische Erfahrungen" ohne katastrophale
Ausgänge berichtete, zeigt, wie nötig es ist, zusätzlich zu dem üblichen
Interesse an den Schwächen auch die Stärken einer Person zu untersuchen.

Nach einer lebenslangen Forschungstätigkeit zur Aufklärung dessen,
was mit eine Schizophrenen in den Wochen und Monaten vor der ersten
Episode oder einem Rückfall geschieht, kam Bruce Dohrenwend, ein
bedeutender, auf Epidemiologie und Psychopathologie spezialisierter
Sozialpsychologe der Columbia-Universität, 1987 zu folgender Schlußfolgerung: „Akuter umweltbedingter Streß durch Lebensereignisse
scheint als Risikofaktor für schizophrene Episoden nicht von primärer
Bedeutung zu sein. Vertraut man dem Ergebnis ohne weiteres, spricht
es dafür, sich bei der Suche nach umweltbedingten Ursachen stärker auf
schichtspezifische Sozialisationserfahrungen in ungünstigen Familienverhältnissen oder anderen frühen sozialen Umfeldern zu konzentrieren. Im Vergleich zu derartigen Faktoren scheinen akute, belastende
Lebensereignisse und Beziehungsgeflechte nur sekundäre und nachge-
ordnete, wenn auch nicht notwendig vernachlässigbare Bedeutung zu
haben" (S. 292).

Der „neue Trend" bei der Bewertung des Familieneinflusses

In dem obigen Zitat fordert Dohrenwend, andere Familienvariablen in
den Mittelpunkt zu stellen als die erste Generation psychoanalytisch
orientierter Familientheoretiker, etwa die im vorangegangenen Kapitel
erwähnten Bateson, Jackson oder Lidz. Mitte der 60er Jahre fand bei
vielen Familienforschern, die sich für nichtgenetische und nichtbiologi-
sche Aspekte der Schizophrenie interessierten, eine begriffliche Revolution statt; diese Umwälzung folgte auf die Langzeituntersuchungen
schizophrener Patienten, die die sozialpsychiatrische Abteilung des Medical Research Council (MRC) am Institute of Psychiatry in London

durchgeführt hatte. Die Untersuchungen leiteten George Brown, ein Soziologe mit anthropologischer Ausbildung, und seine psychiatrischen Kollegen John Wing, James Birley und Michael Rutter. Sie beobachteten, <u>daß entlassene schizophrene Patienten mit größerer Wahrscheinlichkeit bald wieder einen Rückfall erlitten, wenn sie in eine enge Beziehung zu ihren Eltern oder Ehegatten zurückkehrten</u>. Vermutlich wirkten <u>übermäßige emotionale Verstrickung</u> mit dem Patienten, <u>kritische Bemerkungen über ihn</u> und <u>durchgängige Feindseligkeit gegen</u> ihn in Richtung auf einen Rückfall zusammen. Die Forscher bezogen sich damit auf das von Leff und Vaughn (1985) geprägte Konzept der negativen *expressed emotion* (EE, etwa: Gefühlsäußerungen, emotionales Klima). Aufgrund der katamnestischen Studien konzentrierten sich die EE-Theoretiker und ihre Erben nicht auf die für das *erste* Auftreten von Schizophrenie verantwortlichen Faktoren, sondern vielmehr darauf, <u>welche Faktoren</u> diese bei einem Menschen, der bereits eine Schizophrenie entwickelt hat, wahrscheinlich verschlimmern (einen Rückfall verursachen) oder bessern (<u>einen Rückfall verhindern</u>). Trennt man die Fragen der Ätiologie von denen nach Einflüssen auf den Krankheitsverlauf, dann kann man den „Kalten Krieg" zwischen biogenetisch orientierten und psychosozial, familientheoretisch orientierten Forschern und Klinikern (siehe Rosenthal und Kety 1968; Wynne, Cromwell und Matthysse 1978) für beendet erklären; beide Seiten haben gesiegt, und das Fachgebiet braucht seinen speziellen „Marshall-Plan". Julian Leff, zur Zeit Vizedirektor der sozialpsychiatrischen Abteilung des MRC, und Christine Vaughn, Psychologin mit großer Erfahrung bei der Beurteilung der Familien von Schizophrenen, stellen in ihrem zusammenfassenden Buch über EE fest: „Der Gegensatz zwischen diesen beiden Fragen und ihren Implikationen erklärt, warum der nun verfolgte Gedankengang ... bis jetzt so viel produktiver war als die Arbeiten zur Ätiologie der Schizophrenie [der früheren Generation von Familientheoretikern]" (1985, S. 3). Manche Familienforscher bezeichnen die mutmaßlich wirkenden Variablen lieber als *hohe Kommunikationsdevianz* oder <u>*negativen affektiven Stil*</u>. Weitere Untersuchungen sind nötig, bevor klar ist, wie weit die Elemente <u>emotionales Klima</u>, <u>Kommunikationsdevianz</u> und <u>affektiver Stil</u> unabhängig voneinander sind oder sich überschneiden. Da die meisten Arbeiten sich mit EE beschäftigen, wird sie in diesem Kapitel als Prototyp eines psychosozialen Streßfaktors herausgestellt. Einen konzisen und kenntnisreichen Überblick über diesen und andere soziale Einflüsse auf die Schizophrenie bietet der Artikel von Paul Bebbington und Liz Kuiper (1988) vom Maudsley Hospital.

Brown gesteht in seiner Schilderung der Entwicklung der EE-Forschung, daß er von den Arbeiten von Faris und Dunham oder Hollingshead und Redlich (siehe Kapitel 4) nichts wußte und die psychiatrischen Arbeiten zur Ätiologie der Schizophrenie von seinen Kollegen am Maudsley Hospital nicht zur Kenntnis nahm; diese vertraten eine differenzierte Diathese-Streß-Theorie, das heißt eine genetische Prädisposition wird durch umweltbedingte Streßfaktoren verstärkt und/oder kommt durch sie zum Ausbruch (zu nennen sind hier etwa Eliot Slater und Martin Roth). Trotzdem fügt er hinzu: „Ich habe die umfassende Bedeutung des diagnostischen Etiketts Schizophrenie nie in Frage gestellt, auch nicht das Bestehen einer wichtigen genetischen Komponente, sondern [vielmehr] die Interpretationen, die dem diagnostischen Etikett übergestülpt wurden" (1985, S. 11).

Sehr beeindruckende Ergebnisse veröffentlichten Vaughn und Leff 1976; sie faßten ihre Daten und die von Brown, Birley und Wing (1972) zusammen und untersuchten gleichzeitig die Auswirkungen von drei Variablen auf die Rückfallrate entlassener Schizophrener: Fortsetzung beziehungsweise Abbruch der Medikation (antipsychotische Medikamente wie Phenothiazine); niedriger beziehungsweise hoher Grad von EE in der Familie (Einschätzung durch ein strukturiertes Interview mit den Verwandten *über* den Patienten); bei den Patienten mit hoher EE die Anzahl der Stunden direkten Kontakts zwischen dem Patienten und den Verwandten. Frühere Ergebnisse hatten gezeigt, daß Schizophrene, die nach der Entlassung aus dem Krankenhaus in eine Familie mit hoher EE zurückkehrten, in den ersten neun Monaten zu 58 Prozent einen Rückfall erlitten, während diejenigen, die das Glück hatten, in eine Familie mit niedriger EE zurückzukehren, eine Rate von nur 16 Prozent aufwiesen.

Die globale Variable EE wurde anhand der Themen gemessen, die die Verwandten des Patienten in den Interviews ansprachen. Diese wurden fünf Clustern zugeordnet: Anzahl kritischer Bemerkungen (sechs oder mehr galten als schädlich), übermäßige emotionale Verstrickung, Feindseligkeit, Wärme und positive Bemerkungen. Daß sich die Familien der psychisch Kranken dem EE-Forschungsprogramm gegenüber sowohl in Großbritannien als auch den Vereinigten Staaten reserviert verhielten, liegt wohl daran, daß es die ersten drei Elemente stark betonte, die so sehr an das Diktum der „Schuld der Eltern" an der Schizophrenie ihrer Nachkommen erinnern; eine Aufklärungskampagne, die die positiven Elemente in den Mittelpunkt rückt, dürfte die Kooperationsbereitschaft der Familien wiederbeleben. Sehr oft sind es die zur Weißglut treibenden Ansprüche und das unerhörte Verhalten vieler Schizophrener im Zusammenleben mit den Angehörigen oder auch nur im telefonischen Kontakt, die die negativen Elemente auf den Plan rufen; nur die seltenen „Mutter Theresas" können unter derart an der Substanz zehrenden, chronischen Belastungen Gelassenheit und Gleichmut bewahren.

Abbildung 8.1 illustriert nach Art eines Flußdiagramms die Ergebnisse der umfassenderen Studie, die Medikation, EE und Einwirkungsdauer kontrollierte. Die bei weitem schlimmste Rückfallquote zeigten die Patienten aus der schlechtesten aller möglichen Welten: 92 Prozent hatten einen Rückfall, wenn sie die Medikamente absetzten, in einem Umfeld mit hoher EE lebten und das länger als 35 Stunden pro Woche in direktem Kontakt. Patienten, die in emotional weniger aufgeladene Familien zurückkamen, wiesen eine Rückfallrate von nur 13 Prozent auf, und die Medikation schien (zumindest während acht der neun Monate) in dieser Untergruppe nicht als Puffer zu wirken. Eine Medikation konnte offenbar besonders bei Schizophrenen, die in eine Familie mit hoher EE entlassen wurden, einen Rückfall verhüten.

Die MRC-Gruppe in London setzte diese Arbeiten fort und machte zudem den spannenden Versuch von Interventionen aufgrund der ge-

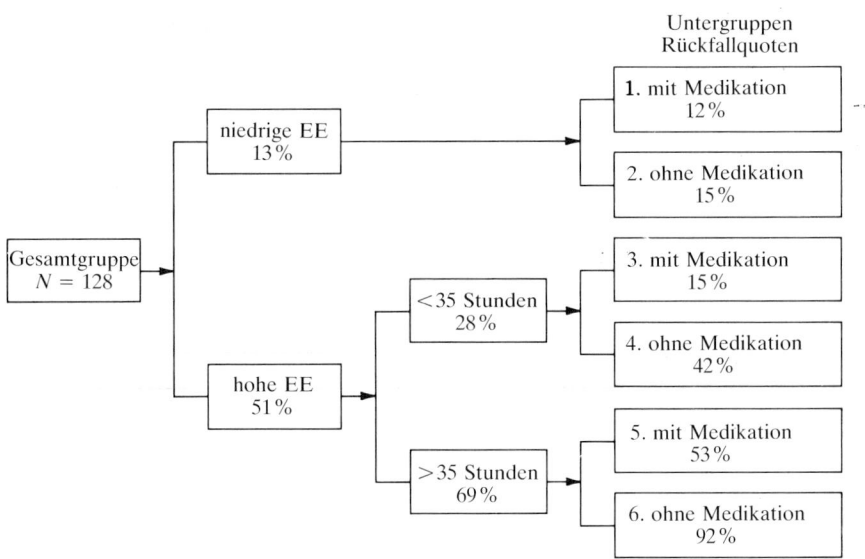

8.1 Rückfallquoten (nach einer Remission in eine schizophrene Episode) in einer Stichprobe 128 britischer Patienten neun Monate nach der Entlassung in Abhängigkeit von Fortsetzung oder Abbruch der antipsychotischen Medikation, Konfrontation mit hoher EE (negativem emotionalem Klima) und wöchentlicher Expositionsdauer gegenüber hohen EE-Niveaus. (Aus: Vaughn und Leff 1976.)

wonnenen Daten: Sie untersuchte, was bei einer verhaltensbezogenen Intervention (Vermittlung von laiengerechtem, praxisbezogenem Wissen über Schizophrenie und alltägliches Streßmanagement) bei Familien von Schizophrenen mit hohem Rückfallrisiko herauskam. Dazu wählten die Forscher Patienten, die in emotional aufgeladene Familien zurückkehrten. Alle Patienten nehmen Neuroleptika ein, doch zwölf Familien wurden zudem regelmäßig ambulant betreut und zwölf waren intensiv in ein Trainingsprogramm eingebunden – eine Familiendiskussionsgruppe und familientherapeutische Sitzungen für Angehörige und Patienten. Bei der Nachuntersuchung neun Monate später hatten 50 Prozent der Kontrollgruppe, jedoch nur neun Prozent der Experimentalgruppe einen Rückfall erlitten. Die Forscher stellten fest, daß in den Familien, in denen sich die soziale Intervention als wirksam erwiesen hatte (73 Prozent von den zwölf), kein Rückfall aufgetreten war. Die Selbstselektion nach kooperativen (vielleicht den gesünderen) Familien ist offensichtlich ein bedenkenswerter Faktor, wenn man die berichteten Erfolge von Familienintervention und -rehabilitation bewertet; viele Schizophrene leben nicht in einer Familie oder einem anderen stützenden Beziehungsnetz.

Die oben berichteten, positven Befunde lösten einen wahren Boom von Forschungsarbeiten aus, die kostengünstige Möglichkeiten zur Rehabilitation schizophrener Patienten und zur Senkung der Rückfallquoten ausloteten. Man sollte sich allerdings vor Augen halten, daß die Verhütung von Rückfällen nicht dasselbe ist wie die Wiederherstellung des Patienten zu voller psychosozialer und beruflicher Leistungsfähigkeit; diesen Anspruch zu erfüllen, ist äußerst schwierig, da bei nicht rückfälligen Patienten, die unter Medikation stehen und denen eine Reduktion von hoher zu niedriger EE deutlich geholfen hat, eine Fülle „negativer Symptome" weiterbesteht. Die Entspannung des emotionalen Klimas wurde durch verschiedene Formen der Familientherapie erreicht, die sich vor allem darauf konzentrierten, die Anzahl kritischer Kommentare und direkter Kontakte zu verringern, denen entlassene Patienten seitens emotional übermäßig verstrickter Verwandter ausgesetzt sind.

In einem glänzenden Übersichtsartikel über diese Rehabilitationsbemühungen dokumentiert Angus Strachan die Erfolge der MRC-Ablegergruppen um Michael Goldstein, Ian Falloon und Robert Liberman an der Universität von Kalifornien in Los Angeles und Gerard Hogerty an der Universität von Pittsburgh sowie die weiterführenden Arbeiten von Leff und Kollegen. Patienten, die auf Standard- oder verringerte Dosen (Hogarty et al 1988) antipsychotischer Medikamente eingestellt waren, nahmen an <u>unterschiedlichen Formen von Familientraining, Familienverhaltenstherapie und Familiengruppen</u> (die weniger Zeit- und Betreuungsaufwand erfordern als Familientherapie) teil. Abbildung 8.2 zeigt die Rückfallquoten von Schizophrenen unter Medikation mit und ohne eine Form der Familienintervention. Bei der Bewertung solcher Daten muß man immer in Rechnung stellen, daß etwa <u>20 Prozent aller Schizophrenen auch ohne irgendwelche Medikamente nach einer Krankheitsepisode eine „Spontanremission" erleben</u>; es gibt jedoch keinerlei Möglichkeit, speziell diese Personen zu identifizieren. Aus Westdeutschland wurde berichtet, daß es weder gelang, das Niveau der EE, noch die Rückfallquote bei Schizophrenen zu senken; die angewandte Art der <u>Gruppentherapie war jedoch stark psychodynamisch geprägt</u>, was, anders als die in Abbildung 8.2 dargestellten Interventionsformen, zu therapeutisch eher kontraproduktiver <u>Überstimulation</u> geführt haben könnte.

Die Versuche, den „wirksamen Bestandteil" solcher Interventionen zu identifizieren, ergaben vor allem, daß <u>das psychophysiologische Aktivierungsniveau eines Patient</u>en – ein Indiz seiner emotionalen Auf-

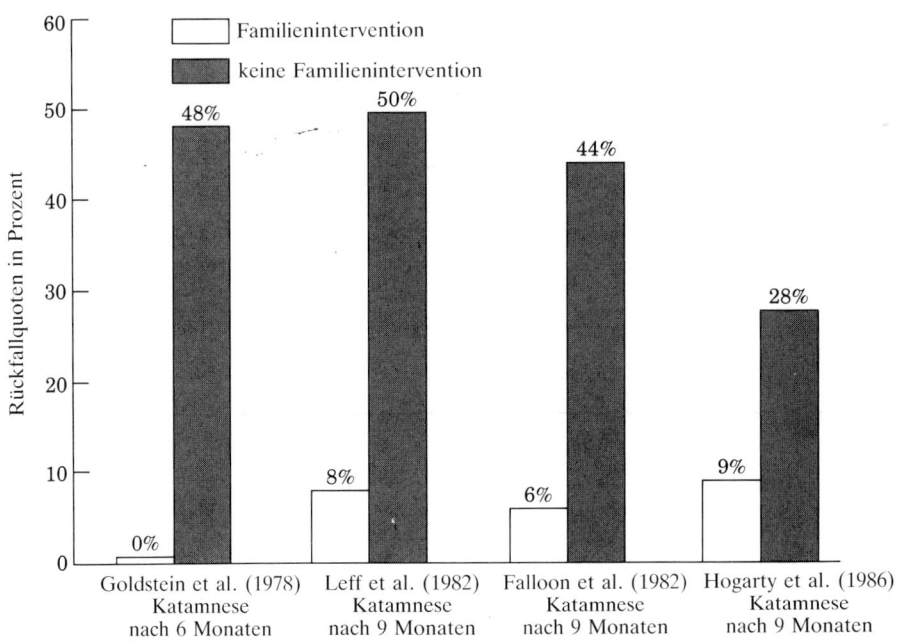

8.2 Rückfallquoten aus vier Studien in den Vereinigten Staaten und England zu den Schutzwirkungen angewandter beziehungsweise unterlassener, familientherapeutischer Interventionen bei Schizophrenen unter kontinuierlicher antipsychotischer Medikation. (Aus: Strachan 1986.)

oder Erregung – sinkt, wenn ein Verwandter mit niedriger EE anwesend ist, in Anwesenheit eines Verwandten mit hoher EE jedoch erhöht bleibt (Tarrier et al. 1988; Leff et al. 1989).

Ein mögliches Szenario, wie medikamentöse Therapie, hohe EE und Lebensereignisse im Leben eines Schizophrenen ineinandergreifen können, illustriert die Kurve in Abbildung 8.3. Es gibt zwei Schwellen, bei deren Überschreiten Symptome auftreten: eine höhere, wenn der Patient Medikamente einnimmt, und eine niedrigere (das heißt näher am Rückfall), wenn der Patient die verordneten Medikamente nicht einnimmt. Zu dem Dauerstreß des Zusammenlebens mit einem Angehörigen mit hoher EE addiert sich vermutlich jeder akute Streß durch gelegentliche, belastende Lebensereignisse. Selbst wenn die Schwelle sich durch die Medikation erhöht hat, tritt ein Rückfall ein, wenn der Patient mit intensivem, direktem Kontakt zu einem Verwandten mit hoher EE *und gleichzeitig* mit einem belastenden Lebensereignis fertigwerden muß.

In ihrer Zusammenfassung der Literatur über EE schließen Leff und Vaughn: „Diese Befunde deuten darauf hin, daß die gemessenen emotionalen Einstellungen in der Pathogenese der Schizophrenie unspezi-

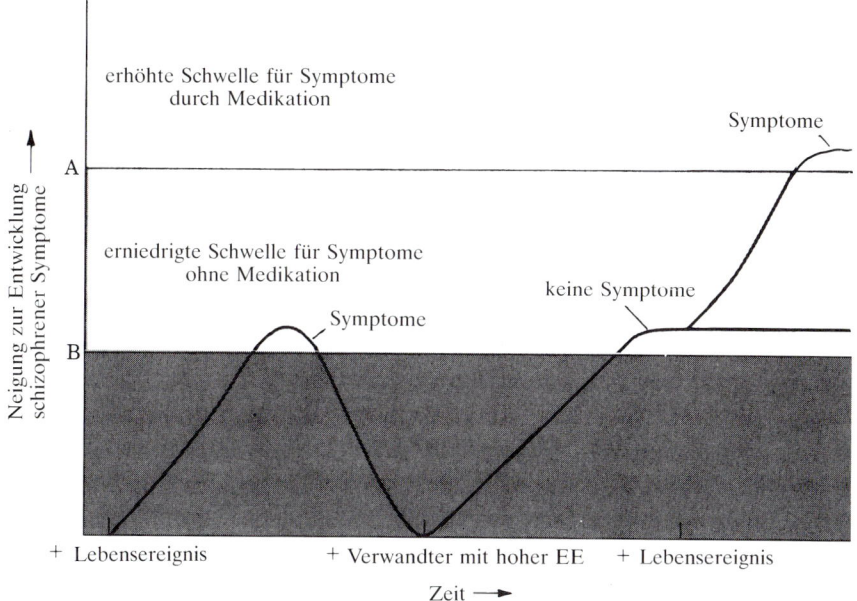

8.3 Graphische Darstellung der kumulativen Anfälligkeit eines schizophrenen Patienten für umweltbedingte Streßfaktoren mit (Abschnitt A) und ohne Medikation (Abschnitt B). (Aus: Leff und Vaughn 1985.)

fische Streßfaktoren darstellen. Die Spezifität muß in der Reaktion des schizophrenen Patienten auf Streß liegen; wir glauben, daß sie auf eine biologisch determinierte Anfälligkeit zurückgeht" (1985 S. 184).[20] Befunde aus EE-Untersuchungen an den Verwandten von neurotisch Depressiven, manisch Depressiven, anorektischen und fettsüchtigen Frauen ergaben alle, daß auch in den Familien von Personen mit derartigen Störungen hohe EE-Niveaus herrschen.

Es ist Zeit, das Kriegsbeil zu begraben.

Geburtskomplikationen und andere somatische Risiken

Die Literatur über Schizophrenie nennt neben den bisher in diesem Buch diskutierten zahlreiche andere, umweltbedingte Risikofaktoren. Forschungsarbeiten, die Geburtskomplikationen als prädisponierende Faktoren untersuchten, scheinen besonders vielversprechend, da retrospektive Studien an schizophrenen Erwachsenen sowie an Kindern von schizophrenen Frauen wiederholt auf Geburtstraumen hinwiesen. Die Anwendung der neuen bildgebenden Verfahren wie der CT habt gezeigt, daß Geburtskomplikationen bei schizophrenen Zwillingen (Adrianne Reveley und Kollegen in London) und bei den Kindern Schizophrener, die als Erwachsene psychiatrisch auffällig wurden (Fini Schulsinger und Kollegen in Kopenhagen) mit abnormen Vergrößerungen der lateralen Hirnventrikel verknüpft sind. Der Schluß auf eine Hirnschädigung steht heutzutage auf viel sichereren Füßen, und derartige Schädigungen sprechen für die multifaktorielle Theorie der Schizophrenieursachen. Wir erwähnten in Kapitel 6 eine nicht gesicherte Korrelation zwischen niedrigem Geburtsgewicht und späterer Schizophrenie bei diskordanten Zwillingspaaren, doch dies ist nur ein perinataler Risikofaktor unter etwa 60 bisher identifizierten. *Geburtskomplikationen* ist ein Ausdruck, der Schwangerschafts- und Geburtskomplikationen, sowie Komplikationen innerhalb vier Wochen nach der Geburt umfaßt. Es gibt Studien, die die Entbindungen akut schizophrener Mütter oder Ehefrauen von Schizophrenen untersuchten, sowie retrospektiv die Entbindungen akut Schizophrener und sogar prospektive Studien, die prüfen wollten, ob bei der Geburt irgendetwas festgestellt werden kann, das später für eine Schizophrenie relevant wird. Trotz all dieser Bemühungen ist das vorhandene Material wenig beweiskräftig und oftmals widersprüchlich.

Der amerikanisch-schwedische Psychologe Thomas McNeil und der verstorbene schwedische Psychiater Lennart Kaij zeigten in ihrer gründlichen und kritischen Übersicht über diesen ganzen Themenkomplex, daß das frühere Interesse am Geburtsgewicht zu spezifisch war. Eine breitere Sicht perinataler Komplikationen stützt den Schluß, daß in den Studien an schizophrenen eineiigen Zwillingen derjenige mit mehr Geburtskomplikationen häufiger betroffen oder, wenn beide schizophren sind, schwerer betroffen ist. Zwillinge haben ein größeres Risiko von Geburtskomplikationen als einzeln Geborene, und das Risiko ist bei eineiigen Zwillingen höher als bei zweieiigen. Zudem sind Jungen stärker gefährdet als Mädchen. Wenn also Geburtskomplikationen bei der Schizophrenie eine *spezifische*, kausale Rolle spielten und nicht bloß innerhalb eines Netzwerks von Ursachen, das zu einer genetischen Prädisposition hinzutritt, zur Erhöhung des Risikos beitrügen, dann ergäben sich daraus bestimmte Voraussagen: Schizophrenie müßte bei eineiigen, männlichen Zwillingen häufiger auftreten als bei weiblichen, häufiger bei eineiigen Zwillingen als bei zweieiigen, häufiger bei Männern als bei Frauen und so fort. Für die Schizophrenie bestätigten sich derartige Vorhersagen in keinem Fall, wohl aber für geistige Behinderung.

Sogar bei der Epilepsie und der geistigen Behinderung – Störungen, deren Grad wesentlich vom Ausmaß der Schädigung des Gehirns abhängt – war es nicht einfach, die ursächliche Rolle von Geburtskomplikationen und anderen biologischen Faktoren wie Virusinfektionen und Sauerstoffmangel nachzuweisen. Wenn sich, wie im Falle der Schizophrenie, die Störung erst 15 bis 50 Jahre nach dem Ereignis bemerkbar macht, schien das Problem vor Einführung der neuen bildgebenden Verfahren (CT, NMR) und Verfahren zur Messung der Gehirnfunktion (PET, regionaler Blutfluß, verbessertes EEG) unüberwindlich. Obwohl sich McNeil und Kaij reserviert gegenüber der Forschung zu pernatalen Risiken zeigen, halten sie die Komplikationen für unabhängige Streßfaktoren, die möglicherweise mit genetischen Faktoren interagieren. Zukünftige Forschungsarbeiten werden genauer klären müssen, welche Komplikationen eine Rolle spielen, wie wichtig sie sind und in welchem Prozentsatz der Fälle sie wirksam werden.

Suche Einfachheit und mißtraue ihr

Der Gehalt dieses Aphorismus des Mathematikers und Philosophen Alfred North Whitehead bezieht sich auf den Naturbegriff; er gilt jedoch auch für die Schizophrenieforschung im allgemeinen und im besonderen für die Suche nach Kausalfaktoren. Sollte sich herausstellen, daß die Umweltfaktoren *nur Interaktionseffekte* sind, werden wir weiterhin scheitern, wenn wir aus den bisher gefundenen Hinweisen allgemeingültige Schlußfolgerungen ableiten wollen. Mit anderen Worten, ein Faktor verursacht Schizophrenie möglicherweise nur bei denjenigen, relativ wenigen Personen, die genetisch dafür prädisponiert sind, und ein solcher Faktor entfaltet deshalb in der Allgemeinbevölkerung vielleicht nur wenig schizophreniespezifische Wirkung. Die Fallgeschichten unserer schizophrenen Zwillingsreihe liefern uns eine „Abhakliste" von Auslösern. Ein Zwilling wurde dazu angehalten, sein „Bewußtsein zu erweitern", nachdem er in eine pseudoreligiöse Sekte eingetreten war; dies erwies sich als genauso katastrophal wie mit einem brennenden Streichholz nach einem Leck in der Gasleitung zu suchen (und kann sehr wahrscheinlich auf andere anfällige Menschen in anderen Sekten verallgemeinert werden). Die Geburt eines Kindes wirkte im Leben einer anderen Zwillingsschwester eindeutig als Auslöser: Jeder Entbindung folgte ein schizophrener Zusammenbruch. In einem anderen Paar jedoch war nur die *kinderlose* Zwillingsschwester schizophren, und in einem weiteren Paar wurde eine Frau nach ihrem zweiten Kind psychotisch, ihre Schwester wies trotz vier Schwangerschaften (einschließlich eines Abbruchs aus psychiatrischen Gründen) nie schwerere Störungen als neurotische auf.

Die große Mehrzahl von uns hat das universelle „Trauma" einer vaginalen Entbindung durchgemacht, doch nur ein Prozent von uns entwickeln als Erwachsene eine Schizophrenie. In einem unserer weiblichen zweieiigen Zwillingspaare kam eine schizophrene Probandin vor, die eine Steißgeburt mit nur 1575 Gramm Gewicht gewesen war und Schäden davongetragen hatte, die zu einer Ptosis (herabhängende Augenlider) und zu einer Behinderung des rechten Beins führten. Ihre Schwester hatte drei Kilo gewogen, keine Geburtskomplikationen erlitten und war attraktiv, erfolgreich und bei der Nachuntersuchung eine glückliche, gesunde Mutter. Gäbe es die vermutete Prädisposition zur Schizophrenie nicht, hätte sich die Probandin – ein so häßliches Entlein, wie es nur je eines geben konnte – zu einem Menschen mit beliebigen anderen Psychopathologien entwickeln können oder aber auch zu einer behinderten, jedoch psychologisch angepaßten Frau.

Daß dieser Fallskizze kein Zirkelschluß zugrundliegt, belegt eine andere Zwillingsfallgeschichte, diesmal von den Nachkommen der in Dänemark von Gottesman und Bertelsen untersuchten Zwillinge (siehe Kapitel 6). Morten war ein ganz normaler Mensch und stand kurz vor der Heirat, als er mit 23 Jahren vier Meter tief auf einen Steinsims stürzte, für fünf Minuten das Bewußtsein verlor und sich ohne unmittelbare Folgen für seine psychische Gesundheit wieder erholte. Mit der Zeit jedoch zog er sich immer mehr zurück und wurde zunehmend psychotisch, hatte Gehörshalluzinationen, Verfolgungswahn und bizarre somatische Wahnideen. Er wurde dreimal für eine Dauer von insgesamt 43 Jahren stationär behandelt, immer unter der Diagnose paranoide Schizophrenie. Sein Zwillingsbruder Karl heiratete mit 19 Jahren und hatte drei Kinder. Er war ohne Unterbrechung bis zum Rentenalter berufstätig, und obwohl er dem Alkohol zuneigte, blieb er ansonsten unauffällig, bis er mit 80 eine senile Demenz entwickelte, die immer weiter fortschritt, bis er mit 88 an einer Lungenembolie verstarb. Zu keinem Zeitpunkt in seinen 88 Lebensjahren fand sich in seinem Verhalten irgendein Beleg für schizophrene Symptome. Und jetzt kommt die Pointe der Geschichte.

Eine von Karls unverheirateten Töchtern entwickelte im Alter von 40 Jahren eine schleichende Psychose mit zusammenhanglosem Sprechen, zwanghafter Beschäftigung mit Spiritismus und sozialem Rückzug. Sie lebte mit ihrem dementen Vater inmitten von Abfall, verdorbenen Lebensmitteln und menschlichen Exkrementen, bis sie im Alter von 47 Jahren an Krebs starb. Sie wurde nie in eine psychiatrische Klinik aufgenommen, galt aufgrund eines Interviews bei ihr zu Hause jedoch als psychotisch und wahrscheinlich schizophren. Es genügte offenbar das Kopftrauma Mortens, um seine Prädisposition zur Schizophrenie auszulösen. Seinen eineiigen Zwillingsbruder Karl traf nie ein Auslöser für seine Erbanlage, doch er übertrug sie auf seine Tochter, deren Psychose ohne erkennbaren Anlaß ausbrach. Ohne diesen Stammbaum als Hintergrund – diskordante eineiige Zwillinge und ihre Nachkommen – hätte die Schizophrenie Mortens nach seinem Kopftrauma als eine *nichtgenetische Phänokopie* der Schizophrenie (symptomatische Schizophrenie), verursacht durch ein Trauma des Zentralnervensystems (siehe Kapitel 2), durchgehen können. Jetzt aber haben wir einen Beleg sowohl dafür, daß ein Hirntrauma einen Genotyp für Schizophrenie auslösen kann („ausgelöste Schizophrenie"), als auch dafür, daß so etwas bei nicht prädisponierten Personen eine schizophreniforme Psychose auslösen kann. Sie sind dann „nur" Phänokopien. Der Aphorismus Whiteheads stimmt: „Suche Einfachheit und mißtraue ihr."

Zusammenfassung

Wenn Humangenetiker schätzen, wie stark genetische Faktoren zur Anfälligkeit für Schizophrenie beitragen (siehe Abbildung 5.2), erhalten sie einen Wert von etwa 70 Prozent für diese Kennziffer, die sogenannte *Erblichkeit* oder *Heredität*. Diese Ziffer sagt *nichts* über die Bedeutung von Umweltfaktoren für die Schizophrenieanfälligkeit aus. Einer der Hauptgründe, daß hohe Erblichkeitswerte dem Einfluß von umweltbedingten Mitursachen zu widersprechen scheinen, liegt darin, daß der Begriff der Erblichkeit aus der landwirtschaftlichen Populationsgenetik übernommen wurde; dort wird die Stärke umweltbedingter Variation in der Population als ganzer konventionsgemäß mit 100 minus 70 Prozent oder 30 Prozent angesetzt.

So sehr empirisch begründete Aussagen über eine Population Schizophrener insgesamt auch zutreffen mögen – entscheidend sind Umweltfaktoren wie die in diesem und im vorigen Kapitel untersuchten, wenn sie eine Person beeinflussen, die sich in der Nähe des Schwellenwertes (siehe Abbildung 5.2) befindet. Deshalb könnten sogar Personen, deren hohes Schizophrenierisiko bekannt ist – etwa Zwillingspartner, Geschwister oder Nachkommen von Schizophrenen – es im Prinzip vermeiden, die Schwelle hin zur floriden Psychose zu überschreiten, indem sie, wo immer möglich, die psychosozialen und „ökologischen" (Amphetamine, Grippe, PCP, Crack, EE, Kopftraumen etc.) Umweltfaktoren meiden, die ihre Schizophreniebilanz weiter aus dem Gleichgewicht bringen. Genauso könnten diejenigen, die die Schwelle bereits überschritten haben, auf die andere Seite zurückkehren, wenn sie ihre Belastungen (Schwächen) reduzieren und Schutzfaktoren (Stärken) wirken lassen.

Die wenigen Personen in der Allgemeinbevölkerung oder unter den Verwandten von schwer Erkrankten, die im rechten Extrembereich der Verteilung der *genetischen* Anfälligkeit liegen, sind stark durch Schizophrenie oder Schizophreniespektrumstörungen gefährdet. Es sind hauptsächlich diese Unglücklichen, deren Zusammenbruch kein objektiver, einfach zu bestimmender Streßfaktor vorausgeht; bei diesen bedauernswerten Menschen kann fast jedes widrige Ereignis oder geringfügige Gehirntrauma soviel Streß auslösen, daß eine schizophrene Episode einsetzt. Bei der großen Mehrzahl der Menschen, die nicht derart extrem genetisch benachteiligt sind, sind es hauptsächlich die hier und weiter oben diskutierten, psychosozialen und ökologischen Streßfaktoren, die eine Erkrankung oder, sofern sie unwirksam werden, eine Remission fördern. Noch einmal soll wiederholt werden, daß 95 Prozent der Bevölkerung weder eine Schizophrenie noch eine psychotische affektive Störung entwickeln, auch wenn sie schwerwiegenden, lebensbedrohlichen oder persönlich erschütternden Erfahrungen ausgesetzt sind. Nur etwa ein Prozent der Population – diejenigen, deren Gesamtschizophrenieanfälligkeit sich im Bereich der Schwelle zur floriden Schizophrenie bewegt – erleidet bei einer Erhöhung der Belastung durch psychosoziale und umweltbedingte Streßfaktoren einen Zusammenbruch.

Als neue, doch begründete Lehre aus den bis jetzt gesammelten empirischen Belegen und aus der Theorie ergibt sich: 1) Das Erbmaterial ist (in einem „Schizophreniesystemkomplex") zwar notwendig, um eine Schizophrenie zu verursachen, jedoch als solches nicht hinreichend. 2) Zusätzlich sind einer oder mehrere Umweltfaktoren notwendige Voraussetzung für eine Schizophrenie, sie sind jedoch nicht spezifisch für sie. Aus den bisher vorliegenden Forschungsergebnissen, die teilweise in diesem Kapitel referiert wurden, lassen sich die schizophrenierelevanten Umweltfaktoren wie folgt kategorisieren: 1) Hirntraumen, 2) demoralisierendes oder bedrohliches physisches Milieu, 3) emotional grenzverletzende Erfahrungen, 4) emotional belastende Erfahrungen, 5) affektive und emotionale Unterstimulation („Hospitalismus") und 6) eine Aufspaltung der Aufmerksamkeit durch Umweltsituationen.[21] Diese mutmaßlichen Cluster können als Leitfäden zur Prävention und Rehabilitation dienen und möglicherweise vermeiden helfen, was Richard Day von der Weltgesundheitsorganisation einmal „toxische Umwelten" nannte.

9. Stimmen aus der Zeit der Verzweiflung II

Persönliche Berichte von Familienmitgliedern

Die im vorigen Kapitel dargestellten psychosozialen Miturachen einer Schizophrenie in der Familie und dem umgebenden physischen und kulturellen Milieu stammen zumeist aus Untersuchungen von Gruppen, nicht von Einzelpersonen. Um die *einzelnen Menschen und ihre Familien* hinter den Gruppendaten wieder sichtbar zu machen, nehmen wir nun die persönlichen Berichte aus Kapitel 3 wieder auf; diesmal jedoch erzählen Familienmitglieder eines schizophrenen Patienten. Solche Darstellungen tragen zu einer ganzheitlichen Sicht der Prozesse bei, die im dynamischen Zusammenspiel zwischen Patient, Familie und Fluß der Lebensereignisse eine Rolle spielen. Wir hoffen, so das trockenere, reduktionistische Verfahren des Wissenschaftlers zu ergänzen und ein Schlaglicht auf die Vielschichtigkeit der Suche nach Ursachen und Hilfsmöglichkeiten zu werfen.

Das Beste daraus machen

Eine ehemalige Lehrerin entdeckt die Vorteile von Techniken der Verhaltensmodifikation im häuslichen Umgang mit ihrem chronisch kranken Sohn und schafft es – mit 65 – dabei noch, nicht aufzugeben und ein eigenes Leben mit ihrem Ehemann zu führen.

Als Dan an Schizophrenie erkrankte, dachten wir anfangs, er habe nur Pubertätsprobleme. Wir schickten ihn auf ein auswärtiges College. Zu der Zeit, als er begann, den Kühlschrank zu attackieren, weil der angeblich seine Gedanken las, und Familienmitglieder bedrohte, wenn sie das Wort „richtig" benutzten, hatten wir gelernt, die Krankheit zu erkennen. Wir lasen Bücher. Wir besuchten Kurse. Wir nahmen an Gruppen teil. Doch als erstes fragten wir unseren Hausarzt um Rat. Er

---

* Piercy, B.P. In: *Schizophrenia Bulletin* 11 (1985) S.155–157.

war ein ehrlicher und kluger Mann. Er erklärte uns, daß es für Schizophrenie keine Heilung gebe und daß das Wichtigste für uns sei, immer daran zu denken, daß wir nicht durch Dans Problem unsere Familie zerstören lassen dürften. Wir hatten sechs Kinder. Die beiden jüngsten waren damals sechs und zehn Jahre alt. Drei sind älter als Dan. Alle unsere Kinder waren phantasievoll und fröhlich. Es gab kein Weihnachten ohne Schabernack und Spiel in der Familie. Die Sommer verbrachten wir draußen, in den Wäldern, am Wasser, beobachteten Tiere, schrieben Geschichten, arbeiteten im Garten. Wir waren eine glückliche Familie, und ich wünschte, ich könnte sagen, daß sich das nicht geändert hat. Unsere Familie ist zwar nicht zerstört, aber sie ist schwer geschädigt.

Wir taten alles nur Mögliche, um Dan zu helfen. Wir meldeten ihn bei einem Spezialisten in New York an, doch nachdem wir viele Wochen bis zu dem Termin gewartet hatten, verschwand Dan am Tag vor unserer Abreise. Wir gingen wöchentlich mit ihm zu einem Psychiater und versuchten dann dafür zu sorgen, daß er seine Medizin nahm. Nach jeder Entlassung aus dem Krankenhaus halfen wir ihm, eine Arbeit zu finden. Wir fuhren ihn herum, bis er ein passendes Zimmer in der Gegend fand, und halfen ihm dann, seinen Zeichentisch und andere Besitztümer in sein neues Zuhause zu bringen.

Er nahm niemals seine Medikamente, sobald er von uns weg war. Allmählich arbeitete er immer weniger und kam immer öfter zu „Besuch". Jedesmal zerbrach er dann schließlich irgendwelche Dinge, und wieder holten wir den Zeichentisch, Koffer und manchmal Küchenschaben zurück nach Hause. Schließlich wurde er wieder in ein Krankenhaus aufgenommen, und wir saßen schweren Herzens, doch mit einem Seufzer der Erleichterung da.

Man muß kaum eigens erwähnen, daß wir die jüngeren Kinder oft vernachlässigten, und manchmal mißhandelte sie ihr kranker Bruder. Ich will darauf jetzt nicht näher eingehen. Es hat keine dauerhaften Schäden hinterlassen. Die anderen Kinder sind alle verheiratet und haben eigene Familien gegründet. Mein Mann John und ich haben die Hoffnung auf einen gemeinsamen „goldenen Lebensabend" aufgegeben, obwohl er gelegentlich sagt, er wüßte Dan noch vor seinem Tod gerne gut aufgehoben. Er ist jetzt 71 und hatte zwei Herzanfälle. Ich bin 65 und bei ausgezeichneter Gesundheit, von regelmäßigen, unerklärlichen Anfällen abgesehen. Wir haben einige kurze Phasen des Zusammenseins ohne Verantwortung für unsere Kinder gehabt; allerdings gab es niemals eine Zeit, wo wir überrascht gewesen wären, aus dem Fenster zu schauen und Dan die Zufahrt heraufkommen zu sehen. Das war insbesondere in dem Jahr so, als wir Wohnheime für Erwachsene ausprobierten, obwohl wir Dan immer wieder anriefen, mit ihm Ausflüge machten und ihn zu Besuch nach Hause einluden. Ich möchte nur ein Beispiel aus dieser Zeit schildern:

Am 6. August 198[] fuhren wir Dan nach Richmond und hielten unterwegs, um ihm ein Paar neue Schuhe zu kaufen. Zehn Tage später schlug John vor, Dan einen Tag lang zu besuchen – mit ihm essen zu gehen und ein Museum zu besuchen. Wir riefen an und erfuhren, daß Dan im Gefängnis war. Er hatte in einem Restaurant gegessen und nicht bezahlen können und einen Polizisten tätlich angegriffen.

Der Leiter des Wohnheims erklärte der Polizei, wie es um Dan bestellt war, und man entließ ihn, doch Dan war nicht froh, wieder im Heim zu sein. Er fand das Essen furchtbar. Dan ist eitel. Er wollte immer nur das Beste. Er unternahm alles, um im Restaurant essen zu können. Er verkaufte seine neuen Schuhe, verpfändete seine Uhr, ließ in einem netten vietnamesischen Lokal eine Rechnung auflaufen und fand andere, wo er eine Mahlzeit bestellen konnte, um dann später festzustellen, daß er seine Brieftasche nicht dabeihabe. Er drang stets in John, sein Taschengeld von 20 auf 35 Dollar pro Woche zu erhöhen. Immer wenn wir ihn besuchen kamen, verdarb er uns das Beisammensein, indem er seinen Vater plagte...

In der folgenden Woche wollten wir mit Dan zum Jahrmarkt von Richmond gehen. Er war nicht im Heim. Wir sahen in verschiedenen Lokalen nach, gingen zur Bücherei, durchsuchten die Straßen auf dem Weg dorthin und gingen schließlich ohne ihn zum Jahrmarkt. Als wir wieder nach Hause kamen, war er da. Er war die ganze Nacht unterwegs gewesen und ausgehungert. Diesmal ließen wir ihn eine Woche bleiben, bevor wir ihn zurückbrachten.

In den nächsten paar Wochen wurden Dans Abstecher nach Hause immer häufiger. In der Vorweihnachtszeit riefen zwei unserer Kinder an und teilten uns mit, sie würden über die Feiertage nicht kommen, wenn wir ihnen nicht garantieren könnten, daß Dan nicht da sei. Schließlich hätten sie kleine Kinder, denen sie nicht die Freude verderben wollten. Für John aber gab es zu diesem Punkt keine Diskussion: Für Dan war zu Weihnachten ein Platz. John sagte, er würde eingeladen, auch wenn dann sonst niemand käme. Unsere beiden jüngsten Kinder wollten zu Hause sein. Es folgt die Seite aus meinem Tagebuch von diesem 25. Dezember:

Dan stampfte umher, knallte mit den Türen und schrie bis vier Uhr morgens herum. Elizabeth und HC (ihr Mann) konnten vor

Aufregung nicht schlafen und blieben bis neun Uhr im Bett. Ich stand früh auf, fand eine verbrannte Kasserolle im Abguß und eine zerbrochene im Müll. Austern klebten an der Wand und lagen auf dem Boden. Ich wusch das Geschirr ab und bereitete den Truthahn vor. Nach und nach standen die anderen auf. Wir packten unsere Geschenke aus, und frühstückten dann nett zusammen. Elizabeth und HC fuhren mittags ab. Fred ging zu seinen Freunden. Um sechs Uhr abends aßen Dan, John und ich den siebeneinhalb Kilo schweren Truthahn mit Beilagen. Sie waren in zehn Minuten mit dem Essen fertig. Nach dem Abwasch sahen wir die Fernsehnachrichten.

In den nächsten Tagen regte sich Dan mehr und mehr über Leute auf, die angeblich in seinem „Denken herumfuhrwerkten". Er drohte schließlich damit, seinen jüngeren Bruder umzubringen. Dieser zog aus und wohnte zeitweise bei einem Freund.

Es dauerte nicht lange, und Dan war wieder in der Klinik. Obwohl der Arzt meinte, ihm fehle nichts, redete sein Rechtsanwalt ihm solange zu, bis er sich freiwillig aufnehmen ließ.

Während Dan im Krankenhaus war, sahen wir uns wieder einmal Wohnheime an, in der Hoffnung, eines zu finden, das ihm gefiel. Als er entlassen werden sollte, hatten wir noch nichts Passendes gefunden, und schließlich boten wir ihm an, zu Hause zu wohnen. Er war jetzt 34 Jahre alt, und sein jüngerer Bruder Fred war auf dem College, wir würden also nur zu dritt sein. Unser Vorschlag lautete wie folgt:

Du darfst gerne bei uns zu Hause wohnen, wenn du deine Medizin regelmäßig nimmst, zu den Essenszeiten ißt und nur in einem bestimmten Bereich rauchst. Wir geben dir 30 Dollar die Woche für deine Ausgaben, und du darfst ab und zu den Wagen benutzen, wenn du deinen Führerschein gemacht hast.

Seit über einem Jahr geht er in die Klinik, um seine Spritzen zu bekommen. Er weiß durchaus, daß das gut so ist. Die 30 Dollar halten nie bis zum Ende der Woche vor, doch wenn er lange genug redet, kann er seinem Vater immer ein paar Dollar mehr aus den Rippen leiern, weil der ihm lieber die Scheine hinwirft als zu riskieren, daß sein Blutdruck steigt.

Vor drei Monaten plagten John und ich uns mit dem Problem, ob wir unsere jährliche Reise in den Süden würden unternehmen können, um nicht in der schlimmsten Zeit des Winters ans Haus gebunden zu sein. Dan sagte uns immer wieder, wir sollten fahren und ihn hierlassen. Ich glaube, ich hätte es nie getan, doch John war so begierig auf die Reise, daß er Dan schließlich ein gebrauchtes Auto kaufte, ihm 80 Dollar die Woche versprach und wir nach Florida aufbrachen.

Es ist schwer zu sagen, wer die Ferien mehr genoß. Das Ganze war nicht billig, doch glücklicherweise konnten wir im Ferienhaus von Freunden wohnen und so unsere Extraausgaben wettmachen. Dan verkürzte sich seine Einsamkeit mit langen Ferngesprächen überall hin. Mit seinem eigenen Auto konnte er seine Kliniktermine wahrnehmen. Er aß, was er mochte, und schlief, wann er wollte. Er war so beflügelt, daß er sogar einige Seiten an seinem Buch über psychiatrische Kliniken schrieb. Sein Taschengeld reichte natürlich nicht, und er mußte einen Scheck über 80 Dollar fälschen, doch er kam wundervoll zurecht. Es kam ihn sogar ein wenig hart an, sich nach unserer Rückkehr wieder auf uns einzustellen, doch wir erhöhten sein Taschengeld, so daß es die Kosten seines Autos deckte, und er gibt zu, daß meine hausgemachte Suppe auch schmeckt. Wenn der Sommer kommt, wird sich auch das Rauchproblem entschärfen. Und jetzt träumen wir alle vom nächsten Winter, wenn Dan wieder Herr des Hauses sein darf und John und ich zwei Monate in glückseliger Zweisamkeit verbringen können.

Gedanken eines Vaters

Die Ansichten eines informierten Vaters, der die Literatur über Schizophrenie und ihre Behandlung las, nachdem er im Verlauf der neun Jahre, seit sein Sohn im Alter von 19 Jahren schizophren wurde, mit elf Episoden fertigwerden mußte.*

Mein Sohn Jim ist seit neun Jahren paranoid schizophren. Da ich Rentner bin, hatte ich die Zeit, die Literatur über die Krankheit zu studieren, weil ich diese verstehen wollte. Das ist ein problematisches Vorhaben, weil jeder Schizophrene anders ist und weil es viele einander widersprechende und überlappende Theorien gibt. Viele endogene und exogene Faktoren scheinen an der Entwicklung einer Schizophrenie beteiligt zu sein, doch ich glaube, die Befunde weisen auf ein endogenes Ungleichgewicht im Zentralnervensystem hin. Ohne eine solche notwendige Vorbedingung glaube ich nicht, daß eine Person schizophren würde, wie auch immer ihre speziellen Lebensumstände aussehen mögen.

---

* Anonym. In: *Schizophrenia Bulletin* 9 (1983) S. 439–442.

Selbst unter diesen Voraussetzungen ist unklar, warum Jim krank ist. Es gibt keine bekannte Krankheitsgeschichte in einer der beiden elterlichen Familien, und es gibt zwei normale, verheiratete Schwestern. Daß keine familiäre Vorbelastung mit Schizophrenie vorliegt, schließt einen biogenetischen Faktor wahrscheinlich nicht aus. Genau wie bestimmte, körperlich sichtbare „Geburtsschäden" trotz Fehlen einer Vorgeschichte auftreten können, kann möglicherweise ein unsichtbarer „Geburtsschaden" im Zentralnervensystem auftreten.

Auch andere Faktoren können in Jims Fall eine Rolle spielen. Anders als bei seinen Schwestern gab es bei ihm Schwangerschaftskomplikationen, eine schwere Geburt, postnatalen Atemstillstand und extreme Kolikneigung. Dem zufolge, was ich gelesen habe, könnten diese Faktoren in irgendeiner Weise beteiligt sein.

Die Fachleute schreiben, daß sich die Eltern häufig erinnerten, ihr schizophrener Nachwuchs sei in der Kindheit normal gewesen; sie versehen diese Angaben jedoch gewöhnlich mit einem Fragezeichen: Die Erinnerung der Eltern könne ungenau oder durch Abwehrreaktionen beeinflußt sein. Nach meiner Erinnerung war Jim tatsächlich ein fröhliches und lebhaftes Kind und die Familienbeziehungen während seiner Kindheit relativ gut. Ich erkenne zwar an, daß das Familienleben sich emotional und einstellungsmäßig auf die Familienmitglieder auswirkt, doch ich glaube nicht, daß unser Familienleben Jims Krankheit verursacht hat. Keine Familie ist perfekt, und es kann sein, daß bestimmte Aspekte des Familienlebens einen Präschizophrenen in einer Weise beeinflussen, wie sie das nicht täten, läge keine biologische Anfälligkeit vor. Ich glaube, daß wir, schon bevor Jim manifest gestört wurde, vielleicht intuitiv gespürt haben, daß etwas nicht stimmte, und daß unsere Sorge wiederum ihn nachteilig beeinflußte.

Vielleicht hat ein Zweikläßler-Zeugnis schon eine gewisse Aussagekraft. In der Beurteilung stand: Bringt keine der Begabung entsprechenden Leistungen, nimmt nicht ungehemmt an Diskussionen in der Klasse teil, unterscheidet nicht zwischen Arbeit und Spiel und hat Schwierigkeiten mit der Aufmerksamkeitsspanne. Ich frage mich, ob diese Eigentümlichkeiten, die er noch als Erwachsener zeigt, vielleicht frühe Verhaltensmerkmale einer Prädisposition für verringerte Anpassungsfähigkeit waren.

Jim verbesserte sich in der Grundschule, weil seine Mutter ihn förderte und ermutigte, doch in der High School ging es bergab. Zwar machte sich Jim im ersten Jahr recht gut, doch im zweiten verschlechterten sich seine Noten, und er schaffte schließlich gerade so den Abschluß. Ich führe seine schlechten Leistungen nicht auf mangelnde

Intelligenz, sondern auf angeborene Aufmerksamkeitsprobleme zurück. Weil seine Schwestern und Altersgenossen durchschnittliche bis ausgezeichnete Noten bekamen, waren seine Schulschwierigkeiten, wie ich glaube, ein herber Schlag für sein Selbstbild und der Beginn schwerer Selbstzweifel. Ich hatte mehrere Besprechungen mit den Lehrern der High School; alle sagten, Jim habe Anpassungsschwierigkeiten, das würde sich jedoch verwachsen. Es wurde keine psychiatrische Behandlung vorgeschlagen. Wir übernahmen die Einschätzung der Schule, doch in der Rückschau waren Jims Schulprobleme Warnzeichen.

Nach der High School nahm Jim eine Arbeit als Ungelernter an und zog mit meheren anderen Jungen in eine Wohnung. Obwohl er in der High School sehr gegen Drogen gewesen war, probierte er Aufputsch- und Beruhigungsmittel aus. Nach einem Jahr kam Jim wieder heim und hörte mit den Drogen auf. Sein erster Klinikaufenthalt kam über ein Jahr später. Meine Frau und seine Schwestern meinen, das seien die Drogen gewesen. Ich würde das gern glauben, bin jedoch überzeugt, daß Jims aufkeimende Krankheit ihn dazu trieb, mit Drogen zu experimentieren. Die Drogen beeinflußten ihn vielleicht, doch ich glaube nicht, daß in ihnen die Hauptgründe seiner Krankheit liegen.

Ich muß etwas über Jims Beziehungen zu Menschen anfügen. Im Grunde war Jim ein freundlicher Mensch. Er war kein „Einzelgänger" und wollte Kontakt zu Menschen haben. Er wollte niemanden ärgern, und ertrug negative Gefühle wie Zorn, Mißbilligung oder Kritik, oder sogar positive wie Ausgelassenheit, bei sich und anderen nur schwer. In der High School hatte Jim Freunde und eine Freundin, doch im Lauf der Jahre schien er zu weniger begehrenswerten Gefährten zu neigen, bei denen er sich wahrscheinlich weniger unter Streß fühlte.

Gleich nach der High School erklärte mir Jim, er habe Schwierigkeiten mit Menschen, wollte jedoch damals nicht über das Problem sprechen. Er meinte nicht, daß er die Menschen nicht mochte oder daß er schlecht behandelt würde. Ich glaube, er hatte das Gefühl, nicht mit ihnen zurechtzukommen, und diese emotionale Erregung war bedrohlich für ihn selbst. Zu dieser Zeit machte Jim sich selbst Vorwürfe wegen seiner Probleme, nicht der Gesellschaft. Als der Druck wuchs, entwickelte er, wie ich glaube, große Angst vor sich selbst. Später rationalisierte er die Selbstvorwürfe und die Angst und projizierte sie in paranoider Weise auf seine Familie und die Gesellschaft, was schließlich in die Psychose mündete.

Nach seiner ersten Hospitalisierung mit 19 Jahren wurde Jim in neun Jahren elfmal stationär behandelt. Zweimal wurde er von der Polizei zwangseingeliefert und dreimal aufgrund einer richterlichen Anordnung. Sechsmal ging er selbst ins Ortskrankenhaus und wurde aufgenommen. Jim muß eine intensive Erregung gespürt haben, die ihn ängstigte und ihn dazu trieb, sich ins Krankenhaus zu flüchten. Doch wenn er dort war, vertraute er sich den Psychiatern und Sozialarbeitern nicht an. Einmal erwähnte er, er habe Angst, die Kontrolle über sich zu verlieren.

Ich glaube, daß Jim eher, als wir es erkannten, ahnte, daß etwas nicht so lief, wie es sollte. Jim erzählte seinem Lieblingscousin, daß er glaube, mit ihm stimme etwas nicht, doch wir konnten ihn nicht dazu bringen, Hilfe zu suchen. Auf seinem Schreibtisch stand eine Karte mit dem Text: „Wenn du Hilfe brauchst, bitte darum. Wenn du keine brauchst, beweise es." Ich machte später noch einen Versuch, Jim dazu zu bewegen, daß er etwas für sich unternahm, wurde jedoch mit aggressivem Aufbrausen zurückgewiesen. Sein Geist kämpfte ums Überleben, und psychische Probleme gesteht man sich nicht leicht ein. Nachdem Jim psychotisch geworden war, glaubte er natürlich nicht mehr, daß etwas nicht stimmte.

In den ersten sechs Monaten von Jims Erkrankung gelang es uns nicht, dafür zu sorgen, daß er regelmäßig seine Medikamente nahm – weil wir zuwenig wußten, weil die Psychiater am Ortskrankenhaus wechselten, weil Jim das und das tat und wegen anderer Faktoren. In dieser Zeit behandelten ihn zwei Psychiater privat. Es gibt solche Ärzte und solche, und wir mußten das durch harte Erfahrungen lernen.

Ein Psychiater an einem Zentrum für psychische Gesundheit setzte Jim auf „Radikalentzug" von den 200 mg [Thorazine – Chlorpromazin], die ihm sein voriger Arzt verordnet hatte. Jim war mit dem Thorazine gut zurechtgekommen, sagte aber, es mache ihn müde. Zwar teilte man mir mit, Jim würde keine Entzugserscheinungen haben, doch er war drei schlaflose Tage und Nächte lang extrem hyperaktiv und schlief dann 36 Stunden am Stück. Nach seinem langen Schlaf erwachte er als recht munterer und fröhlicher Mensch. Nach mehreren Tagen zog er sich zurück und wurde stuporös. Ein Monat später wurde Jim nach einer kleinen Operation unter Narkose auf der Allgemeinstation psychotisch. Er folgten Verlegung auf die psychiatrische Station und erneute Medikation, doch dieser Einschnitt markierte einen Wendepunkt zum schlechteren, und zwei Jahre später wurde Jim in ein Landeskrankenhaus überwiesen.

Landeskrankenhäuser wecken unangenehme Assoziationen, doch ich war angenehm überrascht angesichts der Einrichtung und der Therapie, die Jim erhielt. Nach einer gewissen Zeit auf der Aufnahmestation kam er in ein besonderes, offenes Wohnhaus. Später kam er dann in ein „Programm zur Wiedereingliederung in die Gesellschaft". Obwohl es in diesem Landeskrankenhaus geschlossene Langzeitstationen und eine Krisenstation gab, war es immer noch eine offene Einrichtung. Das Personal war den Eltern gegenüber ausgesprochen kooperativ.

Jim machte in dem Wiedereingliederungsprogramm nur mäßige Fortschritte, doch er kam in ein Rehabilitationszentrum in unserer Heimatstadt. Dieser Umzug hob Jims Lebensmut, er verhielt sich nicht mehr so feindselig und hatte keine Wahnvorstellungen. Als er uns anrief, um uns davon in Kenntnis zu setzen, klang er ganz wie der alte. Diese positive Veränderung von Stimmung und Denken könnte durchaus ein Beispiel für einen psychologischen Placeboeffekt abgeben. Leider rutschte Jim wieder in seinen gewöhnlichen „Zwischenzustand".

In dem Übergangsheim arbeiteten fast ausschließlich weibliche Fachkräfte, von denen ich einigen großen Respekt zolle. Nur mit einer Mitarbeiterin war ich nicht einverstanden. Sie erklärte Jim, daß, wenn er sich verrückt benehme, die Leute denken würden, er sei verrückt. Es kann sein, daß dieses Vorgehen bei manchen Patienten in einem bestimmten Stadium funktioniert. Doch ich glaube nicht, daß ein Mensch, der Wahnvorstellungen hat, sich deren Wahnhaftigkeit bewußt ist. Vielleicht sind Wahnvorstellungen auf einer unbewußten Ebene irgendwie willentlich beeinflußbar, doch während einer aktiven wahnhaften Phase weiß der Betroffene dies nicht bewußt.

Das Heim hat einen Psychiater im Bereitschaftsdienst, doch manche Patienten werden von niedergelassenen Pychiatern betreut. Zwischen dem Heim und manchen Psychiatern gab es Auseinandersetzungen, doch jetzt entspannt sich die Lage. Ich möchte nicht weiter auf diese Reibereien eingehen; ich möchte nur soviel sagen, daß manche örtlichen Psychiater nicht so aufgeschlossen oder progressiv sind, wie sie sein sollten. Das Heim wiederum ist mißtrauisch wegen möglicher Übermedikation und eher therapieorientiert. Ich meine, es ist auch möglich, daß manche Patienten zuwenig Medikamente bekommen.

Jim reagierte wieder nicht gut auf die Gruppentherapie. Vielleicht hängt seine mangelnde Reaktion mit seinen Schulerfahrungen zusammen; dort nahm er nicht am Klassengespräch teil. Seine Arbeitsaufgaben erledigte er gut, und er konnte an einer angegliederten Maßnahme zur beruflichen Rehabilitation teilnehmen. Auch zog er in ein Zweigwohnheim um. Ich fand nie heraus, ob er dorthin überwiesen wurde, weil er weniger Betreuung brauchte oder aufgrund seiner negativen Einstellung zur Gruppentherapie. Tatsache ist jedoch, daß es Jim viel besser geht als manchen der Gruppentherapiepatienten.

Im Rahmen des Rehabilitationsprogramms arbeitet Jim vier Stunden täglich als städtischer Hausmeister unter Aufsicht von psychiatrischen Laien mit einer Zusatzausbildung. Die Maßnahme tat Jim gut, doch ihm gefiel das Wohnheim nicht – uns auch nicht. Nach einem Jahr fragte er, ob er nicht bei uns wohnen könne. Entgegen fachlichem Rat erlaubten wir Jim, nach Hause zurückzukommen, unter der Bedingung, daß er weiter an der Rehamaßnahme teilnahm. Manchmal müssen sich Eltern von ihren eigenen Gefühlen leiten lassen. Ich bin nicht sicher, ob wir Jim wirklich wieder zu Hause haben wollten, doch wir waren überzeugt, daß eine Zurückweisung sich auf Jim und uns nachteilig ausgewirkt hätte. Dieses Arrangement hat sich sehr gut bewährt. Doch zu Hause wohnen ist nur die zweitbeste Möglichkeit. Jim hätte lieber seine eigene Wohnung, doch das kann er sich nicht leisten. Auch ist fraglich, ob er soweit ist, allein zu leben.

Wenn ich bedenke, wie wenig greifbar eine psychische Krankheit ist, dann leistet das Rehabilitationszentrum Beachtliches. Jim profitierte von seinem Aufenthalt dort. Es brachte mich sehr auf, als die örtliche Zeitung einen Leserbrief von einem niedergelassenen Psychiater veröffentlichte, der Übergangsheime verdammte. Er meinte offenbar, daß ein Patient, den er nicht erfolgreich in seiner Praxis behandeln konnte, in ein Krankenhaus gehörte.

Nach seiner Rückkehr nach Hause hatte Jim einen Rückfall, der einen 15tägigen Aufenthalt auf der psychiatrischen Station eines Allgemeinkrankenhauses nötig machte. Jim reagierte damit auf eine erneute Untersuchung für die Behindertenrente. Der drohende Verlust und die Telefonanrufe des Beamten waren offenbar zuviel für ihn. Vielleicht illustriert diese Reaktion, wie wenig er Streß und Druck ertragen konnte. Er wurde wieder anerkannt, lebt wieder zu Hause und nimmt an der Rehamaßnahme teil.

Nach seiner letzten Hospitalisierung kam Jim zu seinem gegenwärtigen Psychiater. Jim wurde unter Moban [Molidone, ein Neuroleptikum, das in Deutschland nicht im Handel ist] aus der Klinik entlassen; er wurde psychisch und körperlich sehr hyperaktiv. Ein Versuch mit Lithium verlief erfolglos. Beide Medikamente wurden abgesetzt, und er bekam Haldol [Haloperidol], 30 Milligramm pro Tag. Innerhalb dreier Tage trat eine deutliche Besserung ein. Eigentlich war es schon nach einem Tag besser. Die Dosis wurde nach einem Jahr auf 20 Milligramm gesenkt. Jim kommt mit Haldol gut zurecht und sagt, es behindere ihn nicht wie früher einige andere Medikamente.

Jims jetziger Psychiater scheint fortschrittlicher zu sein als andere, die ihn behandelt hatten. Der Psychiater redet mehr mit Jim und ist Rehamaßnahmen gegenüber aufgeschlossener. Er hat einen klinischen Psychologen und einen Sozialberater in seine Praxis aufgenommen. Er hat uns sogar seine private Telefonnummer gegeben!

Ich glaube, dem Psychiater ist es gelungen, Jim zu der Einsicht zu bewegen, daß er Medikamente braucht. Jim nimmt seine Medikamente sehr ordentlich, doch er wehrt sich gegen zuviele Pillen oder ein kompliziertes Einnahmeschema. Zur Zeit nimmt er sein Medikament vor dem Schlafengehen. Ich glaube, es wirkt eher antipsychotisch als antischizophren. Es dämpft offenbar Erregung und reduziert dadurch den Druck auf die Denkfunktionen. Eine angemessene Einzeldosis hat bei Jim immer am besten gewirkt, und Haldol wirkt offenbar am günstigsten und hat weniger Nebeneffekte.

Ich habe von EE gelesen [das im vorangegangenen Kapitel diskutierte, theoretische Konstrukt, das negative oder feindselige, gegen die erkrankte Person gerichtete Gefühle repräsentiert]. Zweifelsohne kommen Schizophrene nur schwer damit zurecht, wenn andere – insbesondere die Eltern – Sorge, Zorn, Widerspruch oder Mißbilligung ausdrücken. Mit Jim haben wir die Erfahrung gemacht, daß er nervös wird, wenn ihn Ereignisse außer Haus aufregen, und sich bei uns rückversichern will. Manchmal ist es schwer, einen Mittelweg zu finden, so daß wir seine Angst und sein negatives Denken nicht bestärken und er trotzdem spürt, daß wir auf seiner Seite sind.

Man kann als Eltern nicht jahrelang ohne Sorgen und Enttäuschung mit der Krankheit leben. Es ist einfach unmöglich, solche Reaktion zu verbergen. Jim spürt sie intuitiv. Ich sagte einmal etwas zu Jim und lächelte dabei, und er entgegnete mir, ein Lächeln sei nicht gut, wenn es täuschen solle. Dann reagierte er auf ein Lächeln mit der Frage, warum ich ihn auslache. Auch die Wahnvorstellungen sind ein Problem. Man gab uns diesbezüglich uneinheitliche Verhaltensratschläge, und wir mußten durch Erfahrung lernen. Als Jim einmal in guter Stimmung war, versuchte ich, vernünftig mit ihm über eine bestimmte Wahnvorstellung zu reden. Er sagte: „Papa, erzähl' mir nichts. Ich weiß, daß ich die EPA [Environmental Protection Agency – amerikanische Umweltschutzbehörde] gegründet habe." Er sagte das ganz ernsthaft und freundlich. Zu anderen Zeiten reagierte er mit Aggression oder Rückzug.

Vor einigen Wochen sagte Jim, er müsse wohl ins Krankenhaus gehen, weil er haßerfüllte Gedanken habe. Ich erklärte Jim, da er jetzt erkenne, daß er solche Gedanken habe, könne er sie auch ignorieren. Jim erwiderte, ich solle ihm keine Ratschläge erteilen, weil ich kein Arzt sei. Da sagte ich zu ihm, er solle seinen Arzt anrufen, was er auch tat, und er ging nicht ins Krankenhaus.

Ich glaube, daß man auch die nicht geäußerten Gefühle, die NEE sozusagen, betrachten muß. Trotz seiner Krankheit und seiner Ressentiments vertraut uns Jim immer noch mehr als sonst jemandem. Wenn wir Jim unterstützen, müssen wir realistisch sein, auch wenn Meinungsverschiedenheiten bei ihm zu Groll, Verwirrung und Rückzug führen. <u>Wir haben lernen müssen, wann wir fest bleiben müssen und wann wir nachgeben können.</u> <u>Eltern müssen sich vor Gegenrückzug hüten.</u> Das kann Groll verursachen, und Groll kann sich bei einem Schizophrenen rasch in Aggressivität verwandeln. Jim möchte vielleicht reden, ist aber „eingefroren". Etwas zu sagen, kann ihn „auftauen" oder auch nicht. Ich sagte einmal etwas zu ihm, ohne sofort eine Antwort zu erhalten; ich las weiter, bestand aber fünf Minuten später auf einer Antwort. <u>Schweigen kann tödlich sein; Jim grübelt dann zuviel.</u> Manchmal rüttelt es ihn auf, wenn man vorsichtig seinen Ärger zum Ausdruck bringt.

Ich habe diese Probleme angesprochen, um zu zeigen, daß sogar dann, wenn die Eltern eine realistische Einstellung zu der Krankheit haben, das Leben mit der erkrankten Person nervenzermürbend und erschöpfend sein kann. <u>Ich bin sicher, daß uns unser kranker Sohn negativ beeinflußt hat.</u> Wir sind wahrscheinlich jetzt selbst emotional etwas abgestumpft. Doch wir leben weiter: Meine Frau unterrichtet wieder an der Schule, und ich beschäftige mich mit zwei Hobbies; ich lese und versuche zu schreiben.

Jim ist jetzt im besten Remissionszustand seit je, doch wird er andauern und sich noch weiter bessern? Schlimm ist für uns als Eltern, <u>daß wir nur begrenzt helfen können.</u> Soviel hängt von Jim selbst ab. Wir machen uns Sorgen um seine Zukunft, besonders wenn wir einmal nicht mehr da sind. Wir versuchen, darauf zu achten, daß Jim nicht zu abhängig von uns wird. Wir können nur unser Möglichstes tun, solange es uns noch gibt. Jim ist jetzt recht vernünftig, doch sehr niedergeschlagen. Vielleicht versucht er zum ersten Mal, realistisch zu sein und sich mit seiner Krankheit abzufinden.

Jim erwähnt öfter, daß er nicht lesen oder dem Geschehen im Fernsehen folgen kann.[22] Offenbar ist die Art von Konzentration, die man zum Autofahren braucht, nicht identisch mit der für andere Tätigkeiten. <u>Er hört viel Musik.</u> Musik belastet ihn nicht. Ich spiele gern Videospiele, wenn er und ich gelegentlich zusammen einen Kaffee trinken gehen. Er spielt nicht. Einmal sagte er, sie würden ihn verrückt machen. <u>Ich glaube, die erforderliche Konzentration ist für ihn Streß.</u> Später sagte er, er wolle keine Videospiele spielen, weil sie zuviel elektrische Energie verschwendeten. Das ist an sich keine unlogische Aussage, doch glaubt er das wirklich, oder ist es nur eine

Rationalisierung seiner Schwierigkeiten? Ich glaube das letztere und frage mich, ob chronische Abwehr durch starke Rationalisierungen irgendwie Denkstörungen verursachen kann.

Es kann schon sein, daß die Familien mit Abwehr reagieren, wenn es um die familiäre Vorgeschichte geht, doch man muß auch mit Vorsicht genießen, was Schizophrene sagen. Jim erzählte mir einmal, daß die einzigen Menschen, die ihn je anständig behandelt hätten, seine Schwestern seien, doch später im Krankenhaus behauptete er, er hätte Probleme, weil sie ihn mit Bratpfannen schlügen. Dann wieder war es etwas, das seine Mutter oder ich taten. Schizophrene suchen nach Gründen, um ihren Zustand zu rechtfertigen.

Viele Schizophrene hegen Groll gegen ihre Eltern. Ein gewisses Maß der üblichen Ressentiments taucht bei den Unabhängigkeitsbestrebungen während der Pubertät auf; das renkt sich später wieder ein. Ich habe das bei meinen Töchtern beobachtet. Wir haben Unabhängigkeitsbedürfnisse niemals wirklich eingeschränkt, doch ich glaube, daß im schizophrenen Erleben der Unmut über das normale Maß hinauswächst.

Ich bin mir meiner Hypothese in diesem Aufsatz nicht sicher. Ich sehe viele Ähnlichkeiten zwischen mir und Jim, doch welche Fehler ich auch haben mag, ich hatte nie Probleme mit der Aufmerksamkeit und mit Streß. Das bestärkt mich in der Meinung, daß die grundlegende Ursache von Jims Krankheit ein biologisches Defizit ist.

Geständnisse der Tochter einer Schizophrenen

Eine Lehrerin am Bellevue Psychiatric Hospital schildert das chaotische Leben mit einer künstlerisch begabten, interessanten und schizophrenen Mutter, die jetzt als Stadtstreicherin in den Straßen New Yorks umherzieht.*

Meine Mutter ist paranoid schizophren. Früher hatte ich Angst, das zuzugeben, doch jetzt, wo ich es niedergeschrieben habe, werde ich es immer wieder sagen können. Mutter, schizophren, Mutter, paranoid, Scham, Schuld, Mutter, verrückt, anders, Mutter, Schizophrenie.

Ich unterrichte seit 13 Jahren Kinder von Patienten auf der Kinderstation des Bellevue Psychiatric Hospital in New York, und doch hüte

---

* Lanquetot, R. In: *Schizophrenia Bulletin* 10 (1984) S. 467–471.

ich mich immer noch zu erzählen, welche Krankheit meine Mutter hat. Wenn ich meinen Freunden etwas über meine Mutter erzähle, sogar befreundeten Psychiatern, bedauere ich meine Offenheit sofort und fürchte, sie könnten mich seltsam finden.

Für die Tochter einer Schizophrenen ist mein Beruf angemessen; zumindest dürften Psychiater dieser Meinung sein. Da es mich oft gewundert hat, daß es mir erspart geblieben ist, ein gestörtes Kind zu werden, beschloß ich, mein Leben in den Dienst an schwierigen Kindern zu stellen. Ich war erfolgreich bei meiner Arbeit, die unter anderem darin besteht, Beziehungen zu den Müttern meiner Schüler aufzunehmen, insbesondere zu den schizophrenen, die ich auf den Stationen besuche, solange sie dort behandelt werden.

Ich wurde 1933 in Kansas City in Missouri geboren. Als ich fünf Jahre alt war, zogen wir in das Country-Club-Viertel um, ein so makellos bürgerlicher Bezirk wie jedes andere Villenviertel in den Vereinigten Staaten. Die Bewohner dieser Gegend gehörten durch die Bank der oberen Mittelklasse an und hatten alle einen sehr ähnlichen Lebensstil. Nicht ein einziger ungewöhnlicher Mensch bummelte durch die Straßen dieser eigenen kleinen Stadt, geschweige denn ein paranoid schizophrener. Wenn es den Gesetzen der Wahrscheinlichkeit entsprechend verstreute Schizophrene und andere „Verrückte" unter den Einwohnern gab, dann wurden sie gut versteckt.

Von außen ähnelte unser Haus denen unserer Nachbarn, doch innen war es so anders, daß kein Vergleich möglich war. Unser Heim war eine Katastrophe. Alles war durcheinander. Nichts paßte zusammen, die Möbel waren kaputt, das Geschirr angeschlagen, und quer über den Flügel zogen sich Kaffeeringe und Zigarettenflecken. Ich schämte mich unseres Hauses. Es war unmöglich, Freunde oder Freundinnen mit heimzubringen. Ich wußte nie, was meine Mutter tun oder wie sie aussehen würde. Sie war völlig unberechenbar. Im besten Fall arbeitete sie an einer Skulptur oder übte Klavier, rauchte Kette und schlürfte abgestandenen Kaffee, in einem Kleid, das zu zerlumpt war für die Altkleidersammlung und das um ihren ausgemergelten Körper hing. Im schlimmsten Fall schrie sie mit meinem Vater herum, um sechs Uhr abends immer noch im Nachthemd und mit irrem Blick. Ich war als Mädchen nie beliebt, und ich gab meiner Mutter die Schuld daran...

Mutter interessierte sich sehr für Musik und Ballett, und sie nahm mich zu jeder Ballettvorstellung und jedem Konzert in Kansas City mit. Sie sah immer schrecklich aus, wenn sie ausging, und mehr als einmal kam sie in Hausschuhen ins Theater. Es war mir peinlich, mit ihr zusammen gesehen zu werden, und bevor wir von zu Hause wegfuhren, versuchte ich, sie dazu zu bringen, sich richtig anzuziehen. Sie hörte nie zu und wurde manchmal böse, doch, chic oder nicht, ich begleitete sie. Ich liebte Musik und Tanz genauso wie sie. Ich ließ sogar Samstagabende sausen, um mit ihr zu Hause die Übertragungen aus der Metropolitan Opera zu hören, und ich liebte sie am meisten und fühlte mich ihr am nächsten, wenn ich mit ihr zusammen vor dem Gasfeuer im Kamin saß, ihren knochigen Arm um meine Schultern fühlte und wir zusammen der Musik lauschten. In meiner ganzen Kindheit fühlte ich mich hin- und hergerissen zwischen meiner bizarren, doch liebevollen, künstlerischen Mutter und den konventionellen Müttern meiner Freundinnen.

Zwar war Mutter tagsüber selten zu Hause, doch man fand sie immer im Ballettstudio. Ich glaube, ich wurde wahrscheinlich im Studio geboren, weil ich mir nicht vorstellen kann, daß Mutter es rechtzeitig zur Entbindung ins Krankenhaus geschafft hätte. Zwar nahm sie bis zu ihrem psychotischen Zusammenbruch weiter Unterricht, doch sobald ich geboren war, beschloß sie unbewußt, daß ich die Startänzerin werden sollte, die ihr Lebensziel gewesen war. Ich hatte nicht das Talent, um in solche Höhen vorzudringen, doch da sie das nicht verstand, drängte sie mich zu immer mehr Unterricht und härterem Training.

In diesen frühen Jahren überwältigten mich Gefühle von Scham und Angst – Scham, daß meine Freundinnen herausfinden könnten, daß meine Mutter „anders" war, und Angst, daß ich auch „anders" werden würde. Die Angst, so zu werden wie meine Mutter, hielt mich davon ab, ernsthaft Ballett und Klavier zu lernen. Meine Mutter spielte Klavier und tanzte, und sie war schizophren. Wenn ich Klavier spielte und tanzte, würde ich auch schizophren werden. Ich hatte schreckliche Angst, daß, wenn ich irgendein Anzeichen von Freude an diesen Dingen gezeigt und wirklich gearbeitet hätte, meine Mutter die Türen des Studios geschlossen und mit einer schweren, eisernen Stange gesichert hätte...

Das Leben mit einer schizophrenen Mutter barg noch mehr Probleme. Eines war die fehlende Ruhe zu Hause, das Durcheinander, das Chaos. Meine Eltern stritten sich ständig wegen Geld. Meine Mutter wußte nicht, was Haushalten war. Sie hatte es nicht lernen müssen, weil ihr Vater sie mit soviel Geld versorgte, wie sie brauchte. Mein Vater billigte die endlosen Konzertbesuche, Ballettkurse oder Bücherkäufe nicht. Er verabscheute es, jeden Tag im Restaurant zu essen, und erwartete, daß Mutter zu Hause blieb, sich um den Haushalt kümmerte und Abendessen machte. Ich erwachte oft nachts von ihren lautstarken

Streitereien und lag wach im Bett, tat aber so, als ob ich schliefe, auf eine krankhafte Weise fasziniert von den Kämpfen meiner Eltern…

Als ich zehn Jahre alt war, verschwand eines Tages meine Mutter, und wie durch Zauberei kam mein Vater ins Haus zurück, um uns zu versorgen. Ich grollte, weil er zurückkehrte. Er hatte uns verlassen, und ich muß überzeugt gewesen sein, daß er schuld an Mutters Problemen sei. Man sagte uns, daß Mutter krank und in einem Krankenhaus in Burbank in Kalifornien sei, wo die Schwester meines Großvaters Ärztin war. Ich fühlte mich sehr einsam ohne sie und begann, im Ballettstudio herumzulungern. Einmal legte die Lehrerin ihren Arm um mich und sagte: „Armes Kind, du vermißt deine Mutter, nicht wahr?"

Jahre später erfuhr ich, daß Mutter nach New York weggelaufen war, ohne jemandem Bescheid zu sagen. Sie stattete den Ballettschulen dort turbulente Besuche ab, bis ein Freund der Familie meine Großeltern anrief, um sie über das seltsame Verhalten ihrer Tochter in Kenntnis zu setzen. Meine Großeltern begaben sich sofort nach New York, um Mutter da heraus zu holen. Sie brachten sie in die Menninger's Clinic, die noch nicht sehr lange bestand. Damals befand sich das Krankenhaus in altmodischen, roten Backsteingebäuden, die schon auf dem Grundstück standen, als die Menningers es bezogen. Da meine Großeltern Gebäudehöhe und Glaswände mit Krankenhausgüte gleichsetzten, warfen meine Großeltern nur einen Blick auf das Krankenhaus und fuhren nach Kalifornien, wo Mutter ein Jahr lang hospitalisiert blieb. Dort gewann sie ihre physische Gesundheit wieder, doch ihre psychische Gesundheit wurde völlig ignoriert. Als sie entlassen wurde, kamen wir zu ihr nach Kalifornien, wo wir die nächsten zwei Jahre bleiben. Mutter war sehr niedergeschlagen und zog sich von allen menschlichen Kontakten außerhalb der Familie zurück. Ihr Rückzug war weniger verderblich für unser Sozialleben als ihr unmögliches Betragen in Kansas City, doch sie verlor das Künstlerische, ihren interessantesten Wesenszug…

Am Ende meines vorletzten Jahres auf der High School erlitt ich einen schweren Autounfall. Ich neige zu der Ansicht, daß die darauf folgende Dekompensation meiner Mutter dadurch ausgelöst wurde, daß ich sechs Tage im Koma lag, doch ich bin nicht sicher. Als ich aus dem Krankenhaus nach Hause kam, wurde sie sehr streng mit mir, obwohl sie sich zuvor nie in mein Sozialleben eingemischt hatte. Als ich gegen ihre willkürlichen, unsinnigen Einschränkungen meiner Rendezvous protestierte, stritten wir oft schrecklich miteinander. Ich brachte sie nicht dazu zu akzeptieren, daß eine klösterliche Existenz nichts für mich war.

Mutter und ich schliefen in einem Raum. Wenn Mutter sich hinlegte, begann sie zu stöhnen, als ob sie im Schlaf spräche. „Ich kann dieses Mädchen nicht ausstehen. Sie ist böse; sie ist eine Hure. Sie ist genau wie ihr Vater." Ich fühlte mich terrorisiert, doch ich wagte nicht, mich zu rühren. Ich meinte, vorgeben zu müssen, daß ich schliefe, weil ich nicht wollte, daß sie merkte, daß ich zuhörte. Ich versuchte, mir nicht einzugestehen, daß Mutter krank war, indem ich die Absurdität ihrer Anwürfe vor mir verleugnete. Ich lag im Bett, wünschte tot zu sein und glaubte, ich sei das wertlose Mädchen, das sie beschrieb…

Ich erinnere mich immer noch mit Entsetzen an die Nacht, als ich spät von einem Rendezvous nach Hause kam und beschloß, auf der Couch im Wohnzimmer zu schlafen, um Mutter nicht zu wecken. Ich bemühte mich, sie nicht zu stören, nicht weil ich rücksichtsvoll gewesen wäre, sondern weil ich nicht wollte, daß sie zu stöhnen anfinge. Ich hatte mich kaum schlafen gelegt, als sie das Zimmer betrat, sich neben mich stellte und mich eine Prostituierte nannte. Als sie mich anspuckte, ergriff ich sie am Oberarm und biß hinein, so fest ich konnte. Der Abdruck meiner Zähne blieb grün und blau über eine Woche lang sichtbar, doch meine Mutter erwähnte es nie. Wenn ich an den Zwischenfall denke, schäme ich mich sogar jetzt noch meiner Unbeherrschtheit und meiner Aggression gegen meine arme, wehrlose, verrückte Mutter.

Dann begann Mutter, Fremde auf der Straße anzupöbeln. Sie blieb vor einem gut gekleideten Bürger von Kansas City stehen, fixierte ihn einige Sekunden lang und blaffte dann wütend: „Was ist los mit Ihnen? Warum starren Sie mich so an? Ich werde meinen Anwalt verständigen." Wenn mein Bruder oder ich dabei waren, war uns das so peinlich, daß wir am liebsten in einer Ritze des Pflasters versunken wären. Egal was wir taten, sie hörte nicht auf. Einmal schlug sie jemandem ein Taschenbuch auf den Kopf und verständigte ein anderes Mal die Polizei, weil ihr angeblich die Nachbarn nachspionierten, obwohl diese drei Monate lang abwesend waren. In der Wohlanständigkeit von Kansas City erregten ihre Ausbrüche überall Empörung. In New York wäre sie nicht einmal aufgefallen.

Ich suchte mir Colleges aus, die möglichst weit von Kansas City und Mutter entfernt lagen. Ich mußte wegkommen, bevor ich verrückt wurde. Ich bewarb mich an der Universität von Chicago, in Barnard und Stanford und wurde von allen dreien angenommen. Mein Großvater weigerte sich, mich nach Chicago gehen zu lassen. Er sagte, Chicago sei kein Ort für ein junges Mädchen, doch ich wußte, er war wegen Mutter dagegen, weil sie drei Monate lang das Konservatorium von Chicago besucht hatte, bevor sie wieder nach Hause zu Papi zurückgekommen war. Ich entschied mich gegen Barnard, weil Mutter New York mochte. Ich hatte Angst, sie würde mir dorthin folgen. Blieb also Stanford.

Zu meiner tiefsten Bestürzung kam Mutter während meines ersten Studienjahres in Stanford nach San Francisco. Sie kam zu Besuch und beschloß zu bleiben. Die Vorstellung, vom Gespenst meiner schizophrenen Mutter gehetzt zu werden, war Wirklichkeit geworden. Sie zog in eine Bruchbude in der Nähe eines Tanzstudios und begann, bei einem Spanier, der dort unterrichtete, Flamenco zu lernen. Sie verliebte sich in ihren Lehrer, doch ihn interessierte sie nicht. Obwohl er ihr weniger Aufmerksamkeit zuwandte als den anderen Schülerinnen, war sie immer um ihn und himmelte ihn hoffnungslos an. Sie merkte nie, wie bemitleidenswert und absurd sie wirkte...

Mutters Abstieg in die chronische Schizophrenie zu beschreiben, würde zu lange dauern. Sie wurde schließlich in die Menninger-Klinik aufgenommen, wo sich ihr Zustand in den ersten anderthalb Jahren Behandlung besserte. Dann starb ihr Vater. Sie war immer der Liebling ihres Vaters gewesen, und ohne ihn brach ihre Welt zusammen. Der einzige Mensch, dem sie vertraut hatte, war dahingegangen. Nach dem Begräbnis weigerte sie sich, in die Klinik zurückzukehren. Sie hatte erfahren, daß niemand sie gegen ihren Willen in eine Klinik außerhalb des Staates bringen durfte.

Zwei Jahre später mußte sie ins Krankenhaus zurückkehren. Sie fuhr ein Auto ohne Bremsen und pöbelte Schwarze an, indem sie laut ihre Theorien über die Unterlegenheit der schwarzen Rasse verkündete. Bei ihrer zweiten Einweisung war es zu spät. Mutter war chronisch schizophren geworden. Nach dem ersten Jahr im Krankenhaus wurden wir gebeten, sie abzuholen. Die Menningers waren nur an Patienten interessiert, die sie heilen konnten. Die Familie – denn wir blieben eine eng verbundene Familie – suchte mit vereinten Kräften eine andere Klinik, und wir brachten sie in ein Mennoniten-Krankenhaus in einer Kleinstadt in Westkansas. Es traf uns tief, daß wir Mutter als einen Menschen im Vollbesitz seiner geistigen und körperlichen Kräfte verloren hatten; das „chronisch" an ihrer Diagnose machte den Verlust endgültig. Ganz besonders entsetzte mich die Aussicht, meine Mutter auf dem Lande begraben zu müssen. Meine Beklommenheit steigerte sich noch, als Mutter in ein Rehabilitationszentrum kam, wo die einzige Beschäftigung für die Patienten darin bestand, Matratzen zu füllen.

Als Mutter begann, dem Arzt in dem neuen Krankenhaus zu drohen, sie werde einen Rechtsanwalt suchen, der ihn verklagen solle, stellte man die Familie vor die schwierige Entscheidung, sie gerichtlich „entmündigen" zu lassen und damit offen einzugestehen, daß sie psychotisch war. Wir mußten ihr Treuhandvermögen vor einem Winkeladvokaten sichern. Meine Großmutter war am Boden zerstört. Da sie die Wahrheit weggeschoben hatte, praktisch seit ihre Tochter lebte, konnte sie den Gedanken nicht ertragen, daß Bonnie verrückt war. Weil ich mich in Europa aufhielt, bezeugten mein Bruder, mein Onkel und der Arzt, daß Mutter eine Gefahr für sich selbst sei, und Mutter wurde entmündigt. Mutter verlor alle Freiheit, jede Selbstbestimmung. Jeder Schritt, den sie unternehmen wollte, mußte vom Richter genehmigt werden.

Als die medikamentöse Therapie aufkam, wurde Mutter gegen ihren Willen zwangsweise Haldol [Haloperidol] verabreicht. Das führte zu einer Remission der Symptome. Als sie sich wohl genug fühlte, um das Krankenhaus zu verlassen, beschloß sie, von sich aus in die Menninger-Klinik zu gehen, um sich einer Untersuchung zu unterziehen. Sie glaubte, diese würde beweisen, daß sie nicht „geisteskrank" sei. Natürlich war ihr Vormund durch die gesetzlichen Vorschriften gezwungen, sie ins Krankenhaus zurückzubringen. Sie hatte die Genehmigung des Richters zu dieser Reise nicht eingeholt. Später begleitete sie mein Bruder zu einer Untersuchung in die Menninger-Klinik; deren Befunde ergaben, daß es ihr gut genug ging, daß sie das Rehabilitationszentrum in Kansas verlassen und nach New York kommen konnte, um in der Nähe ihrer Kinder zu sein. Es wurde jedoch ausdrücklich darauf hingewiesen, daß sie eine wohlgeordnete Umgebung brauche.

Schließlich erhielt die Familie die Genehmigung, Mutters Vormundschaft nach New York übertragen zu lassen, und das New Yorker Gericht ernannte ein „Komitee". Als Mutter zu uns in den Osten kam, verhielt sie sich anfangs genauso wie damals, als sie aus der kalifornischen Klinik entlassen worden war – zurückgezogen, von allen außer der Familie isoliert, dennoch fähig, von all dem zu profitieren, was die Großstadt zu bieten hatte. Durch Konzert- und Ballettbesuche kam sie wieder zurück ins Leben. Die Lebenskraft, die ihr so lange gefehlt hatte, belebte ihren Körper neu. Die Ergebnisse ihres Wohnortwechsels übertrafen unsere kühnsten Erwartungen.

Mutter entdeckte nicht nur Kunst und Musik in New York neu, sondern sie wurde auch rasch mit den liberalen New Yorker „Patientenrechten" vertraut. Sie weigerte sich, weiter Haldol zu nehmen, und ging langsam auf die Rückreise in das „Niemandsland", in dem sie jetzt lebt. Das erste Anzeichen ihrer Dekompensation war die Weigerung, meine Wohnung zu betreten, und dann brach sie jeden Kontakt zu mir ab. Als nächstes bat uns der Leiter ihres Mittelklassehotels, sie aus dem Haus zu bringen. Sie störte die anderen Gäste mit ihren Ausbrüchen. Alle Ladenbesitzer des Viertels kannten sie inzwischen als „die verrückte Dame von der 72. Straße West". Sie sah aus wie ein Zombie, stolzierte die 72. Straße West hinunter, warf Tanten, Onkeln und Bruder vor, das Vermögen ihres Vaters an sich zu bringen, und <u>schrie Leute an, die ihr Angst einjagten</u>. Sie unterschied sich von ihren New Yorker „Kollegen" nur dadurch, daß sie den Akzent des mittleren Westens sprach und nicht fluchte.

Da man meinem Bruder und mir seit frühester Jugend eingeimpft hatte, es sei unsere Pflicht, uns um Mutter zu kümmmern, haderten wir anfangs mit unserer Last. <u>Wir waren der Meinung, da Mutter die Verantwortung für ihre Kinder nicht übernommen hatte, brauchten wir auch nicht verantwortlich für sie zu sein</u>. Zu dieser Zeit fiel es uns schwer einzugestehen, daß wir unsere schwache, aus dem Gleichgewicht geratene Mutter eigentlich liebten und ihr helfen wollten. Als wir größer wurden, begriffen wir allmählich, warum Mutter anders war, und unser Groll ließ nach. Mit Haldol verbesserte sich Mutters Verhalten dramatisch, und wir hegten sogar die trügerische Hoffnung, sie könnte zu einem normalen Leben zurückkehren. Nie kam uns der Gedanke, sie könnte aufhören, das Medikament zu nehmen, und in ihren früheren Zustand zurückfallen. Ob es für sie besser ist, zwangsweise Haldol verabreicht zu bekommen und in Kansas eingesperrt zu sein oder im liberalen New York tun zu dürfen, was sie will, so zerstörerisch ihr Leben jetzt auch sein mag, weiß ich nicht – paradox ist es auf jeden Fall. <u>Sie konnte unter den früheren Umständen das Leben nicht genießen und ihren künstlerischen Interessen nachgehen und unter den jetztigen noch weniger. Ohne Medikamente kann sie nur dahinvegetieren</u>. Ich glaube, daß sie in ihrem jetzigen Leben im Grunde weniger Freiheit hat; sie ist eine Gefangene ihrer Wahnvorstellungen und ihrer Paranoia. Mein Bruder dagegen ist anderer Meinung. Er denkt, daß Mutter besser dran ist, wenn sie so leben kann, wie sie will – ziellos durch die Straßen wandernd, in einer Welt, die sie sich gemäß ihren Wahnvorstellungen selbst erschafft.

10. Schizophrenie, Gesellschaft und Sozialpolitik

Wenn wir das Phänomen Schizophrenie in all seinen komplexen Wechselwirkungen mit der Gesellschaft umfassender würdigen und verstehen wollen, sollten wir betrachten, welche Aspekte der Muster von Mortalität (Tod) und Morbidität (Erkrankungsanfälligkeit), von Kriminalität und Gewalttätigkeit und der Reproduktion (Sexualität, Fruchtbarkeit oder Darwinscher „Fitness", Eheschließung und Scheidung) hier ineinandergreifen. Eng damit verbundene Themen wie die gesetzlichen Vorschriften im Zusammenhang mit Heirat und Reproduktion von Schizophrenen und die Theorie und Praxis der genetischen Beratung werden in diesem Kapitel ebenfalls angeschnitten. All dies fällt unter das übergreifende Gebiet der *Soziobiologie* – der Wissenschaft von den biologischen und kulturellen Faktoren, die die Struktur menschlicher Populationen beeinflussen – und wirkt sich unmittelbar auf die Sozialpolitik aus.

Das Überleben einer Gesellschaft hängt von der Aufrechterhaltung der öffentlichen Gesundheit ab; die Sammlung epidemiologischer und demographischer Daten bezeichnen wir mit dem Ausdruck *Bevölkerungstatistik*. Die Soziobiologie kann, geleitet durch die Epidemiologie und Demographie der Schizophrenie, für die öffentliche Gesundheit und speziell die Schizophrenieprävention (Primärprävention) nutzbar gemacht werden. Die Früherkennung von Personen mit hohem Schizophrenie-Risiko[23] ermöglicht konsequente Interventionen (Sekundärprävention), verhindert so unter Umständen das Eintreten dauerhafter Behinderungen und erweitert die Rehabilitationsmöglichkeiten (Tertiärprävention).

Bedauerlicherweise kann die Soziobiologie zu üblen Zwecken mißbraucht und zu einer „politischen (Pseudo)Biologie" pervertiert werden, wie es in dem wahnwitzigen Programm der Nationalsozialisten zur Ermordung psychiatrischer Patienten, dem Völkermord und Holocaust der Fall war (Kevles 1985; Lifton 1986; Müller-Hill 1988; Proctor 1988). Wir können in diesem Kapitel nur überblicksartig auf die für uns interessanten und wichtigen Gegenstände eingehen (siehe Ødegaard 1975; Saugstad 1989; Allebeck 1989: Lewis 1989; Taylor 1987), doch viele dieser grundlegenden Fakten fördern, wenn sie in sozialpolitische Entscheidungen umgesetzt werden, die Entmystifizierung des Syndroms Schizophrenie und damit das Wohlergehen derjenigen Menschen, die an diesem Syndrom leiden.

Todesfälle und körperliche Krankheiten

Im 19. und 20. Jahrhundert wiesen alle hospitalisierten psychiatrischen Patienten, einschließlich derjenigen mit Schizophrenie, in allen Altersgruppen deutlich höhere Sterberaten auf als die Allgemeinbevölkerung. Versicherungsgesellschaften hätten Verluste gemacht, wenn sie sich auf Lebensversicherungen für hospitalisierte psychiatrische Patienten spezialisiert und zur Berechnung der Prämien die Standardsterbetafeln für Männer und Frauen in der Allgemeinbevölkerung herangezogen hätten. In den ersten 70 Jahren dieses Jahrhunderts überstieg die Sterberate Schizophrener die in der Allgemeinbevölkerung zum selben Zeitpunkt zu erwartende Rate um 200 bis 500 Prozent. In Schweden, wo seit dem späten 18. Jahrhundert eine nationale Bevölkerungsstatistik existiert, hatte ein männlicher Schizophrener, der in der ersten Hälfte dieses Jahrhunderts einmal in ein psychiatrisches Krankenhaus aufgenommen worden war, nur noch eine Lebenserwartung von 68 Prozent der eines nichthospitalisierten Mannes; bei weiblichen Schizophrenen betrug dieser Wert sogar nur 54 Prozent (Larsson und Sjögren 1954).

Häufig ließ sich diese überhöhte Sterberate auf Tuberkulose (TB) zurückführen. Unter den Insassen aller Arten von Anstalten war dies eine wohlbekannte Todesursache; vor dem zweiten Weltkrieg starb ein Drittel aller Schizophrenen an dieser Krankheit. Diese Beobachtung führte sogar zu Spekulationen, daß eine Beziehung zwischen den Genen für Schizophrenie und denen für TB-Anfälligkeit bestehen müsse (Kallmann 1938). Heute stellt die TB in den westlichen Industriegesellschaften keine Haupttodesursache unter Schizophrenen mehr dar, doch noch 1955 verursachte sie eine sieben- bis dreizehnmal höhere Sterblichkeit bei psychiatrischen Patienten überhaupt. Schon 1942 hatte Carl Alström, ein schwedischer Psychiater, der sich sehr für das öffentliche Gesundheitswesen einsetzte, darauf hingewiesen, daß die beträchtliche Gewichtsabnahme bei eingewiesenen Schizophrenen ihre Widerstandskraft schwächte und ihre Anfälligkeit für TB erhöhte. Eine der Nebenwirkungen der 1954 eingeführten Phenothiazine zur Behandlung schizophrener Symptome war Gewichtszunahme; die Medikamente scheinen die Geißel TB für die Schizophrenen beseitigt zu haben.

In einer umfassenden Studie mit dem Titel „Schizophrenie: eine lebensverkürzende Krankheit" berichtet Peter Allebeck, Fachmann für Sozialmedizin am Karolinska-Institut in Stockholm, daß sogar heute noch die Sterblichkeit bei Schizophrenen doppelt so hoch ist wie in der Allgemeinbevölkerung. Wie seine Vorgänger Letten Staugstad und Ørnulv Ødegaard vom norwegischen nationalen psychiatrischen Fallregister (1979) ermittelte Allebeck als Quelle der erhöhten Sterblichkeitsrate Selbsttötungen, Unfälle und kardiovaskuläre Erkrankungen; Krebs blieb eine umstrittene, offene Frage. Bei der Analyse der Todesursachen von 10000 psychiatrischen Patienten in norwegischen psychiatrischen Kliniken in den Jahren 1950 bis 1974 führten eindeutig kardiovaskuläre Erkrankungen zu einer um 50 Prozent erhöhten Sterberate bei Frauen und zu einer um 80 Prozent erhöhten Rate bei Männern, mit steigender Tendenz. Allebeck konnte eine Tiefenanalyse der Todesursachen aller 1190 Schizophrenen durchführen, die in im Bezirk Stockholm entlassen und über zehn Jahre bis 1981 begleitet wurden. Vergleichsdaten von nicht Erkrankten ergaben sich aus den verschiedenen bevölkerungsstatistischen Landesregistern, so daß sich nach Alter und Geschlecht standardisierte Raten leicht berechnen ließen. Auf kardiovaskuläre Erkrankungen gingen 37 Prozent der 231 Todesfälle in der Kohorte zurück; dies bedeutete eine um 80 Prozent erhöhte Sterberate. Es mag paradox erscheinen, Schizophrene mit Phenothiazinen zu behandeln – diese mildern zwar ihren Leidensdruck und ihre Hyperaktivität, so daß sie mehr herumsitzen und zunehmen; man nimmt jedoch dafür in Kauf, daß sie übermäßig oft an Herzkrankheiten sterben. Wir wissen zuwenig über die Nikotinsucht psychiatrischer Patienten und deren Auswirkung auf die Häufigkeit von Herzerkrankungen und Krebs; die meisten Kliniker dürften jedoch berichten, daß mehr Patienten als Nichtpatienten rauchen, und daß sie sehr starke Raucher sind.

Krebs

Die Daten über Krebs als Todesursache bei Schizophrenen sind äußerst interessant. Zwischen den Untersuchungsjahren 1950 und 1974 wurde für norwegische Schizophrene keine erhöhte Sterberate berichtet; es fanden sich allerhöchstens Anzeichen einer *Verringerung der Sterblichkeitsrate* (40 Prozent niedriger als die der Allgemeinbevölkerung). Allebeck fand keinen signifikanten Unterschied in der neueren, schwedischen Stichprobe, betonte jedoch, daß man eine sehr große Stichprobe über viele Jahre verfolgen müßte, um zu stichhaltigen Schluß-folgerungen über verringerte oder erhöhte Krebssterblichkeit zu kommen.

Eine derartige Studie liegt jetzt für Dänemark vor; in dieser wurden die verschiedenen psychiatrischen und Bevölkerungsregister mit einem nationalen Krebsregister abgeglichen. Es reicht bis 1943 zurück und klassifiziert Tumoren nach der Körperstelle. Eine geeignete Kohorte von mehr als 6000 männlichen und weiblichen Schizophrenen, die 1957 bei einem Zensus ermittelt worden waren, wurde bis 1980 weiterver-folgt. Dies entsprach insgesamt 100000 „Personenjahren" Beobachtung von Todesursachen. Annelise Dupont, die frühere Leiterin des Instituts für demographische Psychiatrie, und ihre Kollegen berichteten eine *verringerte* Sterberate an Krebs sowohl für männliche als auch für weib-liche Schizophrene, doch nur die männliche Rate war reliabel. Das Risiko von Männern über alle Krebsarten betrug 67 Prozent des nor-malen, bei Frauen 92 Prozent. Weitere spannende Daten ergaben sich bei der Untersuchung von Neubildungen (Tumoren) an bestimmten Körperstellen. Die dramatischste Reduktion ergab sich für Lungen-krebs bei Männern; die Rate lag bei 38 Prozent der der Normalbevöl-kerung. Diese Zahl überrascht noch mehr, sollte sich der klinische Eindruck bestätigen, daß psychiatrische, stationäre Patienten mehr rau-chen als Nichtpatienten. Krebs des Verdauungstraktes und der Prostata kamen bei schizophrenen Männern ebenfalls signifikant seltener vor. Bei Frauen waren die Muster weniger deutlich ausgeprägt, doch erwies sich das geringere Risiko, an Krebs der Atmungsorgane (38 Prozent des normalen) und des Gebärmutterhalses (59 Prozent des normalen) zu sterben, auch hier als statistisch reliabel. Die geringere Häufigkeit von Gebärmutterhalskrebs könnte durch die nachlassende sexuelle Aktivi-tät bei weiblichen Schizophrenen zu erklären ein.

Schon 1909 hatten die „Commissioners in Lunacy" (etwa: Psychia-triebeauftrage) für England und Wales festgestellt, daß psychiatrische Patienten gegen Krebs relativ immun zu sein schienen, obwohl man damals relativ wenig über Krebs wußte. Die sorgfältige, dänische Studie informiert uns offenbar sehr verläßlich über eine verringerte Krebs-sterblichkeit, besonders an bestimmten Arten, bei Schizophrenen. Was sagen uns diese Daten? Vielleicht schützen die psychotropen Substan-zen, mit denen Schizophrene behandelt werden, vor Krebs; in Labor-studien an Säugetieren zeigten sich Antitumorwirkungen bei vielen solchen Substanzen. Aus derartigen Forschungsprojekten können sich Hinweise auf die biologischen Mechanismen sowohl der Schizophrenie als auch der Tumorbildung ergeben; hier dürfte mehr als ein Prozeß eine

Rolle spielen, wenn man die Abnahme der Sterblichkeit an Krebs vor der Einführung psychotroper Substanzen bedenkt.

Suizid

Selbsttötung ist *die* häufigste und alarmierendste Ursache der erhöhten Sterblichkeit unter Schizophrenen; sie übertrifft alle anderen bei weitem. Obwohl die Erfahrung ganz folgerichtig lehrt, daß der Suizid bei schwer affektiv gestörten (Depression und manisch-depressive Störung) Personen die Haupttodesursache ist, überrascht es doch, daß sich Schizophrene fast genausooft selbst töten. In der Langzeituntersuchung der Weltgesundheitsorganisation an 1065 Patienten mit verschiedenen schweren psychischen Störungen in zehn Ländern stellten Norman Sartorius und Kollegen fest, daß in den ersten fünf Jahren Schizophrene 80 Prozent der Todesfälle stellten. In den 19 Suizidfällen lag bei 14 eine Schizophreniediagnose vor; das Suizidrisiko ist also genauso groß oder größer wie bei Patienten mit affektiven Störungen.

In der norwegischen Serie von Todesfällen *im Krankenhaus* verursachte hauptsächlich ein gewaltsamer Tod die erhöhte Sterblichkeitsrate, an erster Stelle der Suizid. Bei männlichen Schizophrenen erreichte die erhöhte Rate zwischen 1950 und 1974 120 bis 360 Prozent der „normalen". Bei der eingehenden Nachfolgeuntersuchung des Bezirksregisters von Stockholm stellte Allebeck bei männlichen Schizophrenen eine um 1000 Prozent gegenüber der normalen erhöhte Sterblichkeitsrate fest, bei weiblichen Schizophrenen sogar um 1800 Prozent. Daß diese Zahlen zutreffen, ist durch eine sorgfältige Prüfung der Totenscheine und Berichte über Äußerungen suizidaler Gedanken vor der Tat sowie durch den zehnjährigen Nachuntersuchungszeitraum nach dem Krankenhausaufenthalt gesichert. Die Rate bei weiblichen Schizophrenen ist deshalb so hoch, weil die Selbsttötung bei nichtpsychiatrisch kranken Frauen im Vergleich zu nichtpsychiatrisch kranken Männern sehr selten vorkommt; irgendein Aspekt des Schizophrenieprozesses hat offenbar die gewöhnliche Geschlechtsverteilung beim Suizid ausgeglichen oder sogar umgekehrt. Versuche, eine Suizidgefahr im Nachhinein festzustellen, erwiesen sich als vergeblich; Allebeck schloß, daß „suizidale Handlungen bei schizophrenen Patienten häufig spontan und schwer vorhersagbar erfolgen" (S. 87). Manfred Bleuler hatte schon früher bemerkt, daß Selbsttötungen bei Schizophrenen zu jedem Zeitpunkt des Krankheitsverlaufs vorkommen – sowohl während der Remission als auch während akuter Episoden:

„Die Gefahr von Suiziden im *späten* Verlauf von Schizophrenien kenne und fürchte ich schon aus meiner allgemeinen klinischen Erfahrung. Die ältere Ansicht entsprach der Vorstellung, daß im Laufe der Jahre das innere Leben Schizophrener ‚erlösche, ausbrenne und abstumpfe‘, daß sie mit der Zeit die Fähigkeit zu leiden, ihre ‚innere Dynamik‘, verlören. Daß noch Jahre und Jahrzehnte nach Beginn der Erkrankung mit Suiziden zu rechnen ist, weist auf die Fragwürdigkeit solcher alter Anschauungen hin." (S. 371–372.)

Kliniker, die mit Schizophrenen arbeiten, haben wiederholt beobachtet, daß die Symptome Depression und Anhedonie (die Unfähigkeit, angenehme Gefühle zu empfinden) häufig in so hohen Maße auftreten, daß ihr Vorhandensein nichts zur Vorhersage von Suizidversuchen beiträgt.[24] Wenn man jedoch die „Facetten" der Depression so differenziert, daß ein besonderes Merkmal – eine alles durchdringende Hoffnungslosigkeit – erkennbar wird, könnte dies durchaus einen klinischen Hinweis darstellen, der als Vorbote suizidalen Verhaltens Beachtung fordert.

Rheumatoide Arthritis

Der klinische Epidemiologe J. A. Baldwin betreut das Dokumentationsverbundsystem von Oxford (England), das eine Regionalbevölkerung von insgesamt 800000 Personen mit 2314 bekannten Schizophrenen umfaßt; in diesem Rahmen wurden mehr als 20 Krankheiten genannt, die bei Schizophrenen häufiger als für den Bevölkerungsdurchschnitt erwartet auftreten sollen, sowie sechs weitere, die angeblich seltener vorkommen. Die Durchsicht der Literatur und sein eigenes, stets wachsendes Datenmaterial veranlaßten Baldwin zu folgendem Schluß:

„Die meisten der behaupteten Komplikationen und Defekte bei der Schizophrenie, einschließlich Krebs, Epilepsie, Allergien, Diabetes und Myasthenia gravis, gründen auf Interpretationen klinischer ‚Nicht-Erfahrung‘, die wiederum auf mehr oder weniger subjektiven Eindrücken und Überschätzungen dessen beruhen, was schon allein aufgrund des Zufalls zu erwarten ist. Bis jetzt [das heißt 1979] gibt es für nichts davon hinreichend solide epidemiologische Nachweise, und die einzige negative Beziehung, die bisher einigermaßen belegt ist, ist diejenige zur rheumatoiden Arthritis." (1979, S. 617.)

Obwohl Baldwins Schlußfolgerungen hinsichtlich Krebs aufgrund der neuen, dänischen Studie wohl modifiziert werden müssen, ist der angebliche Schutz vor rheumatoider Arthritis in verschiedenen Berichten immer wieder aufgetaucht. Sollte sich ein derartiger Befund an großen Stichproben, deren Diagnosen anhand der jetzt verfügbaren, objektiveren Schemata gestellt werden, bestätigen, so könnte er auf Gene hinweisen, die unmittelbar mit physiologischen Prozessen zusammenhängen, deren Bedeutung für die Schizophrenie bis jetzt noch nicht erkannt wurde. Alternativ oder zusätzlich könnte er zu Genen führen, die auf demselben Chromosom liegen und mit Genen verbunden sind, die in der Ätiologie der rheumatoiden Arthritis eine Rolle spielen, jedoch noch nicht entdeckt wurden. Seit 1936 gibt es immer wieder Berichte über die geringe Inzidenz von rheumatoider Arthritis bei Personen mit Schizophrenie; in den beiden erwähnten Registern von Oxford und Stockholm gemeinsam fanden sich nur drei Fälle von Arthritis, während unter 3500 Schizophrenen zwölf statistisch zu erwarten gewesen wären (Spector und Silman 1987). Ätiologische Fingerzeige sind natürlich immer willkommen, egal wie unwahrscheinlich die Quellen auch sein mögen. Diese rätselhafte, negative Verbindung erneuert vielleicht das Interesse an immunologischen oder Virus-Theorien der Schizophrenie. Zu nennen wären in diesem Zusammenhang der Hauptbereich für die Gewebeverträglichkeit auf Chromosom 6 (McGuffin und Sturt 1986) und die Rolle endogener Morphine (Endorphine), die bei der Arthritis reduziert, bei der Schizophrenie jedoch erhöht sind. Jedenfalls können die Gründe dafür, warum Schizophrene nicht an rheumatoider Arthritis zu erkranken scheinen, Wege zur Genetik und Pathophysiologie der Schizophrenie weisen (Vinogradov, Gottesman, Moises und Nicol 1991).

Die Untersuchung besonderer Einzelpersonen kann genauso lohnend sein wie die des gesamten nationalen Schizophrenieregisters eines skandinavischen Landes. Zu der Serie eineiiger, schizophreniediskordanter Zwillingspaare am Saint Elizabeths Hospital (siehe die Arbeiten von Torrey, Gottesman und Kollegen in Kapitel 6) gehört ein erstaunliches Paar, das jetzt seit 13 Jahren diskordant ist. Nur der Proband leidet seit seinem zehnten Lebensjahr an Asthma, und er war es auch, der im College mit schleichendem Beginn psychotische Symptome zeigte, die schließlich im Alter von 31 Jahren zur Hospitalisierung wegen Schizophrenie führten. Sein eineiiger Zwillingsbruder war normal und blieb es bis heute, mit 44 Jahren; jedoch wurde nur bei ihm mit sieben Jahren eine rheumatoide Arthritis festgestellt. Wir stehen vor einem Rätsel: dieselben Gene, dasselbe prä- und postnatale Milieu, doch Diskordanz für und <u>Schutz vor Schizophrenie bei dem Zwilling mit rheumatoider Arthritis</u>. Sherlock Holmes, wo sind Sie, wenn man Sie braucht?

Kriminalität und Gewalttätigkeit

Eine ausgewogene Ansicht über die Beziehung zwischen Gewalttätigkeit und Schizophrenie zu entwickeln, ist äußerst schwierig. Pamela Taylor, forensische Psychiaterin am Institute of Psychiatry in London kommentiert: „Zweifelsohne sind Schizophrene zu Gewalttätigkeiten fähig. Damit endet auch schon jede Gewißheit über die Beziehung zwischen Schizophrenie und Gewalttätigkeit" (1982, S. 269). Verzerrte Darstellungen in den Medien führen meist zu einer übertriebenen Sicht möglicherweise vorhandener Zusammenhänge. Es gibt jedoch neutrale Informationsquellen, die uns zu einer angemesseneren Einschätzung verhelfen können.[25]

Als es John Hinckley jr., einem diagnostizierten Schizophrenen, 1981 beinahe gelang, den damaligen Präsidenten der USA Ronald Reagan zu ermorden, wiederholte sich die Geschichte. Hundert Jahre zuvor, 1881, verletzte Charles Guiteau Präsident James Garfield tödlich, weil er glaubte, der Präsident sei eine Gefahr für das Land, und es sei eine „politische Notwendigkeit" und „eine göttliche Handlung", ihn zu töten. Nach der Tat behauptete Guiteau, er sei nicht zur Verantwortung zu ziehen, da „göttlicher Druck" ihn gelenkt habe. Er erwartete allen Ernstes seinen Freispruch und wollte bei der nächsten Wahl selbst zum Präsidenten kandidieren. Das Gericht sah das anders; er wurde schuldig gesprochen und 1882 hingerichtet, immer noch in der festen Überzeugung, das Attentat habe das Land gerettet.

Das Weiße Haus, der Vatikan und ähnliche große Machtzentren ziehen Personen, die an paranoider Schizophrenie oder wahnhafter Störung (Paranoia) leiden, offenbar magnetisch an. Etwa 100 Personen versuchen jedes Jahr in das Weiße Haus einzudringen – um Schutz vor angeblicher Verfolgung zu fordern, Ratschläge zur Lenkung des Staatswesens zu erteilen, Geld zu bekommen und so weiter –,[26] werden vom Geheimdienst gefaßt und zur Untersuchung ins Saint Elizabeths Hospital gebracht. David Shore, Psychiater in der Abteilung Schizophrenieforschung des NIMH, und seine Kollegen sammelten die Diagnosen von 328 Fällen „Weißes-Haus" aus drei Jahren der 70er Jahre – 91 Prozent litten an Schizophrenie (66 Prozent paranoide Schizophrenie) oder einem paranoiden Zustand. Drei frühere Arbeiten ab 1943 mit kleineren Stichproben hatten ähnliche Ergebnisse berichtet. Es ist sehr beruhigend, daß keine dieser 328 Personen tatsächlich einen Präsidenten erschoß (obwohl eine später einen Geheimdienstagenten ermordete). 31 der 217 Männer waren 1988, zum Zeitpunkt einer Nachuntersuchung nach zwölf Jahren, wegen Mordes oder Körperverletzung verhaftet worden (darunter war ein Angriff auf eine Frau, die der Betreffende mit der First Lady verwechselt hatte).

Andere nicht aus dem Gedächtnis zu tilgende Gewaltakte fallen einem ein, wenn die Massenmörder „Son of Sam" und Charles Manson erwähnt werden, die Ermordung Robert Kennedys durch Sirhan Sirhan, der Mord an John Lennon von den Beatles durch Mark David Chapman und der Massenmord an Schulkindern im Jahr 1989 in Stockton in Kalifornien, wo ein paranoid schizophrener Frührentner mit einem AK-47 Sturmgewehr in einem Schulhof Amok lief. Bei jeder dieser Personen liegt wahrscheinlich oder erwiesenermaßen die Diagnose Schizophrenie oder wahnhafte Störung vor, allein schon aufgrund der in den Medien öffentlichen Information. Das Wissen, daß eine Person an irgendeiner psychischen Störung leidet, gestattet jedoch *keinesfalls* eine zutreffende Aussage über ihre Gefährlichkeit. John Monahan, Psychologe und Professor für Recht an der Universität von Virginia, ein anerkannter Fachmann auf diesem Gebiet, hat darauf hingewiesen, daß von drei psychisch gestörten Personen, die ein einschlägig geschulter Psychologe oder Psychiater als potentiell gewalttätig eingestuft hat, nur einer tatsächlich einen Gewaltakt begeht. Nach seiner Erfahrung sind psychiatrische Diagnosen oder Persönlichkeitsmerkmale die schlechtesten Prädiktoren für Gewalttätigkeit. Am besten eignen sich dagegen dieselben demographischen Faktoren, die sich schon zur Vorhersage von Gewalttätigkeit in der Allgemeinbevölkerung der USA als nützlich erwiesen haben: Alter, Geschlecht, Sozialschicht und früher begangene Gewalttaten.

Bevor man zu irgendwelchen stichhaltigen Schlußfolgerungen über einen möglichen Zusammenhang von Schizophrenie, Kriminalität und Gewalttätigkeit kommt, muß man sich mit dem Problem der Kriminalität überhaupt befassen. In den Vereinigten Staaten wurden dem Federal Bureau of Investigation 1986 (die neuesten Daten) mehr als anderthalb Millionen Gewaltverbrechen bekannt, davon 20600 Morde, 90400 Vergewaltigungen, 543000 Raubüberfälle, 834000 Körperverletzungen und 87000 Brandstiftungen. Zahlen wie diese, so drastisch sie auch die Gefahr körperlichen Schadens illustrieren, deuten nur an, wie groß das wahre Ausmaß der Gewalt in den Vereinigten Staaten ist. Aus der Kriminalitätsstatistik des U.S. Bureau of Justice allein für das Jahr 1985 erfahren wir, daß es insgesamt fast *20 Millionen Gewalt- und andere Verbrechen mit Personenschaden* gab, von denen die meisten nicht angezeigt wurden. Schwer psychisch Kranke tragen nur einen verschwindend geringen Bruchteil zu diesem so weitverbreiteten Übel bei; beim Besuch eines Patienten in einer psychiatrischen Klinik ist man sicherer als auf den Straßen einer amerikanischen Großstadt nach Einbruch der Dunkelheit. So gesehen können die lebensbedrohlichen Verhaltensweisen mancher Schizophrener als isolierte Episoden gelten.

Internationale Vergleiche des gewalttätigen Verhaltens von an Schizophrenie Erkrankten gestatten keine Verallgemeinerungen, da riesige Unterschiede in dessen Muster und Häufigkeit bestehen; dennoch liegen einige aufschlußreiche Studien vor. Eve Johnstone und ihre Kollegen untersuchten die Probleme im Zusammenhang mit der ersten Schizophrenieepisode, die zur Hospitalisierung führt. Diese Londoner Studie erbrachte objektive Daten über das gestörte Verhalten von 253 Schizophrenen, die den in den WHO-Studien (Kapitel 2) angewandten Kriterien entsprachen. Sechs Prozent hatten mehrfach andere mit dem Tode bedroht, weitere 13 Prozent ein- oder zweimal; keiner hatte einen Mord begangen, doch kam einer nur knapp daran vorbei, als er seinen Vater mit zahlreichen Messerstichen schwer verletzte, weil er ihn für den Teufel hielt. Insgesamt hatten 22 Prozent wegen bizarren oder unangemessenen Verhaltens im Zusammenhang mit ihrer ersten Schizophrenieepisode Polizeikontakte gehabt. Sie hatten beispielsweise ihren Kanarienvogel erwürgt oder sämtliche Blumen im Garten der Familie geköpft; ein Diplomand lief in Damenunterhosen durch die Sraßen eines ruhigen Wohnviertels und umarmte jede freistehende Mülltonne. Mindestens die Hälfte der Familien einer anderen Schizophrenenreihe in England berichtete über das eine oder andere, mäßig bis schwer quälende, bedrohliche oder erregte Verhalten im vorausgegangenen Monat (Gibbons 1984).

Wenn ein Mensch an Schizophrenie erkrankt ist, wie hoch ist dann die Wahrscheinlichkeit, daß er einen Mord oder Totschlag begehen wird? Zur Beantwortung dieser Frage müssen wir verschiedene Zahlen ermitteln: die Gesamtzahl der gewalttätigen Vergehen und der Gewalttäter, die Gesamtzahl psychisch gestörter Gewalttäter und deren Diagnosen und die Gesamtzahl psychisch gestörter, jedoch nicht gewalttätiger Personen und deren Diagnosen. Glücklicherweise gelang es H. Häfner und W. Böker von der Fakultät für Sozialpsychiatrie an der Universität Heidelberg, im Großraum Mannheim über einen Zeitraum von zehn Jahren (1955 bis 1964) solche notwendigen Informationen zu erheben. Schizophrene machten 284 (53 Prozent) der 533 psychisch gestörten Gewalttäter aus.

In ihrer Arbeit stellten Häfner und Böker fest, daß ein als Schizophrener bekannter Mann in der (alten) Bundesrepublik Deutschland mit einer Wahrscheinlichkeit von 0,05 Prozent eine Tötung oder einen Tötungsversuch begeht, das heißt nur fünf von 10000 Schizophrenen werden zu Gewalttätern.

Dieselbe Berechnung führte zu Zahlen von 0,006 Prozent oder sechs von 100000 für Personen mit affektiven Psychosen und ebenso der geistig Behinderten. Wie Monahan schon früher feststellte, wirkten sich Alter (14 bis 30) und Geschlecht (männlich) stärker auf das Risiko der Gewalttätigkeit aus als die psychiatrische Diagnose.

Die deutsche Studie erbrachte auch für die Familien der psychisch Kranken wichtige Information. Nur 16 Prozent der Schizophrenen, die gewalttätig wurden, begingen ihre Taten im ersten Jahr ihrer Krankheit; 25 Prozent wurden zwischen fünf und zehn Jahren nach Erkrankungsbeginn gewalttätig, weitere 25 Prozent noch später. Die Opfer der Gewalttätigkeit der Schizophrenen waren am häufigsten die eigenen Eltern, Geschwister, Ehegatten und Kinder (58 Prozent), dann Freunde (22 Prozent) und zum Schluß Fremde oder Autoritätspersonen (19 Prozent). Das steht in scharfem Gegensatz zu den Übergriffen affektiv psychotischer Personen, deren Opfer zu 95 Prozent Angehörige waren. Leider muß man sagen, daß die beiden sensationellsten Verbrechen in diesem Jahrzehnt von paranoid Schizophrenen begangen wurden. Ein 43jähriger Täter, der sich in seinem Wahn für vermeintlich erlittenes Unrecht an der Gesellschaft rächen wollte, baute sich einen Flammenwerfer und tötete in einer Schule zehn Kinder und zwei Lehrer, brachte weiteren 22 Personen schwere Verbrennungen bei und nahm sich dann das Leben. In dem anderen Fall zertrümmerte ein 22jähriger paranoid Schizophrener mit einem Hammer zehn Unbekannten den Schädel; halluzinatorische Stimmen hatten ihn dazu getrieben.[27]

Sorgfältige Untersuchungen wie die in Deutschland durchgeführte stehen in den Vereinigten Staaten mit ihrem deutlich anderen Gewaltmuster noch aus. Erst dadurch könnten wir die wahre Beziehung zwischen psychischer Krankheit und Gewalttätigkeit ermitteln. Und erst dann kann die Gesellschaft ein Gleichgewicht schaffen zwischen dem Schutz ihrer selbst vor den psychisch Gestörten und dem Schutz der psychisch Gestörten vor der Gesellschaft. England und Schottland verfügen zusätzlich zu den traditionellen psychiatrischen Krankenhäusern über „Hochsicherheitskliniken". Von den etwa 2100 Insassen tragen 60 Prozent die Diagnose „Schizophrenie" oder „paranoider Zustand" und weitere sechs Prozent „manische Psychose" (Taylor 1987). Anders als bei der kriminellen Gewalt in Westeuropa spielen in den Vereinigten Staaten Armut, mangelnde Bildung, Hautfarbe, leichter Zugang zu Waffen und städtischer Drogenhandel eine Rolle bei diesen Problemen. Fragen der Bedeutung von psychischen Störungen für Kriminalität und der Bedeutung von Kriminalität für psychische Störungen müssen landesspezifisch beantwortet werden; der internationale Vergleich kann dabei einen Leitfaden bilden.

Sexualität, Eheschließung, Fruchtbarkeit und Scheidung

In einem der seltenen Artikel in der wissenschaftlichen Literatur über das sexuelle Verhalten von Schizophrenen berichten J. P. McEvoy und Kollegen über die Einstellungen chronisch schizophrener Frauen in einem Landeskrankenhaus von Tennessee in den 80er Jahren zu Sexualität, Schwangerschaft und Empfängnisverhütung. Etwa 80 Prozent dieser zwischen 20 und 58 Jahre alten Frauen wünschten sich ein aktives Sexualleben, und 65 Prozent gaben an, sie hätten in den drei vorangegangenen Monaten während ihres Krankenhausaufenthalts Geschlechtsverkehr gehabt. Es wäre sehr wichtig für die Gesellschaft, wenn man feststellen könnte, inwieweit derartige Befunde zu verallgemeinern sind, da zentrale politische Entscheidungen hinsichtlich der Bürgerrechte von Patienten von solchen Tatsachen abhängen. E. Fuller Torrey, ein kluger, geistreicher Psychiater, bemerkte einmal, daß, wenn eine schizophrene Frau schwanger wird, „das Paar und seine Familien sich oft zwischen Skylla und Charybdis gefangen fühlen", und drängt darauf, daß Abtreibung und/oder Adoption in Betracht gezogen werden. Auch schlägt Torrey vor, daß alle „Helfer" (vom Anwalt über die Sozialarbeiter bis zum religiösen Ratgeber) die Last der Entscheidung mittragen, damit die emotionale Belastung aller Betroffenen, einschließlich der Patientin und ihrer Familie, gemildert wird.

Die klinischen Erfahrungen bezüglich des Sexualverhaltens schizophrener Männer und Frauen sind gewöhnlich so subjektiv und anekdotenhaft, daß sie keine Gewähr für Übertragbarkeit bieten. Manfred Bleuler unterzog sich der Mühe, in seinen Langzeitstudien an 208 Schweizer Schizophreniepatienten (108 Frauen und 100 Männern) diesen sensiblen Bereich zu erforschen. Unter dem Vorbehalt, daß sich die Sexualmoral der Bewohner Zürichs möglicherweise von der anderer Schweizer unterscheidet, klassifizierte Bleuler das Sexualleben seiner Patienten vor ihrem Krankenhausaufenthalt nach den folgenden vier Kategorien:

> „Unerotische": keine erotischen und keine geschlechtlichen Beziehungen – 24 Männer und 40 Frauen
> „Zurückhaltende": „natürliche Liebesbeziehungen" – 43 Männer und 14 Frauen
> „Erotisch Aktive": mehrfache intime Beziehungen, manchmal mit unehelichen Kindern – 16 Männer und 42 Frauen
> „Sexualperverse": ein Voyeur, ein Homosexueller und Inzest mit dem Bruder – zwei Männer und eine Frau (S. 219)

Die restlichen 26 Patienten konnten nach den verfügbaren Informationen nicht klassifiziert werden, doch Bleuler war beeindruckt, wie häufig Schizophrene zölibatär lebten und wie wenige „Sexualperverse" es unter ihnen gab. Hier erzeugen die Medien wohl einen falschen Eindruck, da sie ihre Aufmerksamkeit eher den Ausnahmen widmen.

Vor dem Beginn ihrer Erkrankung hatten 68 Schizophrene geheiratet[28]; elf von 28 Männern berichteten von einer glücklichen und erfolgreichen Ehe, bevor die Symptome auftauchten, ebenso 13 von 40 Frauen. Die übrigen, 65 Prozent, gaben an, ihre Ehen seien schlecht gewesen. Diese Stichprobe von 208 Patienten hatte 184 Kinder bekommen, doch 80 Prozent davon waren *vor* der ersten psychosebedingten Hospitalisierung zur Welt gekommen. Nur 15 Kinder waren unehelich geboren, das zeugt von größerer Zurückhaltung unter den Schizophrenen als in der Allgemeinbevölkerung von Zürich, wo die Rate höher lag. Tabelle 10.1 stellt die Verteilung des Familienstandes der Schizophrenen dem der Allgemeinbevölkerung Zürichs gegenüber. Daraus geht eindeutig hervor, daß etwas Bestimmtes im Schizophrenieprozeß die Wahrscheinlichkeit einer erfolgreichen Ehe mindert.

Barbara Stevens untersuchte in ihrer Studie im Goßraum London sowohl affektiv gestörte als auch schizophrene Frauen, um mehr Licht in die Sexualität psychiatrischer Patienten zu bringen. Zwar waren 20 Prozent der 843 Kinder von 813 schizophrenen Frauen unehelich geboren, doch galt dies auch für 15 Prozent der Kinder, die zu dieser Zeit im Londoner Gebiet von nicht erkrankten Frauen geboren wurden. Aus den sorgfältig erhobenen Vorgeschichten der Patienten ergab sich, daß nicht mehr als drei Prozent als promiskuitiv bezeichnet werden konnten, wohingegen 15 Prozent sexuell inaktiv und zwei Prozent lesbisch waren. Die meisten der unehelichen Kinder entsprangen einer festen Beziehung, doch die Schizophreniesymptome minderten die Wahrscheinlichkeit einer Heirat vor der Krankenhausaufnahme. Die Hälfte der alleinstehenden schizophrenen Frauen dieser Stichporobe hatte eine feste Beziehung gehabt; eine von fünf bekam ein Kind vor der Hospitalisierung und eine von acht *danach*. Hervorzuheben ist, daß eine kleine Gruppe – fünf von den 813 Frauen – vier oder fünf uneheliche Kinder hatte. Stevens bestätigte die *a priori*-Erwartung, daß die schizophrenen Frauen mit den meisten unehelichen Kindern die Zusatzdiagnose soziopathische Persönlichkeit aufwiesen.

Der Fruchtbarkeit der psychisch Kranken galt mehr als ein Jahrhundert lang das Interesse von „Wohltätern" wie „Übeltätern"; Philippe Pinel sammelte schon 1809 Daten über den Familienstand von Patienten in französischen Anstalten; in der zweiten Hälfte des 19. Jahrhunderts jedoch kam eine wachsende, aber grundlose Furcht auf, daß geschädigtes Erbgut die Gesellschaft überschwemmen könnte – mit einer Flut geistesgestörter und geistig behinderter Menschen, die von ihren Familien im Stich gelassen würden und die sich vermehrten „wie die Kaninchen". Aus solchen unbegründeten Ängsten speisten sich repressive Gesetze und die Greueltaten des Dritten Reiches (Kevles 1985; Lifton 1986).

Erst seit den letzten Jahrzehnten liegen unanfechtbare Daten über die Fruchtbarkeit psychotischer Patienten vor. Wieder einmal bei dem norwegischen Sozialpsychiater Ørnulv Ødegaard finden wir eine

Tabelle 10.1: Familienstand männlicher und weiblicher Schizophrener in Zürich im Vergleich zu normalen Kontrollpersonen (Zensus)

	männlich (%)		weiblich (%)	
	Probanden	Zensus	Probanden	Zensus
alleinstehend	52	21	48	20
verheiratet	27	73	18	63
geschieden	16	3	19	5
verwitwet	4	3	15	12

Quelle: Nach Bleuler (1972).

Analyse der Fertilität aller zwischen 1936 und 1955 erstmals in ein psychiatrisches Krankenhaus aufgenommener Patienten; damals gab es noch keine antipsychotischen Medikamente, die die Entlassungs- und Remissionsraten von Schizophrenen und affektiv psychotisch Kranken beeinflußten. Tabelle 10.2 zeigt, daß die eheliche Fruchtbarkeit bei Schizophrenen etwas niedriger liegt als in der Allgemeinbevölkerung und daß die Eheschließungsrate und die relative Reproduktionsrate (ein Produkt aus Fruchtbarkeit und Eheschließungsrate) viel niedriger sind, insbesondere bei männlichen Schizophrenen. Die relativen Reproduktionswerte von 36 Prozent des normalen bei Männern und 48 Prozent des normalen bei Frauen in dieser norwegischen Population sprechen mit Sicherheit für mangelnde „Darwinsche Fitness" bei den Trägern der Erbanlagen für Schizophrenie und, wenn auch nicht in demselben Maße, bei denen für affektive Psychosen.

L. Erlenmeyer-Kimling, eine Verhaltensgenetikerin mit langer Erfahrung und umfangreichem Fachwissen über die Fertilität psychisch Kranker und deren Auswirkungen auf die menschliche Evolution, konnte die norwegischen Verhältnisse für den Staat New York bestätigen. Sie zeigte, daß verminderte Fruchtbarkeitsraten hauptsächlich auf verminderten Eheschließungsraten beruhen. In einer Kohorte weiblicher Schizophrener, die 1936 stationär aufgenommen wurden, waren nur 49 Prozent verheiratet gewesen, und 1961 hatte sich diese Rate nur auf 54 Prozent erhöht; bei Männern betrugen die Werte 22 Prozent und 27 Prozent. Bei 1956 aufgenommenen Kohorten war der Verheiratetenanteil auf 64 Prozent bei Frauen und 43 Prozent bei Männern gewachsen; diese Werte lagen jedoch immer noch weit entfernt von den Raten in der Allgemeinbevölkerung.

Tabelle 10.2: „Darwinsche Fitness" norwegischer Psychiatriepatienten als Prozentsatz der Allgemeinbevölkerungsraten

	Schizophrene		affektiv Psychotische	
	Männer	Frauen	Männer	Frauen
Eheschließungsrate	38	53	91	93
eheliche Fruchtbarkeit	93	92	85	82
relative Reproduktionsrate*	36	48	77	76

aus: Ødegaard (1972) für den Zeitraum 1936–1955.
* Fruchtbarkeits- × Eheschließungsrate.

Gottesman und Erlenmeyer-Kimling veranstalteten 1971 eine Konferenz über die differentielle Reproduktion bei Personen mit psychischen und physischen Störungen. Bei dieser Tagung konnten Eliot Slater, Edward Hare und John Price, drei britische Psychiater, die sich seit langem mit dem Themenkomplex Genetik und Gesellschaft befaßten, über den Familienstand und die Fertilität aller stationären und ambulanten Patienten mit verschiedenen Diagnosen berichten, die während der Jahre 1952 bis 1966 an den renommierten Krankenhäuser Bethlem und Maudsley behandelt worden waren. Einige der wichtigsten Befunde an den annähernd 20 000 erwachsenen Patienten aus dem Großraum London finden sich in Tabelle 10.3. Bedenkt man das in diesen Krankenhäusern angewandte konservative, valide, diagnostische Vorgehen (siehe Kapitel 2), so sind die Daten von etwa 1000 schizophrenen Frauen und 1000 schizophrenen Männern unschätzbar. Die Fruchtbarkeitsrate von 2,2 Kindern bei *verheirateten* Schizophrenen beiderlei Geschlechts entsprach 95 Prozent der Rate der Allgemeinbevölkerung in England und Wales zu dieser Zeit. Die starke Selektion gegen die Reproduktion von Schizophrenen enthüllt Tabelle 10.3 an drei Punkten: der Information

Tabelle 10.3: Eheschließung und Fertilität, Londoner Patienten, 1952–1966: Reproduktionsnachteile für Schizophrene

Aufgliederung nach Ehe und Fruchtbarkeit	Frauen			Männer		
	Schiz.	manisch-depr.	neu-rotisch[a]	Schiz.	manisch-depr.	neu-rotisch[a]
Zahl der Patienten	1086	2692	5596	1003	1606	3902
Zahl der Kinder[b]	907	3715	6397	452	2218	4168
Kinder pro Patient	0,9	1,4	1,1	0,5	1,4	1,1
Kinder pro Ehe	1,7	1,9	1,6	1,5	1,9	1,6
Kinder pro fruchtbarer Ehe	2,2	2,4	2,1	2,2	2,4	2,2
Anteil jemals verheirateter Patienten (%)	54,0	79,1	73,6	32,7	79,1	69,6
Anteil kinderloser Ehen (%)	24,9	20,1	23,4	27,7	21,5	25,1
Anteil von Patienten mit Kindern (%)	38,9	61,1	54,0	21,8	58,2	49,4

aus: Slater, Hare und Price (1971).
[a] ohne Zwangsneurosen.
[b] einschließlich unehelicher Kinder.

über die Kinder pro Patient ohne Rücksicht auf den Familienstand – 0,9 pro schizophrener Frau und 0,5 pro schizophrenem Mann –, dem Anteil der jemals Verheirateten – 54 Prozent der Frauen und 33 Prozent der Männer – und dem Anteil der schizophrenen Patienten, die überhaupt Kinder hatten – nur 39 Prozent der Frauen und 22 Prozent der Männer.

Angesichts der hier aufgeführten Daten zu Fruchtbarkeits- und Eheschließungsraten von Schizophrenen müssen wir weder eugenischen Alarm schlagen noch Strafgesetze schaffen. Vielmehr braucht die einzelne Patientin, die schwanger wird oder ein Kind hat, unser Einfühlungsvermögen und unser Mitleid – ob sie nun aus Absicht handelte oder weil die Verhütungsmittel versagten oder ob sie dem Verhalten skrupelloser Männer zum Opfer fiel. Die kontinuierliche Beobachtung und Aufzeichnung der Trends im Eheschließungs- und Fruchtbarkeitsmuster psychiatrischer Patienten werden sowohl die soziale als auch die biologische Komponente der Soziobiologie befördern und damit humane, rationale sozialpolitische Entscheidungen bezüglich der Versorgung der psychisch Kranken.

Genetische Beratung

An dieser Stelle sollten wir das Thema der genetischen Beratung anschneiden – genetische Beratung heißt Einsatz genetischen Wissens zur Beeinflussung von Entscheidungen hinsichtlich Heirat, Scheidung und Abtreibung. Zunächst sollten wir uns aber erinnern, daß „gut gemeint" das Gegenteil von gut ist und daß wir es zum gegenwärtigen Zeitpunkt eher mit einer Kunst als mit einer Wissenschaft zu tun haben. Die einschlägigen Entscheidungen sind sehr persönlicher Natur, betreffen den Kern des Identitätsgefühls eines Menschen und werden häufig zu einem Zeitpunkt getroffen, an dem die Empfänglichkeit sowohl für kompetenten als auch für inkompetenten Rat maximal ist.

Die Durchsicht der einschlägigen Zeitschriften und die jährlichen Fachtagungen zeigen, daß bei psychiatrischen Syndromen real sehr wenig genetische Beratung stattfindet. Kliniker, die psychiatrische Patienten betreuen, sind selten über die Literatur zur psychiatrischen Genetik informiert, und die Berater, die sich auf medizinische Genetik spezialisiert haben, sind selten über Psychopathologie informiert – bei psychiatrischen Störungen, die keine sauberen Mendelschen Aufspaltungen von 50 Prozent (Chorea Huntington) oder 25 Prozent (Geschwister von Patienten mit zystischer Fibrose oder geistiger Behinderung durch

PKU) aufweisen, besteht offenbar eine „Beratungslücke". Da die Medien zunehmend das Thema der psychischen Störungen aufgreifen, zeichnet sich bei der genetischen Beratung vielleicht ein „Wachstumsmarkt" ab. Selbsthilfegruppen wie die National Alliance for the Mentally Ill (NAMI) äußern lebhaftes Interesse an den Problemen im Zusammenhang mit der möglichen genetischen Vererbung von Schizophrenie, affektiven Psychosen und der Alzheimerschen Krankheit; die NAMI hat eine einführende Broschüre über genetische Beratung in Auftrag gegeben (Gottesman 1984).

Ein großer Teil der Information, der den Patienten und ihren Angehörigen zur Verfügung steht, ist in Wirklichkeit Fehlinformation. Betrachten wir den wohlbekannten, exemplarischen Fall der Chorea Huntington. Hier wurden bemerkenswerte Fortschritte erzielt: Man konnte ein Gen an der Spitze des Chromosoms 4 lokalisieren und einen Träger identifizieren, bevor er Symptome zeigt. Doch dieses Beispiel ist ein ungeeignetes, sogar irreführendes Modell für die Beratung bei Schizophrenie. Unnötige Schuldgefühle und Selbstbeschränkung bei Heirat und Fortpflanzung sind das Ergebnis derartiger Fehlinformationen. Die in den vorausgegangenen Kapiteln dargestellten Forschungsarbeiten sollten erhellen, daß die Umwelt eine wichtige Rolle bei der Potenzierung von Risiken spielt und daß die Risiken in einer Gruppe wie „Kinder von Schizophrenen" beträchtlich schwanken. Die Adoptionsbehörden können sich sowohl an den ungünstigen als auch den weniger ungünstigen Daten in Tabelle 7.2 orientieren, wenn es um die Frage geht, ob Kinder schwerkranker Mütter adoptiert oder bei ihnen belassen werden sollten. Sowohl Fachleute, die Schizophrene oder ihre Verwandten beraten, als auch Laien neigen im allgemeinen dazu, viel stärker an den „genetischen Effekt" zu glauben als es berechtigt wäre.

Im Idealfall sollte eine genetische Beratung nur auf Wunsch erfolgen und nicht zwangsweise verordnet oder gesetzlich vorgeschrieben werden. Doch angesichts des realen, nicht oder falsch Informiertseins müssen die Fachleute stärker die Initiative ergreifen, damit die vorhandenen empirischen Daten zu den Schizophrenierisiken für eine sinnvolle genetische Beratung genutzt werden. Die Einstiegsfrage nach Heiratsabsichten oder Kinderwunsch bei Verwandten und Patienten gleichermaßen eignet sich gut als „Eisbrecher". Wenn jedoch der Klient darauf wiederholt nicht eingeht, läßt man die Frage besser zeitweise fallen, damit ein sich entwickelndes „therapeutisches Bündnis" keinen Schaden nimmt, und hofft, daß man eine Saat gesät hat, die später aufgehen wird. Die wichtigsten Ziele der genetischen Beratung sollten dahin bestehen, das Leiden des einzelnen Patienten und seiner Familie zu lindern, aber zugleich ihre Rechte als Bürger zu schützen. Solche Ziele müssen möglicherweise Ombudspersonen durchsetzen, die hinsichtlich der genetischen Aspekte *allgemein verbreiteter* genetischer Störungen auf dem neuesten Wissensstand sind. Eine Früherkennung anfälliger Genotypen – sogar pränatal – liegt im Bereich des Möglichen und erweitert damit das Spektrum der ethischen und sozialen Fragen, die sich dem Berater stellen. Die Versuchung, Gott zu spielen, oder seine eigenen Ängste und Ansichten hinsichtlich Schizophrenie zu unterstellen, besteht jederzeit; man muß ihr unbedingt gegensteuern, etwa durch die Konsultation von Fachkollegen.

Sowohl die Kunst als auch die Schwierigkeiten der genetischen Beratung bei einem komplexen Merkmal wie der Schizophrenie können sich mit einer Übersicht über die Risikozahlen für die verschiedenen Verwandten (siehe Abbildung 5.4) entfalten und dann auf die Werte für die Kinder und Geschwister von Schizophrenen konzentrieren. Das Durchschnittsrisiko für Kinder liegt bei 13 Prozent, doch wenn beide Eltern betroffen sind, schnellt es auf 46 Prozent hoch. Bei Geschwistern beträgt das Risiko durchschnittlich neun Prozent, steigt jedoch auf 17 Prozent, wenn außer dem schizophrenen Geschwister auch ein Elternteil betroffen ist. Ein Großteil der Variabilität wird von derartigen Durchschnitten verdeckt, und man muß sie auf dem Hintergrund der individuellen Verhältnisse sehen, bevor sie bestimmten Klienten nützen, die sich über die Situation ihrer eigenen Familie klarwerden wollen.

Einen wichtigen Hinweis für eine derartige individualisierte Betrachtungsweise gab Franz Kallmann 1938 in seiner Monographie über die Risiken Berliner Familien während der ersten Hälfte dieses Jahrhunderts. Kurz gesagt lag das Risiko für die Nachkommen schwerkranker, hebephren und kataton Schizophrener bei etwa 21 Prozent, fiel jedoch auf elf Prozent, wenn die Eltern leichte Schizophrenien oder solche mit spätem Beginn (sogenannte einfache oder paranoide Schizophrenien) hatten; für alle Schizophrenieformen zusammen betrug das Risiko der Kinder 16 Prozent. Wenn jedoch die Risiken auf den psychischen Zustand und den Familienstand des anderen Elternteils hin analysiert wurden, zeigte sich größere Variabilität. Beispielsweise hatten Kinder von Müttern über alle Schweregrade der Schizophrenie, die unehelich zur Welt kamen (möglicherweise ein Indiz für abnorme Persönlichkeiten bei den Vätern), ein Schizophrenierisiko von 27 Prozent. Bestand bei den Eltern dagegen nur eine leichte Schizophrenie und waren sie mit einem normalen Partner verheiratet, betrug das Risiko für die Nachkommen derartiger Paare nur zwei Prozent. Was wäre, wenn man nun die Risiken noch weiter individualisierte, so daß die Zahl der von Schizophrenie betroffenen und nichtbetroffenen Geschwister, Eltern und anderer Verwandter in einem bestimmten Stammbaum berücksichtigt wird?

Das Computerprogramm RISKMF, das der Tierzuchtgenetiker Charles Smith aus Edinburgh in Schottland zum Einsatz bei multifaktoriellen Eigenschaften entwickelte, könnte sich für diese schwierige Aufgabe eignen. Jede Familie erhielte dann eine individuelle, maßgeschneiderte Einschätzung. Ein Beispiel für zu erwartende Ergebnisse zeigt Tabelle 10.4. Die ermittelten Befunde würden dann zum Ausgangspunkt für den restlichen Beratungsprozeß, der trotz Einsatz des Computerprogramms immer noch eher eine Kunst ist.

Bei einer multifaktoriellen Eigenschaft wie der Schizophrenie ist das Risiko umso geringer, je mehr gesunde Verwandte jemand hat und je enger sie genetisch mit ihm verwandt sind.[29] Wenn beispielsweise kein Elternteil betroffen ist und bereits zwei Geschwister schizophren sind, beträgt das Risiko für das nächste Geschwister (oder das nächste Kind der nicht betroffenen Eltern) etwa 14 Prozent. Kommt zu diesem Stammbaum ein weiteres gesundes Geschwister hinzu (zwei erkrankt, eines gesund), verringert sich das Risiko für das nächste Geschwister auf 13 Prozent; mit einem weiteren gesunden Geschwister sinkt es auf 12 Prozent und so weiter.

Die Risiken für multifaktorielle Eigenschaften modifizieren sich in bedeutsamer Weise, wenn Verwandte von beiden Seiten, väterlicherseits und mütterlicherseits, an Schizophrenie erkrankt sind. Beispiele finden sich in der unteren Hälfte der Tabelle. In dem zweiten Stammbaum der linken Spalte beispielsweise, wo ein Geschwister und ein Verwandter zweiten Grades (wie etwa eine Tante oder ein Onkel oder ein Großelternteil) betroffen sind *und* außerdem noch ein Elternteil schizophren ist, beträgt das Risiko für das nächste Geschwister entweder 22 *oder* 28 Prozent, je nachdem ob die schizophrene Tante auf derselben Seite des Stammbaums steht wie der schizophrene Elternteil (22 Prozent) oder wie der Nichtbetroffene (228 Prozent). Die paradoxe Steigerung des Risikos geht wohl darauf zurück, daß der Genotyp des nichtbetroffenen Elternteils nicht wirklich „unbelastet" von Schizophreniegenen ist; diese verborgene Tatsache enthüllt sich, wenn bei der Schwester dieses Elternteils Schizophrenie auftritt, eben bei der Tante des fraglichen Klienten. Mit anderen Worten, der Klient erhält einschlägige Gene von *beiden* Seiten des Familienstammbaums; jede Seite überträgt dem Klienten unabhän-

Tabelle 10.4: Rückfallrisiko bei Schizophrenie für verschiedene theoretische Stammbäume

Stammbaum	Zahl schizophrener Eltern		
	keiner	einer	beide
keine Geschwister	0,9	8,5	41,1
1 Geschw. *nicht betroffen* (N)	0,9	7,6	36,5
1 Geschw. *betroffen* (B)	6,7	18,7	45,9
1 Geschw. B + 1 Geschw. N	6,2	16,6	41,9
1 Geschw. B + 2 Geschw. N	5,5	14,8	38,9
2 Geschw. B	14,5	27,8	50,6
2 Geschw. B + 1 Geschw. N	13,3	25,0	46,4
2 Geschw. B + 2 Geschw. N	12,0	22,4	43,4

Stammbaum	keiner	einer		beide
		Betroffener Elternteil von der betroffenen Seite des Stammbaums bzw. der nichtbetroffenen		
1 Verwandter 2. Grades B	2,7	10,6	19,0	45,3
1 Geschw. B + 1 Verw. 2. Grades B	10,3	21,5	28,3	50,5
1 Geschw. B + 1 Verw. 2. Grades B + 1 Geschw. N	9,4	19,0	25,4	46,0
2 Geschw. B + 1 Verw. 2. Grades B	18,6	30,8	35,7	54,9
2 Geschw. B + 2 Verw. 2. Grades B + 1 Geschw. N	19,9	30,0	38,0	54,1
1 Verw. 3. Grades B	1,7	9,6	13,3	42,8
1 Geschw. B + 1 Verw. 3. Grades B	8,6	20,2	23,8	48,3
1 Geschw. B + 1 Verw. 3. Grades B + 1 Geschw. N	7,9	17,8	21,2	44,0
1 Geschw. B + 1 Verw. 2. Grades B + 1 3. Grades B	11,9	23,1	32,3	52,9
2 Geschw. B + 1 Verw. 2. Grades B + 1 3. Grades B + 1 Geschw. N	18,5	28,9	35,5	52,3

N. b.: Risiken berechnet mit dem RISKMF-Computerprogramm unter Voraussetzung eines Lebenszeitrisikos von 1% für die Allgemeinbevölkerung und von 10% für Geschwister von Schizophrenen (Korrelation für Anfälligkeit ,40) (Smith 1971). Aus: Gottesman, Shields und Hanson (1982).

gige, sich addierende Risiken. Allerdings unterscheiden sich in bestimmten Stammbäumen die Risikovorhersagen stark von dem, was zu erwarten wäre, wenn nur ein dominantes Hauptgen den Ausschlag gäbe. Wenn zwei Geschwister betroffen sind, beide Eltern hingegen nicht, können wir ein Risiko von 33 Prozent für das nächste Geschwister voraussagen. Zwei erkrankte Verwandte ersten Grades in jedem Stammbaum erzeugen sehr unterschiedliche Risiken, je nachdem, um welche Verwandten es sich handelt. Spielte ein dominantes Hauptgen eine Rolle, wie bei der Chorea Huntington, wäre ein ständiges Risiko von 50 Prozent für alle Geschwister und von 75 Prozent für alle Nachkommen zweier Patienten vorauszusagen. Die riesige Bandbreite der Risiken nur bei diesen wenigen aufgeführten Stammbaumbeispielen, wie sie in der Realität vorkommen, werfen ein Licht darauf, wie kompliziert genetische Beratung ist. Eine „Selbstberatung" empfiehlt sich nicht.

Bevor wir dieses Thema abschließen, dürfen wir nicht versäumen, auf weitere hilfreiche Ratschläge für Familien von Schizophrenen hinzuweisen. Sie sollten ihr ökonomisches Überleben durch soviel zusätzlichen Versicherungsschutz gewährleisten, wie in einer Hochrisikosituation nur möglich. Man sollte sie eindringlich vor bestimmten Drogen warnen, die bei vorbelasteten Menschen Schizophrenie auslösen können. Viele dieser Drogen haben bestimmte Eigenschaften, die das Dopaminsystem anregen (Dopamin ist ein biochemischer Botenstoff zur Übertragung von Nervensignalen), unter anderen Marihuana, Kokain, Crack, PCP, Amphetamine und LSD. Vorsicht ist die Mutter der Porzellankiste. – manche Anfälligkeiten für Schizophrenie werden vielleicht nie aktiviert, wenn solche Substanzen nicht einwirken; Risikopersonen muß man unmißverständlich klarmachen, daß sie keine Chance haben, die Verschärfung der Schizophreniegefahr bereits bei einer einmaligen Einnahme von Crack, Aufputschern oder PCP rückgängig zu machen (Tsuang, Simpson und Kronfol 1982; Andreasson et al. 1987).

Auch diejenigen, die ein mäßiges Schizophrenierisiko tragen, sollten bestimmte Erfahrungen meiden. Extremer Schlafentzug löst bekanntermaßen psychoseähnliches Verhalten aus, möglicherweise auch Schizophrenie. Menschen, die ein substantielles Schizophrenierisiko tragen, sollten sich nicht für irgendwelche Sekten engagieren, sollten Encountergruppen, Sensitivity-Training und ähnliche „bewußtseinserweiternde" Angebote, um „zu sich selbst zu finden", ablehnen. Hinsichtlich der Familienplanung empfiehlt sich bei Schizophrenen und Hochrisikopersonen ein konservativer Ansatz, nicht wegen der Furcht vor Erbschäden der ungeborenen Kinder, sondern weil die <u>zusätzliche Belastung durch die Elternrolle negative Konsequenzen für die Entwicklung der Krankheit</u> oder der Prädisposition dazu haben könnte.

Gesetzliche Beschränkungen: Eheschließung, Einwanderung und Sterilisation

Wenige Menschen würden der Regierung das Recht zu solchen Eingriffen in unser Privatleben absprechen, wie sie die Fluoridierung des Trinkwassers, die Impfung gegen Krankheiten wie Pocken oder Polio oder auch das Verbot, auf den Bürgersteig zu spucken, darstellen. Wir wollen keinesfalls das Verbot der Heirat zwischen Vater und Tochter oder zwischen Bruder und Schwester in Frage stellen; Heiraten zwischen <u>Cousin und Cousine</u> sind jedoch in 20 Staaten der USA *nicht* verboten, obwohl solche Verbindungen die <u>Rate unterschwelliger, rezessiver Krankheiten deutlich erhöhen</u>. Wie sollte sich aber nun der Gesetzgeber bei derart privaten Entscheidungen wie Heirat und Fortpflanzung von psychisch Gestörten verhalten?

Zu Beginn des zweiten Weltkriegs hatten 41 Staaten der USA gegen die Eheschließung von Schizophrenen, anderen Psychotikern und geistig Behinderten Gesetze erlassen. Hinter diesen Gesetzen stand unter anderem der *Glaube*, daß derartige Störungen genetisch übertragen würden, daß von solchen Personen geschlossene Verträge unwirksam und daß sie als Eltern ungeeignet seien und ihre Nachkommen dem Staat zur Last fallen würden. Der Historiker Mark Haller stellte fest, daß die betreffenden Gesetze real offenbar nicht durchgesetzt wurden.

In der Hälfte der Staaten stellt, zumindest nach dem Stand von 1989, „Geistesgestörtheit" in der Tat einen Grund zur Scheidung oder Annulierung einer Ehe dar.[30] Manche Staaten jedoch verlangen für eine Scheidung aus diesen Gründen, daß die Ehe mindestens bis zu sieben Jahre bestanden hat (Connecticut fünf Jahre, Texas und Pennsylvania drei Jahre; New York, Ohio, Massachusetts und Illinois lassen eine Psychose als Scheidungsgrund nicht zu). Die Befugnis, derartig private und scheinbar geschützte Verhaltensweisen wie Heirat und Scheidung zu reglementieren, gründet sich auf die Polizeibefugnisse im zehnten Zusatzartikel zur Verfassung, derselben Machtbefugnis, mit der Quarantäne und Zwangsimpfungen bei Infektionskrankheiten begründet werden.

Im Rahmen der Kostenbegrenzung bei der Versorgung psychisch Kranker und Behinderter verfolgte der Kongreß der Vereinigten Staaten unter anderem die politische Strategie, Immigranten abzuweisen, die in diese Kategorien fallen. Da manche der frühen Verfechter der Eugenik sich ebenfalls glühend für Zuwanderungsbeschränkungen einsetzten – insbesondere gegen Angehörige von Nationalitäten, die sich von ihrer eigenen unterschieden –, waren die Motive wahrscheinlich nicht nur rein ökonomischer Art. 1882 trat ein Gesetz in Kraft, das ausdrücklich „Irre", „Idioten" und Personen, die wahrscheinlich der Allgemeinheit zur Last fallen würden, ausschloß. 1952 wurde das gegenwärtig geltende Einwanderungsgesetz beschlossen, das eine weit größere Liste in den USA nicht willkommener Personen umfaßt. Da sie in die Kategorie der „Geistesgestörten" fallen, dürfen Schizophrene nicht einreisen, ebensowenig geistig Behinderte, Anarchisten, Drogenabhängige, Psychopathen, Homosexuelle und andere Gruppen – insgesamt 31 Kategorien. Außerdem bietet das Gesetz die Handhabe, Immigranten, die in den ersten fünf Jahren nach ihrer Einwanderung psychisch krank oder „geistesgestört" werden, in ihr Herkunftsland zurückzuschicken. Dieses Gesetz wird nicht systematisch angewandt, doch angewandt wird es durchaus; bei der Durchsicht vieler Krankenakten in Großbritannien und Skandinavien stößt man auf die Notiz, daß ein Patient aufgrund der einschlägigen gesetzlichen Einwanderungsbeschränkungen aus den Vereinigten Staaten ausgewiesen wurde.

Die Zwangssterilisation psychisch Kranker und Behinderter dürften die meisten Leser mit einem totalitärem Staat assoziieren. Jedoch erlaubten 30 Staaten der USA zu verschiedenen Zeiten die Zwangssterilisation auf behördliche Anordnung. Die meisten der 22 Staaten, in denen derartige Gesetze noch bestehen, beschränken ihre Anwendung, wenn sie überhaupt noch angewendet werden, auf psychisch kranke, behinderte und epileptische Anstaltspatienten, erblich Kriminelle (sic), Sexualstraftäter und Syphilitiker. Indiana war der erste Staat, der 1907 die Zwangssterilisation von Insassen der staatlichen Besserungsanstalt durch Dr. Harry Sharp erlaubte, der als Ersatz für die Kastration die Technik der Vasektomie entwickelt hatte (Reilly 1985; Robitscher 1973). (So fortschrittliche, demokratische Länder wie Dänemark, Schweden und Norwegen schufen 1929 ihre humanen Sterilisationsgesetze.)

1964 waren 64000 Personen in den Vereinigten Staaten aus eugenischen Gründen sterilisiert; die Hälfte von ihnen war psychisch krank. Allein Kalifornien war für 20000 dieser Sterilisationen verantwortlich; dies läßt sich auf das „Engagement" eines Mannes zurückführen, der zufällig zuerst die staatliche Psychiatrie-Kommission leitete und später Direktor der Landeskrankenhäuser wurde. Heute ist die Praxis der eugenischen Zwangssterilisation psychisch Kranker oder Behinderter so gut wie verschwunden, und das aus gutem Grund: Sie widerspricht nicht nur unserem Rechtsempfinden, sondern ist auch aus wissenschaftlich-genetischen Gründen sowohl unwirksam als auch unnötig (siehe Tabellen 10.1 bis 10.3). Die Zahl der freiwilligen Sterilisationen bei Ehepaaren in den Vereinigten Staaten zu Zwecken der Empfängnisverhütung stellt die der unfreiwilligen bei weitem in den Schatten – elf Millionen Paare (Statistical Abstract 1988) sind chirurgisch steril. Es ist die *Zwangs*sterilisation, die Bürgerrechtlern und der American Bar Foundation (eine Anwaltsvereinigung) – verständlicherweise – bedenklich erscheint; sie haben die Aufhebung aller obligatorischen Vorschriften durchgesetzt, und jetzt findet stattdessen eine Einzelfallprüfung all der psychisch Kranken oder Behinderten beziehungsweise ihrer Pflegepersonen statt, die von dieser Schutzmöglichkeit Gebrauch machen wollen.

In dem berühmten Fall *Buck gegen Bell*, in dem der Oberste Gerichtshof die Verfassungsmäßigkeit der Sterilisation geistig Behinderter bestätigte, hatte der Direktor der Virginia State Colony for Epileptics and Feebleminded seinen Wunsch, die 17jährige, geistig behinderte Carrie Buck zu sterilisieren, mit der Gesundheit der Patientin und der Wohlfahrt der Gesellschaft gerechtfertigt. Carries Mutter war geistig behindert und promiskuitiv; Carrie wurde mit vier Jahren zur Adoption freigegeben und wurde mit 17 (unverheiratet) schwanger; sie brachte ein Kind zur Welt, das, *im Alter von sechs Monaten*, angeblich ebenfalls geistig geschädigt war. Carries Tochter starb 1932 nach Vollendung der zweiten Klasse an einer körperlichen Krankheit; ihre Lehrer beschrieben sie als sehr intelligent (Kevles 1985).

Die Gerichte von Virginia bestätigten das staatliche Recht zur Sterilisation, und die Entscheidung ging zur Revision an den Obersten Gerichtshof der Vereinigten Staaten. 1927 konnte Richter Oliver Wendell Holmes nach einer Entscheidung von acht zu eins für die Sterilisation im Sinne der Mehrheit schreiben: „Drei Generationen von Imbezillen sind genug." Als juristischer Präzedenzfall für diese Entscheidung wurde das Gesetz von Massachusetts von 1905 herangezogen, das eine Zwangsimpfung gegen Pocken vorschrieb; die Richter begründeten dies etwa folgendermaßen: Die Zwangssterilisation entspreche einer Zwangsimpfung gegen Schwangerschaft von Personen, die aus eigener Einsicht nicht vor einer Schwangerschaft zurückschrecken.

Die nationalsozialistische „Lösung"

Im Überschwang der eugenischen Begeisterung unbemerkt, bereitete sich eine der schlimmsten Greueltaten aller Zeiten vor – die systematische, medizinisch „begründete" Ermordung geistig und körperlich behinderter Patienten und „nichtarischer" Menschen gemäß der rassistischen Gesetzgebung des Dritten Reiches – alles im Dienste des paranoiden, größenwahnsinnigen Triebs, das „arische" Genmaterial zu „reinigen". Das Unternehmen mündete in eine moralische Jauchegrube. Robert Jay Lifton, Professor für Psychiatrie und Psychologie der Universität von New York, dokumentierte mit peinlicher wissenschaftlicher Sorgfalt jede der sechs Stufen des Plans, der in der „Endlösung" gipfelte, in seinem Buch *Ärzte im Dritten Reich*. Man braucht große Entschlossenheit, um sich durch die erschütternde Darstellung dessen durchzukämpfen, was Hannah Arendt die „Banalität des Bösen" genannt hat.

Nach der Machtübernahme Hitlers 1933 beschloß die neue nationalsozialistische Regierung eilends Gesetze, die die eugenische Sterilisation vorschrieben. Juristische, in zynischer Weise kosmetische „Sicherungen" sahen vor, daß jeder, der laut ärztlichem Bericht eine „Erbkrankheit" hatte, ob er sich in einer Anstalt befand oder nicht, durch ein sogenanntes Erbgesundheitsgericht überprüft wurde. Die folgenden Zwangssterilisierungen wurden angeordnet: schätzungsweise 200000 wegen geistiger Behinderung, 80000 wegen Schizophrenie, 20000 wegen manisch-depressiver Störung, 60000 wegen Epilepsie, 600 wegen Chorea Huntington, 20000 wegen erblicher Blind- oder Taubheit, 20000 wegen angeborener Mißbildungen wie Klumpfuß und Gaumenspalte und 10000 wegen „erblichem" Alkoholismus. Die Schätzungen belaufen sich auf eine Gesamtzahl von etwa 410000 Zwangssterilisierungen zur Verhütung dessen, was die Nazis „lebensunwertes Leben" nannten.[31] Mindestens 350000 wurden auf gerichtliche Anordnung durchgeführt, allein 56214 in den ersten zwölf Monaten – doppelt soviele wie in den gesamten Vereinigten Staaten in den 30 Jahren zuvor! Das Gericht, das jeden Fall beurteilte, bestand aus einem Richter und zwei Ärzten, von denen einer etwas von medizinischer Genetik verstand. Nur 13 Prozent der Anträge auf Zwangssterilisation wurden im ersten Jahr abgelehnt. Zwischen 1934 und 1945 wurden 3,5 Millionen Männer und Frauen aus „eugenischen" Gründen sterilisiert.

Im Oktober 1935 konnte man noch glauben, die Gesetze zur Sterilisation geistig und körperlich Kranker seien drakonisch und von einer verbohrten politischen Ideologie statt von einer in irgendeiner Weise wissenschaftlichen Humangenetik geleitet; sie propagierten nicht direkt den Massenmord oder den Antisemitismus, und es erhob sich kein Proteststurm in der übrigen Welt. Dann wurden die Gesetze neugefaßt und auf die Eheschließung ausgedehnt; die Nazis erließen das sogenannte „Gesetz zum Schutz des deutschen Blutes und der deutschen Ehre". Wer es verletzte, kam ins Gefängnis, und seine Ehe wurde anulliert. Die Heiratserlaubnis war nur über ein eingehendes Kreuzverhör zu erlangen; die Angaben wurden zur Grundlage eines nationalen Registers von „Erbkrankheiten"; es forderte Angaben über psychische und Infektionskrankheiten, Religion, Rasse, Kriminalität und besondere „Begabungen" (zum Beispiel bemerkenswerte sportliche, künstlerische, musikalische, mathematische Fähigkeiten etc.) aller Verwandten bis hin zu den Großeltern und Cousins und Cousinen. Der frühere Katalog von Erkrankungen, die zur Sterilisation führten, wurde auf die Steuerung der Eheschließungen ausgedehnt und umfaßte jetzt auch Hysterie, Homosexualität, suizidale Neigungen, Stimmungswechsel, Zwangssymptome, jugendlichen Diabetes und Hämophilie, um nur einiges zu nennen (siehe Slater 1936).

Noch schockierender war der Erlaß, daß phänotypisch normalen Personen, deren Verwandte irgendeine der vermeintlich dysgenischen Erkrankungen aufwiesen, die Heirat untersagt werden konnte. Fortan waren auch Ehen zwischen Juden und „Ariern" verboten; jeder, der im Ausland heiratete, um die Gesetze zu umgehen, konnte verhaftet werden. Ein zeitgenössischer Augenzeugenbericht über die ersten beiden Schritte hin zum Holocaust stammt von Eliot Slater, der nach seiner Promotion in Rüdins Münchner Institut arbeitete; zusammenfassend stellt er fest: „Der Führer regiert mit einer Folge von Ukassen. Mit einem Hammerschlag nach dem anderen wird der deutsche Bürger in ein hakenkreuzförmiges Loch getrieben. Die Atmosphäre des Zwangs durchdringt sein gesamtes Leben. Daß er und seine Mitmenschen jetzt wie aus einer Viehherde ausgewählt und durchgezüchtet werden sollen, scheint ihm kaum mehr zuwider zu sein als hundert andere Eingriffe in sein tägliches Leben ... Der Befehl lautet jetzt, systematisch zu züchten" (1936, S. 292).

Auf die dritte Stufe des Programms zur „Reinerhaltung der Rasse" trifft der später von Richter Robert Jackson bei den Nürnberger Kriegsverbrecherprozessen geprägte Ausdruck „kalkulierte Grausamkeit" zu. Der Gnadentod oder die Euthanasie kann im Einzelfall bei unheilbaren Leiden und der Frage des Weiterbetriebs lebenserhaltender Systeme bei „Hirntoten" erwogen werden, wenn wirksame ethische, gesetzliche und medizinische Sicherungen vorhanden sind; jedoch er ist verständlicherweise äußerst umstritten. Wir müssen dieses Problemfeld gedanklich trennen von den Ereignissen, um die es hier geht. Der „Gnadentod" für psychisch Kranke wurde im engsten Beraterkreis Hitlers schon 1935 diskutiert (Lifton 1986).[32] In einem Testfall eines schwer geistig behinderten und mißgebildeten Kindes genehmigte Hitler 1939 die Euthanasie, nachdem der Vater den Arzt angeblich darum gebeten hatte. Zuerst wurden nur Säuglinge und Kinder unter drei Jahren in Anstalten zur Tötung bestimmt, *natürlich* nach einer Untersuchung und einstimmigen Billigung eines Kollegiums aus drei Ärzten. Die Tötungsmethode erfolgte hauptsächlich durch Beruhigungsmittel. Alle Totenscheine wurden systematisch gefälscht – der Tod war angeblich durch eine Lungenentzündung oder ähnliches eingetreten –, so daß die Wahrheit sowohl den Eltern als auch der Öffentlichkeit anfangs verborgen blieb. Bald schaffte man die Altersgrenze ab, und so wurden im Rahmen des Programms mindestens 5000 geistig behinderte Heimkinder umgebracht.

Die vierte Stufe ist von größter Bedeutung für die Geschichte der Schizophrenie. Sie wurde im Herbst 1939 eingeleitet durch Hitlers Dekret (geschrieben auf seinem Privatpapier), daß „als unheilbar geltenden Patienten" der „Gnadentod gewährt" werden konnte. Es wurde kein offizielles Gesetz zur Tötung minderjähriger oder erwachsener, psychisch kranker Patienten erlassen, damit die übrige Welt kein Propagandaargument in die Hände bekäme; das eigentliche Vernichtungsprogramm war geheim. Der Codename „T4" stand für die systematische Tötung der viel größeren Zahl von Menschen mit Schizophrenie, Epilepsie, seniler Demenz, organischen Psychosen und Chorea Huntington, der länger als fünf Jahre hopitalisierten Patienten, der psychisch gestörten Straftäter und anderer Patienten, *die nicht von deutschem Blut waren* – das heißt Juden und sogenannte Zigeuner. Das Programm war so umfassend, daß die meisten Psychiater und viele andere Fachleute daran beteiligt gewesen sein müssen. Es mußten die entsprechenden Formulare (Lifton 1986) ausgefüllt werden, und wiederum mußte ein Kollegium von drei „Experten" sowie ein „Vorsitzender" die medizinische Tötung billigen.

Sechs psychiatrische Krankhäuser wurden zu Tötungszentren umgewandelt. Die Zahl der projektierten Tötungen war so hoch, daß durch Forschungen die effizientesten Methoden ermittelt werden mußten; nach einer Reihe von Versuchen wählte Hitler auf Anraten von Dr. Werner Heyde (ein führender Psychiater) Kohlenmonoxid als „die humanste" Tötungsmethode. Schätzungsweise wurden 100000 psychiatrische Patienten so ermordet.

Wie bei den Kindern fälschten die Ärzte die Totenscheine der Schizophrenen und der anderen Patienten, um die Angehörigen und die Öffentlichkeit zu täuschen. Die Toten wurden eingeäschert und die Asche den Familien übergeben. Vielleicht war es die angeheizte Kriegshysterie, als im September 1939 der Krieg begann, in der das Personal, das an den Tötungen beteiligt war, sein Gewissen beschwichtigen konnte. Im Rahmen des umfassenderen Themas dieses Kapitels muß auch die weitere nationalsozialistische *Antisozial*politik betrachtet werden.

Von April 1940 an wurden Juden und andere „Nichtarier" aus Anstalten und in Konzentrationslagern innerhalb Deutschlands in die Vernichtungslager (Codename 14f13) gebracht und ermordet, bis Ende 1941 schätzungsweise 21000 Personen – die fünfte Stufe. Der Vorsatz zum Völkermord war jetzt fest etabliert, ebenso die nötige Mordmaschinerie. Ein neues, schneller wirkendes Giftgas – Blausäure – wurde zur nächsten Stufe, der „Endlösung zur Reinigung der arischen Rasse", verwendet. Die in Deutschland gebliebenen Juden wurden in das besetzte Polen deportiert, wo sie gemeinsam mit Juden aus den eroberten Ländern wie Polen, Ungarn, den Niederlanden, Frankreich, der Tschechoslowakei und Griechenland vernichtet wurden, entweder sofort oder nach der Ausbeutung als Zwangsarbeiter. Insgesamt wurden zwischen 1941 bis Kriegsende schätzungsweise vier Millionen Juden in den Lagern ermordet, weitere zwei Millionen im Verlauf des Krieges und insgesamt etwa weitere vier Millionen nichtjüdischer „nichtarischer" Bürger.

Der nationalsozialistische Mordwahn zur Vernichtung angeblich minderwertigen Erbguts – ob nun von Schizophrenen, Juden, Zigeunern, Kommunisten, Diabetikern oder behinderten Kindern –, zu dem Wissenschaftler und Ärzte Beihilfe leisteten, ist eine Greueltat, die kaum in Worte zu fassen ist und der gerade deshalb immer wieder Stimme und Gehör gegeben werden muß. Diejenigen von uns, die sich mit der Suche nach den Ursachen psychischer Störungen wie der Schizophrenie befassen, können nicht einfach davon ausgehen, daß unsere Bemühungen immer klar von den „wahnsinnigen" Praktiken der Vergangenheit unterschieden werden. So unbequem sie manchmal auch sein mögen – unbestechliche Überwachungskommittees aus sachkundigen Ethikern, Wissenschaftlern, Ärzten, ehemaligen Patienten und ihren Angehörigen, Juristen und Ombudspersonen sind nötig, um das kollektive Gewissen der Gesellschaft zu stärken. Die Straße, die Gesellschaft, Sozialpolitik und wissenschaftliche Schizophrenieforschung verbindet, muß frei bleiben von fahrlässigen und skrupellosen Meinungsmachern, Bürgern und Wissenschaftlern.

Der Jurist B. M. Dickens von der juristischen Fakultät der Universität von Toronto kam nach einem Überblick über die Geschichte der weltweiten Gesetzgebung zur eugenischen Sterilisation und selektiven Abtreibung sowie den Stand der Gentherapie zu der folgenden, wohlabgewogenen Schlußfolgerung, die für jede Ombudsperson in Gesellschaft *und* Wissenschaft beherzigenswert wäre:

> „Die Herausforderung besteht darin, die Kosten sowohl der Freiheit als auch der Kontrolle festzustellen und in politischen Prozessen zu entscheiden, wie weit die Kosten der individuellen Freiheit zu Lasten der Gesellschaft und die Kosten der sozialen Kontrolle zu Lasten der persönlichen Freiheit und Verantwortlichkeit gehen sollen." (1987, S. 682.)

Die zum Abschluß dieses Kapitels ausgewählte Fallgeschichte illustriert, vor welche Probleme sich Eltern von Schizophrenen gestellt sehen können, wenn es um Fragen wie Zwangstherapie und -einweisung geht.

Zwangsmedikation aus der Sicht von Eltern

*Eines der Gründesmitglieder einer Selbsthilfegruppe, eine Mutter, formuliert ihre Enttäuschung angesichts der Gesetzeslage hinsichtlich unfreiwilliger Einweisung und Prävention bei ihrer Tochter.**

Meine Tochter entwickelte über die letzten 15 Jahre eine paranoide Schizophrenie. Vor zwei Jahren nahm sie ihre Medikamente nicht mehr und ruschte wieder in ihre sattsam bekannten Wahnvorstellungen und Vorwürfe zurück. Es begann mit irrwitzigen Anrufen bei der Polizei, und dann sollte sie aus ihrer Wohnung geklagt werden, weil sie die

---

* Slater, E. In: *Schizophrenia Bulletin* 12 (1986) S. 291f.

anderen Mieter belästigt hatte. Schließlich griff sie ihren Verlobten tätlich an und wurde in das zuständige städtische Krankenhaus eingeliefert. Bei der Besprechung des weiteren Verfahrens nach der ersten, fünftägigen Beobachtungsphase war sie so gestört, daß man sie gegen ihren Willen weitere 20 Tage dabehielt.

Nach der Besprechung sprachen ihr Verlobter und ich mit einem Psychiater und mußten entsetzt feststellen, daß das städtische Krankenhaus die Patienten nicht zwang, Medikamente einzunehmen. Der Psychiater sagte, man würde meine Tochter dazu überreden. Aus 13 Jahren Erfahrung mit ihrem Problem wußte ich, daß sie sie in ihrem gestörten Zustand nicht würden überzeugen können, Medikamente zu nehmen. Glücklicherweise fanden wir ein anderes Krankenhaus, das dafür sorgten wollte, daß sie die nötigen Medikamente erhielt, und wir erreichten, daß sie dorthin überwiesen wurde.

Wenn man zusehen muß, wie ein Mensch, der einem am Herzen liegt, im Verlauf von einigen Monaten zu einem Wesen zerfällt, das man nicht wiedererkennt, das von seinen eigenen Phantasievorstellungen geängstigt und eingeschränkt wird, ist das sehr schmerzlich. Gezwungen zu sein – wie ihr Verlobter –, einen geliebten Menschen wegen Gewalttätigkeit einweisen zu lassen, ist für jeden Beteiligten zutiefst traumatisch. Am meisten entmutigte uns die Feststellung, daß sie nach all dem nicht die Hilfe bekommen sollte, die sie brauchte.

Diese Erfahrung empörte mich so, daß ich an den Beauftragten für Seelische Gesundheit von Pennsylvania schrieb und die Politik dieses speziellen Krankenhauses in Frage stellte. Er antwortete, er sei der Meinung, daß ein Patient, der gerichtlich zur Behandlung eingewiesen würde, auch behandelt werden sollte, und, falls es zweifelhaft sei, ob sich eine Zwangsmedikation empfehle, ein zweiter Arzt hinzugezogen werden solle. Er könne jedoch nicht in die Politik eines Ortskrankenhauses eingreifen.

Ich stellte zu meiner Überraschung fest, daß es in vielen Staaten keine Zwangsmedikation gibt. Ich glaube, das liegt wohl daran, daß Patienten oder Patientenrechtsgruppen Krankenhäuser verklagt haben. Den Familien macht dieses sehr ernste Problem so zu schaffen, daß sie manchmal sogar gerichtliche Schritte erwogen haben, um durchzusetzen, daß ihr Familienangehöriger wirksam mit Medikamenten behandelt wird.

Wenn psychotische Patienten grundsätzlich nicht gezwungen sind, Medikamente zu nehmen, müßte dies doch viele Probleme für die Krankenhäuser schaffen. Wie gehen Krankenhäuser mit Patienten um, die sich selbst oder andere schädigen? Soll man sie in die Zwangsjacke stecken wie früher? Sollen sie isoliert werden, was große Einrichtungen erfordert? Oder werden sie schließlich als unheilbar in die Gesellschaft zurückgeschickt?

Unsere Selbsthilfegruppe Parents of the Adult Mentally Ill (PAMI – Eltern erwachsener psychisch Kranker) tritt auf der Grundlage unserer jahrelangen Erfahrungen mit psychisch kranken Kindern für eine einfühlsame Behandlung ein. Die meisten, wenn nicht alle von uns versuchten lange Zeit, ihren Söhnen und Töchtern ihre Wahnvorstellungen auszureden, bis wir zu der Einsicht kamen, daß Vernunft hier nicht hilft. Genauso wissen wir, wie unmöglich es ist, jemanden, der psychisch krank ist, davon zu überzeugen, seine Medikamente zu nehmen, wenn er oder sie den Verstand verliert. Das Problem besteht nicht in mangelnder Intelligenz; die meisten unserer Kinder haben College-Bildung und manche, wie meine Tochter, auch einen Abschluß. Das Problem liegt in der Natur der Krankheit selbst begründet. Dr. E. Fuller Torrey (1983)* vom St. Elizabeths Hospital in Washington, D.C., drückt es wie folgt aus:

> „Menschen mit Schizophrenie haben Gehirnkrankheiten; sie sind nicht in der Lage, sich als aufgeklärte Patienten zu verhalten ... Diese Position stützt eine Studie an chronisch schizophrenen Patienten, die zeigte, daß nur 27 Prozent von ihnen einsehen, daß sie Medikamente brauchen." (S. 191.)

Als Mutter weiß ich auch, daß Medikamente nicht die perfekte Lösung sind und die Nebenwirkungen belastend sein können. Wenn meine Tochter wieder Medikamente nimmt, tut es mir weh zu sehen, wie sie unmherschlurft oder wie sich ihre Arme und ihr Mund unwillkürlich bewegen. Diese Symptome lassen im Lauf der Zeit gewöhnlich nach, doch sie nimmt auch zu, und sie will nicht dick sein. Ich glaube, sie verabscheut die Medikamente vor allem deswegen, weil sie damit gewissermaßen eingesteht, daß sie psychisch krank ist, und das möchte sie sehr gern leugnen.

Doch die Alternative ist viel schlimmer. Sie wird immer stärker von ihren paranoiden Wahnvorstellungen beherrscht. Ich kann mir nur vorstellen, welche Hölle das Leben für sie sein muß, wenn sie mir erzählt, daß die Leute versuchen, sie umzubringen, oder daß sie weiß, daß ich Selbstmord begehen will, oder daß böse Menschen sie nachts nicht

---

* Torrey, E.F. *Surviving Schizophrenia: A Familiy Manual.* New York (Harper & Row) 1983, S. 182–195.

schlafen lassen. Ich kann ihre Qual sehen, wenn ihre Welt über ihr zusammenzubrechen beginnt und sie Hilfe braucht. Ich glaube nicht, daß sie das Recht braucht, verrückt zu sein, oder daß sie oder irgendein anderer psychisch kranker Patient das Recht braucht, sich umzubringen oder in einer Weise zu handeln, die sie später bereuen wird.

Manche Familienselbsthilfegruppen haben, um die Notwendigkeit der Medikation mit ihren unangenehmen Nebenwirkungen auszugleichen, versucht, die Pharmaproduzenten mit Briefkampagnen dazu zu bringen, mehr Zeit und Geld für die Forschung aufzuwenden. Ich weiß, daß einige der neueren Medikamente verbessert worden sind. Während viele Eltern meinen, die Krankenhäuser sollten psychisch kranke Patienten, die zu ihrem eigenen Nutzen eingewiesen wurden, zwangsmedikamentieren, würden wir es andererseits auch gerne sehen, wenn die Krankenhäuser die Praxis der Verabreichung hoher Dosen sofort bei der Aufnahme in Frage stellen oder abschaffen würden. Das kann nämlich zur Folge haben, daß die Patienten die Medikamente fürchten. Zwar wird das seltener gemacht, doch sollten Medikamente so differenziert wie möglich eingesetzt werden, um den Patienten zu helfen.

Meine Tochter war während der letzten 15 Jahre mehrmals in stationärer Behandlung, und es dauert mindestens einen Monat, bis die Medikamente sie allmählich wieder zur Vernunft bringen. Dann geht eine bemerkenswerte Veränderung in ihrem Denken und ihrer Persönlichkeit vor sich. Sie wird zu einem lieben, liebevollen Menschen, der an die Tochter erinnert, wie ich sie immer kannte. Sollte ein Gesetzentwurf durchkommen, der in diesem Staat die Zwangsmedikation verbietet, dann denke ich mit Schrecken daran, daß sie und Tausende anderer vielleicht keine Hilfe mehr bekommen, wenn sie den Verstand verlieren. Ich will nicht, daß diese Wüste aus Elend und Qual für sie und Tausende andere wie sie zum Lebensschicksal wird.

11. Das Gesamtbild im Überblick

Interaktive Synthese und Integration

Die Parabel von den blinden Männern, die aufgrund ihrer begrenzten Erfahrungsmöglichkeiten einen Elefanten beschreiben, und dem daraus folgenden, zum Lachen reizenden Mangel an Übereinstimmung mit der Wirklichkeit sehender Menschen, ist häufig auf die Schizophrenieforschung angewandt worden – mit gutem Grund! Auch der scharfsichtigste Betrachter könnte in Verwirrung geraten, wenn ihm Erfahrung und ein Bezugsrahmen zur Integration seiner Eindrücke fehlen. Einer meiner Lieblingswitze handelt von einem unbedarften Bauern in der Provinz, der den Sheriff anruft, nachdem ein Elefant aus einem umherreisenden Zirkus entlaufen ist, und berichtet, ein riesiges, kopfloses Ungeheuer ziehe mit dem Schwanz die Kohlköpfe aus seinen Gartenbeeten. Auf die Frage: „Was macht es mit ihnen?" antwortet der Bauer: „Sie würden es mir nicht glauben, wenn ich Ihnen das erzählen würde."

Kein Wissenschaftler, der sich in einem oder zwei Fachgebieten auskennt und in seinem Labor oder vor seinem Computer brütet, könnte – auch nicht nach Besprechungen mit engagierten Sozialarbeitern, Psychologen, Krankenpflegern, Psychiatern und Angehörigen von Patienten – eine genügend große Anzahl der wirklich bedeutsamen Elemente für einen Gesamtüberblick überschauen. Ein solcher Gesamtüberblick setzt Vergleichbares wie eine Mondlandung voraus: ein Astronautenteam auf den Mond zu bringen, sicherzustellen, daß es seine wissenschaftlichen Aufgaben erfolgreich ausführen kann, und es wieder auf unseren Planeten zurückzuholen – zusammen mit Informationen, die das Verständnis der Ursprünge des Universums voranbringen, wenn sie in ein bereits existierendes Netzwerk harter, weicher, unvollständiger und fehlender Tatsachen integriert werden. So unmöglich eine solche Mission vor 30 Jahren auch erschienen sein mag, heute ist sie bereits gelungen. Offensichtlich noch nicht gelungen ist dagegen das vergleichbare Unternehmen, das Gesamtbild der Genese der Schizophrenie zusammenzusetzen.

Doch wir dürfen optimistisch sein. Erst jetzt, gegen Ende des 20. Jahrhunderts, stehen die für ein umfassendes Verständnis der Schizophrenie notwendigen Elemente endlich zur Verfügung. Zu Beginn des Jahrhunderts umrissen Kraepelin und Bleuler die Skizze der Dementia praecox beziehungsweise Schizophrenie phänomenologisch genau. Die Stärke dieser Skizzen lag in der deskriptiven Psychopathologie des Syndroms; sie spezifizierten Symptome, Beginn, Verlauf und Ausgang und enthielten überdies Therapiekonzepte und Spekulationen hinsichtlich Ätiologie oder Ursachen. Genau wie viele verschiedene Landkarten zum Verständnis eines Kontinents nötig sind – topographische, historische, meteorologische, bevölkerungsstatistische, land- und forstwirtschaftliche und so weiter –, so müssen auch viele Blickwinkel und Sachgebiete integriert werden, wenn man den „Kontinent" Schizophrenie verstehen will.

Obwohl bis zu dieser Stelle des Buches viele verschiedene Fachgebiete zu unserem Verständnis der Ätiologie der Schizophrenie beigetragen haben, ist ihnen doch allen ein Ansatz gemeinsam: Sie beziehen sich auf den gesamten Menschen und die gesamte Population, also auf die „Makroebene". Bestimmte Gebiete, die bisher nicht beachtet wurden, jedoch für die angestrebte Synthese des Wissens entscheidende Bedeutung haben, sind etwa Neurochemie, Neuroradiologie (bildgebende Verfahren zur Untersuchung des Gehirns), Neuroanatomie, Neurophysiologie, kognitive Psychopathologie (Defizite bei Aufmerksamkeit und Informationsverarbeitung) und Elektrophysiologie; sie stellen den „Mikroansatz" dar, der „unter die Haut" geht. Die Schizophrenie wurde heuristisch nützlich als „neurointegrativer Defekt" beschrieben; daß es uns als Wissenschaftlern und Klinikern (noch) nicht gelungen ist, die Schizophrenie angemessen zu verstehen, könnte man als „konzeptuointegrativen Defekt" bezeichnen. Ein angemessenes Verständnis der Schizophrenie setzt die interaktive Synthese voneinander getrennter Fachgebiete voraus. Das Problem erfordert „Teamwork", ohne die auch die NASA die Mondlandung des Menschen nicht hätte realisieren können.

In einem fiktiven, etwas unwirsch geführten Metadialog mit Emil Kraepelin beschreibt Joseph Zubin (1987) einen Leitfaden für Integration und Synthese:

> „J. Z.: Warum dauert es denn so lang, bis sich auf dem Gebiet der Schizophrenieforschung Fortschritte einstellen?
> E. K.: Nun, es könnte sein, daß wir in der ersten Hälfte dieses Jahrhunderts mehr ‚wußten‘, als wir jetzt ‚wissen‘. In den USA habe ich einmal jemanden sagen hören: ‚Es ist nicht das Nichtwissen, das die ganzen Schwierigkeiten verursacht. Es ist das Wissen,

daß die Dinge einfach nicht so sind.' Vielleicht mußten wir erst falsches Wissen verlernen, bevor wir zu neuem fortschreiten konnten – zuerst das Unterholz roden, bevor die neuen Pflanzen gedeihen konnten." (S. 361.)

Die vorigen zehn Kapitel dienten dem Zweck, die – gewissen und ungewissen – Fakten darzustellen. Diese liefern einen Ausgangspunkt zur Beantwortung der beiden folgenden Fragen: 1) Worin bestehen die zur Schizophrenie prädisponierenden Faktoren, und wie werden sie innerhalb der Familie weitergegeben? 2) Wie interagiert eine Diathese (Prädisposition) oder Anfälligkeit *epigenetisch* mit Streßfaktoren, so daß Störungsepisoden ausgelöst werden, die häufig von Besserung unterschiedlicher Grade abgelöst werden? Bei der Beantwortung dieser Fragen hat man sich bemüht, das Unterholz zu beseitigen und falsches Wissen zu verlernen. Ein grundsätzliches Fortschrittshemmnis ist die Schwierigkeit, den Forschungsgegenstand – die Schizophrenie – reliabel und valide zu definieren. Auf die Schwierigkeiten und auf die Teillösung durch einen polydiagnostischen Ansatz – mit dem man es vermeidet, sich nur innerhalb einer von einer „Theokratie" zum Gesetz erhobenen Konvention zu bewegen – wurde in früheren Kapiteln wiederholt hingewiesen. Wir tun jedoch gut daran, uns zu erinnern, daß sich das Problem nicht auflöst; bis jetzt „besitzen wir kein Gegenstück zu dem Bericht des Pathologen und Mikrobiologen, der uns beim Abschluß einer klinisch-pathologischen [Autopsie-]Fallbesprechung die ‚richtige Antwort' gibt (Meehl 1986, S. 222). Paul Meehl erinnert uns ferner daran, daß nichts als Dogmatismus einerseits oder Verwirrung andererseits entsteht, wenn man vorgibt, operationale Definitionen angeben zu können, in denen der Krankheitskomplex mit der Liste von Anzeichen und Symptomen im wahrsten Sinn des Wortes gleichgesetzt wird. Eine derartige operationale Definition ist Schwindel" (1986, S.222).[32] Die Natur der Diathese, die Natur der Streßfaktoren – wenn es sie gibt – und die Natur der Interaktion[33] sind noch in NASA-ähnlicher Teamarbeit zu bestimmen. Die Fähigkeiten und das Wissen, die schon in einer Organisation wie dem National Institute of Mental Health allein versammelt sind, genügen nicht für diese Mission.

Modelle als Landkarten: Wo sind wir, und wohin müssen wir gehen?

Unvoreingenommene Leser dieses Textes werden schließen müssen, daß nach den vorliegenden, glaubwürdigen Nachweisen ein gewichtiger, recht spezifischer und bedeutsamer genetischer Faktor (oder Faktoren) zur Entwicklung von Schizophrenie(n) in verschiedenen Schweregraden und über verschiedene Zeitspannen führt, in den meisten Fällen in Verbindung mit unspezifischen, mutmaßlich nichtgenetischen Faktoren. Einwände gegen eine solche ausgewogene Schlußfolgerung müssen auf ideologischen Gründen beruhen. Doch sogar hoch angesehene Wissenschaftler, die am Rande ihres Fachgebiets arbeiten, verfassen gelegentlich politisierte Abhandlungen über den Einfluß genetischer Faktoren auf das menschliche Verhalten (beispielsweise Richard C. Lewontin, Steven Rose und Leon Kamin in *Die Gene sind es nicht – Biologie, Ideologie und menschliche Natur*).

Geht man davon aus, daß es eine bedeutsame genetische Prädisposition für die Entwicklung von Schizophrenie gibt, werden Theorien oder Modelle wichtig, die erklären, wie sich diese Prädisposition konkret zu floriden Schizophrenieepisoden entfaltet, sowie andere Modelle, die erklären, wie diese Prädisposition über die Generationen weitergegeben wird. Solche Modelle können sowohl dem Fachwissenschaftler als auch dem informierten Laien als Landkarten zum Kontinent Schizophrenie dienen; sie sagen uns, wo wir uns befinden, wo wir hin müssen und wo noch weiße Flecken oder inkonsistente Daten weitere Forschungsarbeit erfordern. Eine vorläufige Orientierung über einfache, rezessive und dominante Erbgangsmodelle, sowie über komplexere, multifaktoriell-polygene Schwellenmodelle wurde in Kapitel 5 gegeben.

Wenn die Modelle ihre Aufgabe einer sinnvollen Dateninterpretation erfüllen sollen, dann müssen sie dynamisch sein, das heißt, sie müssen berücksichtigen, daß sich der Phänotyp über die Zeit verändert: vom Normalzustand zum gestörten bis zur sozialen Remission und nur allzu häufig wieder zum gestörten. Schizophrenie ist fast immer eine episodenhafte psychische Störung. Erholungen von solchen Episoden waren schon vor der Ära der aktiven neuroleptischen Therapie bekannt; damals konnten – wie heute auch noch – etwa 20 Prozent der Menschen, bei denen eine Schizophrenie diagnostiziert wurde, wieder ein selbständiges Leben außerhalb des Krankenhauses aufnehmen (Ciompi 1988).[34]

Nach dem gegenwärtigen Wissensstand ist es richtiger, die Schizophrenie als stark genetisch *beeinflußte* Störung zu bezeichnen statt als genetisch *determinierte* Störung, um jede erbtheoretische Implikation einer Unausweichlichkeit zu vermeiden. Manche menschlichen Funktionsstörungen, ob medizinische oder verhaltensbezogene, lassen sich besser als andere auf Hinweise untersuchen, welche Forschungsstrategien hinsichtlich der Ursachen und Therapien der Schizophrenie effektiv sind. Die koronare Herzkrankheit, der Diabetes, die geistige Behinderung und die Epilepsie – alles komplexe, multifaktoriell beeinflußte Syndrome mit nachweislich genetischen Komponenten – stünden hier an der Spitze der Hitparade. Die hämolytische Anämie im Zusammenhang mit dem Verzehr von Fava-(Sau-)Bohnen wurde oben als Prototyp einer echten Interaktion von Genotyp und Umwelt beschrieben; ohne den an das X-Chromosom gebundenen, rezessiven Genotyp, der zu einem bestimmten Enzymdefekt führt, schadet der Bohnenverzehr einem Menschen nicht die Bohne. Nötig sind sowohl die Bohne als auch das Gen, damit diese Krankheit ausbricht. Ein anderes Lehrbuchbeispiel einer rezessiven, angeborenen Stoffwechselstörung – die Galaktosämie oder Galaktoseintoleranz – führt bei allen Babies, die für das Gen homozygot sind (die von jedem Elternteil eine Kopie geerbt haben), zu der Krankheit, wenn sie Milch erhalten, was bei Babies ja üblich ist. Da die Störung so selten auftritt – höchstens ein Fall auf 30000 Kinder –, ist sie leicht als *Erbkrankheit* zu identifizieren, auch wenn sie durch die allgegenwärtige Milch hervorgerufen wird. Wir können nicht sagen, daß Milch die Krankheit verursache – dann wäre sie *umweltbedingt* –, denn die Häufigkeit des Genotyps und die des Auslösefaktors klaffen weit auseinander.

Als Prototyp einer Krankheit, die mit Fug und Recht als umweltbedingt bezeichnet wird, können die Masern gelten. Praktisch jeder, der dem Virus ausgesetzt ist, bekommt die Symptome, wenn er nicht dagegen geimpft ist. Angesichts der universellen genetischen Anfälligkeit für Masern und des episodischen Einwirkens des Virus, können wir leicht sagen, daß derartige Krankheiten „durch die Umwelt verursacht" werden. Familien- und Zwillingsstudien würden ohne Schwierigkeiten eine familiäre Häufung von Masern nachweisen, doch die sehr hohen Konkordanzraten sowohl bei eineiigen als auch zweieiigen Zwillingspartnern der Probanden würden genau wie vermutlich sehr hohe Konkordanzraten bei genetisch nicht verwandten Stiefgeschwistern oder in einem altmodischen Waisenhaus auf etwas Übertragbares, jedoch *nicht genetisch Übertragbares* hinweisen.

Die Schizophrenie ist wie der Favismus <u>sowohl eine genetische als auch eine umweltbedingte Störung</u>, doch die im Vergleich mit der relativ hohen Prävalenz der verschiedenen umweltbedingten Ursachen/Auslöser/Risikofaktoren relativ niedrige Prävalenz der genetischen Prädisposition führt uns dazu, die grundlegenden Ursachen der Schizophrenie den genetischen Faktoren zuzuschreiben. Die Schizophrenie ist weder eine Erbkrankheit wie die Galaktosämie noch eine umweltbedingte Krankheit wie die Masern; sie liegt wie die koronare Herzkrankheit und der Diabetes irgendwo dazwischen. Bei den beiden letzteren muß sich die unspezifische genetische Prädisposition das wissenschaftliche Interesse mit einer ganzen Reihe von Umweltfaktoren teilen (Ernährung, Bewegung, Rauchen, Lebensstil, Schwangerschaftsverlauf etc.); einige davon können bei manchen Menschen mit der genetischen Anfälligkeit zur Entwicklung der Störung führen. Bei derartigen, in der Mitte des Kontinuums angesiedelten Störungen sprechen die Fakten dafür, daß die Umweltfaktoren vielleicht nur Interaktionseffekte sind – das heißt, <u>nur die Unglücklichen mit einem „sensiblen Genotyp" spüren die Umwelteffekte</u>.

Modelle der Entwicklung von Schizophrenie: Der Weg vom Genotyp zur Psychopathologie[35]

Stellen wir die Diskussion der Modelle, die die familiäre Übertragung der Schizophrenie von einer Generation zur anderen erklären sollen, noch etwas zurück, bis wir einige Schemata geprüft haben, die von der genetischen Prädisposition als gegeben ausgehen und die Entfaltung dieser Prädisposition – ihre Psychopathogenese – bis hin zur vollentwickelten Funktionsstörung nachzeichnen.

Seit vielen Jahren vertritt Paul Meehl ein theoretisches Netzwerk von Teilursachen für die Entwicklung von Schizophrenie, dem er „minimale Komplexität" zuschreibt. Es ist wegen seines heuristischen Wertes in Abbildung 11.1 dargestellt, trotz seiner herausfordernden Neologismen und seines Jargons. Meehl betrachtet das Netzwerk eher als ein heuristisches denn als die grundlegende, ursächliche Ereigniskette, die er verficht und wonach ein dominantes „Schizogen" zu einem hypothetischen neurologischen Zustand führt, den er als *Schizotaxie* bezeichnet und der wiederum die Entwicklung einer Persönlichkeitsdisposition – der *Schizotypie* – auslöst und schließlich bei einer Untergruppe dekom-

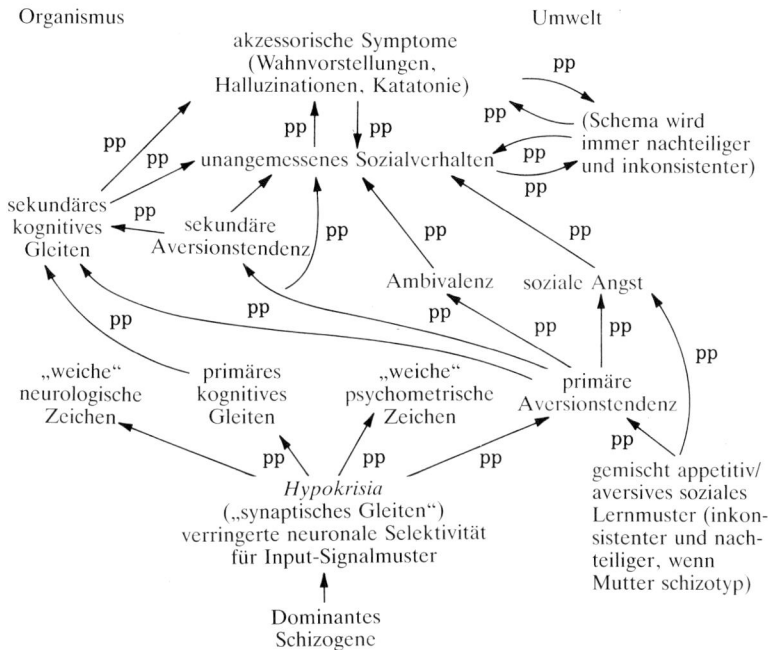

11.1 P.E. Meehls spekulative kausale Ereigniskette, die über die postulierten Stadien synaptisches Gleiten, Schizotaxie (erschlossen aus neurologischen und psychometrischen Zeichen) und Schizotypie (erschlossen aus einer Reihe polygener Potentiatoren (pp)) von einem Gen zu Schizophreniesymptomen führt; die pp umfassen Anhedonie, soziale Introversion, fragiler Körperbau etc. (Mit freundlicher Genehmigung von P.E. Meehl 1966 und 1989).

pensierter Schizotypien die Entwicklung der eigentlichen Schizophreniesymptome. Abbildung 5.2 nahm bereits einen Begriff von Schizophrenieanfälligkeit vorweg, der über die genetische Anfälligkeit bei der Empfängnis hinausging und die Erhöhung der Anfälligkeit durch Umweltfaktoren sowie deren Verminderung durch verschiedene Stärken (Aktiva) einschloß. Dieses Modell repräsentierte jedoch einen Querschnitt, konzentrierte sich auf den endgültigen Ausgang und war nicht dynamisch.

Meehl formulierte seine flußdiagrammähnliche Karte der Pfade oder „Ursachenketten" zu den Symptomen, anhand derer die Diagnose des Schizophreniesyndroms erfolgt, bevor sich in den letzten beiden Jahrzehnten das Schwergewicht auf biologische Erklärungen verschob. Es ist immer noch verfrüht, genaue Definitionen der verwendeten Begriffe zu verlangen; Meehl hat sich die dichterische Freiheit verdient. Seine Landkarte weist die Forschung in zwei Richtungen: Untersuchung der organismischen Variablen (des Individuums) oder der Umweltvariablen

– der beiden nebeneinandergestellten „Erinnerungshilfen" am Kopf der Karte – entweder auf der Makro- oder der Mikroebene. Meehl erklärt:

> „Schizophrenie ist eine komplexe Ansammlung gelernter sozialer Reaktionen, Objektbesetzungen, Selbstbilder, Ichschwächen, psychischer Funktionszusammenhänge etc. Das sind Dispositionen ersten oder zweiten Grades [proximalere Ursachen]. Sie liegen *nicht* in unseren Genen. Sie werden durch soziales Lernen erworben, insbesondere durch Lernprozesse im Zusammenhang mit interpersonaler Feindseligkeit. Nehmen wir an, das mutierte Gen (eine Struktur) verursache einen abweichenden neurohumoralen Zustand, der die [neuronale] Signalselektivität unmittelbar an der Synapse verändert (Meehl 1962). Dann ist das Gen eine *Struktur*; die gengesteuerte Synthese einer abnormen Substanz (oder die ausbleibende Erzeugung einer bestimmten Substanz) ist ein *Ereignis*; die veränderte Synapsenverfassung ist ein *Zustand*; und die Folge davon, daß dieser Zustand bei den Millionen Synapsen des ZNS [Zentralnervensystem] vorliegt, ist ein veränderter Parameter der ZNS-Funktion, das heißt eine *Disposition*. Doch diese Disposition ist eine Disposition von mindestens dritter (vielleicht auch vierter oder fünfter) Ordnung gegenüber jenen molaren Dispositionen, die den Gegenstand der klinischen Psychiatrie und Psychoanalyse darstellen. Daher stellt die Charakterisierung einer Person durch einen bestimmten Genotyp eine Disposition noch höherer Ordnung dar, weil (vermutlich) die synaptische Disposition selbst keine absolut *notwendige* Konsequenz der ersten Stufe der Gentätigkeit ist, denn sie könnte vermieden werden, wenn wir wüßten, wie wir die unzureichende Versorgung des Gehirns mit der magischen Substanz X ausgleichen oder ein verwandtes Molekül zugeben könnten, das die Parameter der ZNS-Funktion wieder zurück auf ‚normal' brächte." (1972, S. 15–17.)

Das von Meehl so kunstvoll ausgestaltete Modell ist ein multifaktorielles – in der Genetik gegenwärtig als „gemischtes Modell" bezeichnet –; es verbindet also ein hypothetisches, dominantes Gen mit vielen polygen bestimmten Potentiatoren (in der Abbildung als *pp* bezeichnet) sowie Interaktionen mit der psychologischen Umwelt, was alles zu vermittelnden Zuständen und Dispositionen für die schizophrenen Symptome selbst führt. Früher erschien die *Anhedonie* (Unfähigkeit zu angenehmen Empfindungen) in der Abbildung als Kernelement der Schizophrenie, jetzt betrachtet Meehl (persönliche Mitteilung 1989) sie nur noch als einen weiteren Potentiator (*pp*). Weiterhin üben nach Meehl folgende polygene Potentiatoren oder Schutzfaktoren einen Einfluß aus: hohe primäre soziale Introversion, starke Ausprägung des Persönlichkeitsmerkmals Angst (*trait anxiety*), starke oder schwache Ausprägung des Persönlichkeitsmerkmals Aggression (*trait aggression*), niedriges hedonistisches Potential, niedriges Energieniveau, geringe mesomorphe Robustheit (fragiler Körpertyp), abnorme Wahrnehmungs-/kognitive Fähigkeiten, Stärken wie Intelligenz *und* Schönheit und so weiter. Wenn Meehl dies alles polygen nennt, muß er damit meinen, daß es aus einer Mischung genetischer und nichtgenetischer Elemente entspringt. Die Bezeichnungen der Landkarte auf wirkliche neurophysiologische oder Neurotransmitterpfade und deren Widerspiegelungen im Gehirn zurückzuführen, ist eine Aufgabe, die bis jetzt noch nicht in Angriff genommen ist, aber nach einer Lösung förmlich schreit (Meehl 1990). Der obere Teil des Diagramms zeigt die Schizophreniesymptome; im mittleren folgt die schizotype Persönlichkeitsorganisation, und die weichen neurologischen Zeichen, das kognitive Gleiten und die psychometrischen Zeichen im unteren Teil bilden die Schlüsselelemente der Schizotaxie. Meehl teilte mir mit, er glaube, Tests der Aufmerksamkeit und der Informationsverarbeitung könnten Schizotaxieindikatoren liefern.[36]

Eine andere Karte eines Ursachennetzwerks beabsichtigt neben der begrifflichen Klärung plausibel zu machen, warum bei Personen, deren Schizophrenie bereits bekannt ist, die sich jedoch in Remission befinden (siehe Kapitel 7), erneut schizophrene Episoden auftreten. Keith Nuechterlein, Michael Dawson und Robert Liberman von der Universität von Kalifornien in Los Angeles, Spezialisten für die Informationsverarbeitung, die Psychophysiologie und die Rehabilitation von Schizophrenen, entwickelten unter dem Einfluß der Ursachenketten/-karten von Meehl und Gottesman und Shields (1972, 1982) den heuristischen Rahmen in Abbildung 11.2. Er stellt möglicherweise einen Leitfaden zur Verhütung von Rückfällen und zur Förderung der Rehabilitation dar (Nuechterlein 1987; zitiert in Goldstein 1987). Dieser Rahmen erweitert den Blickwinkel auf die Psychopathogenese in wertvoller Weise und ergänzt die früheren Bemühungen.

Die Abbildung stellt drei Stadien dar: 1) die Phase der Remission bei einem Menschen, dessen Schizophrenie bereits bekannt ist, 2) die Prodromalphase, in der verschiedene Anfälligkeitsfaktoren bereits mit Potentiatoren und Streßfaktoren interagiert und Zwischenstadien erzeugt haben, die zu Prodromalsymptomen[37] führen (zu Symptomen, die mit der schizotypen Persönlichkeitsstruktur zusammenhängen und den *pp* im mittleren Teil von Meehls Flußdiagramm

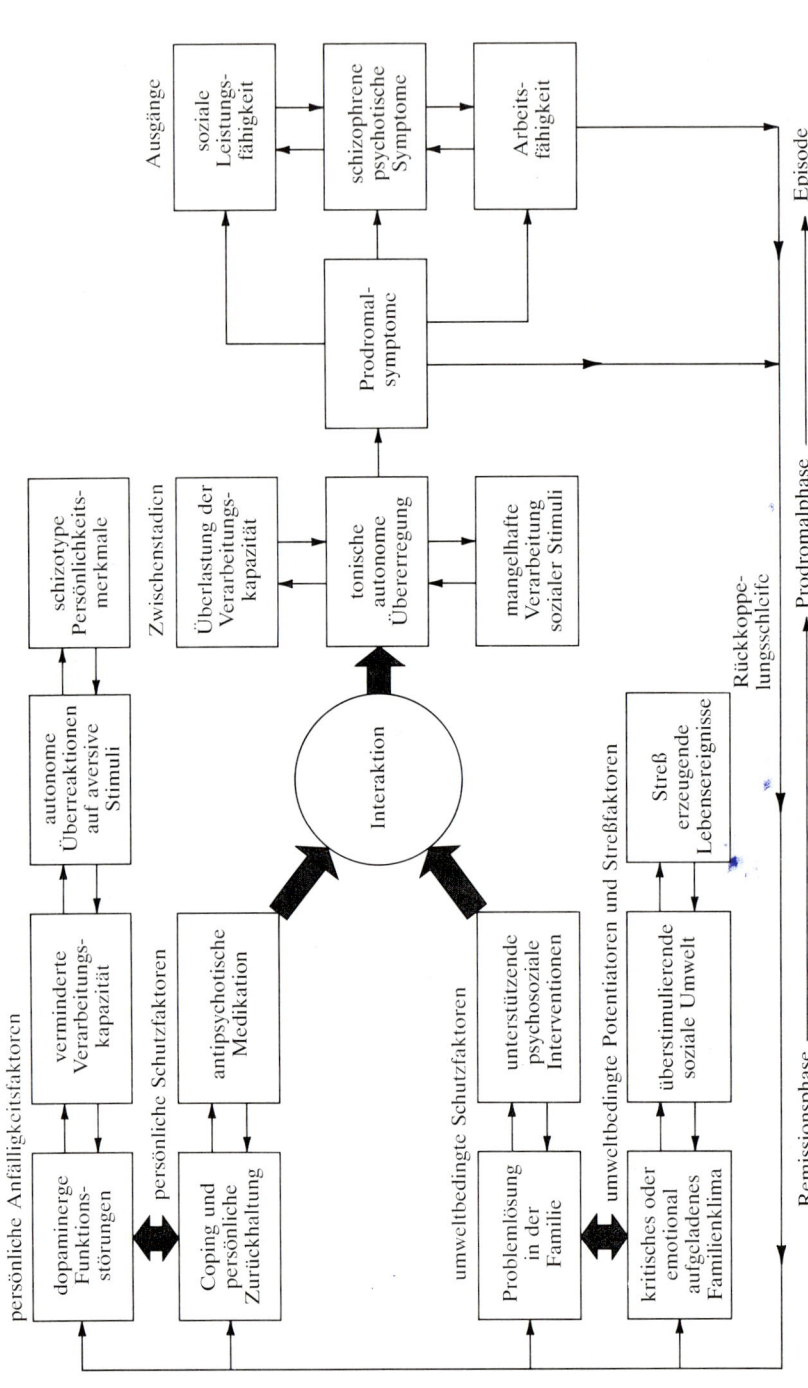

11.2 Schematische Darstellung der komplexen Interaktionen zwischen hypothetischen persönlichen Anfälligkeitsfaktoren, persönlichen Schutzfaktoren, umweltbedingten Schutzfaktoren und umweltbedingten Potentiatoren und Streßfaktoren, die Veränderungen der schizophrenen Symptomatik während des Krankheitsverlaufs erklären sollen nach K. H. Nuechterlein und Kollegen. (Mit freundlicher Genehmigung von K. H. Nuechterlein; zitiert in: Nuechterlein 1987; Goldstein 1987.)

entsprechen) und 3) der Phase der eigentlichen Schizophrenie als dem Ausgang des Prozesses. Indem die Abbildung auch andere Ausgänge – soziale und berufsmäßige Leistungsfähigkeit – vorsieht, impliziert sie nachfolgende Zyklen des Prozesses, die nicht zu dem unausweichlichen Ergebnis Schizophrenie führen müssen.

Genau wie Meehl zwischen organismischen und Umweltvariablen unterscheidet und Gottesman und Shields die Einflüsse auf die Anfälligkeit in genetische und umweltbedingte Stärken und Schwächen unterteilen, isolieren Nuechterlein und Kollegen vier Variablenklassen: persönliche Anfälligkeitsfaktoren, persönliche Schutzfaktoren, umweltbedingte Schutzfaktoren und umweltbedingte Potentiatoren. Sie versuchen nicht, jede Klasse nach ihren Vorbedingungen zu unterteilen, doch die Kausalkette in dieser Weise zu knüpfen, kann durchaus diesen heuristischen Effekt haben. Alle derartigen Ursachenketten sind vorläufig; ob man beispielsweise „antipsychotische Medikation" in einem Schema unter persönlichen Schutzfaktoren einordnet und in einem anderen unter umweltbedingten Schutzfaktoren, ist möglicherweise nur eine Frage des „Geschmacks". Ganz ähnlich lassen sich manche persönlichen Anfälligkeiten in Abbildung 11.2 unter die Zwischenstadien in Abbildung 11.1 subsumieren. So „vollgepackt" sie auch scheinen mag, Abbildung 11.2 ist weit von dem Grad an Komplexität entfernt, den sie letztlich haben müßte; sie zeigt keine biologischen Pfade auf, und die Interaktion müßte eigentlich an jeder Stelle graphisch ausgearbeitet werden statt nur als Kreis in der Mitte. Das wichtige kybernetische Prinzip der *Rückmeldung* wird durch Einfügung einer Rückmeldeschleife berücksichtigt, doch niemand kann uns sagen, was eigentlich rückgemeldet wird.

Heinz Katschnig aus Wien bemerkt dazu, daß derartige „Kastologien" (Abbildungen 11.1 und 11.2) heuristischen Wert besitzen, auch wenn „mit Pfeilen verbundene Kästen nichts erklären", denn sie sensibilisieren die Forscher für den multifaktoriellen Charakter von Kausalketten und fördern somit die Integration und Synthese divergierender Denkansätze. Abbildung 8.1 aus der EE-Forschung zeigt als weiteres bedenkenswertes Beispiel, wie sich Medikation und Lebensereignisse gemeinsam auf die Schwelle zur Entstehung schizophrener Symptome auswirken.

Keine der obigen Darstellungen oder Modelle von Kausalketten erleichtert das Verständnis des *einzelnen* Schizophreniefalles wie der verschiedenen Fallgeschichten in Kapitel 3 und 9 und an anderen Stellen dieses Buches. Der Grund dafür liegt darin, daß jeder einzelne Schizophreniefall aus einer einzigartigen Konstellation der verschiedenen Elemente, die in den Abbildungen und vorigen Kapiteln dargestellt wurden, hervorgegangen ist. Das bedeutet, daß wir letztlich <mark>für jeden Menschen mit einer Schizophrenie eine persönliche, „maßgeschneiderte" Karte seines Lebenslaufs zeichnen müssen</mark>, wenn wir die Störung dieses Menschen verstehen wollen und wenn sie als nützlicher Plan zur Intervention und Rehabilitation dienen soll.

Im Abbildung 11.3 versuchen wir, die Entfaltung des schizophrenen Prozesses bei verschiedenen, exemplarischen Genotypen zu zeigen, wobei wir die dynamischen Interaktionen zwischen Personen und ihren Erfahrungen und zwischen Genen und ihren endogenen und/oder exogenen „Zündern" berücksichtigen. In diesem und in den obigen Modellen steckt implizit der Begriff der *gemeinsamen Endstrecke* zu einem neurophysiologischen Prozeß, in dessen Verlauf stromabwärts schließlich die Schizophreniesymptome erscheinen

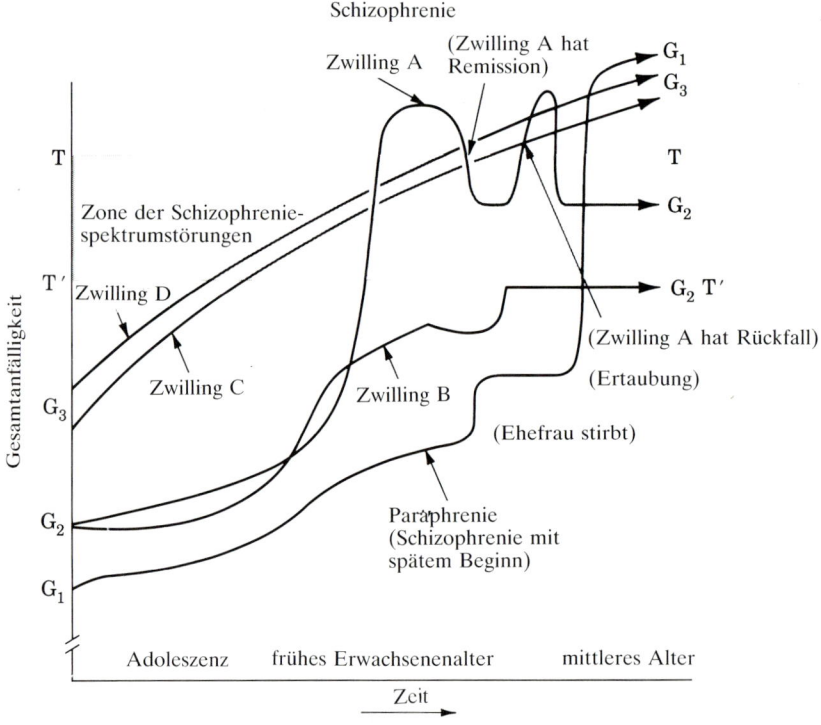

11.3 I.I. Gottesmans und J. Shields Skizze der hypothetischen Epigenese (dynamische Interaktionen zwischen Genotyp und Umwelt) der Schizophrenie über die Zeit am Beispiel eines Einzelkindes (paraphren) und zweier eineiiger Zwillingspaare mit verschiedenen Anfangsanfälligkeiten. (Nach Gottesman und Shields 1982.)

und stromaufwärts personenspezifische Elementenkombinationen genügen, um die Kette in Gang zu bringen.

Die Darstellung nimmt Elemente von Meehl und Nuechterlein et al. sowie von Abbildung 5.2 auf und enthält darüber hinaus eine Schwelle zum Bereich der Schizophreniespektrumstörungen und eine waagrechte Achse, die die dynamischen Veränderungen der Gesamtanfälligkeit über die Zeit berücksichtigt. Solche epigenetischen Austauschvorgänge zwischen Genotyp und Erfahrung können zu dynamischen Zuwächsen *oder* Abnahmen der Anfälligkeit für Schizophrenie führen, was klar aus dieser Darstellung hervorgeht. Damit soll der Begriff der Veränderungen im „effektiven" Genotyp durch Genregulation (Vogel und Motulsky 1986) einbezogen werden – also das An- und Abschalten von Genaktivität durch umweltbedingten Input oder durch endogene, zeitabhängige Programme und durch mögliche prä- und postnatale sensible Phasen, die auf erhöhte (das heißt nichtlineare) Sensibilität hinweisen.

In Abbildung 11.3 beginnt die Zeitachsenuhr zu laufen, wenn das Sperma das Ei befruchtet (im Prinzip könnte sie schon bei der Entstehung der beiden Gameten anfangen), so daß der Einfluß verschiedener prä- und perinataler Faktoren – Traumen, legale und illegale Drogen, Strahlung, Viren, Geburtskomplikationen etc. – sich auf der senkrechten Achse für die Gesamtanfälligkeit für Schizophrenie oder Spektrumstörungen niederschlagen kann. Entwicklungsbedingte Veränderungen, die mit dem Reifungsprozeß zusammenhängen, sowie zufällige Ereignisse (Glück und Pech) beeinflussen die „Verlaufskurven" der verschiedenen Personen hin zur und weg von der Schwelle. Aufgrund unseres epigenetischen Standpunkts erwarten wir, daß eine dichte zeitliche Aufeinanderfolge negativer Elemente einen synergistischen, kaskadenartigen Effekt auf die Anfälligkeit hat, da den natürlichen Reifeprozessen keine Zeit bleibt, die „Wunden zu heilen". So dekompensiert ein prädisponierter junger Mann – aus seinem psychosozialen Netz herausgerissen, den Härten der militärischen Grundausbildung ausgesetzt, seine noch brüchige sexuelle Identität durch derbe, „homosexuelle" Späße im Duschraum bedroht und durch Schlafmangel erschöpft –, wenn er sich bei einer Nachtübung durch unbekanntes Gebiet durchschlagen muß. Er ist rasch in die Zwischenstadien von Abbildung 11.2 (Verarbeitungskapzität überschritten etc.) und in das sekundäre kognitive Gleiten von Abbildung 11.1 geraten. Ein Abbruch oder eine zeitliche Unterbrechung der Ereigniskette – etwa durch einen Wochenendurlaub – hätte vielleicht ausgereicht, um den Übergang zu einer psychotischen Episode zu verhindern. Begreiflicherweise ist es oft schwierig, einen Trennungsstrich zwischen „Risikofaktoren" und Anfälligkeitsfaktoren zu ziehen, das heißt zu den eher intrinsischen Faktoren der eigentlichen Diathese.

Abbildung 11.3 zeigt drei unterschiedliche Genotypen und die Verlaufskurven ihrer sich ändernden Anfälligkeit über die Lebensspanne. Bis jetzt gibt es keine valide Methode zur Messung der Höhe der Gesamtanfälligkeiten unterhalb der Schwelle zu Schizophreniespektrumstörungen; bis dieses Niveau erreicht ist, haben wir es mit „endophänotypischer" Information zu tun – Daten, die dem „unbewaffneten" Auge nicht zugänglich sind und die zwischen dem Phänotyp und dem Genotyp für Schizophrenie liegen – sowie mit verschiedenen Indikatoren mit unterschiedlichem empirischem Bestätigungsgrad, wie etwa Maße der Aufmerksamkeit und der Informationsverarbeitung, subklinischen Persönlichkeitszügen und der Zahl der Dopaminrezeptoren, die durch PET-Scanning in verschiedenen Gehirnregionen ermittelt werden. Die Kurve G_1 stellt die Gesamtanfälligkeiten eines Mannes dar, der in der Mitte seines sechsten Lebensjahrzehnts schließlich die Diagnose „Paraphrenie" oder „Schizophrenie mit spätem Beginn" erhält. Sein Leben beginnt mit einer unterdurchschnittlichen spezifischen genetischen Anfälligkeit für Schizophrenie (die erste Achse in Abbildung 5.2) und Durchschnittswerten auf den anderen vier Schwächen- und Stärkenachsen. Der normale Alterungsprozeß fordert seinen Preis – eine allmählich steigende Anfälligkeit –, und dann, zwischen 40 und 50, erleidet er den traumatischen Verlust seiner psychosozialen Unterstützung durch den Tod seiner Frau, wenige Jahre später setzt Taubheit mit ihren psychologischen Folgen ein; dies steigert seine Anfälligkeit so weit, daß er jetzt die T-T-Schwelle überschreitet und eine akute Schizophrenieepisode durchschnittlichen Schweregrades erleidet.

Ein eineiiges Zwillingsschwesternpaar mit einer durchschnittlichen spezifischen genetischen Anfälligkeit für Schizophrenie wird durch die beiden als G_2 bezeichneten Kurven dargestellt. Zwilling A erleidet mehr perinatalen Streß als Zwilling B und hat daher eine größere (endophänotypische) Anfälligkeit in der Kindheit. Nur die Zwillingsschwester A probiert im College halluzinogene Drogen aus und wird Anfang 20 akut schizophren; sie erhält angemessene Behandlung, und es tritt eine Besserung bis zu einer schizotypen Persönlichkeit oder einer „Schizophrenie residualen Typs" ein (zwischen der niedrigeren Schwelle T'-T' und der höheren T-T) ein; nach dem Absetzen ihrer Medikamente erleidet sie einen Rückfall, gefolgt von einer Teil-remission. Die Anfälligkeit ihrer Zwillingsschwester steigert sich ebenfalls, doch nie soweit, daß sie die niedrigere Schwelle zu einer Spektrumstörung überschreitet, zumindest bis zum Alter von 50 Jahren nicht, doch ein hypothetischer Endophänotypdetektor würde feststellen, wie nahe sie daran ist, zu einem diagnostizierbaren Fall zu werden. Unterdessen würde dieses Paar in einem Forschungsprojekt mit wenig ausgefeilten Methoden immer ein diskordantes Paar ein-eiiger Zwillinge bleiben und so die Größe irgendwelcher nachgewie-sener genetischer Effekte vermindern.

Die Kurven eines anderen Paares eineiiger Zwillinge, C und D, heißen G_3. Dieses Paar wird jedoch in seiner Adoleszenz konkordant für Schizophrenie, ohne daß äußere Ursachen einer Erhöhung seines „Gesamtanfälligkeitskontos" zu entdecken wären. Zu ihrem Un-glück begann das Leben der beiden bereits mit einer sehr hohen (bei D sogar noch höher als bei C) spezifischen genetischen Diathese für Schizophrenie, und sie rutschten in ein schizoides Persönlichkeits-muster (Überschreiten der T'-T'-Schwelle) und dann schleichend in die eigentliche Schizophrenie (Überschreiten der T-T-Schwelle).

Da es bei vielen heranwachsenden oder jungen erwachsenen Pa-tienten im Rahmen des Diathese-Streß-Modells der Schizophrenie nicht gelang, plausible Streßfaktoren nachzuweisen, glaubt eine wachsende Zahl Neurowissenschaftler Anlaß zu der Vermutung zu haben, das Fehlen von Streßfaktoren könne auf einen endogenen Fehler in der „programmierten Reduktion" von Synapsen hinweisen (Feinberg 1982). (Eine Synapse ist der Spalt zwischen miteinander verschalteten Neuronen; die Verschaltung wird durch Neurotrans-mitter wie Dopamin bewerkstelligt.) In der normalen Entwicklung bei Säugetieren reorganisiert sich das Gehirn zu Beginn der Pubertät; unter anderem wird eine offensichtlich übermäßige Synapsendichte reduziert. Dieser Plastizitätsverlust, so spekuliert man, wird von ei-ner Erhöhung der Spezialisierung des Nervensystems begleitet (zum Beispiel auf durchgängiges logisches Denken und komplexe Pro-blemlösung). Die Spekulationen werden sicher nicht genügend durch einschlägige Daten gedeckt, doch scheint dieser Forschungsansatz in Hinsicht auf die Wissenslücken über die Entstehung von Schizophre-nie vielversprechend, und man sollte daher die bestehenden Unge-wißheiten in Kauf nehmen. Fehler in dem Programm zum normalen „Stutzen" der Neuronen könnten entweder zu einer Verzögerung des Beginns oder der Beendigung dieses Prozesses führen. Saugstad (1989) vermutet, daß die Schizophrenie teilweise zu spätreifenden

Kindern (verzögerte Pubertät) führt, „bei denen ein umfangreicheres neuronales Stutzen als optimal zu übermäßig reduzierter Synapsendichte geführt hat" (S. 37). Saugstad führt ein breites Spektrum epidemiologischer und demographischer Beobachtungen auf, die mit dieser Spekulation vereinbar sind. Eine allgemeinere Diskussion und Darstellung der Neurobiologie der Entwicklung mit einer reichhaltigen Bibliographie bieten Mary Carlson, Felton Earls und Richard Todd.

Hypothesen wie diese (Hoffman und Dobscha 1989) sollten als Ergänzung der Vorstellungen im Rahmen der drei bereits erwähnten Kausalkettenmodelle betrachtet werden, nicht als Ersatz. Mit Sicherheit fügt sich diese Hypothese in die epigenetische Version von Diathese-Streß-Konstruktionen ein. Berücksichtigt man alle drei Skizzen oder Karten gleichzeitig, bestehen gute Aussichten auf neue Hypothesen und weitere Fortschritte, wenn sich die einen widerlegen und die anderen bestätigen lassen.

Anlage-Umwelt-Modelle der Übertragung von Schizophrenie

Modelle der Entstehung von Schizophrenie können unabhängig von Modellen bestehen, mit denen man die Übertragung von Schizophrenie von einer Generation auf die nächste und innerhalb von Familien erklären will. Wie in diesem Buch mehrfach betont, liegt der Unterschied zwischen Pathogenese und Prädisposition. Wir behandeln hier Übertragungsmodelle der Prädisposition für Schizophrenie nur sehr allgemein. Eingehendere Erläuterungen würden langatmige, theoretische Diskussionen erfordern, die zwar die Bäume erhellen könnten, den Wald jedoch verdunkeln würden (siehe Faraone und Tsuang 1985; Lalouel et al. 1983; McGue, Gottesman und Rao 1985; McGue und Gottesman 1989). Unterschiedliche Modelle haben unterschiedliche Implikationen für die Strategien, die die ätiologische Forschung verfolgt, für die Mechanismen der molekularen Funktionsstörung, die möglicherweise eine Rolle spielen, für eine sinnvolle Therapie und Prävention, für die Ermittlung prämorbider Fälle und für den Nutzen einer genetischen Beratung. Beispielsweise ist bekannt, daß rezessiv vererbte Krankheiten mit dem einen oder anderen Enzymdefekt zusammenhängen; von den 750 sicher identifizierten, rezessiven Erkrankungen, die wir aufgrund ihrer Vererbungsmuster in unserer Spezies kennen, ist nur bei 250 ein Enzymdefekt festgestellt worden. Sollte je bei einer Untergruppe von Schizophrenien ein fehlendes Enzym entdeckt werden, würde das eine Suche nach einer Unterform motivieren, die als rezessive Störung übertragen wird. Bei dominanten Genstörungen erwartet man eine Mutation bei einem nichtenzymatischen Protein; so etwas könnte man mit molekulargenetischen Methoden feststellen, die Mutationen in der DNA aufdecken können (McKusick 1988).

Man kann drei große Klassen von Modellen beschreiben. Eine einführende Betrachtung findet sich zu Anfang von Kapitel 5; hier soll sie so vertieft werden, daß sich Präferenzen herausschälen. Das Modell der *distinkten Heterogenität* geht davon aus, daß Schizophrenie sich aus einer Vielzahl qualitativ unterschiedlicher Störungen zusammensetzt, die ihre jeweils eigene Ursache haben – rezessive oder dominante Gene, Traumen, Drogen, polygene Systeme, ungünstige Mutter-Kind-Beziehung etc. So bildet sich eine Art „Warenkorb" von Ursachen ohne notwendige Einschränkungen für kausale Erklärungen. Sicher machen derartige Modelle einen Sinn bei der Erklärung der familiären Übertragung von schwerer geistiger Behinderung, Blindheit und Taubheit. Innerhalb dieses theoretischen Rahmens würden wir prognostizieren, daß die durch Phenothiazin beeinflußbare Schizophrenie, die phenothiazinresistente Schizophrenie, die Schizophrenie mit positiven Symptomen (Harvey und Walker), die Typ-II-Schizophrenie, die paranoide Schizophrenie und so weiter jeweils von einem anderen Locus verursacht werden, der sich je nach seinen eigenen, rezessiven oder dominanten Genen aufspaltet, oder daß all diese Formen, falls sie nicht familiär gehäuft auftreten, eine jeweils deutlich andere Neuropathologie oder Pathophysiologie aufweisen. Auch die symptomatischen, schizophrenieähnlichen Psychosen durch Mißbrauch von PCP, Crack und Amphetaminen werden durch ein derartiges „Dachmodell" abgedeckt. Das Modell setzt voraus, daß jede postulierte Ein-Locus-Form von Schizophrenie, ob dominant oder rezessiv, entsprechende „Bilderbuchstammbäume" erzeugt, die mit solchen Erbgängen übereinstimmen.

Das zweite Modell ist wirklich sparsam, sogar fast etwas gewaltsam; es wird als *monogenetisches* oder *Single Major Locus* (SML)-Modell bezeichnet. Es unterstellt, daß alle Schizophreniefälle außer den schizophrenieähnlichen Psychosen (das heißt den symptomatischen Schizophrenien) auf ein mutiertes Gen an einer Stelle eines Chromosoms (Locus) zurückgeführt werden können. Ein derartiges Modell trifft sicher für das seltene dominante Gen zu, das zur Chorea Huntington führt. Obwohl viele Forscher versucht haben, verschiedene Versionen dieses Modells mit den in früheren Kapiteln besprochenen Daten in

Einklang zu bringen, gelang es keinem, alle wichtigen empirischen Punkte zu erklären. Die brauchbareren Versionen des Modells postulieren, daß Personen, die das „S"-Gen zweimal besitzen – das heißt die SS-Homozygoten –, zwar selten vorkommen, jedoch immer erkrankt sind, während bei den SO-Heterozygoten die Expression des Schizogens bis zu einem gewissen Grad gedämpft wird; so sind nur 13 Prozent der Nachkommen von Erkrankten betroffen, obwohl 50 Prozent von ihnen das mutmaßliche Schizogen tragen. Heston glaubte einmal (1970), daß, wenn man den analysierten Phänotyp auch um die schizoide Erkrankung (heute als Spektrumstörung bezeichnet) erweiterte, ein dominantes Genmodell erstellt werden könnte, ohne (post hoc) auf den Begriff der *unvollständigen Expression* zurückgreifen zu müssen. Dieses Konzept besagt, daß ein Träger das Gen definitiv besitzt, jedoch keine Schizophreniesymptome zeigt. Es stellte sich später heraus, daß dieses Modell mit einem Großteil der Familien- und Zwillingsdaten (Shields, Heston und Gottesman 1975) nicht zu vereinbaren war. Matt McGue von der Universität von Minnesota und Gottesman (1989) haben durch Computersimulation verschiedener genetischer Modelle für 200000 Familien aus der Allgemeinbevölkerung nachgewiesen, daß Familien mit mehr als zwei Schizophrenen in einer Zwei-Generationen-Kernfamilie selten vorkommen dürften; die noch selteneren Stammbäume mit mehr als vier Fällen (nur zwei Familien von 200000) erfordern kein SML-Modell und sind sehr gut mit einem multifaktoriell-polygenen Modell zu vereinbaren.

Das Fundament für das dritte Modell, das Modell der *multifaktoriell-polygenen Schwelle* (MFPS), wurde in Kapitel 5 anhand der Abbildungen 5.2 und 5.3 gelegt. Gottesman und James Shields führten dieses Modell 1967 zur Analyse von Schizophreniedaten in einem Artikel für die Zeitschrift *Proceedings of the National Academy of Sciences* ein. Sie hatten erkannt, daß ein Modell, das Douglas Falconer aus Edinburgh in Schottland zur Erklärung der Vererbung bestimmter, relativ häufiger, angeborener Mißbildungen entwickelt hatte, sich auch gut für die vorliegenden Daten zur Schizophrenie eignete. Die Autoren besuchten Falconer, kurz nachdem er seine Vorstellungen 1965 veröffentlicht hatte, um ihre Modifikationen mit ihm zu diskutieren, und erhielten die erhoffte Ermutigung.

Die hypothetischen Genotypen, auf die sich alle drei bisher beschriebenen Modelle beziehen, werden in Abbildung 11.4 schematisch dargestellt. Ausgangspunkt ist eine relativ einfache Version eines MFPS-Modells mit fünf Loci, die nur zwei mögliche Allele (Gene) auf jedem der fünf Genorte erfordert; damit erhalten wir elf Genotyp-Kategorien

schizoide Erkrankung = Spektrumstörung

für Personen mit je null bis zehn der hypothetischen Gene, die die Schizophrenieanfälligkeit erhöhen (Version mit zwei Loci siehe Kapitel 5). Diese Gene sind durch Großbuchstaben gekennzeichnet; die Gene mit Kleinbuchstaben verhalten sich hinsichtlich der Anfälligkeit neutral. Aus dieser einfachen Version gehen 243 Genotypen hervor, viele davon sind Wiederholungen; das heißt, sie sind funktionell gleichwertig. Es sind einige Hochrisikogenotyp-Kombinationen abgebildet, man muß jedoch festhalten, daß sie zur Entwicklung einer Schizophrenie nicht ausreichen – derartige Hochrisikokombinationen müssen erst in eines der obigen epigenetischen Entwicklungsmodelle eingefügt werden, wenn man auf die Ausgänge schließen will. Die hypothetischen Genotypen legen nur die „Startpunkte" auf der linken Seite von Abbildung 11.3 fest.

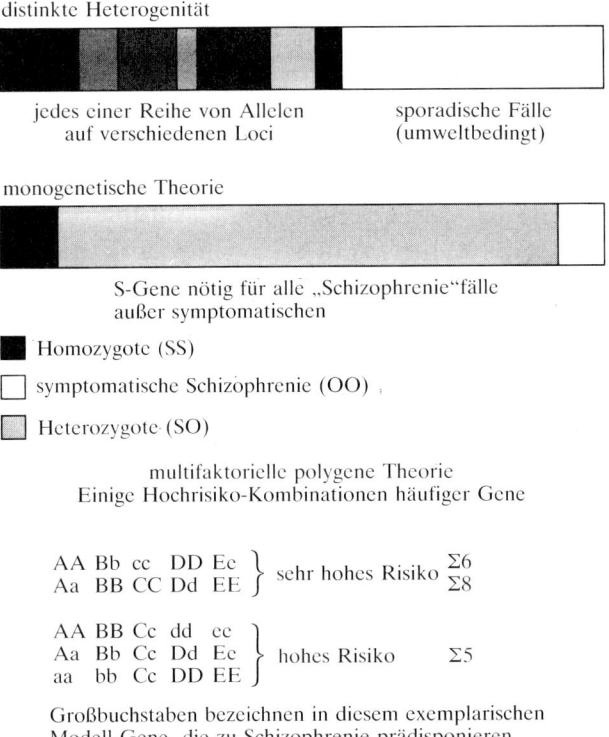

11.4 Schematische Darstellung der drei konkurrierenden Haupttheorien zur Erklärung der genetischen Übertragung von Schizophrenie in Familien. Die Gesamtfläche der Rechtecke unter der Theorie der distinkten Heterogenität und der monogenetischen Theorie stellt die Gesamtheit der Schizophreniefälle dar, die kleineren, dunkleren Flächen innerhalb jedes Rechtecks den Anteil der Fälle, die durch jeden postulierten Genotyp oder durch die Umwelt (weiße Fläche) verursacht werden. (Nach Gottesman und Shields 1982.)

Sogar manche Höchstrisikogenotypen werden unter Umständen niemals zu klinisch diagnostizierbaren Schizophrenen, wie sich an den diskordanten eineiigen Zwillingen der dänischen Studien (siehe Kapitel 6) zeigte. Diese gaben jedoch ihre Schizophrenieprädisposition an ihre Nachkommen weiter, bei denen sie dann zum Ausbruch kam. Die etwa 90 Prozent Schizophrenen, die keine schizophrenen Eltern haben, lassen sich durchaus mit diesem Modell vereinbaren: Zwei klinisch unauffällige Eltern könnten beispielsweise je drei Großbuchstaben-Gene vererben, so daß ihre Nachkommen sechs trügen und damit in die Kategorie des Höchstrisiko-Genotyps fielen. Das entspricht genau dem Phänomen, daß zwei kleine Eltern ein Kind bekommen können, das größer wird als sie beide, vielleicht sogar die Schwelle zur Basketball-Nationalliga überschreitet. Innerhalb des Diathese-Streß-Rahmens könnten Niedrigrisiko-Genotypen – etwa diejenigen mit nur drei der hypothetischen Gene – bei entsprechender Erhöhung der Anfälligkeit durch äußere Quellen und beim Fehlen ausreichender Schutzfaktoren immer noch eine Schizophrenie entwickeln, wenn auch eine weniger schwere, die bald in Remission übergeht. Gene und Streßfaktoren sind in ihren Auswirkungen auf die Gesamtanfälligkeit in hohem Maße austauschbar.

Es wäre immer noch voreilig, das beste Modell der genetischen Übertragung eindeutig bestimmen zu wollen. Es ist daher an der Zeit, ein „ökumenisches" oder *Kombinationsmodell* vorzustellen. Die Identifikation einzelner Gene mit nachweisbaren Genprodukten innerhalb eines polygenen Systems mit einer begrenzten Anzahl Loci (nur wenige Loci, etwa vier oder fünf, bewirken einen riesigen Unterschied) ist heute, zu Beginn des letzten Jahrzehnts des 20. Jahrhunderts, immer noch weitgehend eine „Bringschuld" der Molekulargenetiker – die jedoch mit Beginn des 21. Jahrhunderts wahrscheinlich erstattet werden wird. Ein bereits vorliegendes, herausragendes Beispiel ist die Identifikation des Gens für familiäre Hypercholesterinämie, ein Defekt, der zu abnormen Werten von Low Density Lipoproteinen (LDL) führt. Es handelt sich um ein Gen in einem multifaktoriell-polygenen System, das mit koronarer Herzkrankheit und Myocardinfarkt (Herzanfall) zusammenhängt. Das Gen ist in der Allgemeinbevölkerung bemerkenswert verbreitet – eine von 500 Personen trägt es –, doch es reicht allein nicht aus, um Herzinfarkte zu verursachen. Wenn man die Sache andersherum betrachtet, haben sogar nur etwa fünf Prozent aller Personen, die einen Infarkt erleiden, dieses besondere, dominante Gen; die übrigen sind auf einem anderen, noch komplizierteren Weg zu ihrer Krankheit gekommen. Der Bluthochdruck, ein weiterer, sicher identifizierter Be-

lastungsfaktor für Herzkrankheiten, hat seine eigene, polygene Verer-
bungsgrundlage. Von einem anderen Verursachungszusammenhang
der Hypercholesterinämie in der Allgemeinbevölkerung mit einer Prävalenz von fünf Prozent weiß man, daß er polygen gesteuert wird; viele
andere Faktoren müssen jedoch im Verlauf des Lebens hinzutreten,
damit eine Untergruppe von Personen mit diesem polygenen Erbe eine
Herzerkrankung entwickelt (Vogel und Motulsky 1986).

Auf dem Boden des in Abbildung 11.5 skizzierten ökumenischen
oder *Kombinationsmodells* können viele Blumen (Modelle der genetischen Übertragung) gedeihen. Ein Grund dafür, daß eine endgültige
Entscheidung zwischen den drei Modellen vielleicht nicht möglich ist,
besteht darin, daß jedes zutreffen kann, jedoch nur für eine Untergruppe der schizophrenen Phänotypen. Das Kombinationsmodell kann
als ganzes nicht widerlegt werden – für Wissenschaftstheoretiker ein
Nachteil –, doch es führt zu einem Waffenstillstand zwischen den strei-
tenden Fraktionen, so daß sie ihre Energie nicht mehr in nutzlosen
Gefechten vergeuden, sondern sie zur Bekämpfung der ätiologischen
Unwissenheit einsetzen können. Meinungsverschiedenheiten dürften
sich dann am ehesten an der Frage entzünden, welchen Erklärungsbe-
reich man jedem der Submodelle im Rechteck des Kombinationsmodells zuweisen muß.

Die abgebildeten Proportionen sind weder endgültig noch maßstabs-
gerecht, sondern orientieren sich am persönlichen Standpunkt des
Autors, zu dem er nach einer Würdigung des gegenwärtigen Standes der
genetischen Modellbildung für die Schizophrenie gekommen ist
(McGue und Gottesman 1989). Demzufolge wird eine kleinere Fläche
primär umweltbedingten Ursachen für Schizophrenie oder schizophre-

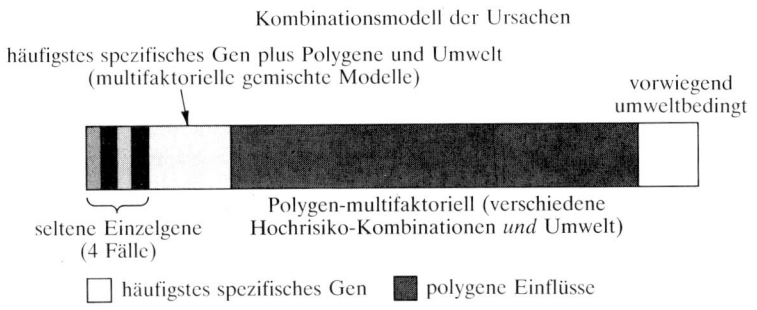

11.5 Ein synthetisches Schema eines „ökumenischen" oder Kombinationsmodells der plausi-
belsten, proportionalen Aufteilung der Schizophrenieursachen auf der Grundlage der beiden
Haupttheorien sowie des Hybrid- oder gemischten Modells.

nieähnliche Psychosen (symptomatische Schizophrenien) in den Fällen zugeordnet, wo sie zur Verursachung der Störung ausreichend erscheinen. Eine andere kleine Fläche ist den Mendelschen genetischen Formen zugeordnet; sie sind im einzelnen selten, verdienen jedoch als Gesamtheit ihren eigenen Bereich. Wenn wir beispielsweise ein derartiges Kombinationsmodell-Rechteck für die gesamte Bandbreite der geistigen Behinderung erstellen würden, würden fast 500 verschiedene Mendelsche Genotypen diese Fläche ausfüllen; da sie jedoch einzeln sehr selten vorkommen, stellen sie nur einen kleinen Anteil aller als geistig behindert klassifizierten Phänotypen. Auf PKU gehen beispielsweise nur drei von 1000 Fällen geistiger Behinderung insgesamt zurück.

Der Löwenanteil des Erklärungsbereichs ist zwei Variationen des multifaktoriell-polygenen Modells vorbehalten, die beide einen Schwelleneffekt voraussetzen. Aufgrund der Computersimulationsstudien erwarten wir, daß bis zu einem Zehntel der Schizophrenen im Mittelteil des Rechtecks bei diesem Ausgang angelangen, weil sie ein spezifisches Hauptgen (ähnlich dem oben besprochenen Gen, das zur familiären Hypercholesterinämie führt) geerbt haben, das gemeinsam mit einer Reihe von Polygenen plus Umweltfaktoren diese Personen über die Schwelle hebt. Meehls „dominantes Schizogen"-Modell aus Abbildung 11.1 ist im Grunde ein Beispiel für ein gemischtes Modell, das zwei unterschiedliche genetische Faktorenklassen sowie umweltbedingte, fördernde Umstände voraussetzt. Die übrigen 90 Prozent der Fälle befinden sich aufgrund von polygenen Faktoren plus Umweltfaktoren in der Mitte des Rechtecks; mit anderen Worten, diese 90 Prozent repräsentieren die Fälle, die Abbildung 11.5 im unteren Teil darstellt.

Zusammenfassung

Die folgenden, aus den vorigen Kapiteln zusammengestellten, empirischen Beobachtungen sprechen für irgendeine Art von multifaktoriell-polygener Theorie der Übertragung in der Mehrzahl der Schizophreniefälle:

1. Umweltmodelle, die postulieren, daß Faktoren wie die Art der Eltern-Kind-Beziehung, soziale Streßfaktoren oder infektiöse Keime hinreichende Gründe für eine Schizophrenie seien, stimmen nicht mit den beobachteten Fakten überein.

2. Genetische Modelle, die einen einzelnen Genlocus postulieren – auch mit verschiedenen Graden der Penetranz oder Expression – stimmen nicht mit den beobachteten Fakten überein.

3. Das Schizophrenierisiko fällt eher drastisch statt um 50 Prozent mit jeder Stufe der genetischen Verwandtschaft, wenn wir von eineiigen Zwillingen über Geschwister und Kinder zu Enkeln, Nichten und Neffen übergehen.

4. Das Schizophrenierisiko von Verwandten erhöht sich mit steigendem Schweregrad bei den Probanden und mit steigender Anzahl erkrankter Verwandter und verringert sich mit steigender Anzahl gesunder Verwandter.

5. Schizophreniespektrumstörungen – schwächere Ausprägungen der Schizophrenie – erscheinen übermäßig häufig bei nahen Verwandten von Probanden, auch wenn sie bei Adoptiveltern aufwachsen.

6. Nur eine Minderzahl von Stammbäumen weist andere betroffene Verwandte auf; wenn das der Fall ist, können diese sich entweder *nur* auf der väterlichen beziehungsweise mütterlichen Seite finden *oder* auf beiden Seiten des Stammbaums.

7. Mögliche biologische Schizophreniemarker, etwa die Dichte der Dopaminrezeptoren im Gehirn, sind quantitative, nicht qualitative Mendelsche Merkmale.

8. Es gibt ermutigende Analogien zwischen den an Schizophrenie beobachteten Fakten und denen an Krankheiten auf besser gesicherter multifaktoriell-polygener Grundlage, wie der koronaren Herzkrankheit, der Lippenspalte und anderen angeborenen Mißbildungen, dem Diabetes und der geistigen Behinderung.

Schlußfolgerungen

Der Gehalt der vorigen Kapitel mündet in zwei Hauptfragen: 1) Wie entwickelt sich die Schizophrenie aus ihren Wurzeln zu ihren unerwünschten Früchten? 2) Wie wird der Same zu diesen Früchten über die Generationen und innerhalb der Familien weitergegeben? Zwar fehlen uns definitive Antworten, doch wir können zumindest sagen, daß beide Fragen einen Systemansatz erfordern und daß die erste sich am besten durch ein Diathese-Streß-Modell erschließt, die zweite durch ein multifaktoriell-polygenes Modell. Noch bestehende Ungewißheiten dürften durch die beeindruckenden Fortschritte in den Neurowissenschaften bald beseitigt oder zumindest verringert werden, wenn sich ein Gleichgewicht zwischen Reduktionismus und Synthese herstellen läßt, das das Verhalten von Molekülen und das Verhalten von Menschen übergreift.

Bis jetzt haben indirekte Indizienbeweise für Theorien der Schizophreniegenese das Feld beherrscht, weil uns kein direkter Weg zur Verfügung steht, auf dem wir die hypothetische Anfälligkeit für Schizophrenie messen könnten. Die Anfälligkeit entzieht sich immer noch weitgehend unserem Zugriff, doch wir nehmen an, daß sie existiert, so daß wir über Modelle der Entwicklung und Übertragung nachdenken können. Zwar ist es leicht, vernünftig denkende Menschen von der Gültigkeit der erschlossenen Anfälligkeit bei Verwandten von Schizophrenen zu überzeugen, doch auch solche werden gegenüber derartigen Schlüssen skeptisch, wenn es um Familien von Schizophrenen geht, die keine erkrankten Verwandten haben – und derartige Schizophrene stellen die überwiegende Mehrheit der Fälle.

Wir müssen uns zur Zeit des Mönches Gregor Mendel zurückwenden und, gestärkt durch unsere Überzeugung, daß unsere Modelle die Beobachtungen im Zusammenhang mit Schizophrenie erklären können, unsichtbare „genetische Faktoren" als Glaubenssache akzeptieren, wie er es tat, und geduldig auf Fortschritte in den Neurowissenschaften warten.

12. Wie geht es weiter?

Das Jahrzehnt des Gehirns

Der Zweite Internationale Kongreß zur Schizophrenieforschung im Jahr 1989 bewies, mit welcher Energie und Spannung die Forschung zu Ursachen und Therapie der Schizophrenie vorangetrieben wird. Die mehr als 250 Beiträge verteilten sich auf zehn Kategorien: Klassifikation und Epidemiologie, Genetik, Neuropsychologie, Elektrophysiologie, Neuropathologie, bildgebende Verfahren zur Darstellung des Gehirns, Neurobiologie, Pharmakologie, psychosoziale Faktoren und Bewegungsstörungen. Trotz der Vielfalt der in den vorigen elf Kapiteln dargestellten Tatsachen fehlen viele Bereiche, die für ein völliges Verständnis des Wesens und der Entstehung der Schizophrenie nötig sind, weil wir uns auf einige Hauptthemen konzentrieren wollten, die einem wichtigen Teil des Dramas Schizophrenie zugrundeliegen.

In der aktuellen Forschungsliteratur über Schizophrenie und psychische Störungen im allgemeinen wimmelt es von Ausdrücken wie „nahe an", „dicht vor" und „an der Schwelle zu". Damit soll vermittelt werden, daß wir an der Grenze zu etwas stehen, auf das hin es Fortschritte gibt, und dieses „Etwas" ist in unserem Fall ein dramatisch wachsendes Wissen über das Verhältnis von Anlage und Umwelt bei der Schizophrenie. Solche Redeweisen sind also keine bloßen Übertreibungen. Man betrachte nur die folgenden Fakten: 95 Prozent dessen, was wir über die Hirnfunktion wissen, entstand in den letzten zehn Jahren; zwischen den Fortschritten der Grundlagenforschung und ihrer praktischen medizinischen Anwendung liegt meist ein Abstand von zehn bis 15 Jahren; die Mitgliederzahl der interdisziplinären Society for Neuroscience (Gesellschaft für Neurowissenschaften) ist von 250 im Jahr 1971 auf heute mehr als 11000 gestiegen; in den letzten fünf Jahren hat sich die Zahl der in der National Library of Medicine der USA verzeichneten Artikel mit dem Wort *Gehirn* im Titel auf 100000 verdoppelt; die Geräte und Verfahren zur Beobachtung der Gehirnstruktur und -funktion an lebenden Patienten werden erst in wenigen Hochtechnologiezentren eingesetzt (siehe die Angaben von Early, Hari, Pardo, Posner und Suddath).

Daher ist es auch kein Wunder, daß das National Advisory Mental Health Council (NAMHC, eine beratende Kommission) des NIMH diesem und dem Kongreß (Public Law 101-58, 25. Juli 1989) empfahl, für die zehn Jahre bis zum Jahr 2000 und dem Beginn des 21. Jahrhunderts das Jahrzehnt des Gehirns auszurufen. Die Kommission schlägt unter anderem die folgenden innovativen, entscheidenden und auch kostspieligen Initiativen vor: eine National Neural Circuitry-Datenbank (etwa: nationale Datenbank über neuronale Verschaltungen), ein Projekt zu Computeranwendungen in den Neurowissenschaften, ein Projekt Molekularneurobiologie, neurowissenschaftliche Zentren für psychische Störungen, ein nationales Gehirnbank-Projekt (zwei laufen gegenwärtig in den Vereinigten Staaten, eines in Großbritannien), eine nationale Gewebebank (die Zellen zu DNA-Studien zur Verfügung stellt) und die Einrichtung einer Entwicklungsneurobiologie-Abteilung innerhalb der internen Forschungsabteilung des NIHM. Der Kongreß hat bereits das gigantische Projekt der Entschlüsselung des menschlichen Genoms genehmigt; es wird geleitet von James B. Watson, gemeinsam mit Francis Crick, der Entdecker der DNA-Struktur. Widerstände wegen der aufzubringenden Kosten sollte das einfache Argument beseitigen, daß die weiterlaufenden, unmittelbaren Kosten der klinischen Versorgung der Opfer psychiatrischer Störungen allein in den USA mehr als 40 *Milliarden* Dollar pro Jahr und die indirekten Kosten durch Lohnausfall und Produktivitätsverluste mehr als 70 *Milliarden* pro Jahr betragen. Zwar scheint ein jährliches Forschungsbudget für Neurowissenschaften am NIMH von 30 *Millionen* Dollar pro Jahr großzügig, umgerechnet auf alle Personen mit diagnostizierbaren psychischen Störungen beläuft es sich jedoch auf lediglich 75 *Cents* pro Jahr.

Das NAMHC (1988) schloß: „Wenn solche Initiativen finanziert werden, könnte die Gesellschaft sich auf eine detaillierte Karte spezifischer Genprodukte, spezifischer Transmittermoleküle und ihrer Rezeptoren, spezifischer Zelltypen, spezifischer Zellschaltungen und spezifischer Verhaltensfunktionen im Primatengehirn sowie auf unmittelbare, am Menschen prüfbare Extrapolationen freuen" (S. 7).

Die Kommission gab auch ein Schizophrenie-Weißbuch über die gesamte Skala der schizophrenierelevanten Elemente mit Beiträgen von sieben Expertengruppen heraus. Ihr National Plan for Schizophrenia Research (Nationaler Plan zur Schizophrenieforschung) wurde im *Schizophrenia Bulletin* 3 (1988) veröffentlicht und enthält eine ausgezeichnete Bibliograhie der neuesten Entwicklungen gemäß der Expertenempfehlungen.

Neurobiologie und Schizophrenie

Zusammenfassende Aussagen können nur etwas von dem „Flair" der dramatischen Fortschritte in den Neurowissenschaften, die sich auf die Schizophrenie beziehen, vermitteln. Der interessierte Leser findet in der Bibliograhpie zu diesem Kapitel gründlichere Darstellungen dieser Thematik. „Wie arbeitet das Gehirn eigentlich?" ist keine rhetorische Frage mehr. Die gesammelten Teilantworten zu Funktionsweise und Fehlfunktionen des Gehirns tragen auch unmittelbar zur Lösung von Fragen nach Ursachen und Therapien der Schizophrenie (und anderer Formen der Psychopathologie) bei. Das Gehirn eines Erwachsenen enthält etwa 100 Milliarden Neuronen, und das typische Neuron verfügt über etwa 1500 Synapsen oder Verbindungen zu anderen Neuronen; die Gesamtzahl der Synapsen, über die elektrochemische Signale weitergeleitet oder blockiert werden, ist kaum vorstellbar. An jeder Synapse können sich eine Million Rezeptormoleküle befinden, die die Kommunikation mit anderen Neuronen vermitteln; diese Rezeptormoleküle sind Gruppen chemischer Substanzen, die zusammenfassend als Neurotransmitter und Neuromodulatoren bezeichnet werden.

Im Zentrum der mutmaßlichen Fehlsteuerung der Neurotransmitter steht wahrscheinlich das Dopamin, doch es gibt weitere Konkurrenten, die bis jetzt noch nicht ausgeschlossen werden können, etwa Serotonin, Acetylcholin und Neuropeptide (siehe Meltzer 1987; Friedhoff et el. 1988). Die Grundidee der Dopaminhypothese in Richtung eines „pathogenetischen Zwischenglieds" der Schizophrenie ist eine *Überaktivität der dopaminergen Neuronen in mesolimbischen*, in den Basalganglien zugehörigen nigrostriatalen und in mesokortikalen Hirnregionen. Da die wirksamsten Medikamente zur Schizophreniebehandlung die Dopaminrezeptoren (und damit die Signalübertragung) blockieren und weil Substanzen, die die Schizophrenie verschlimmern – etwa PCP, Crack und Amphetamine – den Dopaminspiegel erhöhen, ist die Hypothese einleuchtend und hat sich in einem sich rasch ändernden biowissenschaftlichen Umfeld bemerkenswert zäh gehalten.

P.J. McKenna (1987) von der Universität Leeds trat im besten Sinne in die Fußstapfen von Sherlock Holmes, folgte den Hinweisen durch die verschiedenen dopaminabhängigen Schaltkreise des Gehirns und brachte so Symptome und Verhalten höchst eindrucksvoll zusammen. Er konnte sogar das Rätsel der Gehörshalluzinationen erklären: Möglicherweise sind sie die Folge eines Versagens der Dopaminschaltkreise im vorderen Cingulum, die vielleicht eine „Subtraktionsfunktion" der auditiven Dekodierung steuern, mit der Primaten gewöhnlich zwischen

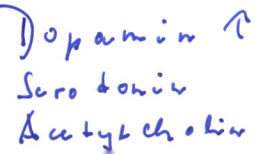

Dopamin ↑
Serotonin
Acetylcholin

ihren eigenen, tatsächlichen oder beabsichtigten Vokalisierungen und äußerer akustischer Information unterscheiden können.

Solche indirekten Nachweise für die Rolle von Dopamin werden zunehmend durch – immer noch umstrittene – direkte Belege ersetzt; man macht dafür mit Hilfe der PET die Dichte der D2-Rezeptoren (eine besondere Art Dopaminrezeptor) im Corpus striatum lebender Schizophrener sichtbar (Buchsbaum und Haier 1987; Wagner et al. 1988; Waddington 1989). Frühere Untersuchungen an den Gehirnen einer kleinen Anzahl verstorbener Schizophrener führten zu der Vermutung, daß eine Erhöhung der Dichte der Dopaminrezeptoren vorliegen könnte, doch können derartige Befunde auch auf eine „Anpassungsreaktion" des Gehirns auf die Behandlung mit Neuroleptika, die die Dopaminübertragung blockieren, zurückgeführt werden.

Dean Wong, Henry Wagner und ihre Kollegen von der Nuklearmedizin an der Johns-Hopkins-Universität konnten „Medikamentenneulinge" unter jungen Schizophrenen ermitteln – das heißt Patienten, die noch nicht mit Neuroleptika behandelt worden waren – und sie mit der PET sowie speziellen, radioaktiv gekennzeichneten Metallkomplexen zur Markierung der D2-Rezeptoren im Gehirn untersuchen. Es fanden sich verblüffend hohe Zahlen für die D2-Rezeptoren, die die Autopsiebefunde und die allgemeine Dopaminhypothese bestätigten. Eine andere hochangesehene Wissenschaftlergruppe am Karolinska-Institut in Stockholm stellte dagegen bei ihrer Stichprobe medikamentenunerfahrener Schizophrener *keine* Erhöhung der Zahl der Dopaminrezeptoren fest – ein unzweifelhaft negativer Befund. Sedvall, Farde und ihre schwedischen Kollegen verwendeten einen anderen Metallkomplex, ein anderes, kompliziertes mathematisches Modell als Grundlage ihrer Schlußfolgerungen und jüngere Patienten, doch dieselben DSM-III-Kriterien.

Die Gruppe um Wong (1989; Tune et al. 1989) konnte ihre Ergebnisse an einer größeren Stichprobe replizieren und die D2-Rezeptor-Befunde auf medikamentenunerfahrene Patienten mit bipolaren affektiven Störungen ausweiten. Das überraschende Ergebnis: Die erwartete Spezifität für Schizophrenie schmolz dahin; bipolar psychotische Patienten weisen ebenfalls eine deutlich erhöhte Zahl von D2-Rezeptoren auf. Vielleicht tritt dieser Faktor ganz allgemein bei Störungen auf, die durch Wahnvorstellungen und Halluzinationen gekennzeichnet sind.[38]

Die PET-Forschung an psychiatrischen Patienten ist immer noch die Ausnahme. Wir könnten viel mit ihrer Hilfe erfahren, doch es stehen nur sehr wenige dieser teuren Geräte zur Verfügung, und man braucht für die entsprechenden Forschungsarbeiten ein Zyklotron und einen Nuklearchemiker, der die Metallkomplexe zu genau dem Zeitpunkt darstellt, zu dem Patienten zur Verfügung stehen. Die PET wurde häufiger dazu verwendet, die Aktivitätsverteilung über verschiedene Gehirnbereiche zu messen, etwa an dem Verbrauch des Gehirns an radioaktiv markierter Glukose (siehe aber Early et al. 1989; Posner et al. 1988). Zum ersten Mal setzten Susan Resnick, Raquel Gur und ihre Kollegen am Brain-Behavior Laboratory der Universität von Pennsylvanien ein solches Verfahren ein; sie untersuchten die schizophreniediskordanten, eineiigen Zwillinge des Torrey-Gottesman-Projekts am Saint Elizabeths Hospital (siehe Kapitel 6). In der ersten Arbeit mit fünf Paaren, wobei der erkrankte Zwilling weiter Neuroleptika einnahm, erwies sich der Glukosestoffwechsel in den Basalganglien des Gehirns bei jedem schizophrenen Zwilling als erhöht, dagegen bei keinem der gesunden Zwillinge. Die Zeit wird zeigen, ob der nachgewiesene, erhöhte subkortikale Stoffwechsel in Übereinstimmung mit anderen Befunden an Nichtzwillingen ausschließlich auf die antipsychotische Medikation zurückzuführen ist. Möglicherweise wird die PET unser Wissen über psychische Störungen und wirksame Behandlungsformen revolutionieren.

In einem meisterhaften, integrativen Übersichtsartikel mit dem bescheidenen Titel „Beobachtungen am Gehirn bei Schizophrenie" trennen Daniel Weinberger und Joel Kleinman, Abteilungschefs am Saint Elizabeths Hospital/NIMH, in der klassischen und modernen Hochtechnologieforschung die Spreu vom Weizen. Was die strukturellen, durch Autopsie zu ermittelnden Veränderungen im Gehirn betrifft, so schließen die Autoren, es lägen keine konsistenten Nachweise für Veränderungen vor. „Trotzdem wurden in kontrollierten Studien von mehreren Forschern Anzeichen einer unspezifischen, degenerativen Pathologie beschrieben, insbesondere im limbischen Vorderhirn (zum Beispiel Amygdala, Substantia innominata, Pallidum und Hippocampus). Ob diese Befunde im Hinblick auf die Krankheit ursächlich, zufällig oder Folgewirkungen sind, ist nicht bekannt" (S. 55).[39] Bei den neurochemischen Obduktionsbefunden ergaben sich nach Ansicht der Autoren zwar keine konsistent nachweisbaren Veränderungen, wohl jedoch ein konsistenter *Trend*. Sie stellen fest, daß keine Daten aus gleichzeitig anatomischen und chemischen Untersuchungen vorliegen – eine beklagenswerte Lücke. „Die überwiegende Mehrzahl der neurochemischen Befunde betreffen das limbische System und das Corpus striatum und in einem geringeren Maß das Stirnhirn... Die nächste Frage ist, ob die Veränderungen eine diesen Regionen selbst eigene Pathologie widerspiegeln oder aber eine Pathologie in anderen Hirnbereichen, die an der neurochemischen Steuerung des limbischen Systems und des Streifenkörpers beteiligt sind [und sekundäre Veränderungen verursachen]" (S. 60).

Weinberg und Kleinmann resümmieren, daß die Anzeichen einer definitiven Hirnschädigung bei Schizophrenie „jetzt auch nicht überzeugender sind als zu Beginn des 20. Jahrhunderts...[39] Ob alle klinischen Ausdrucksformen der Schizophrenie schließlich auf eine Pathologie an einer einzigen Stelle zurückgeführt werden können ... oder das Ergebnis eines allgemeineren ... Prozesses sind, bleibt noch zu klären... Zusammenfassend kann man sagen, daß die Anzeichen, die für einen Zusammenhang von Schizophrenie und organischer Pathologie des Gehirns sprechen, dicht davor sind, zu definitiven Beweisen zu werden" (S. 62). Ich zumindest bin geneigt, ihnen zu glauben.

Wenige Autoren greifen das schwierige Problem der früheren Kapitel auf, wie sich strukturelle und funktionelle Veränderungen im Gehirn mit dem episodenhaften Verlauf der Schizophrenie (Störungsphase – soziale Remission – erneute Störungsphase) vertragen.[40] John Haracz vom Brain Research Institute der Universität von Kalifornien in Los Angeles zieht in einer phantasievollen Interpretation der neuralen Plastizität bei der Schizophrenie die Prinzipien der genetischen Variation mit den neurobiologischen Beobachtungen zu der Spekulation zusammen, daß verhaltensrelevante Änderungen der neuronalen Vernetzung das Phänomen erklären könnten. Diese Änderungen gehen möglicherweise zurück auf „genetische Variationen bei mindestens sechs Parametern: 1) die Wanderung von Neuronen, 2) die Verteilung der neuronalen Bahnen, 3) die Zahl der Neuronen, 4) die Orientierung der Dendriten, 5) die Empfindlichkeit der Rezeptoren und 6) die Plastizität neuronaler Verbindungen in Reaktion auf Umweltveränderungen" (S. 206).

Ein bemerkenswerter Befund der Entwicklungsneurobiologie des Gehirns des Kanarienvogels zeigt, daß sogar bei erwachsenen Vögeln in Reaktion auf Gesang *neue* Neuronen entstehen können: Innerhalb sieben Wochen verdoppelten sich die Neuronen einer Gehirnregion; diese zusätzlichen Neuronen starben ab, wenn das Männchen nach der Paarungszeit zu singen aufhörte, und bildeten sich in der nächsten Paarungszeit erneut. Ist da der Gedanke „spatzenhirnig", eine derartige Plastizität bei genetisch prädisponierten Personen könnte die spekulativen Lücken der in den früheren Kapiteln umrissenen „Kastologien" zur Epigenese der Schizophrenie ausfüllen?

Vielversprechende Längsschnittstudien an Personen mit hohem Risiko

Durch eingehende Untersuchungen von Schizophrenen *vor* dem Ausbruch der Störung könnten wir unterscheiden zwischen den Facetten der Störung, die Indikatoren der genetischen Prädisposition zur Schizophrenie sind, und denen, die Zeichen einer beginnenden Schizophrenie sind oder Anpassungen an die Störung darstellen. Die Versuche zur retrospektiven Rekonstruktion der Entwicklung und der Ursprünge psychischer Störungen sind bekanntlich wenig verläßlich. Eine effiziente Strategie zur Durchführung der schwierigen prospektiven Aufgabe entwickelten 1957 John Pearson und Irene Kley von der Mayo-Klinik in Rochester in Minnesota. Pearson und Kley waren hauptsächlich an der Konstruktion einer prospektiven Längsschnittuntersuchung von Personen mit hohem Risiko für Chorea Huntington (Häufigkeit 1 auf 20000) interessiert, illustrierten ihren Gedankengang jedoch auch mit einem Schizophreniebeispiel. Sie gingen von folgender Überlegung aus: Statt 1000 Mitglieder der Allgemeinbevölkerung ein halbes Jahrhundert lang zu verfolgen und dabei zehn Schizophrene zu ermitteln (eine Extrapolation aus dem üblichen Risiko von einem Prozent), könnte man auch 100 Säuglinge oder Kinder schizophrener Mütter studieren und käme auf etwa 13 Fälle, von denen einige sich nach *nur* 15jähriger Wartezeit manifestieren würden (siehe Kapitel 5). So entwickelte sich die „kostengünstige" Hochrisikostrategie zur Schizophrenieforschung. Die ausführlichen Fallgeschichten und Zwischenergebnisse derartiger kühner Unternehmungen kann man in dem von Norman Watt, E. James Anthony, Lyman Wynne und Jon Rolf herausgegebenen Buch *Children at Risk for Schizophrenia* nachlesen.

Das gründlichste Projekt mit der längsten Laufzeit überhaupt begann Barbara Fish, Kinderpsychiaterin der UCLA, 1952 während ihrer Arbeit am Bellevue Hospital in New York. Sie fing mit Babies zweier schizophrener Mütter an und nahm später noch zehn weitere hinzu; sie folgt ihnen bis heute, wo immer sie sich auch aufhalten. Ihr Begriff der *umfassenden Reifungsstörung (pandysmaturation)* verschmilzt mit Meehls Vorstellungen von neurointegrativen Defekten und Schizotaxie; Fish ist überzeugt, daß ihre Daten die Ansicht stützen, eine Schizophrenie könne bereits in der frühen Kindheit festgestellt werden, wenn man sorgfältig auf Unregelmäßigkeiten des kognitiven, neurologischen, körperlichen und Persönlichkeitswachstums achtet. Ihre Bemühungen dürften bald von Erfolg gekrönt werden (1987).

Als Sarnoff Mednick, ein amerikanischer Psychologe, und Fini Schulsinger, ein dänischer Psychiater, 1962 mit der Datensammlung für ihre
Hochrisikostudie begannen, hätten sie wohl kaum geglaubt, daß sie bis
heute daran arbeiten würden (Mednick, Cannon, Parnas und Schulsinger 1989). Ihre 27jährige Langzeitstudie an 207 in der Adoleszenz
untersuchten Kindern schizophrener Mütter und einer Kontrollgruppe
wird immer noch von einem breiten Publikum mit Spannung verfolgt.
15 der jetzt erwachsenen Kinder haben im Verlauf der Beobachtungen
und Tests eine Schizophrenie entwickelt, und die Forscher erwarten vor
Abschluß des Projekts weitere 15 Fälle. Ein sehr breites Spektrum von
Variablen wurde mit verschiedenen Methoden untersucht, von psychophysiologischen über den MMPI (Minnesota Multiphasic Personality
Inventory) bis zu Computertomographien. Endgültige Ergebnisse stehen noch aus.

Ein weiteres, groß angelegtes Unternehmen, das zahlreiche Daten
erbrachte, setzten Nikki Erlenmeyer-Kimling und ihre Kollegen 1971 in
New York ins Werk. Sie erfaßten die ersten 355 Kinder im Alter von
sieben und zwölf Jahren, die von schizophrenen Müttern oder Vätern
(124), anderen hospitalisierten, psychiatrischen Kontrollpersonen (65)
oder normalen Kontrollpersonen (166) abstammten. Ihr Projekt gründet auf genetischen Theorien und Messungen der Aufmerksamkeit und
der Informationsverarbeitung. Bei der Konferenz in Berlin-Dahlem
1987 sichtete Erlenmeyer-Kimling die möglichen biologischen Marker
für Schizophrenieanfälligkeit vom Standpunkt der Hochrisikostudien
aus. Sie schloß, daß Augenbewegungsstörungen und Defizite der Dau-
eraufmerksamkeit vielversprechende Marker seien, daß die hautelek-
trische Aktivität – beispielsweise Hautwiderstand und evozierte Poten-
tiale – sowie die Monoaminooxidaseaktivität der Blutplättchen
Sackgassen seien und daß zu neurologischen Zeichen, Ventrikelvergrö-
ßerungen und zur Integration der beiden Hirnhälften nicht genügend
konsistente Daten vorlägen. Als vielversprechende Marker erwiesen
sich in ihrer eigenen Stichprobe – ebenso wie in der Karl Nuechterleins
an der UCLA – Maße der Aufmerksamkeit, die mit weiterentwickelten
Versionen des Continuous Performance Test (ursprünglich zur Abschätzung von Hirnverletzungen) erhoben wurden. Die Kinder von Schizophrenen schnitten bei Diskriminationsaufgaben schlecht ab (27 Prozent
gegenüber elf beziehungsweise sechs Prozent bei den Gruppen von
Erlenmeyer-Kimling). Ein Aspekt des New Yorker Projekts legt die
Vermutung nahe, daß die Persönlichkeiten (gemessen mit dem MMPI)
einer Untergruppe von Nachkommen mit sehr hohem Risiko sich beträchtlich von denen der anderen Hochrisikojugendlichen sowie von

denen der beiden Kontrollgruppen unterscheiden (Moldin, Gottesman und Erlenmeyer-Kimling 1990). Definitive Ergebnisse stehen noch aus.

Es könnten sich wirklich valide Kindheitsprädiktoren für Schizophrenie im Erwachsenenalter aus den Hochrisikostudien an den jungen Nachkommen schizophrener Mütter und Väter ergeben, doch muß man drei Möglichkeiten (Hanson, Gottesman und Heston 1990) betrachten, bevor man derartige Prädiktoren mit biologischen oder möglicherweise sogar genetischen Markern für Schizophrenie gleichsetzt: 1) Die Abweichung kann nur Fehlanpassungsreaktionen auf einen Elternteil mit einer schweren psychischen Störung widerspiegeln (daher die Bedeutung ergänzender prospektiver Adoptionsstudien). 2) Die Abweichung kann eine unspezifische Schizophrenieanfälligkeit widerspiegeln – das heißt, Potentiatoren oder Korrelate von diesen statt der spezifischen Anfälligkeit selbst (daher die Bedeutung sowohl *psychiatrischer* als auch *normaler* Kontrollgruppen). 3) Kindheitsprädiktoren können die frühesten Anzeichen einer bereits beginnenden Schizophrenie darstellen (daher sind sie nutzlos zur Identifikation von Umständen, die die Anfälligkeit erhöhen, jedoch sehr wichtig als Frühwarnzeichen zur Einleitung einer Intervention). Eine vierte Möglichkeit ist, daß die Gruppe der „Ausreißer", die schon in der Kindheit auffällig werden, sich durch Zufall und Schwankungen aufgrund der kleinen Stichprobe ergab; nur vier der 15 schizophrenen „Treffer" in der dänischen Hochrisikostudie waren in einem früheren Alter als spätere Schizophrene identifiziert worden, während bei 20 anderen (falsch Positiven) in einem Durchschnittsalter von 15 fälschlich die spätere Entwicklung einer Schizophrenie prognostiziert wurde. Hieb- und stichfeste „Beweise" im Rahmen der Hochrisikostudien werden sich nur in gründlichen Nachfolgeuntersuchungen der Kinder ergeben, bis die erwartete Zahl sicherer Schizophrener auftaucht – wenn nicht zwischenzeitlich valide genetische Marker entdeckt werden.

Genetische Marker und genetische Koppelung

Die atemberaubende Geschwindigkeit, mit der zur Zeit gesundheitsrelevante Gene entdeckt werden, ist so phänomenal, daß man sie auf den Titelseiten der *New York Times* und des *Wall Street Journal* sowie in den Abendnachrichten verfolgen kann, ohne erst wissenschaftliche Zeitschriften wie die nur wöchentlich erscheinende *Nature* lesen zu müssen. Diese Fortschritte hatten praktisch alle Bedeutung für die schweren genetischen Störungen, das heißt für die seltenen, Mendelschen Krankheitsformen mit den typischen 50- und 25-Prozent-Risiken für Geschwister. Es ist nur eine Frage der Zeit und gezielter Bemühungen, bis die Revolution der Humangenetik – 1980 von David Botstein, Ray White und Kollegen eingeleitet – auch die komplizierteren Phänotypen der schweren psychischen Störungen wie der Schizophrenie erfassen wird. Botstein und Kollegen zeigten, wie man mit Hilfe der neu entwickelten Restriktionskartierung eine differenzierte Genkarte des Homo sapiens zusammenstellen kann. Bei diesem Verfahren wird die DNA aus gewöhnlichen Blutproben mit speziellen Enzymen, den *Restriktionsendonukleasen*, „zerschnitten". Bevor dieses Verfahren zur Verfügung stand, war es sehr schwierig, wirklich nachzuweisen, daß ein mutmaßliches Gen für eine Erbkrankheit einem bekannten Gen auf demselben Chromosom physikalisch sehr nahe war – dies bezeichnet man als *genetische Koppelung* –, weil nur 30 bis 40 klassische Marker wie etwa die Gene für die Blutgruppen A, B und 0 und die HLA-Antigene zur Verfügung standen.

Ebenso wie 40 Wegweiser zur Markierung der Strecke von New York nach San Francisco nicht ausreichen, ist das menschliche Genom zu lang, als daß es mit nur 40 genetischen Markern kartiert werden könnte. Da jedoch mehr als 3000 Restriktionssequenzen (RFLPs) zu den klassischen Markern hinzugekommen sind, wurde es möglich, Koppelungen für Mendelsche Eigenschaften zu entdecken und so das Fundament zur Aufklärung der Koppelung komplexerer Merkmale wie der Schizophrenie und der affektiven Psychosen zu legen. 1983 meldeten James Gusella, Nancy Wexler und Kollegen die Entdeckung eines Markergens für die Chorea Huntington auf Chromosom 4; Grundlage ihrer Arbeit waren sehr aufschlußreiche Stammbäume aus Venezuela. Weitere Entdeckungen folgten für die zystische Fibrose (Mukoviszidose), Muskeldystrophie und andere Mendelsche Krankheiten.

Ein zeitgenössischer, aber schon klassischer Artikel mit dem Titel „Genetische Verschiedenheit, Genomorganisation und Untersuchung der Ätiologie psychiatrischer Krankheiten" von Robert Cloninger, Theodore Reich und Shozo Yokoyama von der Universität von Washington in St. Louis liefert einen Teilplan für die im nächsten Jahrzehnt anstehenden Forschungsarbeiten zu den Ursprüngen psychischer Störungen. Entscheidend ist die Einsicht der Autoren, daß unsere Spezies zwar zwischen 50000 und 130000 Strukturgene (diese Gene produzieren Proteine; Regulationssequenzen schalten sie ein und aus) haben mag, die Genomorganisation jedoch soviel redundante Information enthält, daß *nur* 3000 bis 9000 funktionelle Proteine von Gengruppen produziert

werden. Die Aufgaben der nächsten Dekade sind sicherlich zu bewältigen. Cloninger et al. schreiben: „Ein komplexer Phänotyp ist nicht aufgrund von Information über DNA-Sequenzen allein zu verstehen. Wir müssen vielmehr die Ätiologie komplexer Merkmale durch Analysen entschlüsseln, die an der phänotypischen Heterogenität ansetzen und dann zur Untersuchung der Heterogenität in den zugrundeliegenden, biosozialen Risikofaktoren übergehen… Entsprechend sollte die Forschung multiple, biosoziale Risikofaktoren bedenken, die unterschiedliche Schritte auf dem Pfad vom Genotyp zum Phänotyp markieren und von denen einige sensibel ('distale' Marker) und andere spezifisch ('proximale' Marker) sind" (1983, S. 243). Mit einer Ausnahme erbrachte die Suche nach genetischen Koppelungen mit den vorhandenen genetischen Markern hinsichtlich der Schizophrenie nichts (Gurling 1986; McGuffin und Sturt 1986). Die Ausnahme, die kurz beschrieben werden soll, wurde nicht bestätigt. Anne Bassett nahm als junge Psychiaterin der Universität von British Columbia (1987) einen 20jährigen College-Studenten stationär auf, der den Kriterien des DSM-III für Schizophrenie des undifferenzierten Typus entsprach, dabei aber auch geringfügige Fehlbildungen des Gesichts und des Kopfes (vorspringende Stirn, weit auseinanderstehende Augen, abstehende Ohren) aufwies. Sie war so gut geschult, daß ihr auch die beiläufige Bemerkung seiner Mutter auffiel, der Junge *ähnele seinem Onkel, der auch mit 20 Jahren an Schizophrenie erkrankt war.*
Die Detektivarbeit einer zytogenetischen Untersuchung führte rasch zu der Entdeckung, daß die Chromosomen des Paares Onkel–Neffe dasselbe abnorme Karyogramm aufwiesen – eine unausgeglichene Translokation, bei der kurz nach der Bildung der Zygote (befruchtetes Ei) überschüssiges Material des Chromosoms 5 in Chromosom 1 eingefügt worden war. Beide schizophrenen Männer haben ein normales Chromosomenpaar 5s, sowie eine zusätzliche Kopie eines Abschnitts von Chromosom 5 – hochtechnologische Methoden identifizieren es als ein Segment auf dem langen Arm von Chromosom 5 mit der Bezeichnung „5q11.2 bis 5q13.3" –, das jetzt an einer Stelle liegt, wo es von Natur aus nicht hingehört, nämlich auf Chromosom 1. Die Männer sind für dieses Segment *trisom.* Die 100000-Mark-Frage lautet nun: „Gibt es ein Gen – oder mehrere Gene – in diesem Segment, das in dreifacher Ausfertigung mit dem Auftreten von Schizophrenie zusammenhängt?" Alle Genetiker wissen, daß die Verdreifachung oder Trisomie des genetischen Materials auf Chromosom 21 zum Down-Syndrom führt.
Doch die Geschichte geht noch weiter. Die Mutter, die im psychologischen Normalbereich liegt und keine physischen Auffälligkeiten

zeigt, weist genau dieselbe Abnormität ihres Chromosoms 1 wie ihr Sohn auf – das eingefügte Segment von Chromosom 5 – *jedoch fehlt* dieser Teil auf ihrem Chromosom 5, so daß bei ihr eine *ausgeglichene* Translokation vorliegt, das heißt, es gibt keine *überschüssigen* Teile. Also muß in dieser Familie die Verdreifachung von 5q11.2 bis 5q13.3 „schuld" sein. Außerdem zeichneten William Iacono und seine Kollegen von der Universität von Minnesota (1988) die Augenbewegungen (als Indikator von Aufmerksamkeitsprozessen) der beiden Schizophrenen, der Mutter und zweier weiterer, gesunder Verwandter auf; nur die Schizophrenen wiesen abnorme Bewegungsmuster auf.

Zwischen dem Zeitpunkt, zu dem Bassett bei einer wissenschaftlichen Tagung ihre ersten Beobachtungen bekanntgab, und dem der Publikation veranlaßten ihre Befunde andere Forschergruppen, sich unter Verwendung mehrerer Restriktionssegmente auf Chromosom 5 zu konzentrieren. Falls sich der Fingerzeig als ergiebig erwies, hätte dies eine dramatische Zeitersparnis bedeutet, weil man all die anderen Chromosomen nicht auf Koppelungsmarker untersuchen mußte – eine zumindest sehr langwierige Prozedur. (Es war nur ein glücklicher Zufall, daß die Chorea-Huntington-Forschungsgruppe ihre Koppelungstests mit Chromosom 4 begannen.)

Ein großes Raunen und Rauschen ging durch Blätterwald und Wissenschaft, als im November 1988 Hugh Gurling, Robin Sherrington und die anderen Gruppenmitglieder in England, Island und Kalifornien in *Nature* berichteten, sie hätten so etwas wie ein dominantes Gen für Schizophrenieanfälligkeit auf Chromosom 5 gefunden, das in einem Bereich lokalisiert sei, der sich mit dem von Bassett und Kollegen angedeuteten überlappe. Gurlings Team verwendete Restriktionssequenzen von Chromosom 5 als Koppelungsmarker, um die Verteilungsmuster von Schizophrenie und anderen Personlichkeitsstörungen in fünf isländischen und zwei britischen belasteten Stammbäumen mit 104 Mitgliedern zu verfolgen – 39 Schizophreniefälle unterschiedlicher Unterformen, fünf schizoide Persönlichkeiten und 10 „Randphänotypen" (ein Mischmasch von Pathologien, der in der Allgemeinbevölkerung sehr häufig vorkommt). Je nach der Definition eines „Treffers" für eine mit Schizophrenie zusammenhängende Erkrankung und bestimmten Vorannahmen hinsichtlich der Penetranz des mutmaßlichen Gens kam das Team von Gurling zu LOD-Werten (logarithmierten Wahrscheinlichkeiten) von 3,2 bis 6,5 für eine Koppelung zwischen der Krankheit und den Markern auf Chromosom 5. Ein LOD-Wert von 3 bedeutet eine Wahrscheinlichkeit von 1 zu 1000 gegen einen Zufallsbefund, ein Wert von 6 eine Wahrscheinlichkeit von 1 zu einer Million.

Auf derselben Seite der Zeitschrift *Nature*, auf der ihr Artikel endete, berichtete der anschließende von Kenneth Kidd, James Kennedy und ihren Teamkollegen der Yale-Universität, Stanford und dem Karolinska-Institut in Stockholm, die Autoren hätten für einige derselben Restriktionssequenzen auf Chromosom 5 wie die von Gurling verwendeten *starke Anzeichen gegen eine Koppelung* gefunden. Kidds Gruppe nahm erneut Kontakt mit den schwer belasteten Familien aus dem abgelegenen Nordschweden auf, die Jan Böök (1953) vor Jahren untersucht hatte, um Interviews durchzuführen und Blutproben zu nehmen und daraus DNA zu gewinnen. 81 Probanden aus sieben Ästen eines weitverzweigten Stammbaums wurden untersucht; 31 entsprachen den DSM-III-Kriterien für Schizophrenie. Wie bereits festgestellt wurde, wichen Bööks Schizophrene klinisch insofern ab, als sie meist katatone Formen hatten, und vor kurzem (Kennedy et al. 1989) wurde nachgewiesen, daß sie nicht auf Neuroleptika ansprachen.

Sicherlich könnte die ätiologische Heterogenität, unsere altbekannte Ausgleichsinstanz, die auseinanderklaffenden Ergebnisse der schwedischen und isländisch-britischen Stammbäume erklären. Neil Risch, ein hervorragender theoretischer Populationsgenetiker in Yale, stellt fest, welche Ironie darin (1990) liegt, die gescheiterte Replikation oder Bestätigung von Ergebnissen als Anzeichen einer genetischen Verursachung im Sinne eines zweiten, unabhängigen, niemals beobachteten Locus zu betrachten. Angesichts der Flut von Berichten, nach denen einzelne Hauptgene für manisch-depressive Störungen in Stammbäumen von Amish und Israelis auf Chromosom 11 beziehungsweise X und für die Alzheimersche Krankheit auf Chromosom 21 identifiziert seien (diese Befunde sind jetzt fraglich), von denen sich aber bisher *keiner* bestätigt hat, betont Risch „die bemerkenswerte Konsistenz solcher inkonsistenten Ergebnisse in der jüngsten Geschichte der Kopplungsanalyse verbreiteter neuropsychiatrischer Störungen" (S. 4). Wie der Autor dieses Buches bevorzugt Risch eine Störung wie den Diabetes – ein komplexer Phänotyp – als Modell für die verbreiteten psychischen Störungen und weist Erklärungen auf der Basis eines einzelnen Locus den Platz zu, den ihnen Abbildung 11.5 einräumt.

L. Leigh Field (1988), medizinischer Genetiker an der Universität Calgary, nennt den insulinabhängigen Diabetes als Modell zur Untersuchung multifaktorieller Störungen. Doch erst 1986 erzielten die Diabetesforscher Einhelligkeit darüber, daß alle einfachen, Mendelschen Modelle aufgegeben werden müssen (Baur 1986). Viren, Ernährung, Lebensstil, Effekte der Mutter-Kind-Beziehung und *einige* Gene mit großen Auswirkungen im HLA-Bereich von Chromosom 6 aus einem größeren, über das ganze Genom verteilten „Gensystem" spielen alle eine Rolle in einem multifaktoriellen, mit Diabetes zusammenhängenden System.

Zwischenzeitlich gelang Bassett, Conrad Gilliam, Charles Kaufmann und Kollegen am New York State Psychiatric Institute und an der Columbia-Universität die bemerkenswerte Leistung, das Chromosom 5 mit dem fehlenden Segment von der gesunden Mutter des kanadischen Schizophrenen zu klonen (nach deren umfassender Aufklärung und mit ihrer Zustimmung); sie verfügen jetzt über einen unbegrenzten Vorrat einer Zellenreihe, die durch Verschmelzung von menschlichen und Hamsterzellen entstanden. Jetzt können DNA-Marker so kartographiert werden, daß deutlich wird, ob sie außerhalb oder innerhalb des verdreifachten Segments liegen. Eine Reihe anderer Forschergruppen berichtet gerade, daß es in diesem Bereich von Chromosom 5 keine Koppelungen gebe (McGuffin et al. 1990).

Bassett (1989) bietet einen ausgewogenen Überblick über das gesamte Unternehmen der Koppelungsstudien und spricht dabei die ethischen Probleme an, die auftreten werden, sollten sich derartige Bemühungen als erfolgreich erweisen: Das Gen oder die Gene werden vielleicht nie exprimiert (siehe Kapitel 6); was geschieht dann mit der Information über den Genotyp? Motiviert die Ermittlung des Genotyps vor der Geburt zu einer Abtreibung? Wem gehören eigentlich die Zellreihen – möglicherweise haben sie wirtschaftliche Bedeutung, wenn sie zur Entwicklung von Therapien zur Besserung oder Verhütung von Schizophrenie eingesetzt werden können? Risch und Bassett belehren uns gleichermaßen, daß die genetische Linkage-Analyse, eine der spektakulärsten Techniken der Biowissenschaften (vergleiche Magnetoencephalographie, PET, SPECT – Single-Photon-Emissionscomputertomographie –, rCBF) von ihren eigenen methodologischen Begrenzungen in Frage gestellt wird und daß man nur nach sorgfältigem Abwägen eine Pressekonferenz einberufen sollte.

Mit Hilfe der zentralen Aussage von Abbildung 11.5 über die Vielfalt der Schizophrenieursachen und ihr relatives Gewicht in einem Kombinationsmodell können wir einen möglichen Nachweis von Schizophrenieformen, die durch einen Locus ausgelöst werden, richtig einordnen. Nehmen wir die Chorea Huntington als Genokopie der Schizophrenie – 20 Prozent der Fälle in der Literatur werden aufgrund von Symptomen, die sich mit denen der Schizophrenie überschneiden, fehldiagnostiziert – und fragen wir: Welchen Anteil der schizophrenieähnlichen Psychosen (symptomatischen Schizophrenien) verursacht das mutierte, dominante Gen auf Chromosom 4, das zu CH führt? Wenn wir das Verhältnis der beiden Populationsprävalenzen für CH und Schizophrenie, 5/100000 und 139/10000, bestimmen (siehe S. 86 zu diesem Wert von etwa einem Prozent), und ein Fünftel annehmen, das fehldiagnostiziert wird, erhalten wir einen Wert von sieben von 10000 Schizophrenen, die ein einzelnes Hauptgen für schizophrenieähnliche Psychosen haben; dieses Gen wäre bei der Untersuchung von genügend einschlägig belasteten Stammbäumen mit Hilfe der Restriktionsanalyse *und* der zufälligen, glücklichen Wahl von Chromosom 4 als Ausgangspunkt identifiziert worden. Die restlichen 9993 Schizophreniefälle hätten andere Ursachen. Es geht nicht darum, die Bedeutung der von einem Hauptgen verursachten Varietät, die identifiziert werden konnte, herunterzuspielen, könnte sie doch direkte Information über Genprodukte liefern (sogenannte reverse Genetik), mit deren Hilfe man möglicherweise die an der gemeinsamen Endstrecke zur Schizophrenie beteiligten Mechanismen aufdecken kann. Damit wären aber die Grundlagen für Prävention und Therapie dieser verheerenden Störung gelegt.

Schlußfolgerungen

Kliniker und Forscher beschäftigen sich mit der Schizophrenie als einer menschlichen Krankheit, die zu behandeln und zu verhüten ist. Zwar bestehen für sie sowie für die Patienten und ihre Familien und für die Gesellschaft insgesamt immer noch beträchtliche Probleme, doch scheinen wir jetzt, im Jahrzehnt des Gehirns, an der Schwelle zur Lösung dieser Probleme zu stehen. Die Fortschritte in den Neurowissenschaften und die immer ausgefeilteren Ansätze zu einer wissenschaftlichen Synthese und Integration der disparaten Ergebnisse, die durch miteinander verflochtenen Forschungsmethoden gewonnen wurden, geben einem derartigen Optimismus Auftrieb.

Jetzt, wo bei den seltenen genetischen Störungen der Geist aus der Flasche befreit ist, werden auch die verbreiteteren und komplexeren wie die Schizophrenie, die affektiven Störungen und die Alzheimersche Krankheit/senile Demenz ihre Geheimnisse preisgeben – dank der Fortschritte der bildgebenden Verfahren in der Hirnforschung und der Molekulargenetik, der Verfeinerungen von Beschreibung und Diagnose und der Modelle der Biomathematiker. Wieder einmal verweisen wir auf das Bonmot Thomas Huxleys, nach dem die Tragik der Wissenschaft in der Vernichtung einer „schönen Hypothese durch eine häßliche Tatsache" liegt. Den Spielern und den Opfern der Tragödie „Schizophrenie" dürfte diese Art Tragik nur recht sein, denn sie schafft neue, möglicherweise lebensfähige Hypothesen, die neue „häßliche Tatsachen" fordern. Auch wenn wir Schlachten verlieren (müssen), werden wir doch den Krieg gewinnen, denn nur so wird es uns schließlich möglich sein, die verwirrten Moleküle und damit auch die verwirrten Geister zu entwirren.

Eine Geschichte zum Abschluß

Liebe geben … und Schizophrenie

Eine Mutter, die selbst schizophren ist, erzählt von ihren Selbstzweifeln als Mutter eines kleinen Kindes und von ihrer Angst, ihm ihre Krankheit zu übertragen. *

Vor fünf Jahren sollte ich eine Besprechung mit der Erzieherin meines dreijährigen Sohnes haben, der ich mit Sorge entgegensah. Ich erholte mich endlich von einer Stoffwechselstörung, die einen vollständigen psychotischen Zusammenbruch ausgelöst und zu vier Krankenhausaufenthalten in acht Monaten geführt hatte. Damit hatte ich mich in die Reihen der zwei Millionen Amerikaner eingereiht, die an Schizophrenien leiden.

Mein körperlicher Zustand hatte sich so weit gebessert, daß ich mehr hinauskam. Ich hatte gerade einen Vortrag über Lernstörungen besucht. Die Schlußbemerkung des Therapeuten blieb mir im Gedächtnis haften: „Wenn ein Kind im Alter von drei Jahren noch keine einfachen Sätze spricht und mehrere aufeinanderfolgende Anweisungen nicht ausführen kann (etwa: ‚Bitte, gehe nach oben, hole meine Handtasche, bring sie herunter und lege sie hier auf den Stuhl.'), ist das ein Anzeichen für mögliche, spätere Schulschwierigkeiten." Ivan sprach nicht in Sätzen und konnte gewöhnlich nicht einmal eine Anweisung ausführen – geschweige denn drei. Auch fragte ich meinen Mann Terrance, nachdem er unseren Sohn von der Vorschule abgeholt hatte, ob er durch das kleine Fenster in der Gruppenraumtür geschaut habe, wie ich es gerne tat, um einen Blick auf Ivan zu werfen, wie er mit den anderen Kindern spielte. Er hatte, doch all die anderen Kinder waren mit der Erzieherin im Kreis gesessen, während Ivan ganz alleine in einer anderen Ecke mit den Autos spielte.

---

* DuVal, M. *Schizophrenia Bulletin* 5 (1979) S. 631–636.

Ich machte mir Sorgen. Auf meine Frage, wie sich Ivan mache, antwortete die Lehrerin: „Er ist langsam." Dann erläuterte sie das eilig. Er schien nicht geistig träge zu sein, doch er war immer der letzte, der mit einer Aufgabe fertigwurde, sich in die Reihe stellte oder sein Spielzeug wegräumte. Manchmal mußte sie ihn sogar mit sanfter Gewalt von dem wegholen, was er gerade tat.

Bei einem offiziellen Elternabend ging das Klagelied weiter. Er blieb sprachlich weit hinter den anderen Dreijährigen zurück. Ihn fehlte Vertrauen in seine eigenen Fähigkeiten. Manchmal war er aggressiv, zog sich von den anderen zurück. Er war oft niedergeschlagen; ein Tadel konnte einen Tränenausbruch bewirken. Sein Verhalten war ungewöhnlich: Als eine andere Gruppe hereinkam, um an einem Singfest teilzunehmen, verließ Ivan den Kreis und setzte sich ausgerechnet hinter den Rücken der Erzieherin. Den Aufgaben gegenüber verhielt er sich gleichgültig. War er stur, oder war er faul? Er war ein Kind, das schwer zu deuten und zu begreifen war.

Sein widersprüchliches und unangemessenes Verhalten (wie sich hinter die Erzieherin zu setzen statt in den Kreis) war ein Alarmzeichen für eine mögliche Schizophrenie. Daß er sich in Extremen verhielt und sich aus der Welt „ausklinkte", so daß die Erzieherin manchmal physisch einschreiten mußte, verstärkte meine Befürchtungen.

Die Elektroschockbehandlungen … hatten meine Krankheit soweit zurückgedrängt [Elektrokrampftherapie, heute zur Schizophreniebehandlung kaum noch eingesetzt, nur als letztes Mittel bei gleichzeitigem Bestehen *schwerer* depressiver Symptome oder unkontrollierbarer katatoner Erregung oder Stupor], daß ich keine psychiatrischen Medikamente mehr nehmen mußte, die mich in das Zwielicht der Welt der psychisch Kranken gerückt hatten. Ich fühlte mich wieder ganz als die alte, und an diesem Abend saß ich am Küchentisch, um Ivan objektiv zu beobachten, zufrieden, daß ich nicht mehr meine ganze Willenskraft aufbieten mußte, damit mein Kind nicht sah, wie mich die gefährliche Macht der Medikamente wie eine Süchtige mit dem Kopf nicken oder meinen Körper unwillkürlich zucken [Spätdyskinesien] ließen.

Doch jetzt schrieben wir Anfang 1975, und fast ein Jahr lang hatte ich abends am Küchentisch gesessen und war zu krank gewesen, um mich zu mehr aufzuraffen, als ein- oder zweimal kurz mit ihm zu spielen und ihn dann wieder sich selbst zu überlassen. Ich war während der Energiekrise von 1973 bis 1974 erkrankt, und obwohl das Schlimmste vorüber war, sparten Terrance und ich immer noch Energie, indem wir fast keine Lampen einschalteten und die Thermostate unserer Heizung niedrigstellten.

Ich sah zu, wie Ivan in einer Ecke still mit seinen Autos und Lastwagen spielte. Terrance arbeitete gewöhnlich an den Abenden, und der heutige machte keine Ausnahme. Plötzlich fiel mir auf, daß Ivan durch die Arbeitszeit seines Vaters und weil er ein Einzelkind war, fast von Geburt an etwas Wichtiges entbehrt hatte: das Geplauder der Erwachsenen und das Geplapper anderer Kinder, das in einer Familie stundenlang anhält und die Sprachentwicklung fördert. Aufgrund der Benzinrationierung kam kaum einmal Besuch, meine Krankheit war während der sowieso schon isolierteren Wintermonate ausgebrochen, es war schwierig für mich, unter Medikamenteneinfluß Autos zu fahren, und in unserer Gegend gab es keine Kinder in seinem Alter. Sein Spielkamerad war vor meiner Erkrankung häufig ein teilweise tauber Dreijähriger gewesen, der auch nicht sprach.

Ivan hatte früh Lautäußerungen von sich gegeben – mit acht Monaten –, doch als ich krank wurde, regredierten seine Sprache und seine Persönlichkeit drastisch: „Toffelchips" (Kartoffelchips) wurden „T-B-B". Sein Lieblingsspiel war „Bebie". Er „weinte" wie ein Baby und kuschelte sich dann auf meinen Schoß. Wenn es Zeit für seine Lieblingskindersendung war, wußte ich, daß er auf meinen Schoß krabbeln würde, um aus der Geborgenheit meines Körpers heraus fernzusehen.

Das Leben wurde für Ivan von dem Tag an unsicher, an dem ich von ihm weggerissen wurde. Meine Eltern, Schwiegereltern, Schwester, Brüder und Freunde waren rührend bemüht zu helfen. Meine Mutter kam, dann meine Schwiegermutter, und dann war Ivan eine Zeitlang bei seinen Pateneltern. Schließlich schritt Ivans Kinderarzt ein, als er bei einer Untersuchung feststellte, wie unglücklich er war, und empfahl, er solle während meines Krankenhausaufenthalts bei einem einzigen Menschen bleiben, vorzugsweise bei jemandem mit kleinen Kindern, auch wenn das bedeutete, ihn in Pflege zu geben – was dann auch geschah. Ivans Pateneltern fanden eine solche Frau, der ich mein Leben lang dankbar sein werde, denn sie behandelte Ivan wirklich so, als wäre er ihr eigenes Kind.

Meine Wertschätzung dieser Frau kannte keine Grenzen, als ich dann nach einer Tagesmutter suchte, die in der Nähe wohnte und sich einmal pro Woche um Ivan kümmern sollte, während ich mich wieder erholte. Jede Mutter, ob gesund oder krank, so empfiehlt meine Psychiaterin, braucht mindestens einen Tag in der Woche ohne ihren Zweijährigen. Die Frau, die ich fand, versorgte die Kinder physisch ausgezeichnet (das Frühstück bestand normalerweise aus Schinken und Eiern oder Waffeln) und setzte sie auch nicht einfach vor den Fernseher, doch ich konnte kaum menschliche Wärme spüren. Wenn ich Ivan am Ende des Tages abholte, saßen alle Kinder fein säuberlich aufgereiht in ihren Stühlchen und umklammerten ihre Windel- und Kleidertaschen. Wenigstens, so tröstete ich mich, hatte Ivan Kontakt zu anderen Kindern, und mir half der Erholungstag sehr. Ein weiterer Vorteil war, daß meine Mutter so nahe wohnte, daß sie ihn kurzfristig nehmen konnte, wenn es mir zu schlecht ging, als daß ich mich hätte um ihn kümmern können.

Terrance half mir in den wenigen Stunden, die er zu Hause war. Er war ein typischer „neuer" Vater gewesen – er war stolz auf seinen Sohn, hatte Spaß daran, ihn zu wickeln, und freute sich darauf, ihn später zum Angeln, zum Entenfüttern mitzunehmen, ihn beim Herumwerkeln mit Werkzeugkasten und Leiter zu seinem Assistenten zu ernennen – Kameraden im Chaos. Als meine Krankheit zuschlug, verdoppelte er seinen sowieso schon großen beruflichen Einsatz, um die exorbitanten Kosten (trotz Versicherung) der medizinischen und pharmazeutischen Versorgung und der Unterbringung und Pflege Ivans bezahlen zu können. Terrances erste Sorge galt meiner Wiederherstellung mit den besten verfügbaren Mitteln. Seine zweite war, Beruftätigkeit und Haushalt unter einen Hut zu bringen und mit der erhöhten psychologischen Verantwortung für Ivan fertigzuwerden. Nach den ersten paar Tagen eines Lebens, das heutzutage viele Frauen freiwillig oder gezwungenermaßen führen, gestand er mir im Krankenhaus, daß er nie geahnt hätte, wieviel ich im Laufe eines Tages verkraften müsse. Er begann, darüber zu staunen, was Frauen alles aushalten...

Als Ivan so in seiner Ecke saß und schweigend spielte, mit ausdruckslosem Gesicht – vielleicht wartete er auf das andere Extrem, daß ich mich plötzlich aufraffte, um angestrengt mit ihm zu spielen oder ihm etwas vorzulesen –, hob er sich vor der einen Lichtquelle grausam deutlich ab, als mir meine Erkenntnis langsam dämmerte: Ohne es zu merken, hatte ich selbst ihn zu seiner Wendung nach innen veranlaßt – bis er sich der Außenwelt fast gar nicht mehr bewußt war. Indem ich ihm meine Liebe gab und versuchte, durch den Dämmer meiner Krankheit hindurch weiterzumachen, hatte ich ihm, so schien es mir, auch die ersten Symptome der Schizophrenie übermittelt.

Ich begann über alles, was ich über meine Krankheit gelesen und gehört hatte, nachzudenken...

Obwohl ich aufgrund meiner Lektüre wußte, daß Ivan mit einer Wahrscheinlichkeit von zehn Prozent [zu genau; Kapitel 5 nennt eine Wahrscheinlichkeit von zwei Prozent und mehr, je nach Stammbaum] soviel Gene geerbt hatte, um schizophren zu werden, glaubte ich nicht, daß er tatsächlich an der Krankheit litt. Sein gegenwärtiges Verhalten schien eine Abwehr der dauernden Traumen von Trennungen von und Wiedervereinigung mit mir zu sein.

Ich erinnere mich, daß eine Freundin aus einer anderen Stadt nach meinem ersten Krankenhausaufenthalt zu Besuch kam und außer sich vor Entsetzen war, als ich von einem kurzen Einkauf in der nächsten Nachbarschaft zurückkam. Ivan hatte sich in seinem Kummer über meinen Fortgang, so berichtete sie ungläubig und erschüttert, nahezu die Haare ausgerissen. Nachdem er soviel Schmerz durch die abrupten Trennungen erlitten hatte, schien er beschlossen zu haben, es sei weniger schmerzlich, wenn er seine Fähigkeit, überhaupt etwas zu merken, einschränkte und sich mehr und mehr mit seinen Autos in seine Ecke zurückzog.

Zwar glaubte ich nicht, daß Ivan Schizophrenie hatte, wohl aber, daß er möglicherweise eine Prädisposition für Schizophrenie geerbt hatte, genauso wie andere meiner genetischen Merkmale. Und genau wie er Aspekte meiner gesunden Persönlichkeit in sich aufgenommen hatte, so auch solche meiner kranken. Wenn ich nun noch die nachteiligen, ja traumatischen Bedingungen dazunahm, unter denen er hatte leben müssen, so mußte ich zu der Einsicht kommen, daß, falls er eine Veranlagung zur Schizophrenie hatte, all das Unbekannte, was die Schizophrenie in Schach halten mag, untergraben werden konnte. [Dieser Absatz ist für einen Laien, der an Schizophrenie leidet, eine bemerkenswert klare Formulierung.]

Da die lange, nüchterne Beobachtung mir erschreckend klar gemacht hatten, daß auch seine Umgebung „schuld" war, stand ich vom Tisch auf und schaltete – Energiekrise hin, Energiekrise her – alle Lichter im Erdgeschoß ein, um seine Welt weit und hell zu machen. Ich stellte den Thermostat auf angenehmere 22 Grad. Ich schaltete das Radio ein und wählte eine Diskussionssendung, damit er den Fluß von Sprache empfand. (Ich dachte an meine früheren Extreme: Entweder spielte ich mit ihm, oder es herrschte absolutes Schweigen.)

Um seine Wahrnehmung zu fördern, erfand ich ein Spiel namens „Was siehst du?", mit dem wir an eben diesem Abend anfingen. Ich legte meine Hände auf seine und seine Hände über seine Augen, und wir marschierten wie die Soldaten im Erdgeschoß herum und hielten vor verschiedenen Gegenständen an. Ich nahm seine Hände von seinen Augen, legte sie sanft auf den Gegenstand und fragte: „Was siehst du?" So fing ich an, mit Hilfe von Haushaltsgegenständen seinen Wortschatz aufzubauen. Ich schämte mich, daß Wörter wie „Kühlschrank", „Tisch" und „Kaffeekanne" ihm offenbar neu waren.

Auf „Was siehst du?" baute ein anderes Spiel auf, das ich von seiner Erzieherin lernte: „Was riechst du?" Ich verband ihm die Augen und legte dann verschiedene Dinge wie Kuchen, Kaffee und Seife in Schüsseln. Er roch an jeder und sagte mir in einem vollständigen Satz (ich akzeptierte nur vollständige Sätze), was jede Schüssel enthielt. Wir hatten schon immer viel gemeinsam gebacken, so daß Abmessen, Eier Aufschlagen, Rühren, Schaumschlagen und gelungene Kekse oder ein haushoch aufgegangener Kuchen ihn immer noch sehr begeistern.

Da ich wußte, daß bei Schizophrenie oft ein Gefühl der Unwirklichkeit auftritt – die Empfindung, zu schweben oder nicht genau zu wissen, wo der eigene Körper anfängt und aufhört –, erfand ich noch ein Spiel, um sein Realitätsbewußtsein zu fördern, damit er wirklich ein Gefühl dafür bekam, was es heißt, ein menschliches Wesen zu sein. Ich rief „Kinn" und knabberte dann mit meinen Lippen an seinem Kinn. Dann rief ich „Ohr" und beknabberte sein Ohr und so fort, bis ich alle Teile seines Körpers durchhatte. Er quietschte jedesmal vor Vergnügen und spürte durch sein Lachen auch, wo er anfing und aufhörte. Zugleich fügte er seinem Wortschatz die Namen von Körperteilen hinzu.

Als Ivan an diesem Abend zu Bett gehen sollte, wies ich ihn an, seine Kleider auszuziehen. Verblüfft sah er mich an und quengelte: „Warum?" Ich erkannte, daß die ganze Zeit ich ihn an- und ausgezogen hatte, weil das einfacher für mich war. Es ist einfacher, ein Baby zu versorgen, als mit einem Kleinkind zu kämpfen. Ich hatte ihn wie ein Baby behandelt und ihn nicht schrittweise an die wachsenden Aufgaben eines sich entwickelnden Kindes heran- und weitergeführt. Die Gründe dafür lagen tiefer als die scheinbare mangelnde Bereitschaft loszulassen.

Terrance und ich hatten fünf Jahre auf unseren Sohn gewartet. Als er kam, war es mir ein Vergnügen, mit ihm zu Hause zu bleiben. Endlos knuddelte ich ihn und beschäftigte mich mit ihm. Mir und auch Terrance kam es vor, wie mit einer lebenden Puppe Familie zu spielen. Als wir feststellten, daß wir ein weiteres Kind haben würden, freuten wir uns überschwenglich.

Im vierten Schwangerschaftsmonat hatte ich eine Fehlgeburt. Das Kind lebte drei Stunden; ich lag in meinem Krankenhausbett und wartete gequält, bis es sterben würde. Natürlich bestand keine Hoffnung, daß es überlebte. Ich klammerte mich an den Gedanken, daß ich schon ein „Baby" hatte, zu dem ich zurückkehren und für das ich mich erholen konnte. Das „Baby" war damals anderthalb Jahre alt.

Zu der Zeit, zu dem unser zweites Kind hätte geboren werden sollen, bekam ich einige der körperlichen Symptome, wie sie nach einer Geburt auftreten, etwa Laktation und auch die Euphorie, die manche Frauen nach der Entbindung empfinden. <u>Am Tag nach dem berechneten Geburtstermin brach aufgrund biochemischer Störungen eine voll entwickelte Schizophrenie aus.</u>

Ich nahm ein Bild von Ivan mit ins Krankenhaus. Darauf war er ein temperamentvolles, zwei Monate altes Baby. Ich stellte es auf meinen Nachttisch und schöpfte Kraft daraus, <u>weil mir das Bild konkret zeigte, wofür ich gegen meine Krankheit kämpfen mußte.</u> Natürlich bezogen sich die meisten meiner Fragen bei den täglichen Besuchen von Terrance auf Ivan. Das Bild von Ivan als Baby stand nicht nur auf meinem Nachttisch, es stand immer vor meinem geistigen Auge. Ich dachte an Ivan, als ob ich ihn jede Stunde gesehen hätte. Als ich nach Hause kam, konnte ich es nicht erwarten, ihn in meine Arme zu schließen. Nur Eltern, die eine unfreiwillige Trennung von einem hilflosen Kind erlebt haben, können die überwältigende Freude bei der Wiedervereinigung verstehen. Über das Windelnwechseln hinaus wollte ich fast nichts anders mehr tun, als mit ihm zu schmusen, und das tat ich ohne Ende.

In der Rückschau weiß ich jetzt, daß das Gefühl, ihn als Baby zu sehen, für Ivan weniger schädlich war als meine Angst, ihn zu überfordern. Da meine Freunde und Arbeitskollegen mich oft als aggressiv, konkurrenzbetont etc. eingestuft hatten, wollte ich ihm nicht durch zuviel Druck schaden. Leider, zum Teil aufgrund meiner Erkrankung, verfiel ich ins andere Extrem und forderte ihn überhaupt nicht. Ich weiß jetzt, daß Säuglinge und Kinder nicht so sehr Antrieb als vielmehr Anreize brauchen; <u>genau wie psychische Gesundheit bei Erwachsenen zielgerichtetes Verhalten voraussetzt,</u> brauchen kleine Kinder unsere Führung und Leitung, wenn sie die nötigen Fähigkeiten erwerben sollen, um in ihrer Umwelt zurechtzukommen – verbales, abstraktes Denken und motorische Fähigkeiten. Allein schaffen sie das nicht...

Eine Sache beunruhigte mich. Um Ivan zu helfen, normale Beziehungen zu anderen Kindern zu entwickeln, hatte ich ihn in einen Kindergarten gegeben. Ich finde, seine Erzieherin hätte mich sofort von seinen Reaktionen oder vielmehr deren Ausbleiben unterrichten sollen. Vielleicht hatte sich sein abweichendes Verhalten in den Wochen vor den offiziellen Elternabenden verfestigt.

Der greifbarste Grund, weshalb seine sonst ausgezeichnete Erzieherin mich nicht sofort ansprach, lag meines Erachtens darin, daß sie von Natur aus zögerte, ein Kind im Alter von drei Jahren, wo soviele Faktoren zusammenspielen, in eine Schublade zu stecken. Wenn man noch das Stigma bedenkt, das psychischen oder emotionalen Krankheiten anhaftet und sich durch die damit zusammenhängenden, computergespeicherten Daten fortpflanzt, die in unserer Gesellschaft Karrierechancen begrenzen, Ablehnung durch manche Versicherungen provozieren und ganz allgemein einen Menschen sein ganzes Leben lang diskriminieren können, dann kann man leicht verstehen, warum jemand zögert, auf Frühzeichen von etwas derart Folgenschwerem zu tippen.

Als ich freimütig die möglichen Gründe für sein Verhalten nannte, stimmte sie zu, daß er sich für ein Kind, das gemeinsam mit seiner Mutter mit den Auswirkungen einer zerstörerischen Krankheit fertig werden muß, wahrscheinlich ganz normal verhielt. Sie war überzeugt, daß ihre Arbeit mit ihm und die Kindergartensituation sich günstig auswirken würden. In der Tat half ihm der Kindergarten beträchtlich.

Ich habe gelernt. Jetzt bitte ich den Lehrer am ersten Schultag, mich über jedes in den ersten Wochen oder sogar Tagen auftretende Problem, auch das geringfügigste, zu unterrichten. Geringfügige Probleme können sich, wie ich beinahe hätte erleben müssen, nur zu leicht zu großen auswachsen.

Weil ich starke Medikamente nehmen mußte und Probleme mit dem Aufwachen hatte, war Ivan oft das letzte Kind, das den Kindergarten betrat – rechtzeitig, doch als letzter. In dem Bewußtsein, daß die meisten Menschen in einer sozialen oder anderen Situation einen „Auftritt" verabscheuen, strengte ich mich noch mehr an, um ihn früher zum Kindergarten zu bringen, um ihm die schüchterne, einsame Ankunft in einem Raum voller eifrig beschäftigter Kinder zu ersparen. Wenn Terrance konnte, brachte auch er ihn hin und holte ihn ab.

Um Ivan weiter zu ermutigen, mehr aus sich heraus zu gehen, fing ich an, ihn einmal in der Woche zum YWCA (Young Women's Christian Association) zu einer Spielstunde mitzunehmen, während ich dort Fitnesstraining machte. Diese Spielzeit ergänzte seine drei Vormittage pro Woche im Kindergarten.

Ich trat in eine Kirche ein, gleichermaßen zu meinem Nutzen, und gab Ivan in die Sonntagsschule. Ich wurde Ersatzlehrerin für diesen Unterricht und amüsierte mich sehr, wenn ich ihn gelegentlich zu übernehmen hatte: Ivan weigerte sich, andere Kinder auf meinem Schoß sitzen zu lassen, und war beleidigt, wenn ich ihnen vorlas. Ich betrachtete diesen Besitzanspruch als Zeichen von Gesundheit, und es gelang uns beiden und der Klasse, damit fertigzuwerden.

Terrance fing wieder an, Ivan zum Angeln mitzunehmen – der Frühling mit seinem üppig sprießenden Grün war gekommen und mit ihm das Gefühl von Wiedergeburt und Erneuerung. Immer wenn Ivan einen winzigen, zappelnden Fisch fing, lösten sein Vater und er ihn vorsichtig vom Haken und warfen ihn in den Teich zurück. Sie „angelten" nicht, um für das Abendessen zu sorgen, sondern um Ivan das Wunder des Lebens nahezubringen.

Weil ich jetzt natürlich gesundheitsbewußter bin, denke ich oft darüber nach, wie Krankheiten sich von den Eltern auf die Kinder übertragen. Herzkrankheiten, Diabetes und andere Erkrankungen kommen in bestimmten Familien gehäuft vor. Viele Untersuchungen beweisen, daß bei der Übertragung der Schizophrenie genetische Faktoren wirksam sind, doch die Bedeutung der Umwelt ist ebenfalls erwiesen. Die Umwelt spielt bei jeder Krankheit eine wichtige Rolle.

Das erinnert mich an die Geschichte des Alkoholikers, der zwei eineiige Zwillingssöhne hatte. Ein Zwilling wurde schwer alkoholkrank. Der andere wurde strenger Abstinenzler – er rührte nie einen Tropfen an. 50 Jahre später beantworteten sie die Frage, warum sie so geworden waren, wie sie waren. Ihre Antworten lauteten gleich: „Bei einem Alkoholiker als Vater, was hätte ich da sonst werden sollen?"

Angesichts all unserer körperlichen und geistigen Unvollkommenheiten, die wir geerbt haben und unseren Kindern vererben werden, ist eines der wichtigsten Dinge, die wir für sie und für uns tun können, unseren medizinischen Hintergrund zu durchleuchten und unser Leben danach einzurichten. Wir müssen dafür sorgen, daß wir unseren Kindern keine Gewohnheiten und keinen Lebensstil vermitteln, die irgendwelche genetischen Abweichungen, die sie vielleicht haben, verstärken könnten. Der entscheidende Faktor kann darin liegen, wie man lebt – das heißt nicht unbedingt in Extremen, wie die beiden Zwillinge, sondern das heißt, die Verantwortung für seine psychische und körperliche Gesundheit selbst wahrzunehmen. Man kann nur gesund sein, wenn man auch selbst dafür sorgt.

Im Überlesen meiner Aufzeichnungen frage ich mich, ob ich bei meinen Beobachtungen Ivans nicht überreagiert habe – zu melodramatisch, zu schuldbewußt wurde.

Um meine Meinungen zu überprüfen, fragte ich meine Psychiaterin… ob es möglich sei, daß ein Kind, das mit einer schizophrenen Mutter zusammenlebt, ihre Symptome aufnimmt. Ihre Antwort lautete: „Ganz sicher, ja. Auch wenn das Kind nicht schizophren ist, kann es trotzdem ein gelerntes Verhaltensmuster zeigen." [Die in Kapitel 7 dargestellte reverse Adoptionsstudie steht einer unkritischen Übernahme dieser Schlußfolgerung entgegen.]

[Meine Psychiaterin] behauptet auch, daß, im Gegensatz zu Erwachsenen, bei Kindern, die den Genotyp für Schizophrenie haben, die Schizophrenie phänotypisch mit größerer Wahrscheinlichkeit zum Durchbruch kommt.

Aufgrund ihrer Arbeit mit vielen schizophrenen Kindern empfiehlt sie Eltern, die ein für Schizophrenie prädisponiertes Kind haben, diesem – wie jedem ihrer Kinder – umfassende, herzliche und verläßliche Liebe zu schenken, wenn sie das Ausbrechen der Schizophrenie verhindern wollen. [Wie jedoch die Adoptionsstudien in Kapitel 7 ergaben, wirkt Liebe als „Verhütungsmittel" nicht immer. Die in diesem Buch betrachteten Forschungarbeiten sollten das Märchen von der schizophrenogenen Mutter oder dem schizophrenogenen Vater in jeder Form endgültig ad acta legen.]

[Meine Psychiaterin] ist der Ansicht, daß eine Eigenschaft oder ein persönlichkeitsbedingtes Verhaltensmuster nicht als solches auf eine Schizophrenie hindeutet. Sie stellt eine entsprechende Diagnose nur, wenn das Kind oder der Erwachsene eindeutig beeinträchtigt ist.

Um mir alle Ängste zu nehmen, daß Ivan durch meine Krankheit und zahlreichen Hospitalisierungen einen Dauerschaden davongetragen haben könnte oder irgendwelche Frühzeichen von Schizophrenie hätte, von denen ich nichts merkte, führte [meine Psychiaterin] eine Voruntersuchung mit ihm durch, um abzuklären, ob eine systematischere Untersuchung nötig sei. Sie stellte fest, daß er sehr intelligent und sehr kreativ war und über eine rege, altersangemessene Phantasie verfügte. Sie sah keine Anzeichen irgendeiner Form von Schizophrenie (in der Rückschau auch nicht während meiner schwersten Krankheitsstadien) und nichts, was eine weitere Untersuchung rechtfertigte. Ivan hatte soviel Spaß an der Sitzung bei ihr, daß mein einziges Problem jetzt darin besteht, ihm bei meinen eigenen Kontrollterminen klarzumachen, daß er selbst keinen haben kann.

Ich habe viel gelernt seit diesem düsteren Abend vor fünf Jahren, als ich am Küchentisch saß und beobachtete, was ich und meine Krankheit Ivan angetan hatten. Eins ist bemerkenswert in seiner Einfachheit: Je geborgener ein Kind sich in seinem Alltag und in der Liebe seiner Eltern fühlt, desto begieriger ist es, diese Sicherheit zu verlassen und sie in seinen eigenen Leistungen und in seinen Beziehungen zu sich selbst und anderen Menschen zu finden.

An eben diesem Abend vor fünf Jahren erkannte ich, daß Ivan dabei war, das normale, gesunde und glückliche Kind zu werden, das er heute ist. Als es Zeit war für seine Lieblingssendung, wollte er nicht auf meinem Schoß sitzen. Er wollte seinen eigenen Stuhl haben. Während einer Pause in der Sendung sah er zu mir her, lächelte – und winkte.

Literatur und Bibliographie

Kapitel 1

Alexander, F. G.; Selesnik, S. T. *Geschichte der Psychiatrie.* Konstanz (Diana) 1969.

Allderidge, P. *Bedlam: Fact or Fiction?* In: Bynum, W. F.; Porter, R.; Shepherd, M. (Hrsg.) *The Anatomy of Madness.* London (Tavistock) 1985, Bd. II, S. 17–33.

Balzac, H. *Louis Lambert.* In: *Die menschliche Komödie.* Gesamtausgabe in 10 Bänden. München (Goldmann) 1972, Bd. 12.

* Bark, N. M. *Did Shakespeare Know Schizophrenia? The Case of Poor Mad Tom in* King Lear. In: *British Journal of Psychiatry* 146 (1985) S. 436–438.

* Berrios, G. E. *Historical Aspects of Psychosis; 19th Century Issues.* In: *British Medical Bulletin* 43 (1987) S. 484–498.

Bleuler, E. *Die Prognose der Dementia Praecox (Schizophreniegruppe).* In: *Allgemeine Zeitschrift für Psychiatrie* 65 (1908) S. 436–464.

Bleuler, E. *Handbuch der Psychiatrie.* Leipzig (Deuticke) 1911.

Bynum, W. F. *Psychiatry in its Historical Context.* In: Shepherd, M.; Zangwill, O. L. (Hrsg.) *Handbook of Psychiatry 1 : General Psychiatry.* New York (Cambridge University Press) 1983, S. 11–38.

Dix, D. zit. in: Rothman, D. *The Discovery of the Asylum.* Boston (Little, Brown & Co.) 1971.

Dobzhansky, T. *In Some Fundamental Concepts of Darwinian Biology.* In: Dobzhansky, T.; Hecht, M. K.; Steere, W. M. C. (Hrsg.) *Evolutionary Biology.* New York (Appleton) 1968. Bd. 2, S. 1–34.

* Freud, S. *Weitere Bemerkungen über die Abwehr-Neuropsychosen.* In: Freud, S. *Gesammelte Werke.* Frankfurt (S. Fischer) 1960. Bd. 1, S. 379.

---

* Die mit einem Sternchen versehenen Angaben beziehen sich auf allgemeine Quellen, die für dieses Buch zwar verwendet, nicht aber explizit darin zitiert wurden.

* Grob, G. N. *Mental Illness and American Society 1875–1940.* Princeton (Princeton University Press) 1983.

Hare, E. H. *Was Insanity on the Increase?* In: *British Journal of Psychiatry* 142 (1983a) S. 439–455.

Hare, E. H. *Epidemiological Evidence for a Viral Factor in the Aetiology of Functional Psychosis.* In: Morozov, P. V. (Hrsg.) *Research on the Viral Hypothesis of Mental Illness.* Basel (Karger) 1983b. S. 52–75.

* Hare, E. H. *Schizophrenia as a Recent Disease.* In: *British Journal of Psychiatry* 153 (1988) S. 521–531.

Harris, H. *Garrod's Inborn Errors of Metabolism.* London (Oxford University Press) 1988 (erstmals veröffentlicht 1909).

Haslam, J. *Observations on Madness and Melancholy.* New York (Arno Press) 1809/1976.

* Hunter, R. A.; Macalpine, I. *Three Hundred Years of Psychiatry, 1535–1860.* London (Oxford University Press) 1963.

* Jeste, D. V.; delCarmen, R.; Lohr, J. B.; Wyatt, R. J. *Did Schizophrenia exist before the 18th Century?* In: *Comprehensive Psychiatry* 26 (1985) S. 493–503.

* Karlsen, C. F. *The Devil in the Shape of a Woman – Witchcraft in Colonial New England.* New York (Norton) 1987.

Kraepelin, E. *Psychiatrie. Ein Lehrbuch für Studierende und Ärzte.* Achte Aufl. Leipzig (Barth) 1913

Kraepelin, E. *Hundert Jahre Psychiatrie.* Berlin (Springer) 1918.

* Kraepelin, E. *Lebenserinnerungen.* Berlin (Springer) 1983.

* Maher, W. B.; Maher, B. A. *The Ship of Fools: Stultifera navis or Ignis fatuus?* In: *American Psychologist* 37 (1982) S. 756–761.

Menninger, K. *The Vital Balance.* New York (Viking Press) 1963.

Morel, B. A. *Traité des maladies mentales.* Paris (Masson) 1852.

Pinel, P. *Traité médico-philosophique sur l'alienation mentale.* London 1806.

Rüdin, E. *Zur Vererbung und Neuentstehung der Dementia Praecox.* Berlin/New York (Springer) 1916.

* Scheper-Hughes, N. *Saints, Scholars and Schizophrenics.* Berkeley (University of California Press) 1979.

Schneider, K. *Psychopathologie.* 5. Aufl. Stuttgart (Thieme) 1959.

Schweitzer, A. *Geschichte der Leben-Jesu-Forschung.* 9. Aufl. (UTB) 1984.

Sheehan, S. *Ich bin nicht da, wo ihr mich sucht: die Geschichte einer Schizophrenie.* Zürich (Kreuz) 1987.

* Susser, M. *Causal Thinking in the Health Sciences.* London (Oxford University Press) 1973.
* Williams, P.; Wilkinson, G.; Rawnsley, K. (Hrsg.) *The Scope of Epidemiological Psychiatry.* London (Routledge) 1989.
* Wilmer, H. A.; Scammon, R. E. *Neuropsychiatric Patients Reported Cured at St. Bartholomew's Hospital in the Twelfth Century.* In: *Journal of Nervous and Mental Disease* 119 (1954) S. 1–22.

Kapitel 2

Bleuler, E. *Handbuch der Psychiatrie.* Leipzig (Deuticke) 1911.
Bleuler, M. *Die schizophrenen Geistesstörungen im Lichte langjähriger Kranken- und Familiengeschichten.* Stuttgart (Thieme) 1972.
* Buhrich, N.; Cooper, D. A.; Freed, E. *HIV Infection Associated with Symptoms Indistinguishable from Functional Psychosis.* In: *British Journal of Psychiatry* 152 (1988) S. 649–653.
* Chapman, L. J.; Chapman, J. P. *The Search for Symptoms Predictive of Schizophrenia.* In: *Schizophrenia Bulletin* 13 (1987) S. 497–503.
* Claridge, G. *Schizotypy and Schizophrenia.* In: Bebbington, P.; McGuffin, P. (Hrsg.) *Schizophrenia: The Major Issues.* Oxford (Heinemann Medical Books) 1988, S. 187–200.
Cooper, J, E.; Kendell, R. E.; Gurland, B. J.; Sharpe, L.; Copeland, J. R. M.; Simon, R. *Psychiatric Diagnosis in New York and London.* London (Oxford University Press) 1972.
* Cutting, J. *The Psychology of Schizophrenia.* Edinburgh (Churchill Livingstone) 1987.
* Cutting, J. *The Phenomenology of Acute Organic Psychosis: Comparison with Acute Schizophrenia.* In: *British Journal of Psychiatry* 151 (1987) S. 324–332.
* Cutting. J.; Shepherd, M. *The Clinical Roots of the Schizophrenia Concept.* Cambridge (Cambridge University Press) 1987.
* Davison, K.; Bagley, C. R. *Schizophrenic-Like Psychoses Associated with Organic Disorders of the Central Nervous System: A Review of the Literature.* In: Herrington, R. N. (Hrsg.): *Current Problems in Neuropsychiatry.* Ashford, Kent (Headley Bros.) 1969, S. 113–184.
Diagnostisches und Statistisches Manual Psychischer Störungen DSM-III. Übersetzung der 3. Auflage des *Diagnostic and Statistical Ma-*

nual of Mental Disorders der *American Psychiatric Association*. Weinheim/Basel (Beltz) 1984.

Diagnostisches und Statistisches Manual Psychischer Störungen DSM-III-R. Übersetzung der Revision der 3. Auflage des *Diagnostic and Statistical Manual of Mental Disorders* der *American Psychiatric Association*. 3. Aufl. Weinheim/Basel (Beltz) 1991.

Farmer, A. E.; McGuffin, P.; Gottesman, I. I. *Twin Concordance for DSM-III Schizophrenia: Scrutinizing the Validity of the Definition*. In: *Archives of General Psychiatry* 44 (1987) S. 634–641.

Fitzgerald, F. S. *Der Knacks*. In: Fitzgerald, F. S.; Deleuze, G. *Der Knacks. Porzellan und Vulkan*. Berlin (Merve) 1984.

* Folstein, S.; Rutter, M. *Infantile Autism: A Genetic Study of 21 Twin Pairs*. In: *Journal of Child Psychiatry and Psychology* 18 (1977) S. 297–321.

Gottesman, I. I.; Shields, J. *Schizophrenia and Genetics: A Twin Study Vantage Point*. New York (Academic Press) 1972.

Green, H. (d.i. Greenberg, J.) *Ich hab dir nie einen Rosengarten versprochen*. Reinbek (Rowohlt) 1978.

* Hanson, D. R.; Gottesman, I. I: *The Genetics, if Any, of Infantile Autism and Childhood Schizophrenia*. In: *Journal of Autism and Childhood Schizophrenia* 6 (1976) S. 209–234.

Jaspers, K. *Allgemeine Psychopathologie*. 7. Aufl. Berlin (Springer) 1946.

Kanner, L. *Autistic Disturbances of Affective Contact*. In: *Nervous Child* 2 (1943) S. 217–250.

Kuriansky, J. B.; Deming, W. E.; Gurland, B. J. *On Trends in the Diagnosis of Schizophrenia*. In: *American Journal of Psychiatry* 131 (1974) S. 402–408.

* Lenzenweger, M. F.; Loranger, A. W. *Psychosis Proneness and Clinical Psychopathology: Examination of the Correlates of Schizotypy*. In: *Journal of Abnormal Psychology* 93 (1989) S. 3–8.

McGuffin, P.; Farmer, A. E.; Gottesman, I. I. *Is There Really a Split in Schizophrenia? The Genetic Evidence*. In: *British Journal of Psychiatry* 150 (1987) S. 581–592.

McKusick, V. A. *On Lumpers and Splitters, or the Nosology of Genetic Disease*. In: *Perspectives on Biology and Medicine* 12 (1969) S. 298–310.

* Meehl, P. *Diagnostic Taxa as Open Concepts: Metatheoretical and Statistical Questions About Reliability and Construct Validity in the Grand Strategy of Nosological Revision*. In: Millon, T.; Klerman,

G. (Hrsg.) *Contemporary Directions in Psychopathology: Toward the DSM-IV*. New York (Guilford Press) 1986. S. 215–231.

* North, C; Cadoret, R. *Diagnostic Discrepancy in Personal Accounts of Patients with „Schizophrenia".* In: *Archives of General Psychiatry* 38 (1981) S. 133–137.

* Oltmanns, T. E.; Maher, B. A. *Delusional Beliefs.* New York (John Wiley & Sons) 1988.

* Petty, L. K.; Ornitz, E. M.; Michelman, J. D.; Zimmerman, E.G. *Autistic Children who Become Schizophrenic.* In: *Archives of General Psychiatry* 41 (1984) S. 129–135.

* Propping, P. *Genetic Disorders Presenting as „Schizophrenia".* In: *Human Genetics* 65 (1983) S. 1–19.

Romano, J. *On the Nature of Schizophrenia: Changes in the Observer als well as the Observed (1932–77).* In: *Schizophrenia Bulletin* 3 (1977) S. 532–559.

* Rothblum, E. D.; Solomon, L. J.; Albee, G. W. *A Sociopolitical Perspective of DSM-III.* In: Millon, T.; Klerman, G. (Hrsg.) *Contemporary Directions in Psychopathology: Toward the DSM-IV.* New York (Guilford Press) 1986. S. 167–189.

* Rumsey, J. M.; Rappaport, J. L.; Sceery, W. R. *Autistic Children as Adults: Psychiatric, Social, and Behavioral Outcomes.* In: *Journal of the American Academy of Child Psychiatry* 24 (1985) S. 465–473.

Schneider, K. *Psychopathologie.* 5. Aufl. Stuttgart (Thieme) 1959.

Sheehan, S. *Ich bin nicht da, wo ihr mich sucht: die Geschichte einer Schizophrenie.* Zürich (Kreuz) 1987.

Sims, A. *Symptoms of the Mind: An Introduction to Descriptive Psychopathology.* London (Bailiere Tindall) 1988.

* Smalley, S. L.; Asarnow, R. F.; Spence, M. A. *Autism and Genetics.* In: *Archives of General Psychiatry* 45 (1988) S. 953–961.

Thigpen, C. H.; Cleckley, H. M. *Die drei Gesichter Evas.* Reinbek (Rowohlt) 1957.

Vonnegut, M. *The Eden Express.* New York (Praeger) 1975.

Weltgesundheitsorganistation *The International Pilot Study of Schizophrenia.* Genf (Weltgesundheitsorganisation) 1973. Bd. 1.

Wing, J. K.; Cooper, J. E.; Sartorius, N. *Measurement and Classification of Psychiatric Symptoms: An Instructional Manual for the PSE and Catego Program.* London (Cambridge University Press) 1974.

Wing, L. (Hrsg.) *Aspects of Autism: Biological Research.* London (Gaskell) 1988.

* Wolfe, S.; Cull, A. *„Schizoid" personality and Antisocial Conduct: A Retrospective Case Note Study*. In: *Psychological Medicine* 16 (1986) S. 677–687.

Kapitel 3

* North, C. *Welcome Silence: My Triumph Over Schizophrenia*. New York (Simon and Schuster) 1987.
* Porter, R. *A Social History of Madness – The World Through the Eyes of the Insane*. New York (Weidenfeld & Nicolson) 1987.
* Sechehaye, M. *Tagebuch einer Schizophrenen*. Frankfurt/M. (Suhrkamp) 1973.
* Schreber, D. P. *Denkwürdigkeiten eines Nervenkranken*. Leipzig (Mutze) 1903.
* West, D. J.; Walk, A. (Hrsg.) *Daniel McNaughton – His Trial and the Aftermath*. Ashford, Kent (Gaskell Books) 1977.

Kapitel 4

* Barrett, J.; Rose, R. M. (Hrsg.) *Mental Disorders in the Community*. New York (Guilford) 1986.
Cox, P. R. *Demography*. Cambridge (Cambridge University Press) 1970.
Dublin, L. I.; Lotka, A. J.; Spiegelman, M. *Length of Life*. New York (Ronald Press) 1949.
Eaton, W. W. *Epidemiology of Schizophrenia*. In: *Epidemiological Review* 7 (1985) S. 105–126.
Essen-Möller, E.; Larsson, H.; Uddenberg, C. E.; White, G. *Individual Traits and Morbidity in a Swedish Rural Population*. In: *Acta Psychiatrica et Neurologica Scandinavica* Supplement 100 (1956).
Faris, R. E. L.; Dunham, H. W. *Mental Disorders in Urban Areas*. Chicago (University of Chicago Press) 1939.
* Flekkøy, K. *Epidemiologie und Genetik*. In: Kisker, K. P.; Lauter, H.; Meyer, J.-E.; Müller, C.; Stömgren, E. (Hrsg.) *Psychiatrie der Gegenwart*. Berlin (Springer) 1987. Bd. 4, S. 119–153.
Fremming, K. *Expectation of Mental Infirmity: Occasional Papers on Eugenics* (Nr. 7). London (Cassell) 1951.
Frost, W. H. *Snow on Cholera* (Nachdruck von John Snow 1854). London (Oxford University Press) 1936.

Goldberg, E. M.; Morrison, S. L. *Schizophrenia and Social Class.* In: *British Journal of Psychiatry* 109 (1963) S. 785–802.

Goldberger, J. *The Etiology of Pellagra: The Significance of Certain Epidemiological Observations with Respect Thereto.* In: *Public Health Reports* 29 (1914) S. 1683–1686.

* Hare, E. H. *The Origin and Spread of Dementia Paralytica.* In: *Journal of Mental Science* 105 (1959) S. 594–626.

Hare, E. H. *Schizophrenia as a Recent Disaese.* In: *British Journal of Psychiatry* 153 (1988) S. 521–531.

* Hollingsworth, T. H. *Historical Demography.* Ithaca (Cornell University Press) 1969.

Jablensky, A. *Epidemiology of Schizophrenia.* In: Bebbington, P.; McGuffin, P. (Hrsg.) *Schizophrenia: The Major Issues.* London (Heinemann Medical Books) 1988. S. 19–35.

* Janssens, P. A. *Paleopathology: Diseases and Injuries of Prehistoric Man.* London (John Baker) 1970.

* Keyfitz, N.; Flieger, W. *Population – Facts and Methods of Demography.* San Francisco (W. H. Freeman) 1971.

Loranger, A. *Sex Differences in Age of Onset of Schizophrenia.* In: *Archives of General Psychiatry* 41 (1984) S. 157–161.

McNeill, W. H. *Plagues and Peoples.* New York (Anchor Books) 1976.

* Munk-Jorgensen, P. *Decreasing First-Admission Rates of Schizophrenia Among Males in Denmark from 1970–1984. Changing Diagnostic Patterns?* In: *Acta Psychiatrica Scandinavica* 74 (1986) S. 645–650.

Ødegaard, Ø. *La Génétique dans la Psychiatrie.* In: *Proceedings First World Congress of Psychiatry Paris 1950.* Paris (Hermann) 1952. Berichte Bd. VI, S. 84–90.

Ødegaard, Ø. *Hospitalized Psychoses in Norway: Time Trends 1926–1965.* In: *International Journal of Social Psychiatry* 6 (1971) S. 53–58.

* Ødegaard, Ø. *Epidemiology of the Psychoses.* In: Kisker, K. P.; Meyer, J.-E.; Müller, C.; Stömgren, E. (Hrsg.) *Psychiatrie der Gegenwart.* Berlin (Springer) 1972. Bd. 2, S. 213–258.

* Ødegaard, Ø. *Social and Ecological Factors in the Etiology, Outcome, Treatment, and Prevention of Mental Disorders.* In: Kisker, K. P.; Meyer, J.-E.; Müller, C.; Stömgren, E. (Hrsg.) *Psychiatrie der Gegenwart.* Berlin (Springer) 1975. Bd. 3, S. 151–198.

* Roe, D. A. *A Plague of Corn: The Social History of Pellagra.* Ithaca (Cornell University Press) 1973.

Rosenstein, M. J.; Milazzo-Sayre, L. J.; Mandershied, R. W. *Care of Persons wirh Schizophrenia: A Statistical Profile.* In: *Schizophrenia Bulletin* 15 (1989) S. 45–58.

Sartorious, N.; Jablensky, A.; Korten, A., Ernberg, G.; Anker, M.; Cooper, J. E.; Day, R. *Early Manifestations and First-Contact Incidence of Schizophrenia in Different Cultures.* In: *Psychological Medicine* 16 (1986) S. 909–928.

Saugstad, L. F. *Social Class, Marriage, and Fertility in Schizophrenia.* In: *Schizophrenia Bulletin* 15 (1989) S. 9–43.

Slater, E.; Cowie, V. *The Genetics of Mental Disorders.* London (Oxford University Press) 1971.

Spies, T. D.; Cooper, C.; Blankenhorn, M. A. *The Use of Nicotinic Acid in the Treatment of Pellagra.* In: *Journal of the American Medical Association* 110 (1936) S. 622–627.

* Steadman, H. J.; Monahan, J.; Duffee, B.; Hartstone, E.; Robbins, P. C. *The Impact of State Mental Hospital Deinstitutionalization on United States Prison Populations, 1968–1978.* in: *Journal of Criminal Law and Criminology* 75 (1984) S. 474–490.

Torrey, E. F. *Schizophrenia and Civilization.* New York (Jason Aronson) 1980.

* Torrey, E. F. *Nowhere to Go – The Tragic Odyssey of the Homeless Mentally Ill.* New York (Harper & Row) 1988.

U.S. Bureau of The Census *Statistical Abstract of the United States: 1988.* 108. Ausgabe. Washington, D.C.

* Wrigley, E. A.; Schofield, R. S. *Population History of England 1541–1871.* Cambridge, Massachusetts (Harvard University Press) 1982.

Kapitel 5 und 6

* Berg, K. *Genetic Risk Factors for Atherosclerotic Disease.* In: Vogel, F.; Sperling, K. (Hrsg.) *Human Genetics.* Berlin (Springer) 1987. S. 326–335.

Bleuler, M. *Die schizophrenen Geisteskrankheiten im Lichte langjähriger Kranken- und Familiengeschichten.* Stuttgart (Thieme) 1972.

Buchsbaum, M. S.; Mirsky, A. F.; DeLisi, L. E.; Morihisa, J.; Karson, C. N.; Mendelson, W. B.; King, A. C.; Johnson, J.; Kessler, R. *The Genain Quadruplets: Electrophysiological, Positron Emission, and X-Ray Tomographic Studies.* In: *Psychiatry Researc* 13 (1984) S. 95–108.

Bulmer, M. G. *The Biology of Twinning in Man.* Oxford (Clarendon Press) 1970.

Caplan, A. L. (Hrsg.) *The Sociobiology Debate.* New York (Harper & Row) 1978.

Crow, T. J. *The Two-Syndrome Concept: Origins and Current States.* In: *Schizophrenia Bulletin* 11 (1985) S. 471–486.

Crow, T. J. *The Continuum of Psychosis and its Implications for the Structure of the Gene.* In: *British Journal of Psychiatry* 149 (1986) S. 419–429.

* Crow, T. J. *Aetiology of Psychosis: The Way Ahead.* In: Bebbington, P.; McGuffin, P. (Hrsg.) *Schizophrenia: The Major Issues.* London (Heinemann Medical Books) 1988. S. 127–143.

Eisenberg, L. *The Interaction of Biological and Experiential Factors in Schizophrenia.* In: Rosenthal, D.; Kety, S. S. (Hrsg.) *The Transmission of Schizophrenia.* Oxford (Pergamon) 1968. S. 403–409.

Eisenberg, L. *Mindlessness and Brainlessness in Psychiatry.* In: *British Journal of Psychiatry* 148 (1986) S. 497–508.

Essen-Möller, E. *Psychiatrische Untersuchungen an einer Serie von Zwillingen.* In: *Acta Psychiatrica et Neurologica Scandinavica* Supplement 23 (1941).

Farmer, A. E.; McGuffin, P.; Gottesman, I. I. *Twin Concordance for DSM-III Schizophrenia: Scrutinizing the Validity of the Definition.* In: *Archives of General Psychiatry* 44 (1987) S. 634–641.

Feighner, J. P.; Robins, E.; Guze, S. B.; Woodruff, R. A.; Winokur, G.; Munoz, R. *Diagnostic Criteria for Use in Psychiatric Research.* In: *Archives of General Psychiatry* 26 (1972) S. 57–63.

Fischer, M. *Psychoses in the Offspring of Schizophrenic Monozygotic Twins and Their Normal Co-Twins.* In: *British Journal of Psychiatry* 118 S. 43–52.

Fischer, M. *Genetic and Environmental Factors in Schizophrenia.* In: *Acta Psychiatrica Scandinavica*, Supplement 238 (1973).

Forschungs-Diagnosekriterien. Deutsche Fassung der *Research Diagnostic Criteria.* Hrsg. von Spitzer, R. L.; Endicott, J.; Robins, E. Weinheim (Beltz) 1982.

Fromm-Reichmann, F. *Notes on the Development of Treatments of Schizophrenics by Psychoanalytic Psychotherapy.* In: *Psychiatry* 2 (1948) S. 263–273.

Galton, F. *The History of Twins, as a Criterion of the Relative Powers of Nature and Nurture.* In: *Fraser's Magazine* 12 (1875) S. 566–576.

Gottesman, I. I.; Bertelsen, A. *Confirming Unexpressed Genotypes for Schizophrenia: Risks in the Offspring of Fischer's Danish Identical and Fraternal Discordant Twins.* In: *Archives of General Psychiatry* 46 (1989) S. 867–872.

Gottesman, I. I.; Bertelsen, A. *Dual Matings in Psychiatry – Offspring of Inpatients with Examples from Reactive (Psychogenic) Psychoses.* In: *International Review of Psychiatry* 1 (1989) S. 287–296.

Gottesman, I. I.; Carey, G. *Extracting Meaning and Direction from Twin Data.* In: *Psychiatric Developments* 1 (1983) S. 398–404.

Gottesman, I. I.; McGuffin, P.; Farmer, A. E. *Clinical Genetics as Clues to the „Real" Genetics of Schizophrenia (A Decade of Modest Gains While Playing for Time).* In: *Schizophrenia Bulletin* 13 (1987) S. 23–47.

Gottesman, I. I.; Shields, J. *Schizophrenia and Genetics: A Twin Study Vantage Point.* New York (Academic Press) 1972.

Gottesman, I. I.; Shields, J. *A Critical Review of Recent Adoption, Twin, and Family Studies of Schizophrenia: Behavioral Genetics Perspective.* In: *Schizophrenia Bulletin* 2 (1976a) S. 360–401.

Gottesman, I. I.; Shields, J. *Rejoiner: Toward Optimal Arousal and Away from Origin Din.* In: *Schizophrenia Bulletin* 2 (1976b) S. 447–453.

Gottesman, I. I.; Shields, J. (unter Mitarbeit von Hanson, D. R.) *Schizophrenia: The Epigenetic Puzzle.* New York (Cambridge University Press) 1982.

Inouye, E. *Similarity and Dissimilarity of Schizophrenia in Twins.* In: *Proceedings Third International Congress of Psychiatry 1961.* Montreal (University of Toronto Press) 1963. Bd. 1, S. 524–530.

Inouye, E. *Monozygotic Twins with Schizophrenia Reared Apart in Infancy.* In: *Japanese Journal of Human Genetics* 16 (1972) S. 182–190.

Jackson, D. D. *A Critique of the Literature on the Genetics of Schizophrenia.* In: Jackson, D. D. (Hrsg.) *The Etiology of Schizophrenia.* New York (Basic Books) 1960. S. 37–87.

Kallmann, F. J. *The Genetics of Schizophrenia.* New York (Augustin) 1938.

Kallmann, F. J. *The Genetic Theory od Schizophrenia: An Analysis of 691 Schizophrenic Twin Index Families.* In: *American Journal of Psychiatry* 103 (1946) S. 309–322.

Kay, D. W. K.; Lindelius, R. *Morbidity Risks for Schizophrenia Among Parents, Siblings, Probands' Children, and Siblings' Children.* In: *Acta Psychiatrica Scandinavica*, Supplement 216 (1970) S. 86–88.

Kendler, K. S. *Familial Aggregation of Schizophrenia and Schizophrenia Spectrum Disorders*. In: *Archives of General Psychiatry* 45 (1988) S. 377–383.

Kendler, K. S.; Robinette, C. D. *Schizophrenia in the National Academy of Sciences-National Research Council Twin Registry: A 16-Year Update*. In: *American Journal of Psychiatry* 140 (1983) S. 1551–1563.

Kringlen, E. *Heredity and Environment in the Functional Psychoses*. London (Heinemann Medical Books) 1967.

Luxenburger, H. *Vorläufiger Bericht über psychiatrische Serienuntersuchungen an Zwillingen*. In: *Zeitschrift für die gesamte Neurologie und Psychiatrie* 116 (1928) S. 297–326.

McGuffin, P.; Farmer, P.; Gottesman, I. I.; Murray, R. M.; Reveley, A. M. *Twin Concordance for Operationally Defined Schizophrenia*. In: *Archives of General Psychiatry* 41 (1984) S. 541–545.

McGuffin, P; Gottesman, I. I. *Genetic Influences on Normal and Abnormal Development*. In: Rutter, M.; Hersov, L. (Hrsg.) *Child and Adolescent Psychiatry: Modern Approaches*. 2. Aufl. Oxford (Blackwell Scientific Publications) 1985. S. 17–33.

McGuffin, P.; Reveley, A.; Holland, A. *Identical Triplets: Nonidentical Psychosis?* In: *British Journal of Psychiatry* 140 (1982) S. 1–6.

McKusick, V. A. *Mendelian Inheritance in Man: Catalogs of Autosomal Dominant, Autosomal Recessive, and X-Linked Phenotypes*. 9. Aufl. Baltimore (John Hopkins Press) 1990.

Meehl, P. *Specific Genetic Etiology, Psychodynamics, and Therapeutic Nihilism*. In: *International Journal of Mental Health* 1 (1972) S. 10–27.

Menninger, K. *The Vital Balance*. New York (Viking Press) 1963.

Mosher, L. R.; Pollin, W.; Stabenau, J. R. *Identical Twins Discordant for Schizophrenia: Some Relationships Between Identification, Thinking Styles, Psychopathology, and Dominance Submissiveness*. In: *British Journal of Psychiatry* 118 (1971) S. 29–42.

* Pollin, W.; Allen, M. G.; Hoffer, A.; Stabenau, J. R.; Hrubec, Z. *Psychopathology in 15,909 Pairs of Veteran Twins: Evidence for a Genetic Factor in the Pathogenesis of Schizophrenia and its Relative Absence in Psychoneurosis*. In: *American Journal of Psychiatry* 126 (1969) S. 597–610.

Rosanoff, A. J.; Handy, L. M.; Plesset, I. R.; Brush, S. *The Etiology of So-Called Schizophrenic Psychoses with Special Refernce to Their Occurrence in Twins*. In: *American Journal of Psychiatry* 91 (1934) S. 247–286.

Rosenthal, D. *Confusion of Identity and the Frequency of Schizophrenia in Twins*. In: *Archives of General Psychiatry* 3 (1960) S. 297–304.

Rosenthal, D. *Sex Distribution and the Severity of Illness Among Samples of Schizophrenic Twins*. In: *Journal of Psychiatric Research* 1 (1961) S. 26–36.

Rosenthal, D. *Problems of Sampling and Diagnosis in the Major Twin Studies of Schizophrenia*. In: *Journal of Psychiatric Research* 1 (1962) S. 116–134.

Rosenthal, D. (Hrsg.) et al. *The Genain Quadruplets*. New York (Basic Books) 1963.

Rosenthal, D.; Kety, S. S. (Hrsg.) *The Transmission of Schizophrenia*. Oxford (Pergamon) 1968.

Rotter, J. I.; King, R.; Motulsky, A. (Hrsg.) *The Genetics of Common Disorders*. New York (Oxford University Press) 1991.

Rüdin, E. *Zur Vererbung und Neuentstehung der Dementia Praecox*. Berlin/New York (Springer) 1916.

Scharfetter, C. *Studies of Heredity in Symbiontic Psychoses*. In: *International Journal of Mental Health* 1 (1972) S. 116–123.

Schneider. K. *Klinische Psychopathologie*. 5. Aufl. Stuttgart (Thieme) 1959.

Schulz, B. *Zur Erbpathologie der Schizophrenie*. In: *Zeitschrift für die gesamte Neurologie und Psychiatrie* 143 (1932) S. 175–293.

Shields, J. *Summary of the Genetic Evidence*. In: Rosenthal, D.; Kety, S. S. (Hrsg.) *The Transmission of Schizophrenia*. Oxford (Pergamon) 1968. S. 95–126.

Shields, J.; Gottesman, I. I.; Slater, E. *Kallmann's 1946 Twin Study in the Light of New Information*. In: *Acta Psychiatrica Scandinavica* 43 (1967) S. 385–396.

Slater, E. (unter Mitarbeit von Shields, J.) *Psychotic and Neurotic Illnesses in Twins*. In: *Medical Research Council Special Reports Series* 278. London (Her Majesty's Stationery Office) 1953.

Smith, C. *Concordance in Twins: Methods and Interpretation*. In: *American Journal of Human Genetics* 26 (1974) S. 454–466.

Tienari, P. *Schizophrenia in Finnish Male Twins*. In: Lader, M. H. (Hrsg.) *Studies of Schizophrenia*. Ashford, Kent (Headley Bros.) 1975. S. 29–35.

Vogel, F.; Motulsky, A. G. *Human Genetics*. 2. Aufl. Berlin (Springer) 1986.

Kapitel 7

Bateson, G.; Jackson, D. D.; Haley, J.; Weakland, J. *Toward a Theory of Schizophrenia.* In: *Behavioral Science* 1 (1956) S. 251–264.

Bertalanffy, L. v. *General Systems Theory and Psychiatry.* In: Arieti, S. (Hrsg.) *American Handbook of Psychiatry.* New York (Basic Books) 1966. Bd. 3, S. 705–721.

Burgess, E. W. *The Family as a Unit of Interacting Personalities.* In: *Family* 7 (1926) S. 3–9.

Dupont, A. *A National Psychiatric Case Register as a Tool for Mental Health Planning, Research, and Administration: The Danish Model.* In: Laska, E. M.; Gulbinat, M. S.; Regier, D. A. (Hrsg.) *Information Support to Mental Health Programs.* New York (Human Sciences Press) 1983. S. 257–274.

* Grove, W. M. *Comment on Lidz and Associates' Critique of the Danish-American Studies of the Offspring of Schizophrenic Parents.* In: *American Journal of Psychiatry* 140 (1983) S. 998–1002.

Heston, L. L. *Psychiatric Disorders in Foster Home Reared Children of Schizophrenic Mothers.* In: *British Journal of Psychiatry* 112 (1966) S. 819–825.

Jacobs, T. (Hrsg.) *Family Interaction and Psychopathology: Theories, Methods and Findings.* New York (Plenum) 1986.

Kallmann, F. J. *The Genetics of Schizophrenia.* New York (Augustin) 1938.

Kendler, K. S.; Gruenberg, A. M. *An Independent Analysis of the Copenhagen Sample of the Danish Adoption Study of Schizophrenia: VI. The Pattern of Psychiatric Illness, as Defined by DSM-III in Adoptees and Relatives.* In: *Archives of General Psychiatry* 41 (1984) S. 555–564.

Kendler, K. S.; Masterson, C. C.; Davis, K. L. *Psychiatric Illness in First-Degree Relatives of Patients with Paranoid Psychosis, Schizophrenia, and Medical Illness.* In: *British Journal of Psychiatry* 147 (1985) S. 524–531.

Kety, S. S. *Schizophrenic Illness in the Families of Schizophrenic Adoptees: Findings from the Danish National Sample.* In: *Schizophrenia Bulletin* 14 (1988) S. 217–222.

Kety, S. S.; Rosenthal, D.; Wender, P. H.; Schulsinger, F.; Jacobsen, B. *The Biological and Adoptive Families of Adopted Individuals who Become Schiophrenic.* In: Wynne, L. C.; Cromwell, R. L.; Matthysse, S. (Hrsg.) *The Nature of Schizophrenia.* New York (John Wiley & Sons) 1978. S. 25–37.

King, D. J.; Cooper, S. J. *Viruses, Immunity, and Mental Disorder.* In: *British Journal of Psychiatry* 154 (1989) SS. 1–7.

Lidz, T.; Blatt, S.; Cook, B. *Critique of the Danish-American Studies of the Adopted-Away Offspring of Schizophrenic Parents.* In: *American Journal of Psychiatry* 138 (1981) S. 1063–1068.

Lowing, P. A.; Mirsky, A. F.; Pereira, R. *The Inheritance of Schizophrenic Spectrum Disorders: A Reanalysis of the Danish Adoptee Study Data.* In: *American Journal of Psychiatry* 140 (1983) S. 1167–1171.

Rosenthal, D. *Discussion: The Concepts of Schizophrenic Disorders.* In: Fieve, R. R.; Rosenthal, D.; Brill, H. (Hrsg.) *Genetic Research in Psychiatry.* Baltimore (John Hopkins University Press) 1975. S. 199–208.

Rosenthal, D.; Wender, P. H.; Kety, S. S.; Schulsinger, F.; Welner, J.; Ostergaard, L. *Schizophrenic's Offspring Reared in Adoptive Homes.* In: Rosenthal, D.; Kety, S. S. (Hrsg.) *The Transmission of Schizophrenia.* Oxford (Pergamon) 1968. S. 377–391.

* Schanda, H.; Berner, P.; Gabriel, E.; Kronberger, M.-L.; Kufferle, B. *The Genetics of Delusional Psychoses.* In: *Schizophrenia Bulletin* 9 (1983) S. 563–570.

Singer, M. T.; Wynne, L. C. *Thought Disorder and Family Relations of Schizophrenics: IV. Results and Implications.* In: *Archives of General Psychiatry* 12 (1965) S. 201–212.

Tienari, P.; Sorri, A.; Lahti, I.; Naarla, M.; Wahlberg, K. E.; Moring, J., Pahjola, J.; Wynne, L. C. *Interaction of Genetic and Psychosocial Factors in Schizophrenia.* In: *Schizophrenia Bulletin* 13 (1987) S. 477–484.

Wender, P. H.; Rosenthal, D.; Kety, S. S.; Schulsinger, F.; Welner, J. *Cross-Fostering: A Research Strategy for Clarifying the Role of Genetic and Experiential Factors in the Etiology of Schizophrenia.* In: *Archives of General Psychiatry* 30 (1974) S. 121–128.

Kapitel 8

Bebbington, P.; Kuipers, L. *Social Influences on Schizophrenia.* In: Bebbington, P.; McGuffin, P. (Hrsg.) *Schizophrenia – The Major Issues.* London (Heinemann Medical Books) 1988. S. 201–225.

Brown, G. W. *The Discovery of Expressed Emotion: Induction or Deduction?* In: Leff, J.; Vaughn, C. (Hrsg.) *Expressed Emotion in*

Families: Its Significance for Mental Illness. New York (Guilford Press) 1985. S. 7–25.

Brown, G. W.; Birley, J. L. T.; Wing, J. K. *Influence of Family Life on the Course of Schizophrenic Disorders: A Replication.* In: *British Journal of Psychiatry* 121 (1972) S. 241–258.

Centers for Disease Control *Serum, 2,3,7,8-Tetrachlorodibenzo-P-Dioxin Levels in U.S. Army Vietnam-Era Veterans.* In: *Journal of the American Medical Association* 260 (1988) S. 1249–1254.

Cooper, B. *Mental Disorder as Reaction: The History of a Psychiatric Concept.* In: Katschnig, H. (Hrsg.) *Life Events and Psychiatric Disorders.* Cambridge (Cambridge University Press) 1987. S. 1–32.

Day, R. *Social Stress and Schizophrenia: From the Concept of Recent Life Events to the Notion of Toxic Environments.* In: Burrows, G. D.; Norman, T. R. (Hrsg.) *Handbook of Studies on Schizophrenia.* Amsterdam (Elsevier) 1986. S. 71–82.

Dohrenwend, B. P.; Shrout, P. E.; Link, B. G.; Skodol, A. E. *Social and Psychological Risk Factors for Episodes of Schizophrenia.* In: Häfner, H.; Gattaz, W. F.; Janzarik, W. (Hrsg.) *Search for the Causes of Schizophrenia.* Berlin (Springer) 1987. S. 275–296.

Eitinger, L. *Concentration Camp Survivors in Norway and Israel.* Oslo (Universitetsforlaget) 1964.

Gottesman, I. I.; Shields, J. (unter Mitarbeit von Hanson, D. R.) *Schizophrenia: The Epigenetic Puzzle.* Nwe York (Cambridge University Press) 1982.

Hogarty, G. E.; McEvoy, J. P.; Munetz, M.; DiBarry, A. L.; Bartone, P.; Cather, R.; Cooley, S. J.; Ulrich, R. F.; Carter, M. C.; Madonia, M. J. *Dose of Fluphenazine, Familial Expressed Emotion, and Outcome in Schizophrenia.* In: *Archives of General Psychiatry* 45 (1988) S. 797–805.

Leff, J.; Vaughn, C. (Hrsg.) *Expressed Emotion in Families: Its Significance for Mental Illness.* New York (Guilford Press) 1985.

Leff, J.; Berkowitz, R.; Sharit, N.; Strachan, A.; Glass, I.; Vaughn, C. *A Trial of Familiy Therapy Versus a Relative's Group for Schizophrenia.* In: *British Journal of Psychiatry* 154 (1989) S. 58–66.

McNeil, T. F. *Perinatal Influences in the Development of Schizophrenia.* In: Helmchen, H.; Henn, F. A. (Hrsg.) *Biological Perspectives of Schizophrenia.* New York (John Wiley & Sons) 1987. S. 125–138.

Rosenthal, D.; Kety, S. S. (Hrsg.) *The Transmission of Schizophrenia.* Oxford (Pergamon) 1968.

Schofield, W.; Balian, L. A. *A Comparative Study of the Personal Histories of Schizophrenic and Nonpsychiatric Patients.* In: *Journal of Abnormal and Social Psychology* 59 (1959) S. 216–225.

Singer, M. T.; Wynne, L. C. *Thought Disorder and Family Relatives of Schizophrenics: IV. Results and Implications.* In: *Archives of General Psychiatry* 12 (1965) S. 201–212.

Slater, E. *The Neurotic Constitution: A Statistical Study of Two Thousand Neurotic Soldiers.* In: *Journal of Neurology and Psychiatry* 6 (1943) S. 1–16. Nachdruck in: Shields, J.; Gottesman, I. I. (Hrsg.) *Man, Mind, and Heredity.* Baltimore (John Hopkins University Press) 1971. S. 191–215.

Steinberg, H.; Durell, J. *A Stressful Situation as a Precipitant of Schizophrenic Symptoms.* In: *British Journal of Psychiatry* 114 (1968) S. 1097–1105.

Strachan, A. M. *Family Intervention for the Rehabilitation of Schizophrenia: Toward Protection and Coping.* In: *Schizophrenia Bulletin* 12 (1986) S. 678–698.

* Svendsen, B. B. *Psychiatric Morbidity Among Civilians in Wartime.* Kopenhagen (Munksgaard) 1952.

Tarrier, N.; Barraclough, C.; Proceddu, K.; Watts, S. *The Assessment of Psychological Reactivity to the Expressed Emotion of the Relatives of Schizophrenic Patients.* In: *British Journal of Psychiatry* 152 (1988) S. 618–624.

Tienari, P. *Psychiatric Illness in Identical Twins.* In: *Acta Psychiatrica Scandinavica,* Supplement 171 (1963).

Tienari, P. *On Intrapair Differences in Male Twins with Special Reference to Dominance-Submissiveness.* In: *Acta Psychiatrica Scandinavica,* Supplement 188 (1966).

Vaughn, C.; Leff, J. P. *The Influence of Family and Social Factors on the Course of Psychiatric Illness.* In: *British Journal of Psychiatry* 129 (1976) S. 125–137.

Wagner, P. S. *Psychiatric Activities During the Normandy Offensive June 20 – August 20, 1944.* In: *Psychiatry* 9 (1946) S. 341–364.

Wynne, L. C.; Cromwell, R. L.; Matthysse, S. (Hrsg.) *The Nature of Schizophrenia: New Approaches to Research and Treatment.* New York (John Wiley & Sons) 1978.

Kapitel 9

* Anonym *Medication for Mental Illness*. Rockville, NIMH (DHHS Publikation Nr. [ADM] 87–1509).

* Estroff, S. E. *Making it Crazy: An Ethnography of Psychiatric Clients in an American Community*. Berkeley (University of California Press) 1981.

* Falloon, A. R. H.; Boyd, J. L.; McGill, C. W. *Family Care of Schizophrenia*. New York (Guilford) 1984.

* Gibbons, J. S.; Horn, S. H.; Powell, J. M.; Gibbons, J. L. *Schizophrenic Patients and Their Families*. In: *British Journal of Psychiatry* 144 (1984) S. 70–77.

* Gunderson, J. G.; Frank, A. F.; Katz, H. M.; Vannichelli, M. L.; Frosch, J. P.; Knapp, P. H. *Effects of Psychotherapy in Schizophrenia: II. Comparative Outcome of Two Forms of Treatment*. In: *Schizophrenia Bulletin* 10 (1984) S. 564–598.

* Hatfield, A. B. *The Family as Partner in the Treatment of Mental Illness*. In: *Hospital and Community Psychiatry* 20 (1981) S. 338–340.

* Jones, K.; Poletti, A. *Understanding the Italian Experience*. In: *British Journal of Psychiatry* 146 (1985) S. 341–437.

* Kane, J. M: *Treatment of Sschizophrenia*. In: *Schizophrenia Bulletin* 13 (1987) S. 133–156.

* Klerman, G. L. *Ideology and Science in the Individual Psychotherapy of Schizophrenia*. In: *Schizophrenia Bulletin* 10 (1984) S. 608–612.

* Kreisman, D. E., Joy, V. D. *Family Response to the Mental Illness of a Relative: A Review of the Literature*. In: *Schizophrenia Bulletin* 10 (1974) S. 34–57.

* Lipton, M. A.; Mailman, R. B.; Nemeroff, C. B. *Vitamins, Megavitamin Therapy, and the Nervous System*. In: Wurtman, R. T.; Wurtman, J. J. (Hrsg.) *Nutrition and the Brain*. New York (Raven) 1979. Bd. 3, S. 183–264.

* Monahan, J. *Risk Assessment of Violence Among the Mentally Disordered: Generating Useful Knowledge*. In: *International Journal of Law and Psychiatry* 11 (1988) S. 249–257.

Sheehan, S. *Ich bin nicht da, wo ihr mich sucht*. Zürich (Kreuz) 1987.

* Tornatore, F. L.; Sramek, J. J.; Okeya, B. L.; Pi, E. H. *Unerwünschte Wirkungen von Psychopharmaka*. Stuttgart (Thieme) 1991.
* Torrey, E. F. *Surviving Schizophrenia: A Family Manual*. Überarbeitete Fassung. New York (Harper & Row) 1988.
* Vonnegut, M. *Why I Want to Bite R. D. Laing*. In: *Harpers* 248 (1974) S. 90–92.
* Walsh, M. *Schizophrenia: Strait Talk for Families and Friends*. New York (William Morrow) 1982.
* Wasow, M. *Coping with Schizophrenia: A Survival Manual for Parents, Relatives and Friends*. Palo Alto (Science and Behavior Books) 1982.
* Wasow, M. *The Need for Asylum for the Chronically Mentally Ill*. In: *Schizophrenia Bulletin* 12 (1986) S. 162–167.

Kapitel 10

Allebeck, P. *Schizophrenia: A Life-Shorting Disease*. In: *Schizophrenia Bulletin* 15 (1989) S. 81–89.

Andreasson, S.; Allebeck, P.; Engstrom, A.; Rydberg, U. *Cannabis and Schizophrenia: A Longitudinal Study of Swedish Conscripts*. In: *Lancet* 2 (1987) S. 1483–1485.

* Applebaum, P. S. *Legal Aspects of Violence by Psychiatric Patients*. In: *Annual Review of Psychiatry* 6 (1987) S. 549–654.

Arendt, H. *Elemente und Ursprünge totaler Herrschaft*. 2. Aufl. München (Piper) 1992.

Baldwin, J. A. *Schizophrenia and Physical Disease*. In: *Psychological Medicine* 9 (1979) S. 611–619.

* Berkowitz, R. I.; Coustan, D. R.; Mochizuki, T. K. (Hrsg.) *Handbook for Prescribing Medication During Pregnancy*. Boston (Little, Brown & C.) 1981.

Bleuler, M. *Die schizophrenen Geistestörungen im Lichte langjähriger Kranken- und Familiengeschichten*. Stuttgart (Thieme) 1972.

* Chapman, L. J. *Meehl's Theory of Schizotaxia, Schizotypy, and Schizophrenia*. In: *Journal of Personality Disorders* 4 (1990) S. 111–115.

Dickens, B. M. *Comparative Law and Legislation on Eugenic Sterilization and Selective Abortion*. In: Vogel, F.; Sperling, K. (Hrsg.) *Human Genetics*. Berlin (Springer) 1987. S. 673–682.

Dupont, A.; Moeller-Jensen, O.; Strömgren, E.; Jablensky, A. *Incidence of Cancer in Patients Diagnosed as Schizophrenic in Den-*

mark. In: ten Horn, G. H. M. M.; Giel, R.; Gulbinat, W.; Henderson, J. H. (Hrsg.) *Psychiatric Case Register in Public Health.* Amsterdam (Elsevier) 1986. S. 229–239.

Erlenmeyer-Kimling, L. *Fertility of Psychotics: Demography.* In: Cancro, R. (Hrsg.) *Annual Review of the Schizophrenic Syndrome.* New York (Brunner/Mazel) 1978. Bd. 5, S. 298–333.

Gibbons, J. S.; Horn, S. H.; Powell, J. M.; Gibbons, J. L. *Schizoprenic Patients and Their Families.* In: *British Journal of Psychiatry* 144 (1984) S. 70–77.

Gottesman, I. I. *Schizophrenia and Genetic Risks.* Arlington, Virginia (National Alliance for the Mentally Ill) 1984.

Gottesman, I. I.; Erlenmeyer-Kimling, L. (Hrsg.) *Differential Reproduction in Individuals with Physical and Mental Disorders.* In: *Social Biology*, Supplement (1971).

Häfner, H.; Böker, W. *Gewalttaten Geistesgestörter.* Erschienen als *Crimes of Violence by Mentally Abnormal Offenders.* Cambridge (Cambridge University Press) 1982.

Haller, M. H. *Eugenics – Hereditarian Attitudes in American Thought.* New Brunswick (Rutgers University Press) 1963.

* Harris, A. E. *Physical Disease and Schizophrenia.* In: *Schizophrenia Bulletin* 14 (1988) S. 85–96.

Johnstone, E. C.; Crow, T. J.; Johnson, A. L.; MacMillan, J. F. *The Northwick Park Study of First Episodes of Schizophrenia: I. Presentation of the Illness and Problems Relating to Admission.* In: *British Journal of Psychiatry* 148 (1986) S. 115–120.

Kallmann, F. J. *The Genetics of Schizophrenia.* New York (Augustin) 1938.

Kevles, D. J. *In the Name of Eugenics – Genetics and the Uses of Human Heredity.* New York (Knopf) 1985.

* Krakowski, M.; Volavka, J.; Brizer, D. *Psychopathology and Violence: A Review of the Literature.* In: *Comprehensive Psychiatry* 27 (1986) S. 131–148.

Larsson, T.; Sjögren, T. A. *A Methodological Psychiatric and Statistical Study of a Large Swedish Rural Population.* In: *Acta Psychiatrica Scandinavica*, Supplement 89 (1954).

Lederberg, S. *State Channeling of Gene Flow by Regulation of Marriage and Procreation.* In: Milunsky, A.; Annas, G. J. (Hrsg.) *Genetics and the Law.* New York (Plenum) 1976. S. 247–266.

Lewis, M. S. *Age Incidence and Schizophrenia: Part I. The Season of Birth Controversy.* In: *Schizophrenia Bulletin* 15 (1989) S. 59–73.

Lifton, R. J. *Ärzte im Dritten Reich.* Stuttgart (Klett-Cotta) 1988.

McEvoy, J. P.; Hatcher, A.; Appelbaum, P. S. *Chronic Schizophrenic Women's Attitude Toward Sex, Pregnancy, Birth Control, and Childbearing.* In: *Hospital and Community Psychiatry* 34 (1983) S. 536–539.

McGuffin, P.; Sturt, E. *Genetic Markers in Schizophrenia.* In: *Human Heredity* 36 (1986) S. 65–88.

McKusick, V. A. *Mendelian Inheritance in Man: Catalogs of Autosomal Dominant, Autosomal Recessive, and X-Linked Phenotypes.* 9. Aufl. Balitmore (Johns Hopkins University Press) 1990.

Meehl, P. E. *Toward an Integrated Theory of Schizotaxia, Schizotypy, and Schizophrenia.* In: *Journal of Personality Disorders* 4 (1990) S. 1–99.

Monahan, J. *Risk Assessment of Violence Among the Mentally Disordered: Generating Useful Knowledge.* In: *International Journal of Law and Psychiatry* 11 (1988) S. 249–257.

Monahan, J.; Steadman, H. J: *Crime and Mental Disorder: An Epidemiological Approach.* In: Toney, M.; Morris, N. (Hrsg.) *Crime and Justice: An Annual Reviwew of Research.* Chicago (University of Chicago Press) 1983. Bd. 4, S. 145–189.

Müller-Hill, B. *Tödliche Wissenschaft.* Reinbek (Rowohlt) 1984.

Ødegaard, Ø. *Social and Ecological Factors in the Etiology, Outcome, Treatment, and Prevention of Mental Disorders.* In: Kisker, K. P.; Meyer, J. E.; Müller, C.; Strömgren, E. (Hrsg.) *Psychiatrie der Gegenwart.* Berlin (Springer) 1975. Bd. 3. S. 151–198.

Paul, J. *State Eugenic Sterilization History: A Brief Overview.* In: Robitscher, J. (Hrsg.) *Eugenic Sterilization.* Springfield (C. C. Thomas) 1973. S. 25–49.

* Plomin, R. *The Role of Inheritance in Behavior.* In: *Science* 248 (1990) S. 183–188.

Proctor, R. N. *Racial Hygiene – Medicine Under the Nazis.* Cambridge (Harvard University Press) 1988.

Rabkin, J. G. *Criminal Behavoir of Discharged Mental Patients: A Critical Appraisal of the Research.* In: *Psychological Bulletin* 86 (1979) S. 1–27.

Reilly, P.R. *Eugenic Sterilization in the United States.* In: Milunsky, A.; Annas, G. J. (Hrsg.) *Genetics and the Law III.* New York (Plenum) 1985. S. 227–241.

Robitscher, J. (Hrsg.) *Eugenic Sterilization.* Springfield (C. C. Thomas) 1973.

Sartorious, N.; Jablensky, A.; Korten, A.; Ernberg, G.; Anker, M.; Cooper, J. E.; Day, R. *Early Manifestations and First-Contact Incidence of Schizophrenia in Different Cultures.* In: *Psychological Medicine* 16 (1986) S. 909–928.

Saugstad, L. F. *Social Class, Marriage, and Fertility in Schizophrenia.* In: *Schizophrenia Bulletin* 15 (1989) S. 9–43.

Saugstad, L. F.; Ødegaard, Ø. *Mortality in Psychiatric Hospitals in Norway 1950–74.* In: *Acta Psychiatrica Scandinavica* 59 (1979) S. 431–447.

Shore, D.; Filson, C. R.; Johnson, W. E. *Violent Crime Arrests and Paranoid Schizophrenia: The White House Case Studies.* In: *Schizophrenia Bulletin* 14 (1988) S. 279–281.

Slater, E. *German Eugenics in Practice.* In: *Eugenics Review* 27 (1936) S. 285–295. Nachgedruckt in: Shields, J.; Gottesman, I. I. *Man, Mind, and Herdity – Selected Papers of Eliot Slater on Psychiatry and Genetics.* Baltimore (John Hopkins University Press) 1971. S. 281–292.

Slater, E.; Hare, E. H.; Price, J. *Marriage and Fertility of Psychotic Patients Compared with National Data.* In: Gottesman, I. I.; Erlenmeyer-Kimling, L. (Hrsg.) *Fertility and Reproduction in Physically and Mentally Disordered Individuals.* In: *Social Biology*, Supplement (1971).

Smith, C. *Recurrence Risks for Multifactorial Inheritance.* In: *American Journal of Human Genetics* 23 (1971) S. 578–588.

* Smith, C.; Mendell, N. R. *Recurrence Risks from Family History and Metric Traits.* In: *Annals of Human Genetics* 37 (1974) S. 275–286.

Spector, T. D.; Silman, A. J. *Does the Negative Association Between Rheumatoid Arthritis and Schizophrenia Provide Clues to the Aetiology of Rheumatoid Arthritis?* In: *British Journal of Psychiatry* 26 (1987) S. 307–310.

Stevens, B. C. *Marriage and Fertility of Women Suffering from Schizophrenia or Affective Disorders.* London (Oxford University Press) 1969.

Taylor, P. J. *Schizophrenia and Violence.* In: Gunn, J.; Farrington, D. P. (Hrsg.) *Abnormal Offenders, Delinquency, and the Criminal Justice System.* New York (John Wiley & Sons) 1982. S. 269–284.

Taylor, P. J. *Social Implication of Psychosis.* In: *British Medical Bulletin* 43 (1987) S. 718–740.

Taylor, P. J. *Forensic Psychiatry.* In: *British Journal of Psychiatry* 153 (1988) S. 271–278.

Tsuang, M. T.; Simpson, J. C.; Kronfol, Z. *Subtypes of Drug Abuse with Psychosis: Demographic Characteristics, Clinical Features, and Family History*. In: *Archives of General Psychiatry* 39 (1982) S. 141–147.

Vinogradov, S.; Gottesman, I. I.; Moises, H. W.; Nicol, S. *Negative Association Between Schizophrenia and Rheumatoid Arthritis*. In: *Schizophrenia Bulletin* 17 (1991) S. 669–678.

* Vogel, F. *Human genetics and the Responsibility of the Medical Doctor*. In: Vogel, F.; Sperling, K. (Hrsg.) *Human Genetics*. Berlin (Springer) 1987. S. 44–53.

* Vogler, G. P.; Gottesman, I. I.; McGue, M. K.; Rao, D. C. *Mixed Model Segregation Analysis of Schizophrenia in the Lindelius Swedish Pedigrees*. In: *Behavior Genetics* 20 (1990) S. 461–472.

* Warner, R. *The Influence of Economic Factors on Outcome in Schizophrenia*. In: *Psychiatry and Social Science* 1 (1981) S. 79–106.

Kapitel 11

* Asarnow, R. F.; Graholm, E.; Sherman, T. *Span of Apprehension in Schizophrenia*. In: Steinhauer, S.; Gruzelier, J.; Zubin, J. (Hrsg.) *Handbook of Schizophrenia: Neuropsychology, Psychophysiology, and Information Processing*. Amsterdam (Elsevier) 1991.

* Bloom, F. E.; Lazerson, A. *Brain, Mind, and Behavior*. 2. Aufl. New York (W. H. Freeman) 1988.

Carlson, M.; Earls, F.; Todd, R. *The Importance of Regressive Changes in the Development of the Nervous System: Towards a Neurobiological Theory of Child Development*. In: *Psychiatric Developments* 6 (1988) S. 1–22.

Ciompi, L. *Learning from Outcome Studies: Toward a Comprehensive Biological-Psychosocial Understanding of Schizophrenia*. In: *Schizophrenia Research* 1 (1988) S. 373–384.

* Cutting, J. *The Psychology of Schizophrenia*. Edinburgh (Churchill Livingstone) 1985.

Edwards, J. H. *Familial Predisposition in Man*. In: *British Medical Bulletin* 25 (1969) S. 58–54.

Erlenmeyer-Kimling, L. *Biological Markers for the Liability to Schizophrenia*. In: Helmchen, H.; Henn, F. A. (Hrsg.) *Biological Perspectives of Schizophrenia*. New York (John Wiley & Sons) 1987. S. 33–56.

Faraone, S. V.; Tsuang, M. T. *Quantitative Models of the Genetic Transmission of Schizophrenia.* In: *Psychological Bulletin* 98 (1985) S. 41–66.

Feinberg, I. *Schizophrenia: Caused by Fault in Programmed Synaptic Elimination During Adolescence?* In: *Journal of Psychiatric Research* 17 (1982) S. 319–334.

Goldstein, M. J. *Psychosocial Issues.* In: *Schizophrenia Bulletin* 13 (1987) S. 157–171.

Gottesman, I. I.; Shields, J. *A Polygenic Theory of Schizophrenia (Abstract).* In: *Science* 156 (1967) S. 537–538. *Proceedings of the National Academy of Sciences* 58, S. 199–205. Nachdruck in: *International Journal of Mental Health* 1 (1972) S. 107–115.

Gottesman, I. I.; Shields, J. *Schizonphrenia and Genetics: A Twin Study Vantage Point.* New York (Academic Press) 1972.

Gottesman, I. I.; Shields, J. (unter Mitarbeit von Hanson, D. R.) *Schizophrenia: The Epigenetic Puzzle.* New York (Cambridge University Press) 1982.

* Grove, W. M. *Psychometric Detection of Schizotypy.* In: *Psychological Bulletin* 92 (1982) S. 27–38.

Harvey, P. D.; Walker, E. F. (Hrsg.) *Positive and Negative Symptoms of Psychosis.* Hillsdale, New York (Erlbaum Assoc.) 1987.

Heston, L. L. *The Genetics of Schizophrenia and Schizoid Disease.* In: *Science* 167 (1970) S. 249–256.

Hoffman, R. E.; Dobscha, S. K. *Cortical Pruning and the Development of Schizophrenia.* In: *Schizophrenia Bulletin* 15 (1989) S. 477–490.

Katschnig, H. *Vulnerability and Trigger Models/Rehabilitation: Discussion.* In: Häfner, H.; Gattaz, W. F.; Janzarik, W. (Hrsg.) *Search for the Causes of Schizophrenia.* Berlin (Springer) 1987. S. 353–358.

* Kerr, A.; Snith, P. (Hrsg.) *Contemporary Issues in Schizophrenia.* London (Gaskell) 1986.

Lalouel, J. M.; Rao, D. C.; Morton, N. E.; Elston, R. D. *A Unified Model of Complex Segregation Analysis.* In: *American Journal of Human Genetics* 35 (1983) S. 816–826.

Leff, J.; Vaughn, C. *Expressed Emotion in Families: Its Significance for Mental Illness.* New York (Guilford Press) 1985.

Liberman, R. P.; Nuechterlein, K. H.; Wallace, C. J. *Social Skills Training and the Nature of Schizophrenia.* In: Curran, J. P.; Monti, P. M. (Hrsg.) *A Practical Handbook for Assessment and Treatment.* New York (Guilford Press) 1982. S. 5–56.

Lewontin, R. C.; Rose, S.; Kamin, L. J. *Die Gene sind es nicht.* München (Psychologie-Verlags-Union) 1988.

McGue, M.; Gottesman, I. I.; Rao, D. C. *Resolving Genetic Models for the Transmission of Schizophrenia.* In: *Genetic Epidemiology* 2 (1985) S. 99–110.

McGue, M.; Gottesman, I. I. *Genetic Linkage in Schizophrenia: Perspectives from Genetic Epidemiology.* In: *Schizophrenia Bulletin* 15 (1989) S. 281–292.

McKusick, V. A. *Mendelian Inheritance in Man: Catalogs of Autosomal Dominant, Autosomal Recessive, and X-Linked Phenotypes.* 9. Aufl. Baltimore (John Hopkins University Press) 1990.

Meehl, P. E. *Schizotaxia, Schizotypy, Schizophrenia.* In: *American Psychologist* 17 (1990) S. 827–838.

Meehl, P. E. *Specific Genetic Etiology, Psychodynamics, and Therapeutic Nihilism.* In: *International Journal of Mental Health* 1 (1972) S. 10–27.

Meehl, P. E. *Diagnostic Taxa as Open Concepts: Metatheoretical and Statistical Questions About Reliability and Construct Validity in the Grand Strategy of Nosological Revision.* In: Millon, T.; Klerman, G. (Hrsg.) *Contemporary Directions in Psychopathology: Toward the DSM-IV.* New York (Guilford Press) 1986. S. 215–231.

* Meehl, P. E. *Schizotaxia Revisited.* In: *Archives of General Psychiatry* 46 (1989) S. 935–944.

* Neale, J. M.; Oltmanns, T. F. *Schizophrenia.* New York (John Wiley & Sons) 1980.

Nuechterlein, K. H. *Vulnerability Models for Schizophrenia: State of the Art.* In: Häfner, H.; Gattaz, W. F.; Janzarik, W. (Hrsg.) *Search for the Causes of Schizophrenia.* Berlin (Springer) 1987. S. 297–316.

Nuechterlein, K. H.; Dawson, M. E. *Information Processing and Attentional Functioning in the Developemental Course of Schizophrenic Disorders.* In: *Schizophrenia Bulletin* 10 (1984) S. 160–202.

* Robertson, F. W. *The Genetic Component in Coronary Heart Disease: A Review.* In: *Genetic Research* 37 (1981) S. 1–16.

Saugstad, L. F. *Social Class, Marriage, and Fertility in Schizophrenia.* In: *Schizophrenia Bulletin* 15 (1989) S. 9–43.

* Shaw, M. W. *Presidential Address: To Be or not to Be? That is the Question.* In: *American Journal of Human genetics* 36 (1984). S. 1–9.

Shields, J.; Heston, L. L.; Gottesman, I. I. *Schizophrenia and the Schizoid: The Problem for Genetic Analysis.* In: Fieve, R. R.;

Rosenthal, D., Brill, H. (Hrsg.) *Genetic Research in Psychiatry.* Baltimore (John Hopkins University Press) 1975. S. 167–197.

Vogel, F.; Motulsky, A. G. *Human Genetics.* Berlin (Springer) 1986.

Zubin, J. *Closing Comments.* In: Häfner, H.; Gattaz, W. F.; Janzarik, W. (Hrsg.) *Search for the Causes of Schizophrenia.* Berlin (Springer) 1987. S. 359–365.

Kapitel 12

* Andreasen, N. C. *Das funktionsgestörte Gehirn. Einführung in die biologische Psychiatrie.* Weinheim (Beltz) 1990.

Bassett, A. S. *Chromosome 5 and Schizophrenia: Implications for Genetic Linkage Studies, Current and Future.* In: *Schizophrenia Bulletin* 15 (1989) S. 393–402.

Baur, M. P. *Genetics Analysis Workshop IV: Insulin Dependent Diabetes Mellitus – Summary.* In: *Genetic Epidemiology* 1 (Supplement) (1986) S. 299–312.

Böök, M. P. *A Genetic and Neuropsychiatric Investigation of a North-Swedish Population.* In: *Acta Genetica et Statistica Medica (Basel)* 4 (1953) S. 1–100.

Botstein, D.; White, R.; Skolnick, M.; Davis, R. W. *Construction of a Genetic Linkage Map in Man Using Restriction Fragment Length Polymorphisms.* In: *American Journal of Human Genetics* 32 (1980) S. 312–331.

Buchsbaum, M. S.; Haier, R. J. *Functional and Anatomical Brain Imaging: Impact of Schizophrenia Research.* In: *Schizophrenia Bulletin* 13 (1987) S. 115–132.

Cloninger, C. R.; Reich. T.; Yokoyama, S. *Genetic Diversity, Genome Organization, and Investigation of the Etiology of Psychiatric Diseases.* In: *Psychiatric Developments* 3 (1983) S. 225–246.

Congress of the United States, Office of Technology Assessment *Mapping Our Genes.* Baltimore (John Hopkins University Press) 1988.

* Donis-Keller, H.; 32 andere Autoren *A Genetic Linkage Map of the Human Genome.* In: *Cell* 51 (1987) S. 319–337.

Early, T. S.; Posner, M. I.; Reiman, E. M.; Raichle, M. E. *Left Striato-Pallidal Hyperactivity in Schizophrenia, Part II: Phenomenology and Thought Disorder.* In: *Psychiatric Developments* 7 (1989) S. 109–121.

Erlenmeyer-Kimling, L. *Biological Markers for the Liability to Schizophrenia.* In: Helmchen, H.; Henn, F. A. (Hrsg.) *Biological Perspectives of Schizophrenia.* New York (John Wiley & Sons) 1987. S. 33–56.

Field, L. L. *Insulin-Dependent Diabetes Mellitus: A Model for the Study of Multifactorial Disorders.* In: *American Journal of Human Genetics* 6 (1988) S. 793–798.

Field, L. L. *Genes Predisposing to Insulin-Dependent Diabetes Mellitus (IDDM) in Multiplex Families.* In: *Genetic Epidemiology* 6 (1989) S. 101–106.

Fish, B. *Infant Predictors of the Longitudinal Course of Schizophrenic Development.* In: *Schizophrenia Bulletin* 13 (1987) S. 395–409.

Friedhoff, A. J.; Pickar, D.; Axelrod, J.; Creese, I.; Davis, K. L.; Gallagher, D. W.; Greengard, P.; Housman, D.; Maas, J. W.; Richelson, E.; Roth, R. H.; Watson, S. J. *Neurochemistry and Neuropharmacology.* In: *Schizophrenia Bulletin* 14 (1989) S. 399–412.

* Frith, C. D.; Done, D. J. *Towards a Neuropsychology of Schizophrenia.* In: *British Journal of Psychiatry* 153 (1988) S. 437–443.

Gershon, E. S.; Matthysse, S.; Breakfield, X. O.; Ciaranello, R. D. (Hrsg.) *Genetic Research Strategies in Psychobiology and Psychiatry.* Pacific Grove (Boxwood Press) 1981.

Gilliam, T. C.; Freimer, N. B.; Kaufman, C. A.; Powchik, P. P.; Bassett, A. S.; Bengtsson, U.; Wasmuth, J. J. *Deletion Mapping of DNA Markers to a Region of Chromosome 5 that Cosegregates with Schizophrenia.* In: *Genomics* 5 (1989) S. 940–944.

* Goldberg, T. E.; Ragland, J. D.; Torrey, F. E.; Gold, J. M.; Bigelow, L. B.; Weinberger, D. R. *Neuropsychological Assessment of Monozygotic Twins Discordant for Schizophrenia.* In: *Archives of General Psychiatry* 47 (1990) S. 1066–1072.

Gottesman, I. I.; Bertelsen, A. *Confirming Unexpressed Genotypes for Schizophrenia: Risks in the Offspring of Fischer's Dansih Identical and Fraternal Discordant Twins.* In: *Archives of General Psychiatry* 46 (1989) S. 867–872.

Gurling, H. *Candidate Genes and Favoured Loci: Strategies for Molecular Genetic Research into Schizophrenia, Manic Depression, Autism, Alcoholism, and Alzheimer's Disease.* In: *Psychiatric Developments* 4 (1986) S. 289–309.

Gusella, J. F.; Wexler, N. S.; Conneally, P. M.; Naylor, S. L.; Anderson, M. A.; Ranzi, R. E.; Watkins, P. C.; Ottina, K.; Wallace, M. R.; Sakaguchi, A. Y.; Young, A. B.; Shoulson, I.; Bonnilla, E.; Martin, J. B. *A Polymorphic DNA Marker Ge-*

netically Linked to Huntington's Disease. In: *Nature* 306 (1983)
S. 234–238.

Hanson, D. R.; Gottesman, I. I.; Heston, L. L. *Long Range Schizophrenia Forecasting: Many a Slip Twixt Cup and Lip.* In: Rolf, J.; Nuechterlein, K.; Masten, A.; Cicchetti, D. (Hrsg.) *Risk and Protective Factors in the Development of Schizophrenia.* New York (Cambridge University Press) 1990. S. 424–444.

Haracz, J. L. *Neural Plasticity in Schizophrenia.* In: *Schizophrenia Bulletin* 11 (1985) S. 191–229.

* Hari, R.; Lounasmaa, O. V. *Recording and Interpretation of Cerebral Magnetic Fields.* In: *Science* 244 (1989) S. 432–436.

* Holzman, P. S. *Recent Studies of Psychophysiology in Schizophrenia.* In: *Schizophrenia Bulletin* 13 (1987) S. 49–75.

Iacono, W. G.; Bassett, A. S.; Jones, B. D. *Eye Tracking Dysfunction is Associated with Partial Trisomy of Chromosome 5 and Schizophrenia.* In: *Archives of General Psychiatry* 45 (1988) S. 1140–1141.

* Innis, M. A.; Gelfand, D. H.; Sninsky, J. J.; White, T. J. (Hrsg.) *PCR Protocol: A Guide to Methods and Applications.* New York (Academic Press) 1989.

Keith, S. J.; Matthews, S. M. *A National Plan for Schizophrenia Research: Panel Recommendations.* Rockville (NIMH) 1988. Nachdruck als *Schizophrenia Bulletin* 14/3 (1988).

Kennedy, J. L.; Giuffra, L. A.; Moises, H. W.; Cavalli-Sforza, L. L.; Pakstis, A. J.; Kidd, J. R.; Castiglione, C. M.; Sjogren, B.; Wetterberg, L.; Kidd, K. K. *Evidence Against Linkage of Schizophrenia to Markers on Chromosome 5 in a Northern Swedish Pedigree.* In: *Nature* 336 (1988) S. 167–170.

Kennedy, J. L.; Wetterberg, L.; Sjogren, B.; Giuffra, L. A.; Pakstis, A. J.; Kidd, K. K. *Genetic Heterogenity in Schizophrenia: Contributions from a North Swedish Kindred (Abstract).* In: *Schizophrenia Research* 2 (1989) S. 43.

* Lander, E. S.; Botstein, D. *Mapping Mendelian Factors Underlying Quantitative Traits Using RFLP Linkage Maps.* In: *Genetics* 21 (1989) S. 185–199.

* Lipp, H. P. *Non-Mental Aspects of Encephalisation: The Forebrain as a Playground of Mammalian Evolution.* In: *Human Evolution* 4 (1989) S. 45–53.

McGuffin, P.; Sturt, E. *Genetic Markers in Schizophrenia.* In: *Human Heredity* 36 (1986) S. 65–88.

McGuffin, P.; Sargeant, M.; Hett, G.; Tidmarsh, S.; Whatley, S.; Marchbanks, R. M. *Exclusion of a Schizophrenic Susceptibility Gene from the Chromosome 5q11-q13 Region. New Data and a Reanalysis of Previous Reports.* In: *American Journal of Human Genetics* 47 (1990) S. 524–535.

McKenna, P. J. *Pathology, Phenomenology, and the Dopamine Hypothesis of Schizophrenia.* In: *British Journal of Psychiatry* 151 (1987) S. 288–301.

McKusick, V. A. *Mendelian Inheritance in Man: Catalogs of Autosomal Dominant, Autosomal Recessive, and X-Linked Phenotypes.* 9. Aufl. Baltimore (John Hopkins University Press) 1990.

Mednick, S. A.; Cannon, T.; Parnas, J.; Schulsinger, F. *27 Year Follow-Up of the Copenhagen High-Risk for Schizophrenia Project: Why Did Some of the High-Risk Offspring Become Schizophrenic? (Abstract)* In: *Schizophrenia Research* 2 (1989) S. 14.

Meltzer, H. Y. *Biological Studies in Schizophrenia.* In: *Schizophrenia Bulletin* 13 (1987) S. 77–111.

Moldin, S.; Gottesman, I. I.; Erlenmeyer-Kimling, L.; Cornblatt, B. A. *Psychometric Deviance in Offspring at Risk for Schizophrenia.* In: *Psychiatry Research* 32 (1990) S. 297–310.

National Advisory Mental Health Council Report to Congress on the Decade of the Brain *Approaching the 21st Century: Opportunities for NIMH Neuroscience Research.* Rockville (NIMH) 1988 (DHHS Publication Nr. [ADM] 89–1580).

* Olson, L.; Stromberg, I.; Bygdeman, M.; Granholm, A.-C.; Hoffer, B.; Freedman, R.; Seiger, ??. *Human Fetal Tissues Grafted to Rodent Hosts: Structural and Functional Observations of Brain, Adrenal and Heart Tissues in Oculo.* In: *Experimental Brain Research* 67 (1987) S. 163–178.

* Pardo, J. V.; Pardo, P. J.; Janer, K. W.; Raichle, M. E. *The Anterior Cingulate Cortex Mediates Processing Selection in the Stroop Attentional Conflict Paradigm.* In: *Proceedings of the National Academy of Sciences USA* 87 (1990) S. 256–259.

* Patterson, A. H., Lander, E. S.; Hewitt, J. D.; Peterson, S.; Lincoln, S. E.; Tanksley, S. D. *Resolution of Quantitative Traits into Mendelian Factors by Using a Complete Linkage Map of Restriction Fragment Length Polymorphisms.* In: *Nature* 335 (19888) S. 721–726.

Pearson, J. S.; Kley, I. B. *On the Application of Genetic Expectancies as Age Specific Base Rates in the Study of Human Behavior Disorders.* In: *Psychological Bulletin* 54 (1957) S. 406–420.

* Posner, M. I.; Early, T. S., Reiman, E.; Pardo, P.; Dhawan, M. *Asymmetries in Hemispheric Control of Attention in Schizophrenia*. In: *Archives of General Psychiatry* 45 (1988) S. 814–821.

* Posner, M. I.; Early, T. S. *Schizophrenia and the Development of Attention*. In: *Transmission* (im Druck).

* Ravich-Shcherbo, I. V. [*The Role of Environment and Heredity in the Foundation of the Individuality of the Person.*] Moskau (Pedagogika) 1988.

Resnick, S. M.; Gur, R. E.; Torrey, F. E.; Mozley, P. D.; Taleff, M. M.; Muehllehner, G.; Gur, R. C.; Gottesman, I. I.; Reivich, M.; Alavi, A. *PET Scan Studies: Initial Results in Identical Twins Discordant for Schizophrenia*. In: *Schizophrenia Research* 2 (1989) S. 255.

Risch, N. *Genetic Linkage and Complex Diseases, with Special Reference to Psychiatric Disorders*. In: *Genetic Epidemiology* 7 (1990) S. 3–16.

Rolf, J; Nuechterlein, K.; Masten, A.; Cicchetti, D. (Hrsg.) *Risk and Protective Factors in the Development of Schizophrenia*. New York (Cambridge University Press) 1990.

St. Clair, D.; Blackwood, D.; Muir, W.; Bailie, D.; Hubbard, A.; Wright, A.; Evans, H. J. *No Linkage of Chromosome 5q11-q13 Markers to Schizophrenia in Scottish Families*. In: *Nature* 339 (1989) S. 305–309.

Seeman, P.; Farde, L.; Sedvall, G. *Brain Dopamine Receptors in Schizophrenia: PET Problems*. In: *Archives of General Psychiatry* 45 (1988) S. 598–600.

Sherrington, R.; Brynjolfsson, J.; Petursson, H.; Potter, M.; Dudleston, K.; Barraclough, B.; Wasmuth, J.; Dobbs, M.; Gurling, H. *Localization of a Susceptibility Locus for Schizophrenia on Chromosome 5*. In: *Nature* 336 (1988) S. 164–170.

* Sing, C. F.; Boerwinkle, E.; Moll; P. P.; Templeton, A. R. *Characterization of Genes Affecting Quantitative Traits in Humans*. In: Weir, B. S.; Eisen, E. J.; Goodman, M. M.; Namkoong, G. (Hrsg.) *Proceedings of the Second International Conference on Quantitative Genetics*. Sunderland, Massachusetts (Sinauer Assoc.) 1988. S. 250–269.

* Snyder, S. H.; Largent, B. L. *Receptor Mechanisms in Antipsychotic Drug Action: Focus on Sigma Receptors*. In: *Journal of Neuropsychiatry and Clinical Neurosciences* 1 (1989) S. 7–15.

* Sturt, E.; McGuffin, P. *Can Linkage and Marker Association Resolve the Genetic Aetiology of Psychiatric Disorders? Review and Argument.* In: *Psychological Medicine* 15 (1985) S. 455–462.

Suddath, R. L.; Christison, G. W.; Torrey, F. E., Casanova, M. F.; Weinberger, D. R. *Anatomical Abnormalities in the Brains of Monozygotic Twins Discordant for Schizophrenia.* In: *New England Journal of Medicine* 322 (1990) S. 789–794.

Tune, L. E.; Wong, D. F.; Pearlson, G. D.; Young, L. T.; Villemagne, V.; Fannals, R. F.; Young, D., Wilson, A. A.; Ravert, H. T.; Links, J. M.; Midha, K.; Wagner, H. N.; Jedde, A. *D2 Dopamine Receptors in Drug Naive Schizophrenics: Update on 20 Subjects (Abstract).* In: *Schizophrenia Research* 2 (1989) S. 114.

* Vartanian, M. E. (Hrsg.) *Neuronal Receptors, Endogenous Ligands and Biotechnical Approaches.* Madison, Connecticut (International Universities Press) 1988.

* Waddington, J. L. *Sight and Insight: Brain Dopamine Receptor Occupancy by Neuroleptics Visualized in Living Schizophrenic Patients by Positron Emission Tomography.* In: *British Journal of Psychiatry* 154 (1989) S. 433–436.

Wagner, H. N.; Weinberger, D. R.; Kleinman, J. E.; Casanova, M. F.; Gibbs, C. J.; Gur, R. E.; Hornykiewicz, O.; Huhar, M. J.; Pettegrew, J. W., Seeman, P. *Neuroimaging and Neuropathology.* In: *Schizophrenia Bulletin* 14 (1988) S. 383–397.

Watt, N. F.; Anthony, E. J.; Wynne, L. C., Rolf, J. E. *Children at Risk for Schizophrenia: A Longitudinal Perspective.* New York (Cambridge University Press) 1984.

* Weeks, D. E.; Lange, K. *The Affected-Pedigree-Member Method of Linkage Analysis.* In: *American Journal of Human Genetics* 42 (1988) S. 315–326.

Weinberger, D.; Kleinman, J. *Oberservations on the Brain in Schizophrenia.* In: *Annual Review Psychiatry Update* 5 (1986) S. 42–67.

* Weir, B. S.; Eisen, E. J.; Goodman, M. M.; Namkoong, G. *Proceedings of the Second International Conference on Quantitative Genetics.* Sunderland, Massachusetts (Sinauer Assoc.) 1988.

Wong, D. F.; Pearlson, G. D.; Tune, L. E.; Young, C.; Ross, C.; Villemagne, V.; Dannals, R. F.; Young, D.; Parker, R.; Wilson, A. A.; Ravert, H. T.; Links, J.; Midha, K.; Wagner, H. N.; Gjedde, A. *Update on PET Methods for D2 Dopamine Receptors in Schizophrenia and Bipolar Disorders (Abstract).* In: *Schizophrenia Research* 2 (1989) S. 115.

Anmerkungen des Herausgebers

1 Siehe hierzu Zerbin-Rüdin, E. *Ätiologie und Genetik*. In: Huber, G.; Zerbin-Rüdin, E. *Schizophrenie*. Darmstadt (Wissenschaftliche Buchgesellschaft) 1979; Propping, P. *Psychiatrische Genetik*. Berlin, Heidelberg, New York (Springer) 1989, S. 297 ff.

2 Siehe hierzu: Jaspers, K. *Der Prophet Ezechiel. Eine pathographische Studie*. 1947. Jaspers gründet seine Vermutungsdiagnose „Schizophrenie" nicht in erster Linie auf die „Visionen". Wie andere deutschsprachige Psychiater (K. Schneider, H. J. Weitbrecht) betont er, daß das Material in zahlreichen Pathographien nicht ausreicht für eine sichere Diagnose und daß unabhängig davon die Diagnose „Schizophrenie" nichts über den geistigen und religiösen Gehalt und Wert des Werkes, hier der prophetischen Botschaft, aussagt.

3 In den Dramen von Shakespeare finden sich durchaus schizophrene Figuren, so König Lear oder Ophelia. Der Don Quijote von Cervantes ist nach Jaspers „fast ein typischer Schizophrener". Beschreibungen der Schizophrenie in der Literatur gibt es sicher schon vor 1809.

4 Ursprünglich war mit Dementia praecox nur die (relativ kleine) Gruppe von Schizophrenien mit raschem Ausgang in schwere Endzustände („Verblödung", „Katastrophenschizophrenien") gemeint. Der Begriff wurde dann schon von Kraepelin erweitert (Katatonie, Hebephrenie, paranoid-halluzinatorische Typen) und von E. Bleuler (1911) auch für schizophrene Psychosen mit günstigem Ausgang verwendet (siehe hierzu auch Anmerkung 18). Die Doktrin der Unheilbarkeit und völligen Andersartigkeit wurde definitiv durch die europäischen Langzeitstudien widerlegt.

5 Die ältere Ansicht, es gäbe keine vollständige psychopathologische (Bonn-Studie 22 Prozent) und soziale (Bonn-Studie 56 Prozent) Remission bei Schizophrenien, ist durch die Langzeitstudien von

M. Bleuler, L. Ciompi und C. Müller, G. Huber, G. Gross und R. Schüttler überholt (siehe auch Bleuler, M.; Huber, G.; Gross, G.; Schüttler, R. *Der langfristige Verlauf schizophrener Psychosen. Gemeinsame Ergebnisse zweier Untersuchungen.* In: *Der Nervenarzt* 47 (1976) S. 577–581).

6 Die Begriffe „Schizophrenien mit Symptomen 1. Ranges" und „Kernschizophrenien" sind nicht identisch. Ein erheblicher Teil der Schizophrenien mit Erstrangsymptomen zeigt eine weitgehende oder vollständige Remission. Symptome 1. Ranges haben nur diagnostische und keine prognostische Bedeutung. Ihr einwandfreier Nachweis begründet nach K. Schneider die Diagnose „Schizophrenie", sofern eine bekannte Hirnerkrankung ausgeschlossen werden kann.

7 Beim heutigen Wissensstand gibt es innerhalb der endogenen Psychosen keine Differential*diagnose*, sondern nur eine Differential*typologie*. Dies ist deswegen so, weil sich die Diagnose „Schizophrenie" oder „Affektive Psychose" (Zyklothymie) nur auf psychopathologische Syndrome und Verläufe stützen kann und kennzeichnende (pathognomische) somatische Befunde fehlen. Man kann daher auch nicht von Fehldiagnosen sprechen: Jedes Schizophrenie- oder Zyklothymiekonzept kann zur Zeit noch nicht mehr sein als eine „provisorische Konvention" (Gross, G.; Huber, G. *Schizophrenie – eine provisorische Konvention. Zur Problematik einer Nosographie der Schizophrenie.* In: *Psychiatrische Praxis* 5 (1978) S. 93–105.

8 Siehe hierzu Anmerkung 34.

9 Praktisch sollte man die zahlreichen, auch für den erfahrenen Psychiater nicht als „schizophren" erkennbaren Patienten mit geringgradigen, uncharakteristischen Residuen wegen der leider nach wie vor zu erwartenden negativen sozialen Konsequenzen („Labeling-Effekt") nicht als „Schizophrenie" diagnostizieren, sondern zum Beispiel von einer durchgemachten psychotischen Episode mit vollständiger Remission oder einem reinen, affektiv-kognitiven Basisstadium (oder auch einer „Limbothymopathie") sprechen (siehe dazu insbesondere auch Huber, G. (Hrsg.) *Therapie, Rehabilitation und Prävention schizophrener Erkrankungen.* Stuttgart, New York (Schattauer) 1976).

10 Die Diagnose „Frühkindlicher Autismus" (Kanner-Syndrom) ist durchaus (auch nach ICD-10) noch üblich und gerechtfertigt.

11 Halluzinationen und Wahn kommen bei den sehr seltenen, vor dem zehnten Lebensjahr beginnenden Frühestschizophrenien in der Tat kaum vor, während solche produktiv-psychotischen Erlebnisweisen bei nach dem zehnten Lebensjahr einsetzenden Schizophrenien bereits beobachtet werden. Diagnostisch muß man die früh beginnenden Schizophrenien vom „Frühkindlichen Autismus", der sich schon vor dem dritten Lebensjahr manifestiert, differenzieren.

12 Es handelt sich hier um das kognitive Basissymptom „Störung der rezeptiven Sprache": Worte, Wortfolgen, Sätze können beim Hören (Lesen), zum Beispiel im Gespräch, nicht oder nur mit Mühe und unvollständig aufgefaßt und erkannt werden (BSABS C.1.6; siehe Gross, G.; Huber, G.; Klosterkötter, J.; Linz, M. *Bonner Skala für die Beurteilung von Basissymptomen*. Berlin, Heidelberg, New York (Springer) 1987).

13 Hier erlebt und berichtet die Patientin ein anderes kognitives Basissymptom, mänlich BSABS C.2.8 „Sensorische Überwachheit, Hypervigilität, Hypermetamorphose": Die Aufmerksamkeit wird von allen möglichen, zufälligen und beliebigen Reizaspekten der Umgebung erregt; eine Auswahl von Außeneindrücken, auf die die Aufmerksamkeit gerichtet sein soll, ist nicht möglich.

14 Die Frage des prämorbiden Intelligenzniveaus wurde in der Literatur unterschiedlich beantwortet. Nach unseren Befunden bei wenigstens einmal stationär behandelten Schizophrenen unterscheidet sich das prämorbide Intelligenzniveau nicht sicher von dem der Durchschnittsbevölkerung. Untersuchungen nach Erkrankungsbeginn, während einer psychotischen Phase oder nach Ausbildung eines Residuums geben keine verläßlichen Auskünfte über die prämorbide intellektuelle Ausstattung. Bei den mehr oder minder uncharakteristischen affektiv-kognitiven Defizienzsyndromen finden sich in den Leistungstests signifikante Normabweichungen, die aber, wenn jene reinen Defizienzsyndrome remittieren, ihrerseits reversibel sind (siehe Huber, G.; Gross, G.; Schüttler, R. *Schizophrenie. Verlaufs- und sozialpsychiatrische Langzeituntersuchungen an 1945–1959 in Bonn hospitalisierten schizophrenen Kranken*. Berlin, Heidelberg, New York (Springer) 1979).

15 In der Bonner Schizophreniestudie, in der Frauen mit 58 Prozent
   gegenüber Männern mit 42 Prozent überwiegen, hatten von 480
   schizophrenen Kranken nur 4,4 Prozent schizophrene Mütter (und
   2,7 Prozent schizophrene Väter). Auch nach Zerbin-Rüdin ist die
   Beobachtung, daß schizophrene Mütter häufiger sind als schizophrene Väter, eine statistische Ausleseerscheinung: Kranke Eltern
   Schizophrener erkranken meist erst nach der Geburt des später
   schizophrenen Kindes, zum Zeitpunkt der Geburt aber haben die
   Mütter statistisch gesehen ein doppelt so hohes Erkrankungsrisiko
   vor sich wie die Väter, weil sie (die Mütter) jünger sind und weil
   Frauen später erkranken als Männer (Bonn-Studie, S. 65, 349ff.,
   352).

16 Nach anderen Untersuchungen ist bei der klinisch heterogenen
   Gruppe reaktiver, atypischer und schizoaffektiver Psychosen das
   Risiko der Verwandten ersten Grades (Geschwister, Kinder, Eltern), an irgendeiner psychischen Störung zu erkranken, hoch und
   sogar höher als für die Verwandten schizophrener und affektiver
   (zyklothymer) Patienten – Befunde, die für die genetische Beratung
   wichtig sind, obschon es Ausnahmen gibt und, wie immer, jeder Fall
   individuell behandelt werden muß. Es gibt für die psychogenen und
   allgemein die schizoaffektiven und atypischen Psychosen keine einheitliche, allgemein gültige klinische Definition. Soweit zureichend
   definierte diagnostische Kriterien vorliegen, nämlich wie bei den
   hierher gehörigen Psychosetypen, die von Kasanin, von Retterstøl,
   von Angst sowie von Leonhard und Perris beschrieben wurden, ist
   das Risiko der Verwandten ersten Grades, an einer affektiven Psychose zu erkranken, höher als im Gesamtkollektiv der Bonner
   Schizophreniestudie; das Erkrankungsrisiko für Schizophrenie ist
   mit 7,6 bis 25,4 Prozent aufs Ganze gesehen nur wenig niedriger als
   im Gesamtkollektiv der Bonner Schizophreniestudie (15 Prozent;
   siehe Zerbin-Rüdin, E. *Genetische Befunde bei atypischen Psychosen*. In: Huber, G. (Hrsg.) *Endogene Psychosen. Diagnostik, Basissymptome, biologische Parameter*. Stuttgart, New York (Schattauer) 1982; Gross, G.; Huber, G.; Armbruster, B. *Schizoaffective
   Psychoses – Long-Term Prognosis and Symptomatology*. In: Mar-
   neros, A.; Tsuang, M. T. (Hrsg.) *Schizoaffective Psychoses*. Berlin,
   Heidelberg, New York (Springer) 1986.
   Nicht nur schizophrene und affektive Psychosen, auch atypische-
   schizoaffektive, reaktive oder psychogene Psychosen sind sehr
   wahrscheinlich keine Krankheitseinheiten, sondern klinisch und ge-

netisch heterogen; selbst klinisch gut und besser als zum Beispiel die Schizophrenie definierbare Krankheiten, etwa die Muskeldystrophien oder die erbliche Taubheit, sind genetisch vollkommen heterogen (Huber, G. *Die Konzeption der Einheitspsychose aus der Sicht der Basisstörungslehre.* In: Mundt, C.; Saß, H. (Hrsg.) *Für und wider die Einheitspsychose.* Stuttgart (Enke) 1992.

17 Sicher führen stets Anlage-Umwelt-Kombinationen und eine Vielzahl von Motiven zur Kriminalität. Im Unterschied zu Jugendlichen, bei denen die Zwillingskonkordanz für EE und ZE nicht wesentlich verschieden ist, spielen Anlagefaktoren bei Schwer- und Rückfallkriminalität im Erwachsenenalter nach den Zwillingsbefunden eine bedeutsame Rolle: EE sind hier etwa doppelt so oft konkordant wie ZE. Auch Adoptionsbefunde weisen auf Anlagefaktoren hin (siehe Zerbin-Rüdin, E. *Psychiatrische Genetik.* In: Battegay, R.; Glatzel, J.; Pöldinger, W.; Rauchfleisch, U. (Hrsg.) *Handwörterbuch der Psychiatrie.* Stuttgart (Enke) 1992).

18 Genau betrachtet gibt es leider bis heute keine „objektiven" Kriterien oder Regeln für die Diagnostik. Die Möglichkeiten und Grenzen einer „objektiven" Klassifikation schizophrener oder anderer endogener Psychosen wurden in den letzten Jahrzehnten in zahlreichen Arbeiten aufgezeigt. Die modernen, kriterienbezogenen, operationalisierten Diagnosesysteme gingen aus von den klassischen klinischen Konzepten, zum Beispiel von Kraepelin, Bleuler oder Schneider, deren typologische Beschreibungen in bestimmten Kriterien und diagnostischen Algorithmen (logische Regeln, die festlegen, welche Symptome vorhanden sein müssen beziehungsweise nicht vorhanden sein dürfen) operationalisiert wurden. Ungeachtet der Entwicklung zahlreicher konkurrierender, beliebig vermehrbarer Diagnosesysteme hat sich aber die Situation in der Diagnose und Differentialdiagnose schizophrener und anderer endogener Psychosen kaum geändert. Zwar konnte die diagnostische Interbeobachterübereinstimmung, die Reliabilität, (als Vorbedingung diagnostischer Validität) verbessert werden; homogene Patientenpopulationen lassen sich aber mit den modernen, vermeintlich objektiven Diagnosesystemen ebensowenig abgrenzen wie mit den traditionellen klinischen Diagnosen, unter anderem weil die psychopathologischen Kriterien unzureichend und zu vage definiert sind und weil neben der interindividuellen auch die intraindividuelle Variabilität der langen Verläufe zuwenig berücksichtigt wird. Beim heutigen

Wissensstand kann, solange sich die Diagnose fast nur auf psycho-pathologische Tatbestände und auf Verläufe stützt und charakteristische somatische Befunde fehlen, jedes diagnostische Konzept, unabhängig vom Grad seiner Operationalisierung, nicht mehr sein als eine „provisorische Konvention". Alle Versuche, auf diese Weise Krankheitseinheiten zu finden, gleichen bei den schizophrenen und anderen endogenen Psychosen der „Jagd nach einem Phantom". Versuche, die diagnostischen Konzepte durch externe Variablen, zum Beispiel „biologische Marker", zu validieren, hatten kaum Erfolg. Die Befunde der modernen klinischen Verlaufsforschung sind mit der Annahme eines Kontinuums endogener Psychosen (von den schizophrenen über die schizoaffektiven zu den affektiven Psychosen) und mit der Auffassung vereinbar, daß es innerhalb der großen Gruppe der endogenen Psychosen nur eine Differential*typologie* und keine Differential*diagnose* gibt.

Auch über 20 Jahre nach den ersten operationalen Definitionen gibt es sehr unterschiedliche Konzepte dessen, was Schizophrenie (oder affektive Psychose) heißen soll. Die Ergebnisse von Studien, die unterschiedliche Konzepte benutzen, sind sehr verschieden und nicht vergleichbar. Zum Beispiel variierten die Häufigkeitsraten der Schizophreniediagnosen beim Vergleich sechs neuerer, etwa gleich reliabler Schizophreniekonzepte um das Siebenfache.

Aber auch bei Benutzung des gleichen Konzepts und der gleichen Kriterien ist keinesfalls gewährleistet, daß die definierten Patientengruppen diagnostisch homogen und identisch sind. Zu bedenken ist auch, daß die RDC- und die DSM-III-Kriterien sehr restriktiv sind und nur eine sehr kleine Teilgruppe – nur 20 Prozent – der nach Bleuler und Schneider schizophrenen Kranken erfassen (siehe Angst, J. in: Huber, G. (Hrsg.) *Basisstadien endogener Psychosen und das Borderline-Problem.* Stuttgart, New York (Schattauer) 1985). Zur Zeit können in der Praxis wie in der Forschung operationalisierte Diagnosen klinische Diagnosen nur ergänzen, aber nicht ersetzen.

19 Die klassifikatorische Trennung in negative und positive (Andreasen), Typ-I- und Typ-II-Schizophrenie (Crow) ist nach neueren Befunden fragwürdig, unter anderem weil es fließende Übergänge von sogenannten negativen in positive, von Typ-II- in Typ-I-Schizophrenien und umgekehrt gibt. Auch zeigte sich, daß der Pauschalbegriff der negativen Schizophrenie ebenso wie der des sogenannten schizophrenen Defekts zu differenzieren ist. Man muß Basissym-

ptome, positive Symptome und negative Symptome als Stadien ein und desselben Krankheitsgeschehens trennen, die sich bei schizophrenen (und schizoaffektiven) Erkrankungen in der Regel auch in dieser zeitlichen Reihenfolge entwickeln. Basissymptome gehen in der Regel mehrere Jahre den positiven und negativen Symptomen voraus; in den prodromalen Basisstadien mit dynamischen und kognitiven Basisdefizienzen, die häufig viele Jahre und selbst Jahrzehnte der eigentlichen Psychose vorauseilen, werden die Basissymptome als Beschwerden und Störungen von den Patienten wahrgenommen und geschildert. Die Kranken sind noch imstande – anders als in den Stadien der negativen und positiven Schizophrenie – Selbsthilfestrategien gegenüber den Störungen zu entwickeln und sich oft erfolgreich mit ihnen auseinanderzusetzen. Prospektive Studien über die ersten Anfänge der schizophrenen Erkrankung zeigten die Bedeutung der Basisstörungslehre für die Früherkennung und Frühbehandlung schizophrener Erkrankungen. Bestimmte kognitive Basissymptome sind danach psychopathologische Prädiktoren, die ein stark erhöhtes Risiko des späteren Übergangs in eine schizophrene Psychose mit Symptomen 1. Ranges anzeigen. Eine neuere Mannheimer Studie (Häfner und Maurer) gelangte in einem Vergleich der wichtigsten Verlaufsmodelle zu dem Ergebnis, daß die Konzepte von Kraepelin, von Crow und Andreasen sich nicht aufrecht erhalten lassen, während die Befunde mit wesentlichen Daten des Basissymptomkonzepts kompatibel sind (siehe Huber, G. *Psychiatrie.* Stuttgart, New York (Schattauer) 1994[5]. Übersicht in: Süllwold, L.; Huber, G. *Schizophrene Basisstörungen.* Berlin, Heidelberg, New York (Springer) 1986).

20 Die den EE (sehr emotionale Kritik, dominierend-bevormundende Einstellung naher Bezugspersonen) zugrundeliegenden familiären Konstellationen und Interaktionen sind ihrerseits bereits die Auswirkung des Verhaltens des Patienten, das infolge der Erkrankung, den schon vor dem psychotischen Rezidiv als Baisstadium vorhandenen, dynamischen und kognitiven Defizienzen, verändert ist. Man kann also nicht eine lineare, kausale Beziehung zwischen EE naher Familienangehöriger und Auslösung von psychotischen Rezidiven annehmen.

21 Alle möglichen, die krankheitsbedingt geminderte Informationsverarbeitungskapazität überfordernden Situationen können die Psychose auslösen, zum Beispiel emotional affizierende Ereignisse,

rasch wechselnde unterschiedliche Anforderungen, alltägliche, primär affektiv neutrale Situationen (zum Beispiel Unterhaltung von und mit Menschen, Besucher und Besuche, Gegenwart zu vieler Menschen, „Trubel" und „Rummel" in Kaufhäusern, Bussen, Zügen, Straßenverkehr, optische und/oder akustische Stimulation, zum Beispiel durch Fernsehen), besondere ungewöhnliche, unerwartete und neue Anforderungen oder körperliche und/oder psychische arbeitsmäßige Beanspruchung.

22 Auch hier handelt es sich um ein (primäres und nicht sekundär, zum Beispiel durch chronische Abwehr und so weiter entstandenes) kognitives Basissymptom, nämlich eine Störung der rezepetiven Sprache, die sich auf die visuelle (Lesen) oder auditive (Hören) Erfassung von Sprachlichem beziehen kann. Die Störung tritt zum Teil erst nach einiger Zeit der Beanspruchung in Erscheinung; die Geschwindigkeit der auditiven oder visuellen Erfassung von Sprachlichem kann aber auch von Anfang an gegenüber früher reduziert sein. Von den Patienten berichtete Störungen der zwischenmenschlichen Kommunikation beruhen nicht selten auf einer Störung der rezeptiven Sprache (siehe Gross et al. *BSABS*. Berlin, Heidelberg, New York (Springer) 1987). Die Störung der rezeptiven Sprache kann auch mit einer Störung der expressiven Sprache verbunden sein: selbst wahrgenommene Erschwerung der Sprache mit defizienter Aktualisierung passender Worte. Der Patient bemerkt beim eigenen Sprechen, daß Wortauswahl, sprachliche Präzision und Wortflüssigkeit beeinträchtigt sind. Bei stärkerer Ausprägung kommt es zu einem selbst wahrgenommenen Vorbei- oder Danebenreden, das dann auch für Untersucher beziehungsweise für Bezugspersonen zum Beispiel als nicht treffende und/oder taktlose sprachliche Äußerungen erkennbar wird (BSABS C.1.6, C.1.7).

23 Die seit den fünfziger Jahren schrittweise entwickelte Lehre von den Basissymtomen und Basisstadien trug zur Entmythologisierung der Schizophrenie und zur Revision der klassischen Schizophrenielehren von der Unheilbarkeit, Unbeeinflußbarkeit und grundsätzlichen Andersartigkeit wesentlich bei (Huber, G. *Neuere Ansätze zur Überwindung des Mythos von den sogenannten Geisteskrankheiten.* In: *Fortschritte der Neurologie, Psychiatrie und ihrer Grenzgebiete* 47 (1979) S. 449–465). Sie ermöglichte durch die Bonner prospektive basissymptomorientierte Studie eine Prävention schizophrener und schizoaffektiver Psychosen bereits in den jahrelang dem Ausbruch

der Psychose vorauseilenden Vorläufersyndromen (Prodrome und Vorpostensyndrome; siehe Gross, G.; Huber, G.; Klosterkötter, J. *Früherkennung der Schizophrenie.* In: *Fundamenta Psychiatrica* 5 (1991) S. 172–178; *Neurology, Psychiatry, Brain Research* 1 (1992) S. 17–22). Die Patienten mit Basissymptomen sind, im Unterschied zu denen mit negativer Schizophrenie, zur Selbstwahrnehmung der Störungen als Störungen und zur Entwicklung von Verhaltensweisen der Bewältigung und Selbsthilfe imstande. Im Unterschied auch zu den Patienten in psychotischen Stadien sind Krankheitseinsicht, Realitätskontrolle und Ich-Umwelt-Schranke noch intakt; die Patienten erkennen zum Beispiel Situationen, die die Basisdefizienzen auslösen oder verstärken oder psychotische Rezidive provozieren, zum Beipiel bestimmte „normale" Streßsituationen (siehe Anmerkung 21). Sie lernen aufgrund ungünstiger Erfahrungen mit Situationen relativer Überstimulation, wie weit sie sich hinsichtlich Art und Ausmaß von Beanspruchungen, zum Beispiel durch soziale Kontakte und Arbeitsleistung, Alltagssituationen und Freizeitaktivitäten belasten dürfen. Sie erkennen gefährliche Situationen und erste Frühwarnzeichen von Vorläufern psychotischer Rückfälle und erlernen angemessene Verhaltensweisen der Vermeidung und Bewältigung: Ihr Autismus ist so sehr häufig sekundär und autoprotektiv.

24 Die Suizidrate in der Bonn-Studie betrug zumindest fünf Prozent; nach dem siebten Krankheitsjahr begingen nicht weniger Kranke Suizid als in den ersten sieben Jahren der Erkrankung, und zwar nicht nur in den floriden psychotischen Episoden, sondern auch in den oft sehr protrahierten und noch innerhalb der Drei-Jahres-Frist reversiblen postpsychotischen Basisstadien. Hier darf der Therapeut bei allen Bemühungen um frühzeitige und aktive Rehabilitation auch seine kustodiale Verantwortung gegenüber den Patienten nicht aus den Augen verlieren. Depressive Verstimmungen sind so häufig, daß sie nicht zur Vorhersage von Suizidversuchen beitragen können; in der Bonn-Studie fanden sich initial oder im späteren Verlauf bei 24 Prozent (von 502 Patienten) stilrein endogen-depressive Phasen und bei weiteren 60,4 Prozent depressive Züge simultan mit schizophrener Symptomatik in den Prodromen oder postpsychotischen Basisstadien, und zwar ganz unabhängig von Psychopharmakotherapie (also nicht als „pharmakogene Depression"). Dysthyme Veränderungen von Grundstimmung und emotionaler Resonanzfähigkeit und Abschwächung bejahender Fremdwert- und

Sympathiegefühle entsprachen einer selbst wahrgenommenen Einbuße von Zuneigung, Mitgefühl, Liebe, Interesse für andere Menschen oder für Dinge, die früher zur individuellen Wertsphäre des Patienten gehörten („Gefühl von Gefühlllosigkeit" bei gleichzeitigem Kummer darüber) – ein häufiges Basissymptom (BSABS A.6.1 und A.6.3).

25 Die ambivalente Einstellung der Öffentlichkeit gegenüber dieser Frage läßt sich zum Beispiel an der Berichterstattung von Massenmedien ablesen, die sich über angebliche Fälle willkürlicher Freiheitsberaubung durch die Krankenhauspsychiatrie empören und sich zugleich über den mangelnden Schutz der Gesellschaft vor schizophrenen Kranken jeweils dann ereifern, wenn es zu spektakulären Gewalttaten von Kranken gekommen ist, die aber (siehe unten) insgesamt selten und nicht häufiger als in der Durchschnittsbevölkerung vorkommen. In der Bonn-Studie wurden gefährliche fremdaggressive Verhaltensweisen im gesamten Verlauf bei 3,1 Prozent der Frauen und 5,7 Prozent der Männer beobachtet.

26 Entgegen der früheren Annahme einer generell geringen Realitätsbedeutung beim Wahn haben wahnhafte und andere psychotische Ergebnisse von schizophrenen Kranken, besonders in den aktiven Stadien, in der Regel auch Auswirkungen auf das faktische, äußerlich erkennbare Verhalten der Patienten: An Verfolgungswahn leidende Kranken suchen Schutz und Hilfe bei nahen Bezugspersonen, Ärzten, Behörden oder hochgestellten Persönlichkeiten, Staatsanwaltschaft und Rechtsanwälten und (am häufigsten) bei der Polizei; oder sie fliehen und wechseln den Ort, versuchen, sich selbst zu helfen, setzen sich mit den Verfolgern verbal oder tätlich auseinander oder verüben Suizidversuche, um dem im Wahn erlebten drohenden Schicksal zu entgehen. Anzeigen wegen vermeintlicher Beeinträchtigung, Verfolgung oder Vergiftung sind häufig. Dabei sind unter sozialen Aspekten vergleichsweise harmlose Rückwirkungen psychotischen Erlebens auf das Verhalten weit häufiger als psychotisch motivierte autoaggressive, suizidale und fremdaggressive Handlungen (Huber, G.; Gross, G. *Wahn*. Stuttgart (Enke) 1977, S. 60ff).

27 Bekannt wurde der als „Hauptlehrer Wagner" von R. Gaupp beschriebe Fall von Paranoia: Der Patient, der sich seit über einem Jahrzehnt in seinem Heimatdorf beobachtet, verspottet und durch

üble Nachrede belästigt fühlte, tötete 1913 seine Frau, seine vier Kinder und anschließend, nachdem er mehrere Brände gelegt hatte, neun Einwohner seiner Heimatgemeinde (Janzarik, W. *Die „Paranoia (Gaupp)"*. In: *Archiv für Psychiatrie und Nervenkrankheiten/Zeitschrift für die gesamte Neurologie und Psychiatrie* 183 (1949/50) S. 328–382).

28 Diese Rate ist in der Zürich-Studie von M. Bleuler mit 32 Prozent etwa dieselbe wie in der Bonner Schizophrenie-Langzeitstudie mit 30 Prozent; entsprechend dem jüngeren Erkrankungsalter der Männer ist Heirat vor Erstmanifestation der Erkrankung bei den Männern mit 20 Prozent seltener als bei den Frauen mit 37 Prozent. Weitere 23 Prozent heirateten nach Erkrankungsbeginn (30 Prozent der Männer und 18 Prozent der Frauen) und zwei Prozent vor und nach Erkrankungsbeginn. Die Ledigenquote betrug zum Zeitpunkt der letzten Spätkatamnese 45 Prozent und war bei den Männern mit 48 Prozent noch etwas höher als bei den Frauen mit 43 Prozent. 15 Prozent sind zur Zeit der Spätkatamnese geschieden, davon nur ein Fünftel vor, dagegen vier Fünftel nach Erkrankungsbeginn. Die zur Zeit der Spätkatamnese ledigen Patienten zeigten eine signifikant ungünstigere soziale und psychopathologische Remission als diejenigen, die noch nach Erkrankungsbeginn eine Ehe schlossen. Auch die fehlende Korrelation zwischen prämorbidem Kommunikationsverhalten und Heirat weist darauf hin, daß weniger prämorbide Persönlichkeitsmerkmale als die sozialen Folgen der Krankheit eine Heirat verhindern. Kinderlosigkeit ist mit 24 Prozent der zur Ehe gekommenen Patienten häufiger als in einer Normalpopulation (14 Prozent).

29 Dagegen ist Vorhandensein oder Fehlen einer familiären Belastung mit Schizophrenien bei den Verwandten ersten und/oder zweiten Grades ohne signifikanten Einfluß auf den langfristigen Ausgang. Die europäischen Langzeitstudien (Bleuler 1972, Ciompi und Müller 1976, Huber, Gross und Schüttler 1979) zeigten übereinstimmend, daß weder das Vorliegen noch das Fehlen einer familiären Belastung mit Schizophrenien für die langfristige psychopathologische wie soziale Remission von Bedeutung ist. Ein durchgehendes Prinzip in dem Sinne, daß die prognostisch ungünstigsten Verläufe eine höhere Rate von Schizophrenien bei den Verwandten ersten oder zweiten Grades aufweisen, ist nicht zu erkennen. So ist beim prognostisch ungünstigsten Verlaufstyp XII, der die sogenannten

Katastrophenschizophrenien einschließt, die Belastungsziffer in der engeren Familie mit 19 Prozent praktisch dieselbe wie im Gesamtkollektiv mit 15 Prozent. Im kleinen Teilkollektiv der Bonn-Studie (46 von 502 Patienten) mit zwei und mehr an Schizophrenie Erkrankten in der Blutsverwandtschaft ist die psychopathologische Dauerprognose sogar günstiger (nur 17 Prozent charakteristisch schizophrene Residualzustände gegenüber 36 Prozent im Restkollektiv), ein Befund, der für die Bleulersche Annahme eines eher günstigeren Verlaufs bei höherer Belastungsquote sprechen könnte.

30 In Deutschland kann eine Ehe nach § 18 des *Ehegesetzes* für nichtig erklärt werden, wenn einer der Ehegatten zur Zeit der Eheschließung „geschäftsunfähig war oder sich im Zustand der Bewußtlosigkeit oder vorübergehenden Störung der Geistestätigkeit befand". Mit diesen Begriffen meint das Gesetz annähernd die gleichen Tatbestände wie in § 105 BGB, wonach (Absatz 1) die Willenserklärung eines Geschäftsunfähigen nichtig ist und (Absatz 2) ebenso eine im Zustande der Bewußtlosigkeit (gemeint ist Bewußtseinstrübung) oder „vorübergehenden Störung der Geistestätigkeit" abgegebene Willenserklärung; dem zuletzt angeführten Begriff entsprechen neben manischen und depressiven akute schizophrene und schizoaffektive Phasen. Die Ehe ist jedoch gültig, wenn der Ehegatte nach dem Wegfall der Störung der Geistestätigkeit, also nach Remission der schizophrenen Episode, zu erkennen gibt, daß er die Ehe fortsetzen will. Für den psychiatrischen Gutachter ist weiter fast nur noch der § 32 EheG von Interesse. Er besagt, daß ein Ehegatte die Aufhebung der Ehe begehren kann, wenn er sich bei der Eheschließung „über solche persönliche Eigenschaften des anderen Ehegatten geirrt hat, die ihn bei Kenntnis der Sachlage... von der Eingehung der Ehe abgehalten haben würden". Danach ist eine Aufhebung der Ehe möglich, wenn der eine Partner nicht wußte, daß der andere vor der Heirat eine Phase einer schizophrenen Erkrankung durchgemacht hat. Die Aufhebung ist aber ausgeschlossen, wenn er nach Entdeckung des Irrtums zu erkennen gibt, daß er die Ehe fortsetzen will. Erkrankt ein Partner in der Ehe erstmals an einer schizophrenen Psychose, kommt die Anwendung des § 32 EheG in der Regel nicht in Frage: Hier kann man nicht unter Hinweis auf eine „Veranlagung" einen Irrtum über eine persönliche Eigenschaft geltend machen, denn „Anlage" gibt es im Sinne einer mehr oder weniger erblich verankerten Disposition für zahlreiche

andere Erkrankungen auch. Im übrigen sind, nachdem durch das Ehe-Reformgesetz die Scheidungsbestimmungen wieder in das BGB eingefügt wurden, besondere Bestimmungen für psychische Störungen und damit auch für die Schizophrenie nicht mehr erforderlich, weil nach Ablösung des Schuld- durch das Zerrüttungsprinzip einziger Scheidungsgrund das Gescheitertsein der Ehe ist. Wenn eine schizophrene Erkrankung für die Zerrüttung verantwortlich ist, ist sie, wie andere Zerrüttungsursachen, lediglich Indiz dafür, daß die Ehe gescheitert ist. Nach § 1565 kann die Ehe geschieden werden, wenn sie gescheitert ist; nach der Härteklausel des § 1568 ist sie aufrechtzuerhalten, wenn die Scheidung aufgrund „außergewöhnlicher Umstände", zum Beispiel psychiatrische Erkrankung des Ehepartners, für diesen eine schwere Härte darstellen würde. Zu beachten ist, daß im BGB mit dem neuen Betreuungsgesetz die Rechtsbegriffe „Entmündigung", „Vormundschaft" und „Pflegschaft" gestrichen sind, womit auch die Rechtsfolgen der Entmündigung hinsichtlich Geschäftsfähigkeit, Ehefähigkeit, Testierfähigkeit und anderes entfallen und der Wille des Betreuten einen größeren Wirkungsumfang erlangt. Die Betreuung hat keinen Einfluß auf die Geschäftsfähigkeit; selbst wenn ein sogenannter Einwilligungsvorbehalt des Betreuers angeordnet wird, kann sich dieser unter anderem nicht auf die auf Eingehung einer Ehe gerichtete Willenserklärung des Betreuten erstrecken.

Das Betreuungsgesetz regelt auch die *Sterilisation* von Minderjährigen (sie wird ausnahmslos verboten) und von volljährigen Betreuten. Hier ist die Einwilligung des Betreuers in die Sterilisation (die dann der Genehmigung durch das Vormundschaftsgericht bedarf) nur unter fünf sehr strengen Voraussetzungen möglich; eine davon ist, daß die Sterilisation dem Willen des Betreuten nicht widersprechen darf.

31 Die Psychiatrie ist unter allen medizinischen Disziplinen am meisten in Gefahr, für politische Zwecke benutzt und durch staatliche Eingriffe mißbraucht zu werden. Hinsichtlich der Konsequenzen des kommandierten Biologismus im Dritten Reich, der Zwangssterilisation und der fälschlich „Euthanasie" genannten „Vernichtung lebensunwerten Lebens" war die Psychiatrie unter Hitler überwiegend Opfer der Partei- und Staatsdoktrin. Viele Nervenärzte leisteten mit den wenigen ihnen zur Verfügung stehenden Mitteln Widerstand. In der Praxis und in der Literatur waren, ähnlich wie in anderen Diktaturen, und auch in der ehemaligen DDR oder der

Sowjetunion vor Gorbatschow, die immer gleichen Verhaltensweisen und -typen zu sehen, vom fanatischen und überzeugten Ideologen über die Ja-Sager und Mitläufer zu solchen, die einen formalen Kotau absolvierten, bis zu den wenigen, die offen widersprachen, unter ihnen Gruhle, der Bonner Vorgänger von Weitbrecht, Ewald und G. Schmitt. Wie die Untersuchung des geistesgeschichtlichen Hintergrundes zeigt, entstammt die Idee, „bessere Menschen zu züchten", dem Sozialdarwinismus. Die deutsche Psychiatrie ist unter anderem dadurch belastet, daß 1920 der Freiburger Ordinarius für Psychiatrie Hoche zusammen mit dem Juristen Binding eine Schrift mit dem Titel *Die Freigabe der Vernichtung lebensunwerten Lebens* publizierte und daß später an der Leitung der „Euthanasie"-Aktion im Dritten Reich eine beträchtliche Anzahl von Nervenärzten, darunter auch Hochschullehrern, maßgeblich beteiligt war. Von den Nationalsozialisten wurden die vorliegenden Anschauungen übernommen und in einer konsequenten, nahezu perfekten Tötungsaktion, der circa 80000 Menschen zum Opfer fielen, in die Tat umgesetzt. Von Bedeutung ist, daß auch in einem totalitäten System erfolgreicher Widerstand möglich war und nach zahlreichen Protesten der Bevölkerung, auch von Ärzten und Theologen (bekannt sind die von der Kanzel am 3. 8. 1941 gesprochenen Worte des Erzbischofs von Münster), Hitler sich genötigt sah, die Vernichtungsaktion am 24. 8. 1941 einzustellen. Es ist evident, daß für diese „Auslöschung unheilbar geisteskranker Menschen" (Catell) die Verwendung des Begriffs „Euthanasie" (Sterbehilfe) irreführend ist. Sicher ist auch, daß in Deutschland die bis 1933 unter anderem durch die Einführung der Arbeitstherapie (Simon) und die Entwicklung der nachgehenden Fürsorge erzielten Fortschritte in der nationalsozialistischen Ära durch die Ausrichtung der Psychiatrie auf ausmerzende Maßnahmen, auf Zwangssterilisierung und „Vernichtung lebensunwerten Lebens" wieder verloren gingen. „Wir leiden heute noch", so schrieb ich 1971, „an Nachwirkungen dieses Rückschlags, umsomehr, als seit Bestehen der Bundesrepublik kein prominenter Politiker der Öffentlichkeit ihre Verantwortung für die psychiatrisch Kranken ins Bewußtsein rief, wie es in den USA eindringlich 1963 Kennedy tat." Das schlimme Wort von der „passiven Euthanasie" könne man leider nicht als polemische Formulierung abtun: „Jene... Mentalität, die in letzter Konsequenz zur Vernichtung des als lebensunwert deklarierten Lebens führte, ist innerlich nicht überwunden, die Gesellschaft nicht zu den Opfern bereit, durch die Behandlung und Rehabilitation psychisch Kranker und Behinderter auf den der wissenschaftlichen Erkenntnis entsprechenden Stand gebracht werden könnten". Über „Psychiatrie in der Zeit des Nationalsozialismus" berichtete als Zeitzeuge Weitbrecht in seiner Bonner Universitätsrede (Heft 11, Hanstein, Bonn 1968; Reprint: *Fundamenta Psychiatrica* 3 (1989) S. 186–197; siehe auch Huber, G. *Psychiatrie als öffentliches Anliegen.* In: *Zentralblatt für die gesamte Neurologie und Psychiatrie* 259 (1991) S. 1–15. Zur sogenannten Euthanasie-Aktion: Schmidt, G. *Selektion in der Heilanstalt 1939–1945. Mit Geleitwort von K. Jaspers.* Stuttgart (Evangelisches Verlagswerk) 1965).

32 Auf die Problematik operational definierter Diagnosesysteme, die die klinische Diagnose nur ergänzen, nicht aber ersetzen können, hatten wir hingewiesen (siehe Anmerkung 18); siehe hierzu auch die kritischen Kommentare von Kendell (1976 und 1985) (*Which Schizophrenia?* In: Huber, G. (Hrsg.) *Basisstudien endogener Psychosen und das Borderline-Problem.* Stuttgart, New York (Schattauer) S. 145–156; Huber, G. *Psychiatrie. Systematischer Lehrtext.* Stuttgart, New York (Schattauer) 1994⁵).

33 Die – letztlich ungelöste – Problematik der Multikonditionalität und der Interaktion von Anlage und Umwelt, von Diathese und Streßfaktoren bei den Schizophrenien wurde umfassend von H. J. Weitbrecht dargestellt (*Was heißt multikonditionale Betrachtungsweise bei den Schizophrenien?* In: Huber, G. (Hrsg.) *Ätiologie der Schizophrenien. 1. Weißenauer Symposion.* Stuttgart, New York (Schattauer) 1971, S. 181–199). Von hier aus ergibt sich zwangsläufig ein Pluralismus der Ansätze: Die Schizophrenie ist zwar als „stark genetisch beeinflußte Störung" (Gottesman), als vorwiegend genetisch bedingte Erkrankung aufzufassen, doch sind peristatische, soziale und psychodynamische Bedingungen für Manifestation, Verlauf und Ausgang von großer Bedeutung.

34 Die Zahl von 20 Prozent ist aufgrund der Ergebnisse der europäischen Langzeitstudien überholt. Danach sind zum Beispiel von 502 Patienten der Bonner Schizophreniestudie nach durchschnittlich 22 Jahren 56 Prozent sozial geheilt im weitesten Sinne, das heißt voll erwerbstätig, davon 38 Prozent auf früherem (oder angestrebtem) beruflichen Niveau, 18 Prozent darunter. Bei den zwölf Verlaufstypen fällt die soziale Heilungsrate von 100 Prozent bei Verlaufstyp I auf zwei Prozent bei Verlaufstyp XII; es ergeben sich vier Gruppen

von prognostisch günstigen, relativ günstigen, relativ ungünstigen und ungünstigen Verläufen, die je etwa ein Viertel aller schizophrenen Erkrankungen umfassen. M. Bleuler zeigte in einer Übersicht über die Ergebnisse der europäischen Langzeitstudien – darunter seine eigenen Arbeiten von 1941 und 1972 und über die Lausanner und Bonner Schizophreniestudien –, daß sein Vater (E. Bleuler) wie auch Kraepelin klar erkannt hätten, daß ihre eigenen Untersuchungen über den langfristigen Verlauf unzureichend waren. Es habe, so M. Bleuler in den *Directions in Psychiatry*, mehr als ein halbes Jahrhundert gedauert, ehe verläßliche Befunde über den Langzeitverlauf im repräsentativen Beobachtungsgut der drei genannten Studien vorgelegt wurden. Diese Studien erstreckten sich erstmals auf Patienten, die langfristig nicht mehr ärztlich oder gar psychiatrisch betreut wurden. Daß nach mehr als zwei Jahrzehnten, abgesehen von 22 Prozent mit vollständigen und dauerhaften psychopathologischen Remissionen, weitere 40 Prozent der Schizophrenien auf überwiegend nicht sehr ausgeprägte, mehr oder weniger uncharakteristische, querschnittsmäßig ohne Kenntnis der Anamnese *nicht* in ihrer schizophrenen Herkunft erkennbare, reine (dynamisch-kognitive) Defizienzsyndrome remittiert sind, zwang zur Revision der Lehrmeinung, das Bild bleibe gewöhnlich dasselbe, nämlich stets „schizophren". Die große Mehrzahl der Patienten war nach Jahrzehnten nicht mehr in psychiatrischer Behandlung; nur 13 Prozent waren zur Zeit der letzten Spätkatamnese als Langzeitpatienten in psychiatrischen Krankenhäusern. Die Schizophrenie ist in der Tat ganz überwiegend eine episodenhafte, phasisch oder schubförmig verlaufende Erkrankung; der Begriff „Psychose" trifft nur für die produktiv-psychotischen Stadien, nicht aber für den Gesamtverlauf der großen Mehrzahl zu. Man kann feststellen: Die meisten Schizophrenien sind die meiste Zeit in den lebenslangen Verläufen nicht typisch schizophren; während einer durchschnittlichen Verlaufsdauer von 22 Jahren zeigen sie durchschnittlich 4,4 psychotische Episoden mit einer mittleren Dauer von 14 Monaten. Dies bedeutet, daß die Patienten nur fünf Jahre psychotisch, in den übrigen 17 Jahren aber nicht psychotisch sind. Sie sind allerdings (abgesehen von den 22 Prozent mit Vollremission) auch nicht symptomfrei, leiden vielmehr unter mehr oder weniger uncharakteristischen Basisdefizienzen (oder zeigen verfestigte strukturelle Verformungen). So außerordentlich verschieden wie die langfristigen Ausgänge sind auch die Wege, auf denen sie erreicht werden. In der Bonn-Studie waren durch Kombinationen von Verlaufsweise (phasisch, schubförmig, einfach-progredient und so weiter) und Ausgang (ohne Berücksichtigung von Prodromen und Vorpostensyndromen) 72 Verlaufstypen empirisch nachweisbar. Die Verlaufsweise läßt sich auch durch Unterscheidung von episodisch und einfach-fortschreitend nicht zureichend charakterisieren und initial nicht voraussagen. So können chronische, jahre- und jahrzehntelang kontinuierlich bestehende schizophrene Psychosen sich noch im zweiten und dritten Krankheitsjahrzehnt, unabhängig von der Behandlung, dauerhaft auf diskrete, reine Defizienzsyndrome zurückbilden (sogenannter zweiter, positiver Knick).

Zusammen führten die europäischen Langzeitstudien zur Revision der Thesen von der Unheilbarkeit, dem Prozeßcharakter und der radikalen Andersartigkeit und numinosen Singularität der Schizophrenie. Der Prozeßbegriff kann keinesfalls im Sinne einer dauernden, unaufhaltsamen Progredienz verwendet werden. Das Dogma von der radikalen Andersartigkeit der Schizophrenien gegenüber allen anderen psychiatrischen Erkrankungen und Störungen, zumal gegenüber bekannten Hirnerkrankungen, gehört zu den Thesen, die lange Zeit einen echten Forschungsfortschritt erschwerten. Die Überwindung dieses Dogmas, die Entmythologisierung der Schizophrenien, wurde durch die Herausarbeitung der kognitiven und dynamischen Basissymptome, ihrer phänomenologischen Verwandtschaft mit Symptomen bestimmter, zumal das limbische Funktionssystem betreffenden Hirnerkrankungen, die Kenntnis der durch die Basissymptome konstituierten prä- und postpsychotischen Basisstadien und der Übergänge von bestimmten Basissymptomen in schizophrene Symptome 1. Ranges ermöglicht. An die Stelle der klassischen Thesen und der alten Lehre vom schizophrenen Defekt tritt das auf empirische Daten gestüzte Basissymptomkonzept, das für das Verständnis der Kranken, ihre Therapie und Rehabilitation, besonders ihre Früherkennung und Frühbehandlung und für die soziale Wertung des Phänomens „Schizophrenie" überhaupt von großer Bedeutung ist. Dynamische und kognitive Basisdefizienzen sind der Kern dessen, was früher Defekt hieß; Persistenz und Chronifizierung von psychotischen, zum Beispiel wahnhaften und halluzinatorischen Phänomenen, hängen einmal von den krankheitsbedingten Basisdefizienzen, zum anderen von Strukturverformungen ab, die sich bei einer Teilgruppe mit prädisponierender Persönlichkeitsstruktur als Folge des psychotischen Erlebniswandels (und nicht primär morbogen, das heißt durch einen zerebralen pathologischen Funktionswandel) entwickeln und verfestigen. Bei *diesen* chronischen Schizophrenien sind in Anlage- und Entwicklungspersönlichkeit, das heißt auch in Lebensgeschichte, Lebenssituation und sozialem Umfeld angelegte Faktoren für die Chronifizierung entscheidend (Übersicht in: Huber, G. *Psychiatrie. Systematischer Lehrtext.* Stuttgart, New York (Schattauer) 1994[5], S. 198 ff.; Huber, G. *Das Konzept substratnaher Basissymptome und seine Bedeutung für Theorie und Therapie schizophrener Erkrankungen.* In: *Der Nervenarzt* 54 (1983) S. 23-32; Gross, G.; Huber, G.; Klosterkötter, J.; Linz, M. *BSABS. Bonner Skala für die Beurteilung von Basissymptomen.* Berlin, Heidelberg, New York (Springer) 1987).

35 Siehe hierzu Zerbin-Rüdin, E. *Ätiologie und Genetik.* In: Huber, G.; Zerbin-Rüdin, E. *Schizophrenie.* Darmstadt (Wissenschaftliche Buchgesellschaft) 1979; Propping, P. *Psychiatrische Genetik.* Berlin, Heidelberg, New York (Springer) 1989, S. 141 ff.

36 Abgesehen von experimentellen Studien gibt es eine große Zahl von Leistungstests, die Aufmerksamkeit, Gedächtnis, Konzentration und Informationsverarbeitung prüfen und in den prä- und postpsychotischen Basisstadien und reinen Residuen von der Norm signifikant abweichende Befunde ergaben, wie sie in ähnlicher Art auch bei bestimmten Defizienzsyndromen auf der Grundlage definierbarer Hirnerkrankungen vorkommen. Diese Befunde stützen die Annahme, daß den Basisstadien und den sie konstituierenden Basisdefizienzen im präphänomenalen Bereich allgemein eine Beeinträchtigung der Aufnahme und Verarbeitung von Informationen zugrundeliegt (Hasse-Sander, I.; Gross, G.; Huber, G; Peters, S.; Schüttler, R. *Testpsychologische Untersuchungen in Basisstadien und reinen Residualzuständen schizophrener Erkrankungen.* In: *Archiv für Psychiatrie und Nervenkrankheiten* 231 (1982) S. 235–249).

37 Prodromal- und Residualsymptome meinen in der Basissymptomforschung etwas anderes als in der anglophonen Psychiatrie und so auch im DSM-III-R und ICD-10, wo acht von neun der angeführten Prodromal- beziehungsweise Residualsymptome *nicht* Basisdefizienzen und auch nicht den Prodromen der traditionellen Psychopathologie entsprechen. Vielmehr handelt es sich in jenen Diagnosesystemen schon um mehr oder minder typische schizophrene Verhaltensmerkmale, zum Beispiel: ausgeprägte soziale Zurückgezogenheit, ausgeprägt absonderliches Verhalten, ausgeprägte Be-

einträchtigung der persönlichen Hygiene, abgestumpfter, verflachter oder inadäquater Affekt, Verstiegenheit oder Verarmung der Sprache oder des Sprachinhalts und so weiter, also negative Symptome und nicht Basissymptome, wie sie die jahrelang persistierenden Prodrome und reinen Defizienzsyndrome kennzeichnen und die von den Patienten als Defizienzen wahrgenommen und verbalisiert werden. Eben weil dies so ist, sind die Patienten zur Entwicklung von Kompensations- und Bewältigungsstrategien imstande, und ihre subjektiven Erfahrungen können Ausgangspunkt für die Entwicklung von Therapie-, Rehabilitations- und Frühinterventionsprogrammen sein.

38 Sehr zahlreiche, funktional-dynamische und statisch-morphologische neurobiologische Parameter wurden bei der Schizophrenie untersucht. Daß die Befunde nach wie vor sehr unterschiedlich und oft widerspruchsvoll sind, liegt unseres Erachtens auch daran, daß bislang in neurophysiologischen, neurochemischen und neuromorphologischen Studien als Bezugspunkt stets Diagnosehaupt- und/oder -subkategorien ausgewählt und gefragt wurde, wie sich die jeweilige neurobiologische Normabweichung bei Schizophrenien oder paranoiden oder einfachen Schizophrenien verhält oder, neuerdings umgekehrt in der sogenannten „Select-by-Marker"-Strategie, wie sich eine bei Schizophrenie gefundene biologische Normabweichung (zum Beispiel Störungen der langsamen Augenfolgebewegungen oder erhöhte Spiperonbindung an Lymphozyten) über ein bestimmtes Diagnosespektrum (zum Beispiel Schizophrenien – schizoaffektive Psychosen – affektive Psychosen) verteilt. Auf diese Weise können zeitlich stabile, bereits vor wie auch nach psychotischen Episoden und noch darüber hinaus in allen Verlaufsstadien (und möglicherweise auch bei Blutsverwandten) in einer bestimmten Häufigkeit nachweisbare, biologische Störungszeichen gefunden werden, das heißt zustandsunabhängige oder sogenannte *Trait-Marker*. Alle anderen, in der jeweiligen diagnostischen definitorischen Operationalisierung nicht berücksichtigten Merkmale – hier vor allem die zum Untersuchungszeitpunkt zustandsprägende, aktuelle psychopathologische Verfassung – bleiben unberücksichtigt. Als Bezugsgröße, mit der biologische Parameter bei der Suche nach zustandsabhängigen Variablen, sogenannten *State-Markern*, zu korrelieren sind, muß daher der Grad der Prozeßaktivität dienen, der unabhängig von der diagnostischen Zuordnung eines idiopathischen Psychosyndroms anhand des aktuellen klinisch-psychopathologi-

schen Querschnittssyndroms zur Zeit der Untersuchung (Liquor-
oder Blutabnahme, EEG-Ableitung) zu bestimmen ist. Nur so sind
Korrelationsstudien möglich, die der inter- und intraindividuellen
Verlaufsfluktuation schizophrener und andere idiopathischer Psychosen Rechnung tragen und gezielt auf die Suche nach State-
Markern, vor allem nach zustandsabhängigen neurochemischen
oder elektroenzephalographischen Parametern zugeschnitten sind.
Das von unserer Arbeitsgruppe 1968 entworfene und seither weiter
ausgearbeitete und operationalisierte, nosologieübergreifende Konzept der Prozeßaktivität idiopathischer Psychosen erlaubt unabhängig von der diagnostischen Zuordnung eine differenzierte Bestimmung des aktuellen Verlaufsstadiums nach vier Graden – fehlende,
gering, mäßig, und stark ausgeprägte Prozeßaktivität – der Aktivität
schizophrener, schizoaffektiver und affektiver Psychosen. Bei der
Auswahl psychopathologischer Kriterien zur verlaufsdynamischen
Differenzierung konnte auf die Ergebnisse der in den fünfziger Jahren begonnenen Verlaufsforschung unserer Arbeitsgruppe zurück-
gegriffen werden, vor allem auf die zuvor nicht beachtete Symptom-
bildung aus selbsterlebten und selber auch als Beschwerde
geschilderten dynamischen und kognitiven Basisdefizienzen. Diese
Basissymptome können auch gänzlich uncharakteristisch bleiben
(Stufe 1); sie nehmen, zumal im Vorfeld psychotischer Episoden, an
Intensität zu und erreichen dann eine zweite Ausprägungsstufe mit
qualitativ eigenartiger Gegegebenheitsweise bestimmter kognitiver
Denk-, Wahrnehmungs- und Handlungsstörungen und Coenästhe-
sien (abnorme Leibgefühlstörungen) und werden so zu Ausgangserfahrungen (zur „Basis") sämtlicher Symptome 1. Ranges, also der
prägnantesten Kennzeichen psychotischer Außenprojektion. Umgekehrt führt die Intensitätsabnhame der gleichen Basisdefizienzen
wieder aus psychotischen Episoden heraus, solange es nicht zu einer
Fixierung der heute „positiv" genannten produktiven Symptome
und/oder einer Chronifizierung in Form der „negativen" Symptome
(Denk-, Sprach-, Affekt-, Antriebs- und Kontaktverarmung)
kommt. Diese schon früh gesehene und durch eine systematische
Studie an einem großen Kollektiv bestätigte Entwicklungsregelmä-
ßigkeit legte es nahe, in erster Linie die Basissymptomatologie als
Kriterien klinischer Prozeßaktivität bei klinisch-neurochemischen
und klinisch-elektroenzephalographischen Korrelationsstudien heranzuziehen (Huber, G., Penin, H. *Klinisch-elektroenzephalogra-
phische Korrelationsuntersuchungen bei Schizophrenien.* In: *Fortschritte der Neurologie, Psychiatrie und ihrer Grenzgebiete* 36 (1968)

S. 641–659; Klosterkötter, J.; Gross, G.; Huber, G. *Das Konzept der Prozeßaktivität bei idiopathischen Psychosen.* In: *Der Nervenarzt* 60 (1989) S. 740–744). Für die Vailidität des Konzepts spricht eine signifikante Häufung von Parenrhythmien im EEG, das heißt mit der Annahme limbischer Funktionsstörungen vereinbarer, abnormer Rhythmisierungen in prozeßaktiven Verlaufsstadien; weiter, daß sich bei psychopathologisch-neurochemischen Studien bei prozeßaktiven Schizophrenien neben Dopamin auch Serotonin und noch deutlicher Noradrenalin im Blut erhöht fand, während TSH, T_3 und Melatonin niedrigere Werte zeigten; dagegen finden sich bei prozeßinaktiven Schizophrenien (postpsychotische reine Defizienzsyndrome) niedrigere Konzentrationen von Dopamin, Noradrenalin und – als mögliche Hinweise auf eine Hypoaktivität auch des serotonergen Systems – von Serotonin (Übersicht in: Huber, G.; Gross, G. *Somatische Befunde bei Psychosen.* In: Battegay, R. et al. (Hrsg.) *Handwörterbuch der Psychiatrie.* Stuttgart (Enke) 1992, S. 566–574).

39 Wie bei den funktional-dynamischen (zum Beispiel neurochemischen oder elektrophysiologischen) Parametern sind auch bei den statisch-morphologischen Befunden Fragestellungen wie die nach „strukturellen Gehirnveränderungen bei *Schizophrenie*" unzureichend. Seit den ersten systematischen, klinische und somatische Befunde in Beziehung setzenden Untersuchungen (Huber 1953, 1955, 1957, 1961, 1964) ist klar, daß es keine pathologischen neuroradiologischen Befunde „bei Schizophrenie" (ebensowenig wie „bei Epilepsie") gibt; auch hier sind Normabweichungen nur bei einer Teilgruppe von schizophrenen (oder schizoaffektiven und affektiven) Erkrankungen zu erwarten und zwar bei Kranken mit psychopathologischen Dauerveränderungen, das heißt mit zumindest drei Jahre lang kontinuierlich persistierenden dynamisch-kognitiven (reinen) Defizienzsyndromen. Hier findet man, wie mit unterschiedlichen neuroradiologischen Verfahren (Pneumenzephalographie, Echoenzephalographie, Computertomographie) nachgewiesen wurde, gering ausgeprägte Veränderungen an den den Stammganglien benachbarten Abschnitten der inneren Liquorräume (Seitenventrikel und dritter Ventrikel); mit quantitativ-morphometrischer Methodik wurde in bestimmten Teilen des limbischen Systems (Mandelkern, Hippocampus, perventrikuläre Strukturen des Hypothalamus und Pallidum internum) Volumenminderungen festgestellt. Nach den neuromorphologischen Befunden ist

eine Teilgruppe von schizophrenen und anderen endogenen Psychosen durch diskrete selektive Veränderungen gekennzeichnet, die auf eine Atrophie (oder Hypoplasie) von limbischen Endhirnstrukturen hindeuten, während bei schizophrenen Kranken mit Vollremissionen oder chronischen Strukturverformungen und reinen Psychosen, die die Komponente des reinen irreversiblen Defizienzsyndroms vermissen lassen, pathologische Befunde nicht vorliegen. Die Befunde wurden als Hirnatrophie oder als Folge perinataler Hirnschädigungen oder Hypoplasie gedeutet, weil eine Progredienz der Veränderungen nur von einigen Autoren (siehe Huber 1957, 1961, 1964) nachgewiesen wurde. Allerdings haben auch bei hirnatrophischen Prozessen auf der Grundlage bekannter Hirnerkrankungen die neuroradiologischen Befunde zur Zeit der ersten klinischen Manifestation oft bereits einen Endzustand erreicht. Außerdem beginnt die Erkrankung Schizophrenie sehr häufig viele Jahre vor der psychotischen Erstmanifestation mit Basissymptomen im Rahmen von Prodromen und Vorpostensyndromen (siehe Huber, G. *Pneumenzephalographische und psychopathologische Bilder bei endogenen Psychosen.* Berlin, Göttingen, Heidelberg (Springer) 1957; Huber, G. *Neurodiologie und Psychiatrie.* In: *Psychiatrie der Gegenwart.* Berlin, Göttingen, Heidelberg (Springer) 1964, Band 1/I/1B; Gross, G.; Huber, G.; Schüttler, R. *Computertomographische Befunde bei Schizophrenien.* In: *Archiv für Psychiatrie und Nervenkrankheiten* 231 (1982) S. 519–526; Übersicht in: Huber, G.; Gross, G. *Somatische Befunde bei Psychosen.* Siehe Anmerkung 27).

40 Zur Frage, wie sich strukturelle und funktionelle Gehirnveränderungen mit dem phasischen Verlauf vereinbaren lassen, siehe Kommentar in den Anmerkungen 23, 28 und 29. Auch andere, zweifelsfrei organische Erkrankungen des ZNS, zum Beispiel die multiple Sklerose, verlaufen in Phasen und Schüben ohne (seltener) oder mit Hinterlassung mehr oder weniger ausgeprägter Residual- und Defektsyndrome. Auch dort sind Verläufe und Ausgänge außerordentlich verschieden. Korrelationen zum klinischen Zustand und Verlauf sind am ehesten dann zu erwarten, wenn Fehlen, Vorhandensein und Ausmaß einer (psychischen und/oder neurologischen) Dauerveränderung bei den statisch-neuromorphologischen Befunden beziehungsweise der Grad der klinischen Prozeßaktivität zur Zeit der Untersuchung bei funktional-dynamischen Parametern berücksichtigt werden. Auch ohne die Annahme einer neuronalen

Plastizität ist die Kompensationsfähigkeit des menschlichen Gehirns erheblich, und wie gerade die Ergebnisse der deutschsprachigen Psychosenforschung zeigen, sind die Lernfähigkeit von an Schizophrenie Erkrankten, ihr Vermögen, sich mit der Erkrankung auseinanderzusetzen, schon in den der Psychose vorausgehenden Stadien nützliche Selbsthilfe- und Bewältigungsstrategien gegenüber den Basisdefizienzen – die die Ausgangserfahrungen für die Entstehung der eigentlichen „Schizophrenie" sind – zu entwickeln, weit bedeutsamer und für das Krankheitsverständnis wesentlicher, als die klassische und auch die zeitgenössische Psychiatrie bisher glaubten.

Namensregister

Sachregister

A

Adoptionsstudien   114, 155, 162, 164,
  167, 169–171
  reverse   156, 168
Affekt
  flacher   9
  unangemessener   9
affektive Psychosen   34–36
affektive Störungen   89, 101, 116, 281
  siehe auch manisch-depressive
  Psychosen
affektiver Stil   154, 178
Affektstörung   17
Ähnlichkeit
  genetische   98f
  umweltbedingte   98f
AIDS   1, 72, 77
allgemeine Systemtheorie   154
Ambivalenz   17
Anfälligkeit   21, 102f, 105f, 167, 184,
  275
  siehe auch Prädisposition
Anlage-Umwelt-Debatte   95f, 139
antipsychotische Medikamente   18, 22
Ätiologie   144, 154, 244
Augenbewegungen 278
Ausgang   39
Auslöser   129
Autismus   17
  kindlicher   44f

B

Bedlam   12
Besessensein   11
bildgebende Verfahren   138
biographische oder Kohortenmethode
  86f
biopsychosoziales Modell der Schizophrenieursachen   72f
Breeder-Hypothese   89f
Briquet-Syndrom   28

C

Cholera   71, 88
Chorea Huntington   97, 100, 227, 276,
  280

D

démence précoce   7
Dementia praecox   8f, 14f, 23, 95
Dementia simplex   9
Demographie   70
Denkstörung   26
depressive Phasen   43
Diagnose   20, 22, 28, 34, 38, 42
Diagnosekriterien   23f, 39–41
diagnostische Klassifizierung   36–38
Diathese   96, 110
  siehe auch Prädisposition
Diathese-Streß-Modell   96, 106f, 110,
  164, 170, 173f, 179, 265
Diskordanz   135–139
Dopaminhypothese   269f
double bind   155
Drift-Hypothese   89f
Drittes Reich   235–238
DSM-III-R   24–26, 34

E

Einheit   24
Einheitspsychose   8
Einwanderungsbeschränkungen   233
„Endlösung"   238
Entwicklung der Anstalten   11–14
Epidemiologie   19, 70, 81, 85
epigenetisches Modell   254–257
Erblichkeit   188
Erkrankungsalter   79
Erkrankungsbeginn   26, 79, 115
expressed emotion (EE)   178–184, 253
Expression   260

F

Fallgeschichten   29–32
Familialität   97
  siehe auch familiäre Häufung